京津冀、长三角和珠三角地区战略环境评价系列丛书

长三角地区
战略环境评价研究

李小敏　主　编
赵玉婷　副主编

中国环境出版集团・北京

图书在版编目（CIP）数据

长三角地区战略环境评价研究/李小敏主编. —北京：中国环境出版集团，2020.8

（京津冀、长三角和珠三角地区战略环境评价系列丛书）

ISBN 978-7-5111-4368-6

Ⅰ. ①长… Ⅱ. ①李… Ⅲ. ①长江三角洲—战略环境评价—研究 Ⅳ. ① X821.25

中国版本图书馆 CIP 数据核字（2020）第 125118 号

审图号：GS（2020）1335 号

出 版 人 武德凯
责任编辑 李兰兰
责任校对 任 丽
封面设计 宋 瑞

出版发行 中国环境出版集团
（100062 北京市东城区广渠门内大街 16 号）
网 址：http://www.cesp.com.cn
电子邮箱：bjgl@cesp.com.cn
联系电话：010-67112765（编辑管理部）
010-67112735（第一分社）
发行热线：010-67125803 010-67113405（传真）

印 刷 北京中科印刷有限公司
经 销 各地新华书店
版 次 2020 年 8 月第 1 版
印 次 2020 年 8 月第 1 次印刷
开 本 787×1092 1/16
印 张 14.75
字 数 387 千字
定 价 113.00 元

《长三角地区战略环境评价研究》

编　委　会

主　编：李小敏

副主编：赵玉婷

编　委：许亚宣　董林艳　姚懿函　卢少勇　刘军会　赵　健

王成金　李　莉　鲍仙华　王浙明　陆嘉昂　郝海广

朱润非　冯　彬　刘　瑜　杨　宇

前 言

党的十八大将生态文明建设纳入中国特色社会主义事业总体布局，要求生态文明建设融入经济建设、政治建设、文化建设、社会建设各个方面和全过程，努力建设美丽中国；党的十九大报告将坚持人与自然和谐共生作为新时代坚持和发展中国特色社会主义的基本方略的重要内容，提出生态文明建设是中华民族永续发展的千年大计、人与自然是生命共同体等重要论断。战略环境评价是促进生态文明建设的重要手段，建设生态文明必须在宏观决策层面进行战略部署，优化生产力布局和国土空间开发，从源头预防环境污染和生态退化。

长三角地区是我国经济最具活力、开放程度最高、创新能力最强的区域之一，是“一带一路”与“长江经济带”的重要交汇地带。改革开放40年来，长三角地区在经济高速发展的同时走着事实上的“先污染后治理”之路。近年来，长三角地区生态环境保护工作取得显著成效，区域环境质量明显改善。但是，资源能源消耗高，污染物排放强度大，传统增长方式尚未根本扭转，内部发展依然不平衡、不充分，结构性、布局性、累积性问题依然突出，生态环境质量和人居环境安全已经成为绿色发展的重大制约和短板。

长三角地区战略环境评价是原环境保护部组织开展的第四轮重大区域战略环境评价工作之一，项目自2015年至2017年用时3年完成。长三角地区战略环境评价系统评估了区域资源环境承载状态和关键制约因素，预测分析了区域中长期环境风险；围绕环境质量改善、生态安全水平提升两大核心任务，研究提出了长三角地区经济绿色转型、空间开发优化与资源环境协调发展的调控对策，制定了长三角地区社会经济与环境保护协调发展的战略性保护总体方案。长三角地区战略环境评价以区域空间评价与管控为落脚点，注重区域发展的差异性问题，注重环境问题的空间落地，将长三角地区分为沿江发展带、沿海发展带、环太湖地区、环杭州湾地区和浙西南地区研究区域自然环境与社会经济发展差异下的环境问题，并提出环境管控措施，为区域发展“划框子、定规矩”。根据项目成果，生态环境部以环办环评〔2018〕15号文发布《关于促进长三角地区经济社会与生态环境保护协调发展的指导意见》。

2018年5月，习近平总书记在《关于推动长三角一体化发展有关情况的报告》上作出重要批示，推动长三角地区更高质量一体化发展是新时代党中央确立的重大发展战略，标志着长三角一体化上升为国家战略，也标志着长三角地区进入以高质量为核心的发展加速期。长三角的布局性问题、结构性问题难以在短期内根本扭转，长三角地区战略环境评价的成果对协调区域经济社会发展和生态环境保护，促进长三角地区绿色高质量发展依然有较强的指导性作用。

长三角地区战略环境评价的技术牵头单位中国环境科学研究院联合国家和地方高水平科研单位组成了课题组，主要参加单位包括中国科学院地理科学与资源研究所、上海市环境科学研究院、江苏省环境科学研究院、浙江省生态环境科学设计研究院等。

本书是长三角地区战略环境评价成果的集成。全书的总体框架由李小敏、赵玉婷设计。各章的具体分工如下：第一章由赵玉婷、李小敏、燕波、王佳邓撰写；第二章由李亚飞、冯彬、马苏、严茹莎、秦攀、詹丽雯撰写；第三章由李林子、王成金、周洁枚、毛惠萍、吴秀芹、赵娟、田健撰写；第四章由姚懿函、安静宇、万正芬、刘瑜、王圣瑞、邹广迅撰写；第五章由许亚宣、赵健、王浙明、姚懿函、胡开明、孟庆佳撰写；第六章由董林艳、郝海广、李莉、朱润非、许亚宣、赵果撰写；第七章由赵玉婷、董林艳、王成金、鲍仙华、陆嘉昂、刘洋撰写；第八章由李小敏、卢少勇、刘军会、杨宇、马建锋撰写。

长三角地区战略环境评价项目实施过程和本书编辑整理过程得到了生态环境部、生态环境部环境工程评估中心以及上海市、江苏省、浙江省人民政府和生态环境厅等有关部门的大力支持，得到了项目专家顾问团队的悉心指导，得到了时任中国环境科学研究院环境影响评价中心主任李彦武研究员、时任环境保护部环境工程评估中心总工李天威主任、清华大学环境学院刘毅教授、中国环境科学研究院孙启宏研究员的悉心指导，谨此向他们表示最诚挚的感谢！

目 录

第一章

概　述

第一节　研究背景

长三角地区是我国区位条件优越、自然资源禀赋优良、综合实力最强的区域；作为长江经济带的龙头，已经成为提升国家综合实力、带动全国经济发展的重要引擎，是全国率先全面建成小康社会、率先基本实现现代化的优先示范区。

长三角地区以建设世界级城市群为目标，是“一带一路”与“长江经济带”的重要交汇地带、多重国家战略的指向区，在国家现代化建设大局和全方位开放格局中具有举足轻重的战略地位。改革开放 40 年来，长三角地区在经济高速发展的同时走着事实上的“先污染后治理”之路。区域复合型大气污染问题日益突出；水环境污染形势依然严峻，饮用水水源地安全受到威胁；自然湿地面积明显减少，区域水生态系统不断恶化，直接影响区域社会经济可持续发展。当前长三角地区处于转型升级的关键时期，面临提高自主创新能力、缓解资源环境约束、着力推进改革攻坚等方面的任务。扭转生态退化趋势、提升环境安全水平、改善人居环境质量，已经成为长三角地区生态文明建设的迫切任务。

开展长三角地区战略环境评价，推进经济发展转型、促进产业发展与资源环境承载力协调发展；探索制造业转型升级和城市群发展方向，统筹区域发展与生态环境保护的模式与对策，是深入贯彻落实党的十九大精神和人与自然和谐共处基本方略的重要举措，是实施区域生态环境战略性保护的重大任务，对于健全国土空间开发、资源节约利用、生态环境保护的体制机制，推动形成人与自然和谐发展现代化建设新格局具有重大的现实意义和深远的历史意义。

第二节　研究目标与指导思想

一、研究目标

本书针对长三角地区发展战略，系统评估了区域资源环境承载状态和关键制约因素，预测分析了区域性、流域性环境影响和中长期环境风险；围绕环境质量改善、生态安全水平提升两大核心任务，遵循生态红线优布局、行业总量控规模、环境准入促转型的三大基本原则，研究提出了长三角地区经济绿色转型、空间优化开发与资源环境协调发展的调控对策，综合考虑陆海统筹、流域统筹、区域统筹、城乡统筹，制定了长三角地区社会经济与环境保护协调发展的战略性保护总体方案，为完善生态文明建设提供重要支撑，为长三角地区发展战略与环境保护等重大决策提供科学依据。

二、指导思想

坚持"生态优先""绿色发展"的国家战略，按照"共抓大保护"的理念，制定并实施区域一体化生态环境安全战略。严守生态环境保护底线，树立生态文明建设标杆，推动生态共建、环境共治，建设生态环境安全新格局，构筑生态环境保护新支撑。着力推进绿色、循环、低碳发展与资源集约节约利用，污染治理、生态修复、宜居环境建设、环境风险预防走在全国前列，促进长三角地区成为我国生态文明建设先行示范区。

第三节　研究区域范围

研究区域范围覆盖上海市、江苏省和浙江省，位于我国华东地区东部，东经116°18′—123°、北纬27°12′—35°20′，面积21.53万km^2，占国土面积的2.2%，重点区域为长三角城市群，具体见表1-1、图1-1。

表1-1　长三角地区战略环评研究范围

省（市）	行政区范围	面积 / 万km^2	总面积 / 万km^2	重点行政区单元
上海	全市	0.63	21.53	长三角城市群，包括上海市，江苏省的南京、苏州、无锡、常州、镇江、扬州、泰州、南通，浙江省的杭州、宁波、湖州、嘉兴、绍兴、舟山、台州
江苏	全省12个省辖市和1个副省级城市	10.72		
浙江	全省10个省辖市和1个副省级城市	10.18		

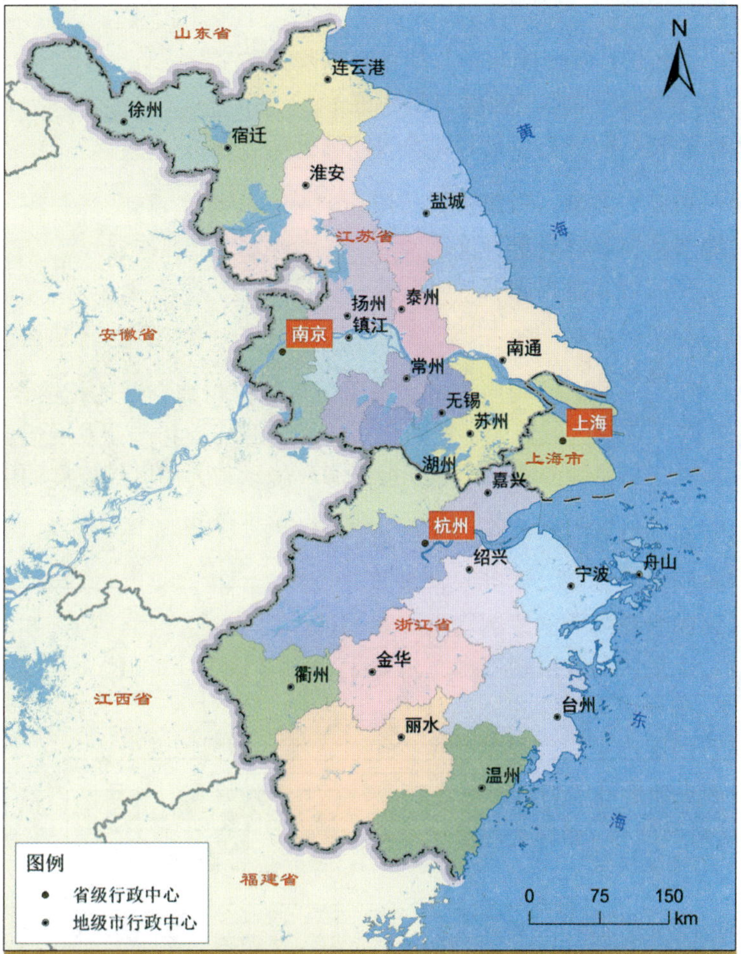

图 1-1 长三角地区战略环评研究范围

第四节 主要工作内容

一、评价时段

基准年：2015 年；近期评价时段：2020 年；远期展望时段：2035 年。

二、工作内容

（1）区域产业发展及环境保护战略分析；
（2）区域生态环境现状与主要环境问题演变分析；
（3）区域经济社会发展与资源环境压力评估；

（4）区域资源环境承载力综合评估；
（5）区域性、累积性环境影响与中长期生态风险评估；
（6）区域生态环境战略性保护总体方案研究；
（7）促进区域绿色发展与生态文明建设的体制机制研究。

第五节　技术路线

基于驱动力—压力—状态—响应分析，采用情景分析与综合评估相结合、定性定量相结合的分析方法，在深入评估区域资源环境演化规律、资源环境和产业发展耦合关系的基础上，辨识生态环境影响特征和关键影响因子，分析资源环境承载力和区域发展的中长期环境风险，提出区域环境保护总体方案和绿色发展的对策建议。技术路线见图 1-2。

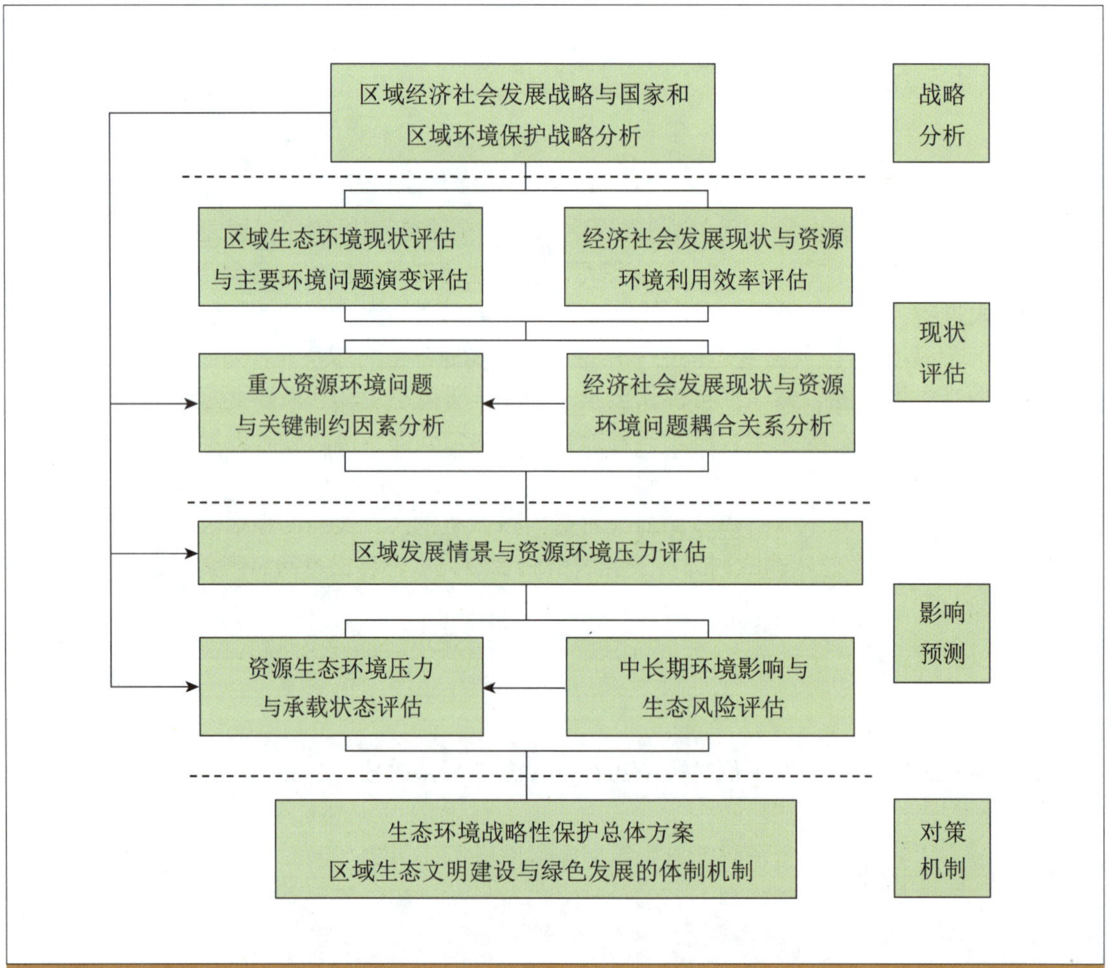

图 1-2　长三角地区发展战略环境评价技术路线

第二章

区域发展与环境保护战略分析

第一节　主体功能区划战略

一、国家主体功能区区划要求

1. 上海市和江苏省、浙江省的部分地区是我国主体功能区规划确定的优化开发区域

优化提升上海核心城市的功能，建设国际经济、金融、贸易、航运中心和国际大都市，加快发展现代服务业和先进制造业，强化创新能力和现代服务功能；提升南京、杭州的两翼中心城市功能；优化提升沪宁、沪杭发展带的整体水平，培育形成沿江、沿海、杭湖宁（杭州、湖州、南京）、杭绍甬舟（杭州、绍兴、宁波、舟山）发展带，调整太湖周边地区产业布局。同时要求加强沿江、太湖、杭州湾等地区污染治理，严格控制长江口、杭州湾陆源污染物排江排海和太湖地区污染物入湖，加强海洋、河口和山体生态修复，构建以长江、钱塘江、太湖、京杭大运河、宜溧山区、天目山—四明山以及沿海生态廊道为主体的生态格局。

2. 江苏东北部和浙江南部是国家重要开发区的组成部分

江苏东北部的徐州、连云港是国家重点开发区域东陇海地区的重要组成部分，地处全国“两横三纵”城市化战略格局中陆桥通道横轴的东端，位于陆桥通道与沿海通道的交汇处，是新亚欧大陆桥东方桥头堡（图 2-1）。根据区划要求，连云港通过强化港口、产业的一体化发展，增强对陇海兰新沿线地区的辐射作用，集约发展临港产业，建设临港产业基地和国际性海港城市。徐州加快资源型城市转型，增强集聚人口和经济的能力，打造重要的能源基地、先进制造业基地、物流基地和商品集散地。同时要求加强自然保护区、重要湿地、滩涂以及水源保护区等的保护，加强淮河流域综合治理，加强入海河流小流域综合整治和近岸海域污染防治，构建东部沿海防护林带、北部山区森林、南部平原林网有机融合的生态格局。

浙江南部的温州、丽水和衢州是国家重点开发区域海峡西岸经济区的重要组成部分，位

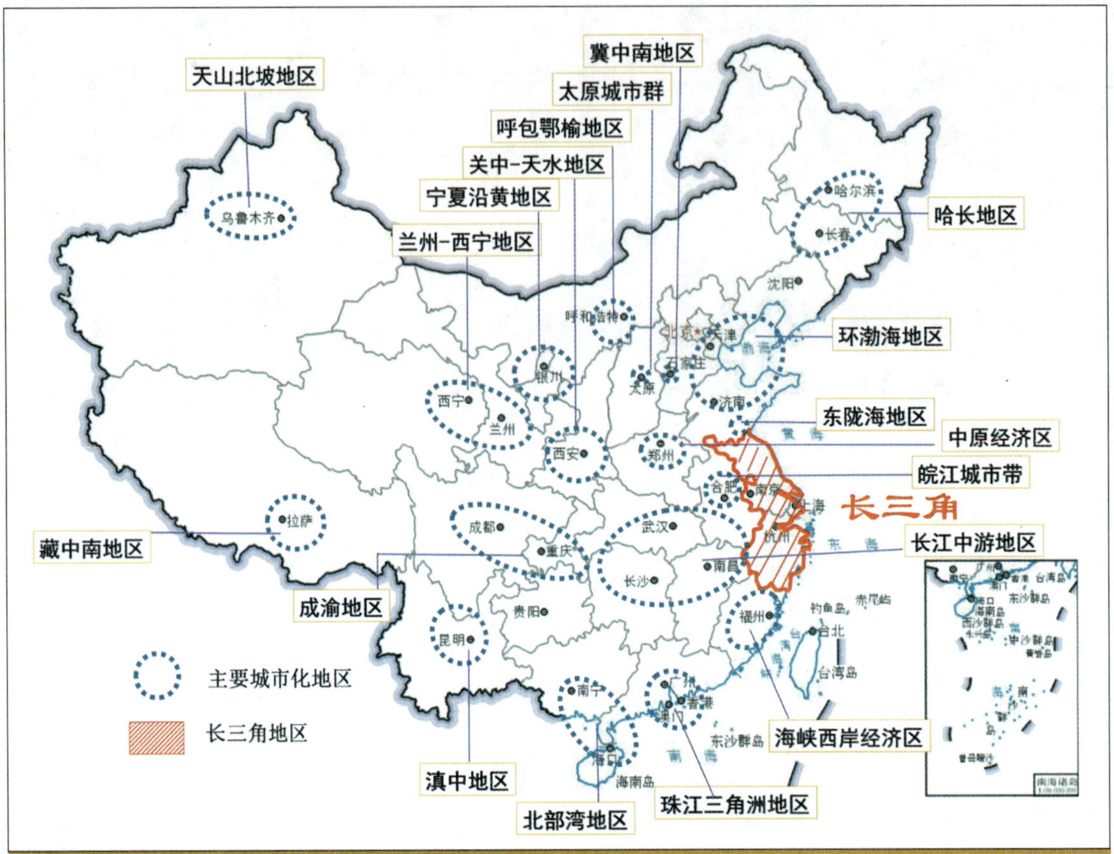

图 2-1 长三角地区在全国“两横三纵”城市化战略格局中的地位

于全国“两横三纵”城市化战略格局中沿海通道纵轴南段（图 2-1）。根据区划要求，强化温州作为海峡西岸经济区连接长江三角洲地区重要枢纽的功能，加快构筑对外开放平台，建设民营经济改革与发展的先行区。同时要求加强雁荡山等山区和温州沿海港湾、近海岛屿保护，加强入海河流小流域综合整治和近岸海域污染防治，推进水环境综合治理和水源涵养地保护。

3. 长三角地区的国家产粮大县是国家农业战略格局的组成部分

在《全国主体功能区规划》确定的“七区二十三带”为主体的农业战略格局中，长三角地区境内江苏和浙江两省确定的国家产粮大县分别是黄淮海平原农产品主产区、长江流域农产品主产区和华南农产品主产区的组成部分，主要提供水稻、小麦、棉花、油菜、专用玉米、家禽、水产品等农产品（图 2-2）。

二、两省一市主体功能区划要求

1. 上海

——功能布局更加清晰。人口与经济布局更加均衡，全市常住人口总量控制在 2 650 万人左右，各功能区域的主体功能更加突出，与国际经济、金融、贸易、航运中心和社会主义现代化国际大都市要求相适应的国土空间开发格局基本形成。

——空间结构逐步优化。严格控制新增建设用地规模，积极盘活存量土地资源，土地开发强度控制在39%以内，用地结构进一步优化，陆域生态用地总面积达到3 500 km²以上，生态安全和农产品最低保有量得到有效保障。

——用地效率明显提高。建成区人口密度与资源环境承载能力更加协调，土地利用更趋集约化和节约化，单位建设用地产出明显提高。基本农田不低于328万亩①，粮食和主要经济作物生产更加安全、优质、高效。单位面积绿色生态空间蓄积的林木数量、涵养的水量进一步增加。

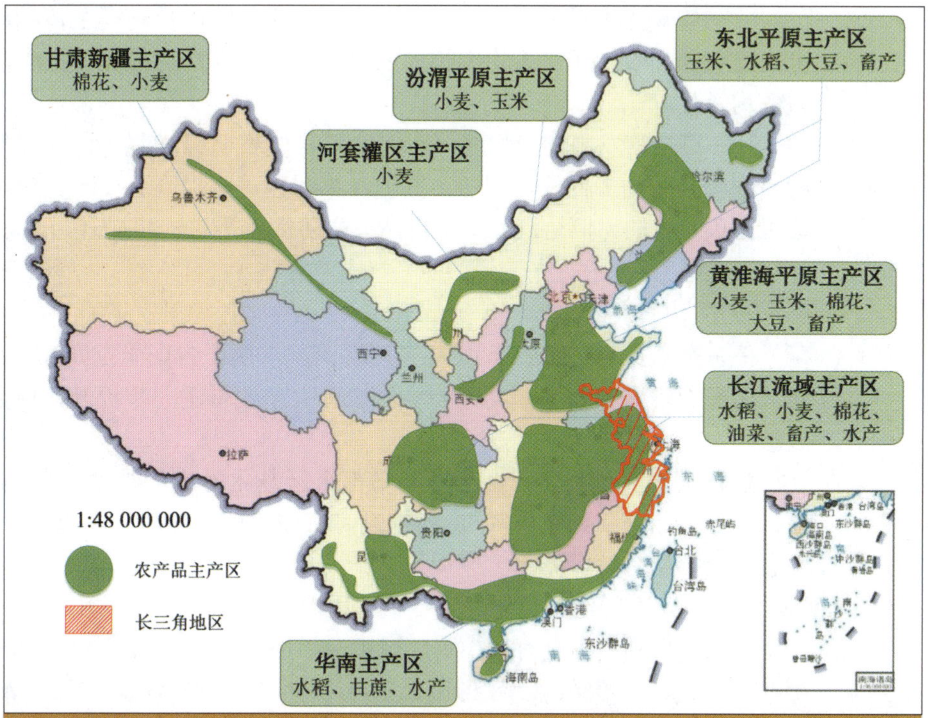

图 2-2　长三角地区在全国农产品主产区格局中的地位

——区域差距逐步缩小。各功能区域之间在经济社会发展水平、居民收入、基本公共服务、生态环境等方面的差距逐步缩小，城乡一体化发展的新格局率先形成，全市发展的均衡性、协调性进一步增强。

——生态环境不断改善。生态系统稳定性明显增强，森林覆盖率力争达到18%，环境质量得到较大改善，二氧化碳排放强度和主要污染物排放总量持续下降。自然灾害防御水平不断提升，应对气候变化能力明显增强。

2. 江苏

——国土空间开发格局清晰。形成以优化开发区域和重点开发区域为主体的经济建设布局，推进人口适度集聚，集中全省95%以上的经济总量和80%以上的人口；形成以限制开发区域和禁止开发区域为主体的农业与生态布局。

——空间结构得到优化。全省开发强度控制在22%以内，建设空间控制在2.22万km²，其中城镇工矿空间控制在0.82万km²以内，农村居民点占地面积减少到0.90万km²；农业空间为6.88万km²，基本农田不低于4.22万km²（6 323万亩）；保护生态空间，生态红线区域占全省国土面积的20%，江河湖泊等水面面积不减少，保持在16.9%左右。

——空间利用效率提高。促进资源向优势空间集聚，单位建设空间的经济产出提高2倍以上，城市人口密度进一步提高；规模农业和高效农业面积大幅提高，粮食播种面积和粮食产量基本保持稳定；单位生态空间蓄积的林木数量和涵养的水量增加。

① 1亩=1/15 hm²。

——基本公共服务差距缩小。不同主体功能区以及同类主体功能区之间，城镇居民人均可支配收入、农村居民人均纯收入的差距缩小，人均财政支出大体相当，努力实现基本公共服务均等化。

——可持续发展能力增强。生态系统稳定性明显增强，水、空气、土壤等生态环境质量明显改善，生物多样性得到切实保护，林木覆盖率提高到24%，碳汇能力明显增强，地表水优于III类水质的比例达到66%，自然灾害防御水平进一步提升，应对气候变化能力显著提高。

3. 浙江

——空间开发格局清晰。“三带四区两屏”的全省国土空间开发总体格局基本形成。环杭州湾、温台沿海和金衢丽高速公路沿线三大产业带进一步提升，成为全省新型工业化的主体区域。

杭州、宁波、温州、金华—义乌都市区基本形成，带动新型城市化加快发展。浙西北、浙西南丘陵山区“绿色屏障”、浙东近海海域“蓝色屏障”和重点生态功能区建设成效明显，生态安全得到有效保障。

——国土空间结构优化。全省城镇用地、工业用地、农业用地、生态用地的比例更加合理，国土空间开发强度得到有效控制。城镇工矿用地规模控制在4 660 km^2，农村建设用地规模控制在3 320 km^2，开发强度控制在10.7%，耕地保有量不低于18 907 km^2，其中基本农田不低于16 667 km^2，粮食生产功能区面积达到5 333 km^2。绿色生态空间得到切实保护，河流、湖泊、湿地等面积保持现有水平。

——资源利用效率提高。人口、经济与资源环境的布局更加合理均衡，城镇和工业用地更加集中在资源环境承载能力高的区域，基础设施的共享水平进一步提高，物流成本有效降低。单位面积城市空间和单位水资源利用量创造的生产总值大幅度提高，城市建成区人口密度明显提高。单位绿色生态空间蓄积的林木、涵养的水等数量增加。

——城乡区域差距缩小。适应主体功能区要求的财政体制初步建立，财政公共服务支出规模与公共服务覆盖的人口规模更加匹配，城乡、区域间基本公共服务水平和基本生活条件差距逐步缩小。人均生产总值、城镇居民人均可支配收入、农村居民人均纯收入和人均财政支出的地区差距进一步缩小。

——生态环境质量提升。全省生态屏障得到有效保障，生态系统的稳定性进一步增强，生态多样性得到有效保护，环境质量逐步提高。区域生态廊道、城市绿色空间面积和质量逐步提高，森林覆盖率稳定在61%以上，林地保有量不低于66 600 km^2。主要污染物排放得到有效控制，矿产资源开发后生态环境得到修复，城镇污水处理率进一步提高，城镇供水水源地水质全面达标，空气质量逐步提高。

长三角地区两省一市的主体功能区规划将区域划分为优化开发区域、重点开发区域、限制开发区域、禁止开发区域，具体情况见表2-1至表2-3，分布见图2-3和图2-4。

表 2-1　长三角地区国家级优化开发区域

区域名称	类型	范围	面积 /km²	功能定位
上海市	国家级优化开发区域	上海市整体，共划分为 4 类功能区域：都市功能优化区（黄浦区、徐汇区、长宁区、静安区、普陀区、闸北区、虹口区、杨浦区、宝山区和闵行区）；都市发展新区（浦东新区）；新型城市化地区（嘉定区、金山区、松江区、青浦区和奉贤区）；综合生态发展区（崇明区）	5 504	都市功能优化区：现代化国际化城区；都市发展新区："四个中心"的核心功能区，战略性新兴产业的主导区；新型城市化地区：具有全球竞争力的先进制造业基地和重要的战略性新兴产业基地；综合生态发展区：国家可持续发展实验区，现代化综合生态岛
江苏省	国家级优化开发区域	长三角（北翼）核心区，包括南京、无锡、常州、苏州、镇江的大部分地区及南通、扬州、泰州城区	14 381	具有国际影响的现代服务业和先进制造业基地，全国重要的创新基地；亚太地区的重要国际门户，辐射带动长江流域发展的重要区域；具有较强竞争力的世界级城市群；江苏率先基本实现现代化、推进新型城镇化和城乡发展一体化、实现基本公共服务均等化的先行区
浙江省	国家级优化开发区域	环杭州湾地区的杭州、宁波、嘉兴、湖州、绍兴、舟山市的部分县（市、区）	16 317	带动全省经济社会发展的龙头区域，提升地区竞争力的核心区域，集聚人口和经济的重要区域
合计			36 202	

表 2-2　长三角地区重点开发区域

区域名称		类型	范围	面积 /km²	功能定位
江苏省		国家级重点开发区域	沿东陇海的徐州、连云港市区	4 755	我国东部地区重要的经济增长极，具有较强国际竞争力的制造业基地；具有全国影响的新型城镇密集带；辐射带动能力强的新亚欧大陆桥东方桥头堡，我国重要的综合交通枢纽和对外开放的窗口；我国重要的高效农业示范区；全省率先基本实现现代化的重要保障区
		省级重点开发区域	沿海地区、苏中沿江地区以及淮安、宿迁的部分地区，也包括点状分布于限制开发区域内的县城镇和部分重点中心镇	16 196	
浙江省	海峡西岸经济区	国家级重点开发区域	包括温州市沿海部分地区	2 660	支撑全省经济持续发展的新增长极，建设浙江海洋经济发展示范区的主平台，打造全省先进制造业、高新技术产业和现代服务业的重要基地，承接人口和产业转移的重要区域
	—	省级重点开发区域	由沿海平原地区、舟山群岛新区和丘陵盆地地区三部分组成	14 611	

表 2-3 长三角地区限制开发区域

<table>
<tr><th colspan="2">区域名称</th><th>类型</th><th>范围</th><th>面积 /km²</th><th>功能定位</th></tr>
<tr><td colspan="2">上海市</td><td>省级限制开发区</td><td>上海市范围内的生态保育区、生态走廊和生态间隔带</td><td></td><td>保障农产品供给安全的重要区域，城市生态功能的维护区，防止城市无序蔓延的关键屏障，改善城市环境品质和满足市民游憩需求的主要基地</td></tr>
<tr><td colspan="2" rowspan="2">江苏省</td><td>国家级限制开发的农业地区</td><td>国家产粮大县（市），包括沭阳县、兴化市、射阳县、东海县、宝应县、盱眙县、睢宁县、邳州市、涟水县、滨海县、阜宁县、泗洪县</td><td></td><td rowspan="2">江苏省农产品供给的重要保障区，农产品加工生产基地，生态功能维护区，新农村建设示范区</td></tr>
<tr><td>省级限制开发的农业地区</td><td>包括溧水区、高淳区、贾汪区、邳州市、新沂市、沛县、丰县、金坛市、溧阳市、如东县、海安县、赣榆县、灌云县、灌南县、金湖县、洪泽县、东台市、大丰市、响水县、建湖县、高邮市、句容市、泗阳县</td><td></td></tr>
<tr><td rowspan="4">浙江省</td><td>—</td><td>国家级限制开发的农业地区</td><td>国家确定的产粮大县（区、市），包括嘉兴市的海盐县、平湖市和衢州市的衢江区、江山市、龙游县等 5 个国家产粮大县（区、市）</td><td>5 429</td><td>保障农产品供给安全的重要区域，社会主义新农村建设的示范区，农村居民安居乐业的美好家园</td></tr>
<tr><td>浙西山地丘陵重点生态功能区</td><td>省级重点生态功能区</td><td>包括杭州市的淳安县和衢州市的开化县</td><td>6 551</td><td rowspan="3">提供多种生态服务功能的重要区域，保障全省生态安全的重要屏障</td></tr>
<tr><td>浙南山地丘陵重点生态功能区</td><td>省级重点生态功能区</td><td>包括温州市的文成县和泰顺县，丽水市的云和县、庆元县、景宁畲族自治县、龙泉市及遂昌县的部分地区</td><td>13 263</td></tr>
<tr><td>浙中江河源头重点生态功能区</td><td>省级重点生态功能区</td><td>包括金华市的磐安县</td><td>1 195</td></tr>
</table>

区域名称		类型	范围	面积 /km²	功能定位
浙江省	浙西山地丘陵生态经济地区	省级生态经济区	包括杭州市、湖州市、衢州市的部分地区	10 307	适度推进工业化城市化的地区，重点发展生态经济的地区，保障农产品和生态产品供给的地区
	浙南山地丘陵生态经济地区	省级生态经济区	包括温州市、丽水市的部分地区	11 288	
	浙中浙东山地丘陵生态经济地区	省级生态经济区	包括宁波市、绍兴市、金华市、台州市的部分地区	19 865	
	浙东海岛生态经济地区	省级生态经济区	包括宁波市、温州市、舟山市、台州市的部分海岛	214	

禁止开发区域指有代表性的自然生态系统、珍稀濒危野生动植物的天然分布地、有特殊价值的自然遗迹和文化遗址，主要包括国家级和省级自然保护区、风景名胜区、森林公园、地质公园、湿地公园、水源保护区等。截至 2015 年，长三角地区内共有禁止开发区域 473 个，其中国家级禁止开发区域 154 个，面积约 1.6 万 km²；省级禁止开发区域 319 个，面积约 0.57 万 km²（面积不含江苏省）。截至 2015 年，长三角地区共有国家级、省级自然保护区 39 个，面积 6 859 km²，占区域面积的 3.2%（图 2-4）。

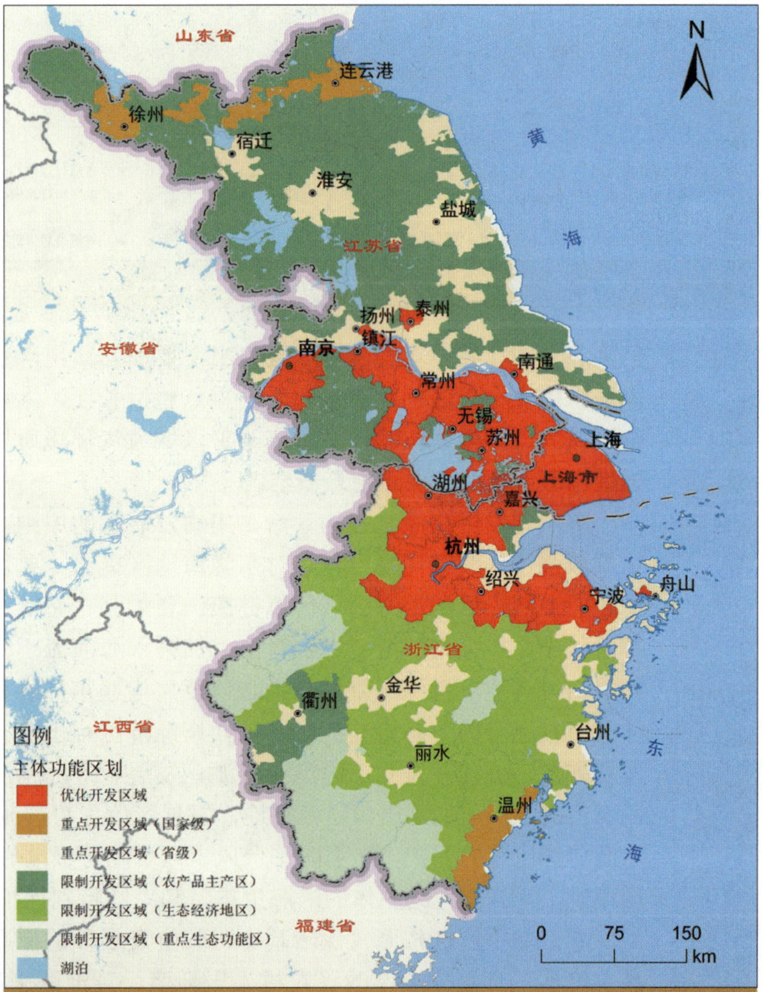

图 2-3　长三角地区主体功能区规划示意

根据《关于贯彻实施国家主体功能区环境政策的若干意见》（环发〔2015〕92 号）的要求，以改革创新为动力，以维护环境功能、保障公众健康、改善生态环境质量为目标，推进战略环评、环境功能区划与主体功能区建设相融合，按照环境分区管治、分类差异化管理的原则，立足各类主体功能定位，把握不同区域生态环境的特征、承载力及突出问题，提出有针对性的治理保护措施和重点方向。

优化开发区按照“严控污染、优化发展”的原则，引导城市集约紧凑、绿色低碳发展，减少工矿建设空间和农村生活空间，扩大服务业、交通、城市居住、公共设施空间，扩大绿

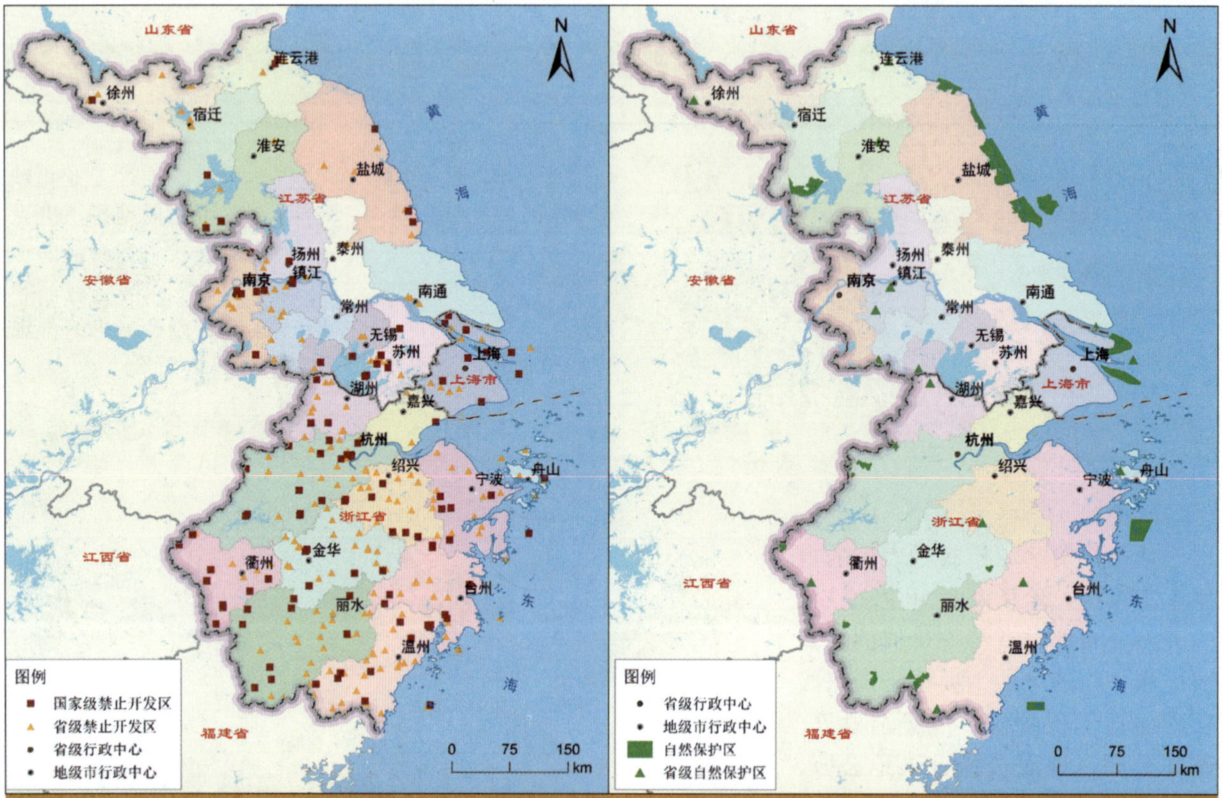

图 2-4 长三角地区禁止开发区（左）和自然保护区（右）分布

色生态空间。其中对长三角地区提出：要加强饮用水水源地保护，重点保护集中式饮用水水源地水质安全，遏制地下水超采，重点整治长江、太湖、淮河、钱塘江和城市水体污染；健全区域大气污染联防联控机制，改善区域大气环境质量；加强沿江沿海防护林体系建设，增强生态服务功能，保障生态安全。

重点开发区按照“强化管治、集约发展”的原则，加强环境管理与管治，大幅降低污染物排放强度，改善环境质量。对东陇海地区提出：要优化港口产业集群，积极支持环境友好型企业发展，维护沿海区域环境健康。要加强自然保护区、重要湿地、滩涂以及水源保护区等的保护，加强淮河流域综合管治，加强入海河流小流域综合整治和近岸海域污染防治，实施矿山废弃地环境综合整治与生态修复，构建东部沿海防护林带、北部山区森林、南部平原林网有机融合的生态格局。对海峡西岸经济区提出：要发展高效优质生态农业，转变养殖业发展方式，合理开发北部湾渔业资源，发展农产品精深加工业，深化闽台农业合作，建设特色农产品生产与加工出口示范基地，发展特色优势产业。要加强对自然保护区、生态公益林、水源保护区等的保护，加强防御台风、风暴潮等极端气候事件能力建设，构建以沿海红树林、珊瑚礁、港湾湿地为主体的沿海生态带和海洋特别保护区。

农产品主产区按照“保障基本、安全发展”的原则，优先保护耕地土壤环境，保障农产品主产区的环境安全，改善农村人居环境。黄淮海平原国家农产品主产区加强统筹地表水、地下水资源，控制农业面源污染和合理利用秸秆资源，严格控制污灌，防治土壤盐碱化。对长江流域国家农产品主产区，要加强湿地修复与生物多样性保护，防止土壤贫瘠化，管治土壤污染；对两湖地区、淮河苏北平原等，应在环境健康风险评估的基础上开展农田土壤修复；对华南国家农产品主产区，要防治水土流失和土壤肥力下降，管治土壤污染。

禁止开发区域按照“依法管理、强制保护”的原则，执行最严格的生态环境保护措施，保持环境质量的自然本底状况，恢复和维护区域生态系统结构和功能的完整性，保持生态环境质量不断改善、生物多样性和珍稀物种的自然繁衍，保障未来可持续生存发展空间。优化自然保护区空间布局，积极推进中东部地区自然保护区建设，将河湖、海洋和草原生态系统及地质遗迹、小种群物种的保护作为新建自然保护区的重点。

三、海洋主体功能区区划要求

1. 长江口及其两翼海域、苏北海域、海峡西部浙江部分海域是全国海洋主体功能区规划中的优化开发区域

（1）苏北海域

苏北海域包括江苏省连云港市、盐城市毗邻海域。有序推进连云港港口建设，提升沿海港口服务功能。统筹规划海上风电建设。以海州湾、苏北浅滩为重点，扩大海洋牧场规模，发展工厂化、集约化生态养殖。加快建设滨海湿地海洋特别保护区，建成我国东部沿海重要的湿地生态旅游目的地。

（2）长江口及其两翼海域

长江口及其两翼海域包括江苏省南通市、上海市和浙江省嘉兴市、杭州市、绍兴市、宁波市、舟山市、台州市毗邻海域。整合长三角港口资源，推动港口功能调整升级，发展现代航运服务体系，提高上海国际航运中心整体水平。发展生态养殖和都市休闲渔业。控制临港重化工业规模。严格落实长江经济带及长江流域相关生态环境保护规划，加大长江中下游水环境治理力度。加强杭州湾、长江口等海域污染综合治理和生态保护。严格海洋倾废、船舶排污监管，加强海洋环境监测。

（3）海峡西部浙江部分海域

海峡西部浙江部分海域包括浙江省温州市毗邻海域。推进形成海峡西岸现代化港口群。发挥海峡海湾优势，建设两岸渔业交流合作基地。突出海洋生态和海洋文化特色，扩大两岸旅游双向对接。加强沿海防护林工程建设，构建沿岸河口、海湾、海岛等生态系统与海洋自然保护区条块交错的生态格局。

2. 沿海地市规划为城镇建设用海、港口和临港产业用海区为重点开发区

要求实施据点式集约开发，严格控制开发活动规模和范围，形成现代海洋产业集群；实施围填海总量控制，科学选择围填海位置和方式，严格围填海监管；统筹规划港口、桥梁、隧道及其配套设施等海洋工程建设，形成陆海协调、安全高效的基础设施网络；加强对重大海洋工程特别是围填海项目的环境影响评价，对临港工业集中区和重大海洋工程施工过程实施严格的环境监控。

3. 海洋渔业保障区、海洋特别保护区和海岛及其周边海域为限制开发区域

（1）长三角地区传统渔场

长三角地区传统渔场包括舟山渔场、吕四渔场、大沙渔场、长江口渔场、江外渔场、鱼

山渔场、温台渔场、鱼外渔场、温外渔场。

（2）国家级水产种质资源保护区

国家级水产种质资源保护区包括江苏省海州湾中国对虾国家级水产种质资源保护区、蒋家沙竹根沙泥螺文蛤国家级水产种质资源保护区、如东大竹蛏西施舌国家级水产种质资源保护区，浙江省乐清湾泥蚶国家级水产种质资源保护区、象山港蓝点马鲛国家级水产种质资源保护区，东海吕四渔场小黄鱼银鲳国家级水产种质资源保护区、东海带鱼国家级水产种质资源保护区。海洋特别保护区 5 个，分别为江苏省海门市蛎岈山牡蛎礁海洋特别保护区（12.22 km^2）、浙江省渔山列岛国家级海洋特别保护区（57 km^2）、乐清市西门岛国家级海洋特别保护区（30.8 km^2）、嵊泗马鞍列岛国家级海洋特别保护区（549 km^2）、普陀中街山列岛国家级海洋特别保护区（202.9 km^2）。

对限制开发区要求实施分类管理：在海洋渔业保障区，实施禁渔区、休渔期管制，加强水产种质资源保护，禁止开展对海洋经济生物繁殖生长有较大影响的开发活动；在海洋特别保护区，严格限制不符合保护目标的开发活动，不得擅自改变海岸、海底地形地貌及其他自然生态环境状况；在海岛及其周边海域，禁止以建设实体坝方式连接岛礁，严格限制无居民海岛开发和改变海岛自然岸线的行为，禁止在无居民海岛弃置或向其周边海域倾倒废水和固体废物。

4. 各级各类自然保护区、领海基点所在岛礁为禁止开发区域

长三角地区海洋自然保护区包括江苏省盐城珍稀鸟类国家级自然保护区（284.19 km^2）、大丰麋鹿国家级自然保护区（26.67 km^2），上海市崇明东滩鸟类国家级自然保护区（241.55 km^2）、九段沙湿地国家级自然保护区（420.2 km^2），浙江省南麂列岛国家级海洋自然保护区（201.06 km^2），这些自然保护区为海洋禁止开发区，其管制原则是：对海洋自然保护区依法实行强制性保护，实施分类管理；对领海基点所在地实施严格保护，任何单位和个人不得破坏或擅自移动领海基点标志。

第二节　国家战略在长三角地区的布局

在“四个全面”的战略布局下，“一带一路”、长江经济带和创新驱动发展等多重国家战略叠加于长三角地区。国家战略实施，是当前和今后一个时期长三角地区优化国土空间开发、扩大对外开放、促进经济转型、区域一体化协调发展的重大机遇，对长三角经济社会发展进程和国家东中西部开发开放发展格局将产生深远影响。

一、“一带一路”倡议

2013 年 9 月和 10 月，中国国家主席习近平在出访中亚和东南亚国家期间，先后提出共建“丝绸之路经济带”和“21 世纪海上丝绸之路”（以下简称“一带一路”）的重大倡议，引起国际社会高度关注。中国国务院总理李克强参加 2013 年中国—东盟博览会时强调，铺就面

向东盟的海上丝绸之路，打造带动腹地发展的战略支点。2015 年，《推动共建丝绸之路经济带和 21 世纪海上丝绸之路的愿景与行动》发布。

“一带一路”贯穿亚欧非大陆，连接东亚经济圈和欧洲经济圈，中间广大腹地国家经济发展潜力巨大。丝绸之路经济带重点畅通中国经中亚、俄罗斯至欧洲（波罗的海）；中国经中亚、西亚至波斯湾、地中海；中国至东南亚、南亚、印度洋。21 世纪海上丝绸之路重点方向是从中国沿海港口过南海到印度洋，延伸至欧洲；从中国沿海港口过南海到南太平洋。

根据“一带一路”走向，陆上依托国际大通道，以沿线中心城市为支撑，以重点经贸产业园区为合作平台，共同打造新亚欧大陆桥、中蒙俄、中国—中亚—西亚、中国—中南半岛等国际经济合作走廊；海上以重点港口为节点，共同建设通畅安全高效的运输大通道。中巴、孟中印缅两个经济走廊与推进“一带一路”建设关联紧密，要进一步推动合作，取得更大进展。

推进“一带一路”建设，在沿海地区以扩大开放“倒逼”深层次改革，创新开放型经济体制机制，加大科技创新力度，形成参与和引领国际合作竞争新优势，成为“一带一路”特别是 21 世纪海上丝绸之路建设的排头兵和主力军。

江苏省在 2015 年出台了《江苏省人民政府关于落实国家“一带一路”战略部署建设沿东陇海线经济带的若干意见》（苏政发〔2015〕85 号）。连云港、徐州市等国家“一带一路”倡议的重要节点城市，到 2020 年，经济带建设取得重大进展，对内对外互联互通能力显著增强，区域创新与合作体制机制进一步完善，绿色生态廊道建设取得重要进展，使沿东陇海线经济带成为国家“一带一路”倡议总体布局的新经济增长极，在对内对外开放大局中发挥更加重要的作用。在量化指标方面，提出到 2020 年经济总量超过万亿元。在战略布局上将原来设定的沿东陇海线产业带深化为沿东陇海线经济带，并将范围扩大至以连云港、徐州为核心区以及淮安、盐城、宿迁等有着紧密联系的更大区域，并相应增加了新型城镇化、扩大对内对外开放、注重环境保护等内容。促进沿东陇海线经济带发展，是江苏省主动融入“一带一路”倡议的关键举措，也是构建“十三五”时期区域发展新格局、加快苏北全面小康进程的重中之重。

二、长江经济带战略

2014 年 9 月 12 日，国务院印发《关于依托黄金水道推动长江经济带发展的指导意见》（国发〔2014〕39 号，以下简称《指导意见》），对长江经济带战略定位是：具有全球影响力的内河经济带；东中西互动的协调发展带；沿海沿江沿边全面推进的对内对外开放带；生态文明建设的先行示范带。长江经济带战略的实施，标志着长江经济带开发战略地位全面提升，我国的开发开放进入沿海内陆沿边优势互补的新阶段。

上海市在 2015 年 7 月 28 日出台了《上海市人民政府关于贯彻〈国务院关于依托黄金水道推动长江经济带发展的指导意见〉的实施意见》（沪府发〔2015〕35 号），提出从“大力发展水上运输”“完善综合交通体系”“促进产业转型升级”“推进新型城镇化”“扩大对外开放”“强化生态建设和环境治理”等方面全面贯彻《指导意见》，搞好与国家层面的对口衔接与协调。

江苏省同期出台了《关于贯彻落实〈国务院关于依托黄金水道推动长江经济带发展的指导意见〉的实施意见》。着力建设“五个区”，即长江南京以下江海联运港区、全球先进制造业和现代服务业集聚区、长江流域内外开放合作先导区、长三角城市群北翼核心区、全国生态文明建设先行示范区。

2016 年 1 月 5 日，习近平总书记在重庆召开推动长江经济带发展座谈会，首次提出长江经济带发展必须走生态优先、绿色发展之路，要把修复长江生态环境摆在压倒性位置，共抓大保护，不搞大开发。《国民经济和社会发展第十三个五年规划纲要》提出“坚持生态优先、绿色发展的战略定位，把修复长江生态环境放在首要位置”，把长江经济带“建设成为我国生态文明建设的先行示范带、创新驱动带、协调发展带”。

2017 年 5 月 26 日，习近平总书记在中央政治局第四十一次集体学习时，明确要求加快构建生态功能保障基线、环境质量安全底线、自然资源利用上线三大红线，全方位、全地域、全过程开展生态环境保护建设。

2017 年 10 月 18 日，在党的十九大报告中，习近平总书记再次强调了“以共抓大保护、不搞大开发为导向推动长江经济带发展”。长江经济带可持续发展事关中华民族伟大复兴。“共抓大保护，不搞大开发”是新时期推动长江经济带可持续发展的总战略。

三、创新驱动发展战略

党的十八大明确提出“科技创新是提高社会生产力和综合国力的战略支撑，必须摆在国家发展全局的核心位置”。强调要坚持走中国特色自主创新道路、实施创新驱动发展战略。

2015 年 3 月 13 日发布的《中共中央 国务院关于深化体制机制改革加快实施创新驱动发展战略的若干意见》指出，实施创新驱动发展战略是一项系统工程，发挥科技创新在全面创新中的引领作用，加强基础研究，强化原始创新、集成创新和引进消化吸收再创新。推进有特色高水平大学和科研院所建设，鼓励企业开展基础性前沿性创新研究，重视颠覆性技术创新。实施一批国家重大科技项目，在重大创新领域组建一批国家实验室。积极提出并牵头组织国际大科学计划和大科学工程。到 2020 年我国进入创新型国家行列。实现国际上普遍认可的创新型国家，科技创新对经济发展的贡献率一般在 70% 以上，研发投入占 GDP 的比重超过 2%，技术对外依存度低于 20%。

在此发展背景下，国务院批准同意了一批在推进自主创新和高技术产业发展方面先行先试、探索经验、做出示范的区域作为国家级自主创新示范区，作为建设创新型国家和区域创新体系的重要空间载体、国家抢占世界高技术产业制高点的前沿阵地，担当引领经济发展方式转变的重任。

国家在长三角地区布局自由贸易区和自主创新示范区，包括中国（上海）自由贸易试验区、上海张江国家自主创新示范区、苏南国家自主创新示范区、杭州国家级高新区（目前国家设立了 10 个国家级自主创新示范区）。

1. 中国（上海）自由贸易试验区

2013 年 7 月 3 日，国务院正式批准设立“中国（上海）自由贸易试验区”，开启我国新一轮改革开放的标志性试点。按照国务院批准的总体方案，着力推进投资、贸易、金融、事中事后等领域的制度创新。2014 年 12 月 28 日，国务院决定扩展上海自贸试验区的范围，将浦东新区的陆家嘴金融片区、金桥开发片区、张江高科技片区纳入自贸试验区试点范围，面积将从现有的 28.78 km^2 扩展到 120.72 km^2，为制度创新提供了更大的检验和压力测试空间。

中国（上海）自由贸易试验区肩负着我国在新时期加快政府职能转变、积极探索管理模式创新、促进贸易和投资便利化，为全面深化改革和扩大开放探索新途径、积累新经验的重要使命。

2. 上海张江国家自主创新示范区

在新一代信息技术、高端装备制造、生物医药、能源环保等领域形成拥有技术主导权的产业集群，培育出一批国际知名品牌和具有较强国际竞争力的跨国企业，培养和聚集一批优秀创新人才特别是产业领军人才，到2020年，基本建成世界一流科技园区，成为具有全球影响力的科技创新中心、高端人才集聚中心、科技金融中心、技术交易中心和高新技术产业发展基地、政府管理创新示范区，成为代表中国参与国际高新技术产业竞争的特色品牌。

3. 苏南国家自主创新示范区

我国首个以城市群为基本单元的国家自主创新示范区，由8个国家高新区和苏州工业园区组成，横跨南京、无锡、常州、苏州、镇江5个国家创新试点城市。发挥苏南地区科教人才优势和开发开放优势，积极开展激励创新政策先行先试，激发各类创新主体活力，加快科技成果转移转化，提升区域创新体系整体效能，努力建设成为创新驱动发展引领区、深化科技体制改革试验区、区域创新一体化先行区和具有国际竞争力的创新型经济发展高地。

4. 杭州国家级高新区

2015年8月25日，国务院批复同意杭州和萧山临江2个国家级高新技术产业开发区，统称杭州国家级高新区，建设国家自主创新示范区，为国务院批复的第10个国家自主创新示范区。主攻网络基础产业和物联网、互联网三大重点领域，打造浙江省战略性新兴产业的集聚区、示范区，引领和带动杭州乃至浙江产业转型升级和结构调整。要求结合自身发展特点，积极在跨境电子商务、科技金融结合、知识产权运用和保护、人才集聚、信息化与工业化融合、互联网创新创业等方面先行先试。

四、国家级新区战略

国家级新区（以下简称“新区”）是由国务院批准设立，承担国家重大发展和改革开放战略任务的国家级综合功能区。包括上海浦东新区、浙江舟山群岛新区、南京江北新区。

1. 上海浦东新区

战略定位为上海国际金融中心和国际航运中心核心功能区。发展目标：在强化国际金融中心、国际航运中心的环境优势、创新优势和枢纽功能、服务功能方面积极探索、大胆实践，努力建设成为科学发展的先行区，“四个中心”即国际经济中心、国际金融中心、国际贸易中心、国际航运中心的核心区，综合改革的试验区，开放和谐的生态区。

2. 浙江舟山群岛新区

战略定位为浙江海洋经济发展的先导区、海洋综合开发试验区和长三角地区经济发展的重要增长极。发展目标：建设成为中国大宗商品储运中转加工交易中心、东部地区重要的海上开放门户、中国海洋海岛科学保护开发示范区、中国重要的现代海洋产业基地、中国陆海统筹发展先行区。

3. 南京江北新区

赋予四大战略定位，即建设自主创新先导区、新型城镇化示范区、长三角地区现代产业集聚区和长江经济带对外开放合作重要平台。国务院明确指出，要把建设南京江北新区作为实施区域发展总体战略、贯彻落实《国务院关于依托黄金水道推动长江经济带发展的指导意见》的重要举措，充分发挥南京江北新区在创新驱动发展和新型城镇化建设等方面的示范带动作用，推动苏南现代化建设和长江经济带更好更快发展。

综上，长三角地区是“一带一路”和长江经济带重要战略载体，国家将充分利用长三角等经济区开放程度高、经济实力强、辐射带动作用大等优势，加快推进长三角地区国家战略实施。如在“一带一路”倡议框架下，加快推进中国（上海）自由贸易试验区建设，推进浙江海洋经济发展示范区和舟山群岛新区建设，加强上海、宁波—舟山等沿海城市港口建设，强化上海国际枢纽机场功能。

五、生态文明建设战略

1. 长三角地区是国家生态文明先行示范区

从 2012 年 11 月党的十八大做出“大力推进生态文明建设”的战略决策至今，国家和地方发布了一系列加快生态文明建设的要求。“正确处理好经济发展同生态环境保护的关系，牢固树立保护生态环境就是保护生产力、改善生态环境就是发展生产力”“绿水青山就是金山银山”的理念已经在社会经济建设中有深刻体现。长三角地区作为生态文明建设的改革排头兵，率先走出了一条生态文明建设的新路子。2014 年，环保部授予 37 个市（县、区）“国家生态文明建设示范区”称号，长三角地区共占 23 席，占全国 62%，其中江苏省 13 席、浙江省 10 席；国家六部委联合发布的第一批和第二批生态文明先行示范区建设地区，长三角地区共占 10 席（图 2-5）。

2. 加快生态文明建设的实施方案

2015 年 4 月 25 日，中共中央、国务院印发《关于加快推进生态文明建设的意见》，明确要求到 2020 年，资源节约型和环境友好型社会建设取得重大进展，主体功能区布局基本形成，经济发展质量和效益显著提高，生态文明主流价值观在全社会得到推行，生态文明建设水平与全面建成小康社会目标相适应。《关于加快推进生态文明建设的意见》提出生态文明建设的主要目标和具体指标，从强化主体功能定位，优化国土空间开发格局、推动技术创新和结构调整，提高发展质量和效益、全面促进资源节约循环高效使用，推动利用方式根本转变、加大自然生态系统和环境保护力度，切实改善生态环境质量和健全生态文明制度体系等方面提出了加快生态文明建设的具体任务。

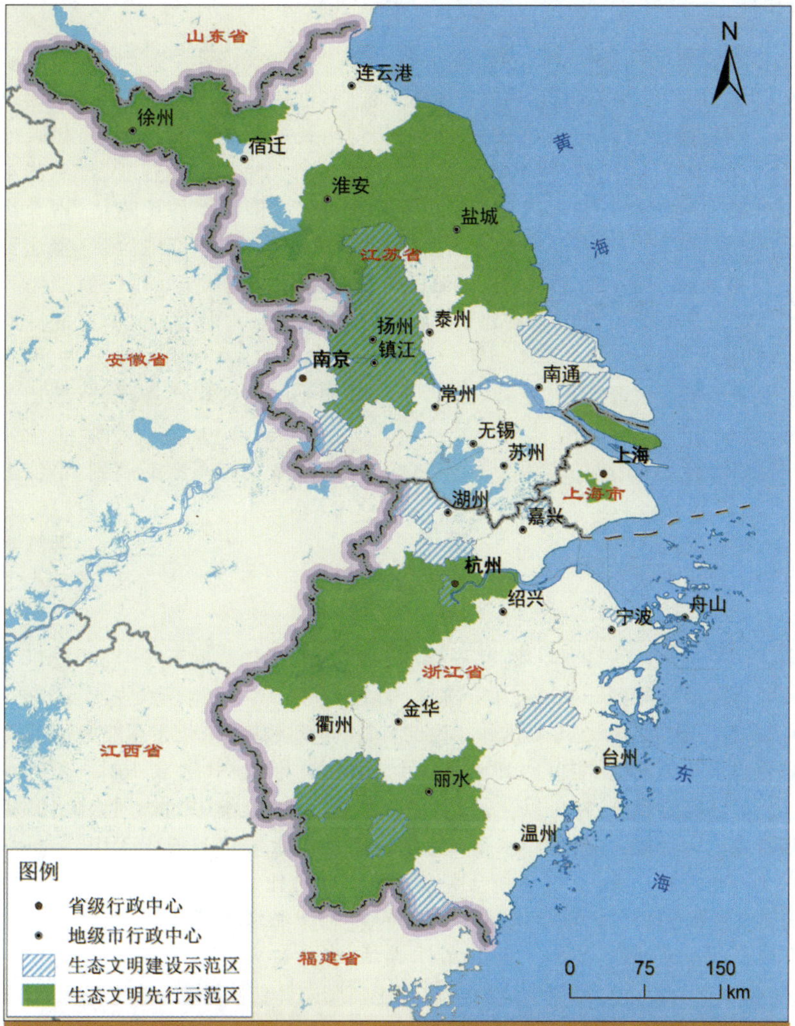

图 2-5 长三角地区生态文明示范区分布

（1）主要目标

从国土空间开发格局进一步优化、资源利用更加高效、生态环境质量总体改善和生态文明重大制度基本确立四个方面提出指标和目标要求。在单位 GDP 污染物排放强度、水耗控制上，上海、江苏和浙江高于全国平均水平，以上海市要求最严。在水环境质量达标率要求上，上海、江苏低于全国平均水平，浙江高于全国平均水平；上海市自然岸线保有率低于国家要求（表 2-4）。

（2）强化主体功能定位，优化国土空间开发格局

国家从积极实施主体功能区战略、大力推进绿色城镇化、加快美丽乡村建设和加强海洋资源科学开发和生态环境保护四个方面提出要求。推动落实主体功能定位，实施“多规合一”；落实《国家新型城镇化规划（2014—2020 年）》，提高城镇土地利用效率，划定城镇开发边界，推动城镇化发展由外延扩张式向内涵提升式转变；开展农村环境集中连片整治，转变农业发展方式；加强海洋环境治理和生态保护修复，实施围填海总量控制制度、自然岸线控制制度。

上海的具体要求：以土地整治规划和郊野单元为引领，推进集建区外低效建设用地减量

表 2-4 生态文明建设资源环境具体指标汇总

项目	全国	上海	江苏	浙江
资源利用更加高效	单位国内生产总值二氧化碳排放强度比 2005 年下降 40% ～ 45%，能源消耗强度持续下降，资源产出率大幅提高，用水总量力争控制在 6 700 亿 m^3 以内，万元工业增加值用水量降低到 65 m^3 以下，农田灌溉水有效利用系数提高到 0.55 以上，非化石能源占一次能源消费比重达到 15% 左右	单位国内生产总值二氧化碳排放强度较 2005 年下降 45% 以上，能源消耗强度持续下降，资源产出率大幅提高，本地非化石能源占一次能源消费比重达到 2%	单位地区生产总值二氧化碳排放强度比 2005 年下降 45%，非化石能源占一次能源消费比重达 10% 左右，单位地区生产总值能耗低于 0.45 t 标煤 / 万元，用水总量控制在 524 亿 m^3 以内，万元工业增加值用水量降低到 13 m^3 以下，农业灌溉水有效利用系数提高到 0.6 以上	单位地区生产总值二氧化碳排放强度比 2005 年下降 45%，非化石能源占一次能源消费总量比重达到 15%。单位 GDP 能耗年均下降 3.7% 以上，能源消耗总量年均增长 2.3% 以内，煤炭消费总量比 2015 年下降 5% 以上、控制在 1.31 亿 t 以内。单位工业增加值用水量控制在 58 m^3 以内，农业灌溉水有效利用系数达到 0.58
生态环境质量总体改善	重要江河湖泊水功能区水质达标率提高到 80% 以上，饮用水安全保障水平持续提升，土壤环境质量总体保持稳定，环境风险得到有效控制。森林覆盖率达到 23% 以上，草原综合植被覆盖度达到 56%，湿地面积不低于 8 亿亩，50% 以上可治理沙化土地得到治理，自然岸线保有率不低于 35%，生物多样性丧失速度得到基本控制，全国生态系统稳定性明显增强	$PM_{2.5}$ 浓度下降至 42 μg/m^3 左右，基本消除劣Ⅴ类水体，重点水功能区水质达标率达到 78% 以上，饮用水安全保障水平持续提升，土壤环境质量得到改善，环境风险得到有效控制。到 2020 年森林覆盖率达到 18% 以上，湿地面积不低于 32 万亩，湿地保护率不低于 35%，大陆和海岛自然岸线保有率分别不低于 12% 和 20%。生物多样性丧失速度得到基本控制，全市生态系统稳定性明显增强	$PM_{2.5}$ 年均浓度下降到 50 μg/m^3 左右，地表水水质优良（达到或优于Ⅲ类）的比例力争达到 70%，县级以上集中式饮用水水源水质达到或优于Ⅲ类的比例为 98% 左右，近岸海域水质优良水体保持稳定，土壤环境质量总体保持稳定，环境风险得到有效控制。湿地面积不低于 282 万 hm^2，自然湿地保护率达到 50% 以上，自然岸线保有率不低于 35%，林木覆盖率达到 24%，生物多样性得到有效保护，生态系统稳定性明显增强	$PM_{2.5}$ 平均浓度达到 35 μg/m^3 以下，省控断面达到或优于Ⅲ类水质的比例达到 83%，彻底消除劣Ⅴ类水体，Ⅴ类水质断面大幅减少。土壤污染加重趋势得到初步遏制，农用地和建设用地土壤环境安全得到基本保障，土壤环境风险得到基本管控。自然岸线保有率不低于 35%。森林覆盖率达到 61%，位居全国前列

化；通过滩涂围垦整理、区县农用地土地整治等新增耕地 10 万～ 12 万亩；构建“两轴两带、多层多核”城市化格局和“环、廊、区、源”基本生态网络格局；城镇化实施中心城区“双增双减”；美丽乡村建设，到 2020 年基本完成本市基本农田保护区规划保留村村庄改造工作、累计建成 100 个市级美丽乡村示范村。壮大海洋战略性新兴产业，建设临港海洋高新技术产业基地和长兴岛海洋装备基地，持续推进东滩和金山三岛自然保护区建设，推动绿色港口建设。

江苏的具体要求：对重点生态功能区实行产业负面清单，加大对农产品主产区等功能区的均衡性转移支持力度；苏南地区加强城市用地增量控制，鼓励城市转型升级和内涵发展，苏中、苏北地区集约用地，推动城市新区和开发区紧凑建设；划定永久基本农田，落实耕地占补平衡，防止占多补少、占优补劣、占水田补旱地；禁止擅自调整生态红线区域边界，限期清理现有不符合保护要求的建设项目，严肃查处在生态红线区域内违规开发建设等行为；优化城乡空间布局，形成以沿江、沿东陇海线为横轴，以沿海、沿大运河为纵轴，以轴线上区域性中心城市为支撑，以周边中小城市和重点中心镇为组成部分，大中小城市和小城镇协调发展的“两横两纵”空间布局和城镇体系；美丽乡村建设确定“重点村”、“特色村”和“一般村”，分别建设“康居村庄”、“美丽村庄”和“整洁村庄”，到 2020 年苏中和苏北地区规划发展村庄覆盖率达到 35%、苏南地区达到 30%。海洋生态环境保护，2017 年年底前全面清理非法或设置不合理的入海排污口，2020 年基本消除入海河流劣于Ⅴ类的水体，沿海涉海涉渔保护区面积达 2 000 km^2。

浙江的具体要求：2020 年将基本形成“三带四区两屏”的全省国土空间开发总体格局：环杭州湾、温台沿海和金衢丽高速公路沿线三大产业带进一步提升，成为全省新型工业化的主体区域；“两屏”之一的浙东近海海域蓝色屏障和重点生态功能区建设成效明显，生态安全得到有效保障。到 2020 年，将实施 500 个以上全域土地综合整治与生态修复工程，建成农田集中连片、建设用地集中集聚、空间形态集约高效的美丽国土新格局。通过“增减挂钩”（即城镇建设用地增加与农村建设用地减少相挂钩）政策，或者适当增加一些新的建设计划指标来盘活、用好农村的存量建设用地，构建“一核两翼三圈九区多岛”的海洋经济发展总体格局。加强各入海河口的环境综合整治，70% 以上的县（市、区）创建成为省级以上生态县（市、区），50% 以上的城市创建成为省级以上环保模范城市。

（3）*推动技术创新和结构调整，提高发展质量和效益*

国家从推动科技创新、调整优化产业结构和发展绿色产业三个方面提出要求。主要推动建立技术创新体系和科技创新成果转化机制、改造提升传统产业，发展战略性新兴产业、先进制造业和节能环保产业，培育新的经济增长点。

上海、江苏和浙江力争保持科技创新水平、战略性新兴产业和服务业发展走在全国前列。

上海提出编制和更新《上海市创新产品推荐目录》，到 2020 年服务业增加值占 GDP 比重预计达到 70% 左右；推进“104 区块”提升、“195 区域”转型及“198 区域”减量化；推进钢铁、石化、建材、有色金属、轻工、纺织、医药及四大工艺（铸造、锻造、热处理、电镀）等重点行业结构优化，加快电子信息低端过剩产品、低端仓储物流等调整；推进桃浦、南大地区产业结构调整，启动吴淞、高桥、吴泾等地区整体转型。

江苏提出到 2017 年突破 50 项生态文明建设核心关键技术，建成 30 个战略性新兴产业集群，培育 50 家左右百亿级行业领军企业；到 2020 年战略性新兴产业增加值占 GDP 比重达到 14%，服务业增加值占 GDP 比重达到 53% 左右；落实《中国制造 2025 江苏行动纲要》，建设全球先进制造业研发与制造基地；化解产能过剩方面，到 2017 年压缩钢铁产能 700 万 t、水泥产能 1 000 万 t 以上、普通平板玻璃产能 300 万重量箱以上、船舶产能 1 000 万载重吨。

浙江落实《浙江省人民政府共同推进“中国制造 2025”浙江行动战略合作协议实施方案》，建设“中国制造 2025”国家级示范区 2 个以上。累计建设省级制造业创新中心 8 家以上。组织实施国家智能制造、绿色制造、工业强基等重点项目 100 个左右。建设“中国制造 2025”浙江行动试点示范县（市、区）10 个以上。“两化”深度融合国家示范区和国家信息经济示范区建设取得显著成效，“两化”融合指数达到 100 以上，走在全国前列。《浙江省大湾区建设行动计划》（2018 年）中提出，将杭州、宁波、温州、湖州、嘉兴、绍兴、台州、舟山 8 市所在的大湾区打造成绿色智慧和谐美丽的世界级现代化大湾区。高水平建设中国（浙江）自由贸易试验区，争创自由贸易港，增强杭州、宁波两大都市区极核辐射带动作用，加快建设杭州城西、宁波城东、嘉兴 G60 三大科创大走廊。

（4）全面促进资源节约循环高效使用，推动利用方式根本转变

国家从推进节能减排、发展循环经济和加强资源节约三个方面提出要求。主要推动重点领域实施节能减排，削减主要污染物排放总量、构建覆盖全社会的资源循环利用体系、节约集约利用水、土地、矿产等资源。

上海提出全面推广绿色建筑，到 2020 年新建绿色建筑按二星级及以上标准约占新建民用建筑面积 50%。到 2020 年实现低效建设用地减量 50 km^2，其中工业建设用地减量 40 km^2；深化土地全生命周期管理，合理推进滩涂造地，集约节约利用海域海岛资源。

江苏实施电力行业煤炭等量替代、非电行业减量替代，重点削减非电行业煤炭消费总量。到 2017 年，煤炭消费总量力争实现负增长；到 2020 年，煤炭消费总量力争低于 2012 年，煤炭占能源消费总量比重降低到 60% 以下，电煤占煤炭消费比重提高到 60% 以上；同时大力开发利用风能、太阳能、生物质能、地热能，发展核电；严格控制新建高耗能项目，新建项目单位产品（产值）能耗要达到国际先进水平，用能设备达到一级能效标准。实施节能改造，到 2020 年实施节能改造超过 800 万 t 标煤，单位工业增加值能耗比 2015 年降低 18% 左右。到 2020 年城市再生资源回收利用率达到 80%，所有省级以上开发区完成循环化改造任务。

浙江提出提升城镇绿化水平。到 2015 年县级以上城市建成区绿地率达 35% 以上，人均公园绿地面积达 12 m^2 以上。积极发展绿色建筑，努力建设低碳城镇。健全绿色建筑监管体系，促进绿色建筑监管规范化。积极推进节水型社会建设，落实各项节水措施。加快完善绿色建筑技术标准体系，加强民用建筑设计方案节能评估和审查。推动从单纯发展节能建筑转向发展以节能为重点的绿色建筑。到 2020 年，建立能源“双控”，“倒逼”转型升级体系；在各市平衡基础上，累计腾出用能空间 600 万 t 标煤以上；完成“十三五”能源“双控”和煤炭消费总量控制目标任务，全省单位 GDP 能耗年均下降 3.7% 以上，能源消耗总量年均增长 2.3% 以内，煤炭消费总量比 2015 年下降 5% 以上、控制在 1.31 亿 t 以内。

（5）加大自然生态系统和环境保护力度，切实改善生态环境质量

国家从保护和修复自然生态系统、全面推进污染防治和积极应对气候变化三个方面作出规定。推动加快生态安全屏障建设，形成以南方丘陵山地带、近岸近海生态区以及大江大河重要水系为骨架，以其他重点生态功能区为重要支撑，以禁止开发区域为重要组成的生态安全战略格局；建立以保障人体健康为核心、以改善环境质量为目标、以防控环境风险为基线的环境管理体系，健全跨区域污染防治协调机制，加快解决人民群众反映强烈的大气、水、土壤污染等突出环境问题；落实大气污染防治行动计划、水污染防治行动计划，切实改善大气环境质量和确保饮用水安全，开展土壤污染治理与修复试点，加强农业面源污染防治。

上海的具体措施：重点保护东海滩涂湿地及其自然保护区、杭州湾湾区、长江及黄浦江水源保护区、淀山湖湖区和崇明三岛等长江口岛群五大城市基础性生态源地；加强滨江沿海绿色生态岸线保护；推进以 $PM_{2.5}$、臭氧等为重点的污染防治；加强污水放江治理，大幅压缩畜禽养殖规模，削减陆源入海污染。

江苏的具体措施：实现二氧化硫、氮氧化物、颗粒物、挥发性有机物等多污染物的协同控制；构建供水安全保障体系，制定一系列水质目标要求；在南京、徐州、常州、苏州等地

开展地下水污染修复试点；土壤污染建立农用地土壤环境质量档案，建设土壤环境质量例行监测和预警体系；实施海岛生态修复工程，确保秦山岛、连岛、竹岛、羊山岛、兴隆沙、永隆沙等重点岛屿生态环境稳中向好；开展洪泽湖、高邮湖、骆马湖等湖泊生态安全状况调查和评估，实施“一湖一策”保护计划。

浙江的具体措施：严格控制新增燃煤项目建设，严格控制燃煤机组新增装机规模，不再新建 35 蒸吨 /h 以下的高污染燃料锅炉。大力推进火电、钢铁、建材、石化、印染、化工、合成革、油品贮运等八大行业的大气污染防治工作。全面推进火电企业脱硫脱硝设施建设，进一步提高除尘效率。到 2015 年，全省 135 MW 以上现役燃煤发电机组全部完成烟气脱硝并投入运行，现役 35 t 以上燃煤锅炉烟气脱硫率、脱硫设施投运率分别达到 90% 和 95% 以上。加强钢铁、水泥行业及废气有机污染物排放重点行业大气污染整治。加强钱塘江、瓯江、太湖等主要流域源头地区生态保护，加大自然保护区保护力度，促进生物多样性和植物种质资源保护。加快海洋自然保护区、海洋特别保护区建设，实施海洋生物资源和重要港湾及重点海域生态环境恢复工程，建立健全滩涂湿地保护管理机制，不断改善近海海域生态环境。

（6）健全生态文明制度体系

国家从健全法律法规、完善标准体系、健全自然资源资产产权制度和用途管制制度、完善生态环境监管制度、严守资源环境生态红线、完善经济政策、推行市场化机制、健全生态保护补偿机制、健全政绩考核制度和完善责任追究制度十个方面作出规定。推动制定修订一批能耗、水耗、地耗、污染物排放、环境质量等方面的标准，设定资源消耗上限、环境质量底线、生态保护红线，确保大气、水、土壤等环境质量“只能更好、不能变坏”，形成生态保护补偿机制，实行差别化政绩考核制度。

上海实施能源消费总量和强度双控制度，到 2020 年全市能源消费总量控制在 1.25 亿 t 标煤以内。强化水资源开发利用、用水效率、水功能区限制纳污三条红线管控。限制开发区和生态敏感区取消 GDP 考核。

江苏设定建设海绵城市的目标，积极推进海绵城市建设试点示范工作。江苏提出产业布局的要求，推进沿海、沿江、沿东陇海线和沿大运河产业带发展，打造以沿海地区为纵轴、沿江两岸为横轴的“L”形江海经济带。加强生物多样性保护，着力把盐城珍禽、大丰麋鹿和洪泽湖湿地打造成全国示范性自然保护区。江苏在提出美丽乡村建设的同时提出全面实施城市环境综合整治，不搞大树进城、开山造地、填河填湖，保护修复自然山水格局及形态，构建城郊乡一体化的绿色生态网络体系。

浙江大力开展生态文明建设试点，深入推进生态市、生态县、生态乡（镇、街道）、生态村创建活动。到 2015 年，70% 以上的县（市、区）创建成为省级以上生态县（市、区），继续创建一批国家级和省级文明城市、卫生城市、园林城市和环保模范城市。产业布局总体思路是：实行点轴开发，促进产业带形成；加强城镇建设，促进产业集聚；开发海洋产业。形成沪杭甬高速公路沿线地区、温台沿海地区以及浙赣和金温铁路沿线地区三大重点区域。加快 25 个循环经济试点基地建设，着力推进工业循环经济“733”工程，在重点行业、产业园区、城市和农村培育一批循环经济示范工程，努力推动形成减量化、再利用、资源化的现代循环经济产业体系。

第三节 环境保护战略梳理

一、《大气污染防治行动计划》（国发〔2013〕37 号）

1. 长三角两省一市的配套文件

——《上海市清洁空气行动计划（2013—2017）》（2013 年 10 月）、《上海市大气污染防治条例》（2014 年 7 月），上海实施《大气污染防治行动计划》（简称“大气十条”）已经出台的配套实施方案还有《关于进一步加大力度推进燃煤（重油）锅炉河窑炉清洁能源替代工作的实施意见》（2013 年 11 月）、《关于加快推进本市集中供热和热电联产燃煤（重油）锅炉清洁能源替代工作的实施方案》（2015 年 7 月）。

——《江苏省大气污染防治行动计划实施方案》（2014 年 1 月）、《江苏省大气污染防治条例》（2015 年 2 月），江苏实施“大气十条”已经出台的配套实施方案为《江苏省煤炭消费总量控制和目标责任管理实施方案》（2014 年 9 月）。

——《浙江省大气污染防治行动计划（2013—2017 年）》（2013 年 12 月）、《浙江省大气污染防治条例（修订草案）》（2015 年 12 月），浙江省实施“大气十条”已经出台的配套实施方案包括：《浙江省大气污染防治调整能源结构专项实施方案（2014—2017 年）》（2014 年 5 月）、《浙江省机动车污染防治实施方案（2014—2017 年）》（2014 年 5 月）、《浙江省大气污染防治调整产业布局与结构专项实施方案（2014—2017 年）》（2014 年 5 月）。

2. 国家与长三角两省一市目标比较

“大气十条”确定了到 2017 年，长三角区域空气质量明显好转。力争再用 5 年或更长时间，逐步消除重污染天气，全国空气质量明显改善。具体指标：到 2017 年，长三角区域细颗粒物浓度下降 20% 左右。两省一市各自行动计划的目标与国家对长三角地区的要求保持一致，没有确定严于国家的目标。

3. 国家与长三角两省一市在实施任务上的比较

为实现以上目标，“大气十条”确定了 10 项具体措施：

一是加大综合治理力度，减少多污染物排放。全面整治燃煤小锅炉，加快重点行业脱硫、脱硝、除尘改造工程建设。综合整治城市扬尘和餐饮油烟污染。加快淘汰黄标车和老旧车辆，大力发展公共交通，推广新能源汽车，加快提升燃油品质。

二是调整优化产业结构，推动经济转型升级。严控高耗能、高排放行业新增产能，加快淘汰落后产能，坚决停建产能严重过剩行业违规在建项目。

三是加快企业技术改造，提高科技创新能力。大力发展循环经济，培育壮大节能环保产业，促进重大环保技术装备、产品的创新开发与产业化应用。

四是加快调整能源结构，增加清洁能源供应。到 2017 年，煤炭占能源消费总量比重降到 65% 以下。京津冀、长三角、珠三角等区域力争实现煤炭消费总量负增长。

五是严格投资项目节能环保准入，提高准入门槛，优化产业空间布局，严格限制在生态脆弱或环境敏感地区建设“两高”行业项目。

六是发挥市场机制作用，完善环境经济政策。中央财政设立专项资金，实施以奖代补政策。调整完善价格、税收等方面的政策，鼓励民间和社会资本进入大气污染防治领域。

七是健全法律法规体系，严格依法监督管理。国家定期公布重点城市空气质量排名，建立重污染企业环境信息强制公开制度。提高环境监管能力，加大环保执法力度。

八是建立区域协作机制，统筹区域环境治理。京津冀、长三角区域建立大气污染防治协作机制，国务院与各省级政府签订目标责任书，进行年度考核，严格责任追究。

九是建立监测预警应急体系，制定完善并及时启动应急预案，妥善应对重污染天气。

十是明确各方责任，动员全民参与，共同改善空气质量。

长三角地区两省一市为落实上述“大气十条”任务，均制定了地方大气行动计划的实施方案。对比两省一市地方大气行动计划与国家制定的“大气十条”，地方大气行动计划在能源、工业、产业布局、交通等方面制定了更加具体、细致、甚至是更加严格的配套措施。主要体现在：

（1）能源利用效率与污染控制水平

两省一市未提出新要求。与国家要求保持一致，即到2017年单位工业增加值能耗比2012年降低20%，重点行业排污强度比2012年下降30%以上。

两省一市要求新建高耗能项目单位产品（产值）能耗要达到国际先进水平，未针对现有高耗能产业能源绩效水平的提高设定要求。

（2）能源消费总量控制与结构优化

上海明确提出“到2017年实现煤炭消费总量负增长”，略严于国家要求；江苏、浙江“力争实现煤炭消费总量负增长”，与国家要求一致。

在加快清洁能源替代利用上，江苏提出“到2017年，煤炭占能源消费总量比重降低到65%以下，天然气占一次能源比重力争达到12%以上，非化石能源占总能源比重达到7.3%（2012年天然气、非化石能源占比分别为6%、6.19%）”，浙江提出“到2017年，力争天然气利用达到240亿 m^3，占比从2012年的3.1%提高到12.2%，非化石能源占总能源比重由2012年的11.3%提高到16.7%”。

（3）产业结构调整

在严控“两高”行业新增产能及提高环保准入门槛上，上海禁止新建钢铁、建材、焦化、有色等行业的高污染项目，严格控制石化、化工项目，严于国家要求。江苏对钢铁、水泥等行业实施行业产能等量或减量替代，增加了能耗和污染物排放总量减量替代的要求。

在淘汰落后产能上，江苏还提出到2017年再淘汰一批火电、钢铁、水泥等行业落后和低端产能。浙江则按照《浙江省淘汰落后产能规划（2013—2017年）》对钢铁、水泥、造纸、化纤、印染、铅蓄电池、化工、制革等行业再淘汰一批落后产能。

在产业结构调整力度上，上海提出“加快推动吴淞、高桥等地区产业结构调整，推进水泥企业结构调整，加快大气重污染和严重损害群众健康企业的调整关闭，有序推动劳动密集型一般制造业的调整和退出”。

在优化空间布局上，浙江要求对县级以上城市建成区大气重污染企业实施搬迁入园，在搬迁范围、时间上均严于国家。

（4）燃煤发电与供热

针对燃煤小锅炉整治问题，上海、浙江在淘汰范围、淘汰规模及时限、对新建燃煤锅炉规模等方面均制定了严于国家的配套措施，江苏除在淘汰范围上严于全国要求外，其余方面与国家要求基本一致。

上海要求到2017年全面取消分散燃煤，完成热电联产机组和集中供热锅炉清洁能源改造。浙江要求“2017年年底前对部分高污染燃料锅炉采取天然气替代，达到烟气超低排放限值要求”。

（5）交通污染控制

国家在“加大综合治理力度，减少多污染物排放”中从移动源角度提出控制要求，对开展工程机械等非道路移动机械和船舶的污染控制未做具体要求。而在上海、江苏、浙江专设条目对“绿色交通、机动车尾气污染”提出详细要求。更加重视对机动车和交通污染的控制。

在防治机动车污染方面，两省一市从“优化交通结构、控制机动车保有量和使用强度、推广新能源汽车、实施更严格的新车排放标准和油品标准、淘汰黄标车和老旧车辆、加强在用车检测和监管”等方面进行细化。

上海、江苏提出了明确的绿色港口建设和船舶污染控制要求，改变船舶和港口作业机械的燃料结构，由柴油改天然气，或由柴油改电。如上海提出“加快绿色港口建设。推进港区船舶统一使用低硫油。积极推动船舶使用‘岸电’，完成吴淞国际邮轮码头、洋山冠东集装箱码头等岸基供电试点。推进港口装卸设备‘油改电’试点。2017年年底前推广港口液化天然气内集卡400辆”等要求。江苏提出“大力推进内河船舶‘油改气’、港口水平运输机械‘油改气’和靠港船舶岸电系统建设。加快推进内河船型标准化，淘汰一批非标船型和老旧船”等要求。浙江提出“到2017年年底前，推广港口天然气集卡车600辆以上，推进港区吊车‘油改电’工程”。

对除港口移动机械外的非道路移动机械污染控制，上海提出“要建立非道路移动机械登记备案制度，研究出台高污染非道路移动机械污染治理和淘汰更新的工作方案。按国家要求实施非道路移动机械国Ⅲ排放标准和船用发动机国Ⅰ排放标准，规范配套油品供应。推进机场航空器使用地面辅助电源试点”。同时，还制定了多部门参与实施的《关于推进本市非道路移动机械大气污染防治工作的实施意见》（2015年7月）。江苏提出“要开展施工机械环保治理和环保标志管理，推进柴油施工机械加装尾气后处理装置”。浙江提出“要推进非道路移动机械油品提升。探索实施非道路移动机械登记备案制度、逐步实行环保标志管理制度，并研究启动污染治理和淘汰更新工作”。

（6）农业污染治理

两省一市将农业氨污染纳入地方大气污染行动计划中。上海提出“要减少农业源氨的挥发。优化夏熟作物种植结构，适度扩大绿肥种植，推广使用配方肥料，深化完善使用长效缓释氮肥。开展畜禽养殖减排示范工程”。江苏提出“要积极开发缓释肥料、有机无机复合肥等新品种，减少化肥施用过程中气态氨的排放”。浙江提出“积极推行测土配方施肥和减量增效技术，大力推广有机肥，引导农民科学施肥，着力提高肥料利用率，减少农田化肥施用量和氨挥发量”。

4.“大气十条”实施内容与实施效果

（1）两省一市已实施的“大气十条”污染控制措施

为贯彻落实“大气十条”具体要求，长三角地区两省一市分别在能源、产业、交通等领域进一步实施了一系列污染控制措施，具体见表2-5。

表 2-5　两省一市落实“大气十条”主要实施的污染控制措施

不同领域	上海	江苏	浙江
能源领域	24 台机组全工况脱硝改造； 3 台机组清洁化改造； 2 280 台中小燃煤（油）锅炉淘汰； 取缔 3 000 家茶水炉	煤炭消费总量控制； 整治燃煤锅炉 4 636 台； 建成 15 台燃煤机组超低排放示范工程； 建立燃煤机组超低排放临时电价补贴	10 台机组超低排放改造； 淘汰 10 060 台中小燃煤锅炉
产业领域	工业 VOCs 治理（150 家重点企业 + 270 家其他企业）； 1 004 项产业结构调整	7 家大型石化企业建成泄漏检测与修复（LDAR）体系； 完成化工、印刷包装、表面涂装等重点行业 VOCs 治理项目 609 个； 对钢铁、水泥等非电力行业脱硫脱硝项目补贴 20%； 淘汰落后产能 637 个	关停萧山电厂、半山电厂和杭钢； 淘汰改造落后产能企业 1 000 家以上； 关停六大行业 2 219 家企业； 开展 4 个行业 340 个治理项目； 推进 13 个行业 VOCs 整治和泄漏检测与修复技术改造
交通领域	淘汰黄标车、老旧车 6.43 万辆、港区和机场内部黄标车淘汰； 国Ⅲ柴油车柴油颗粒过滤器（DPF）改造； 出租车三元催化器安装； 柴油车和重型汽油车新车国Ⅴ标准，低速货车执行与轻型载货车相同的节能与排放标准	淘汰黄标车和老旧机动车 23.05 万辆； 推广新能源车 5 000 多辆； 建成 176 套港口岸电系统； 新辟、优化公交线路 143 多条	淘汰黄标车 20.75 万辆； 全面供应国Ⅴ车用汽柴油； 完成船型标准化改造船舶 763 艘； 加快船舶和非道路移动机械污染防治
其他	推广绿色建筑； 完成 5 个农作物秸秆综合利用示范项目	秸秆综合利用和禁烧； 推行施工标准化管理，提高道路机械化清扫率	建筑工地、道路、矿山扬尘管控及治理； 餐饮油烟管控； 提高秸秆综合利用率

（2）*大气环境质量改善的效果与差距*

对长三角地区控制措施的实际效果进行评估，结果表明，2015 年长三角地区 $PM_{2.5}$ 年均浓度为 52 μg/m³，相较于 2013 年下降 22.4%，已接近 2017 年“大气十条”的目标。距离 $PM_{2.5}$ 年均浓度 35 μg/m³ 的达标目标还有较大差距（图 2-6）。

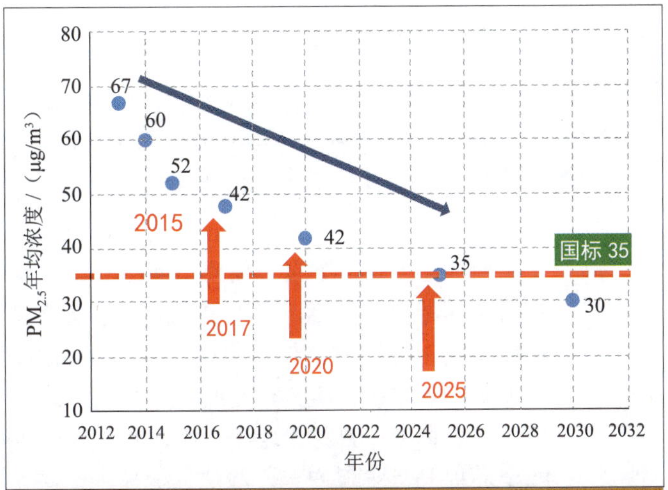

图 2-6　长三角区域 $PM_{2.5}$ 整体改善及与目标的差距

与 2013 年相比，长三角地区 25 个地级以上城市 2014 年、2015 年 $PM_{2.5}$ 重污染程度均有不同程度下降；25 个城市由北向南，污染程度逐渐降低。

按照“大气十条”要求 $PM_{2.5}$ 年均浓度下降 20% 的目标，长三角地区 25 个地级市中有 15 个城市（其中江苏 6 个市、浙江 9 个市）已提前达到目标，占比 60%，主要包括江苏内陆腹地城市淮安、南京及其周边城市，以及浙江除宁波、舟山外的其他城市；还有 9 个城市距离目标仍存在差距，占比 36%，主要分布在江苏沿海、上海及浙江宁波，主要原因可能是上述城市均位于沿海区域，$PM_{2.5}$ 原有污染水平较低，因而改善效果落后于内陆污染水平较高的城市（图 2-7）。

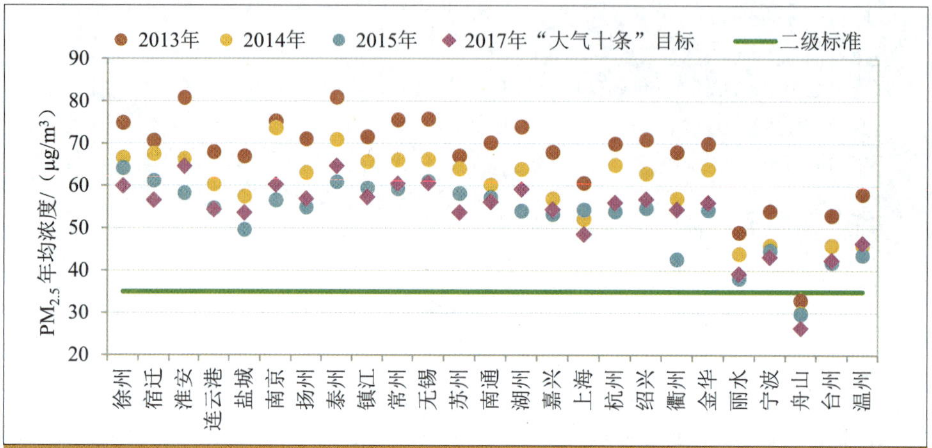

图 2-7 长三角地区各地级市空气质量改善情况及与目标差距

二、《水污染防治行动计划》（国发〔2015〕17 号）

1. 长三角两省一市的配套文件

——《上海市水污染防治行动计划实施方案》（2015 年 12 月）。

——《江苏省水污染防治工作方案》（2015 年 12 月）。

——《浙江省水污染防治行动计划（2016—2020 年）》（2015 年 8 月）。

2. 国家与长三角两省一市目标比较

《水污染防治行动计划》（简称“水十条”）确定的工作目标、主要指标包括：到 2020 年，全国水环境质量得到阶段性改善，七大重点流域水质优良比例总体达到 70% 以上，地级及以上城市建成区黑臭水体控制在 10% 以内、饮用水水源水质达到或优于Ⅲ类比例总体高于 93%，全国地下水质量极差的比例控制在 15% 左右，近岸海域水质优良比例达到 70% 左右，长三角地区力争消除丧失使用功能的水体。到 2030 年，力争全国水环境质量总体改善，水生态系统功能初步恢复，七大重点流域水质优良比例总体达到 75% 以上，城市建成区黑臭水体总体得到消除，城市集中式饮用水水源水质达到或优于Ⅲ类比例总体为 95% 左右。到 21 世纪中叶，生态环境质量全面改善，生态系统实现良性循环。

在总体工作目标设定上，上海市提出“2040 年实现生态环境质量全面改善，生态系统功能全面提升，实现安全、清洁、健康的水环境目标”，较全国提前 10 年实现水生态环境质量全面改善的目标；江苏省和浙江省总体目标设定与全国一致。在近岸海域质量上，长三角两省一市 2020 年对近岸海域质量要求为“保持稳定”，低于全国目标“近岸海域环境质量稳中趋好”，其中浙江省“近岸海域优于三类水质比例不低于 45%”低于全国“近岸海域优于二类水质比例达到 70% 左右”目标要求。在消除黑臭水体上，上海市和江苏省提出“2020 年地级以上城市建成区基本消除黑臭水体”，高于全国目标。在饮用水水源水质上，上海市和江苏省“2030 年饮用水水源水质达到或优于Ⅲ类水质比例为 100%”的目标高于全国目标。

3. 国家制定的具体任务

针对长三角地区的特点，“水十条”提出了水污染防治的特别要求：

（1）全面控制污染物排放

狠抓工业污染防治，2016 年年底前，长三角地区工业集聚区应按规定建成污水集中处理设施，并安装自动在线监控装置，逾期未完成的，一律暂停审批和核准其增加水污染物排放的建设项目，并依照有关规定撤销其园区资格。强化城镇生活污染治理，加快城镇污水处理设施建设与改造，到 2019 年，长三角地区所有县城和重点镇具备污水收集处理能力，县城、城市污水处理率分别达到 85%、95% 左右；到 2017 年，直辖市、省会城市、计划单列市建成区污水基本实现全收集、全处理，其他地级城市建成区于 2020 年年底前基本实现。到 2020 年年底前，地级及以上城市污泥无害化处理处置率应达到 90% 以上。推进农业农村污染防治，2016 年年底前长三角地区依法关闭或搬迁禁养区内的畜禽养殖场（小区）和养殖专业户；到 2019 年，长三角地区测土配方施肥技术推广覆盖率达到 90% 以上，化肥利用率提高到 40% 以上，农作物病虫害统防统治覆盖率达到 40% 以上。加强船舶港口污染控制，积极治理船舶污染，增强港口码头污染防治能力。

（2）推动经济结构转型升级

调整产业结构，明确区域环境准入条件，实施差别化环境准入政策，实施水资源、水环境承载能力监测预警，已超过承载能力的地区要实施水污染物削减方案。优化空间布局，七大重点流域干流沿岸要严格控制石油加工、化学原料和化学制品制造、医药制造、化学纤维制造、有色金属冶炼、纺织印染等项目环境风险，合理布局生产装置及危险化学品仓储等设施；城市建成区内现有钢铁、有色金属、造纸、印染、原料药制造、化工等污染较重的企业应有序搬迁改造或依法关闭。推进循环发展，加强工业水循环利用，促进再生水利用，推动海水利用，到 2020 年，缺水城市再生水利用率达到 20% 以上。

（3）着力节约保护水资源

实施最严格水资源管理，严控地下水超采，2016 年年底前，长三角地区完成地下水禁采区、限采区和地面沉降控制区范围划定工作。提高用水效率，到 2020 年，全国万元 GDP 和万元工业增加值用水量比 2013 年分别下降 35% 和 30% 以上。到 2019 年长三角地区地级及以上缺水城市全部达到国家节水型城市标准要求，到 2020 年全国公共供水管网漏损率控制在 10% 以内。

（4）全力保障水生态环境安全

保障饮用水水源安全，自 2018 年起所有县级及以上城市都要向社会公开本行政区域内的饮水安全状况。单一水源供水的城市应于 2020 年年底前基本完成备用水源或应急水源建设。深化重点流域污染防治，到 2020 年长江总体水质达到优良，太湖富营养化水平有所好转。环境容量较小、生态环境脆弱、环境风险高的地区，应执行水污染物特别排放限值。加强近岸海域环境保护，重点整治长江口、杭州湾等河口海湾污染，2017 年年底前全面清理非法或设置不合理的入海排污口，到 2020 年沿海省（区、市）入海河流基本消除劣Ⅴ类水体。整治城市黑臭水体，地级市 2020 年年底前完成黑臭水体治理目标。保护水和湿地生态系统，划定河湖水生态保护红线，禁止侵占自然湿地等水源涵养空间，到 2020 年全国自然岸线保有率不低于 35%（不包括海岛）。

（5）切实加强水环境管理

强化环境质量目标管理，对水质不达标的区域实施挂牌督办，必要时采取区域限批等措施。深化污染物排放总量控制，选择对水环境质量有突出影响的总氮、总磷、重金属等污染物，研究纳入流域、区域总量控制体系。严格环境风险控制，稳妥处置突发水环境污染事件，2017 年年底前公布优先控制化学品名录，对高风险化学品生产、使用严格限制，并逐步淘汰替代。全面推行排污许可，2017 年年底前完成全国排污许可证管理信息平台建设。

（6）严格环境执法监管

完善法规标准和标准体系，各地可结合实际，研究起草地方性水污染防治法规和排放标准。加大执法力度，所有排污单位必须依法实现全面达标排放，对超标和超总量的企业一律限制生产或停产整治；对整治仍不能达到要求且情节严重的企业一律停业、关闭。严厉打击各种环境违法行为，对造成生态损害的责任者严格落实赔偿制度；对构成犯罪的，要依法追究刑事责任。提升监管水平，完善水环境监测网络。长三角地区要于 2015 年年底前建立水污染防治联动协作机制，建成统一的水环境监测网。

4. 长三角两省一市的强化措施

为全面贯彻落实国家“水十条”要求，长三角两省一市在 10 项具体措施上制定了更为严格的要求。其中，上海市更加注重饮用水安全保障，在原水供水格局、水源地规范化建设和环境风险防范等方面提出多项具体要求；江苏省更加注重污染物排放控制，在提升治污水平、环境基础设施建设及分流域、分区域、分阶段综合治理方面提出多项要求；浙江省更加注重经济绿色转型和水生态保护，在产业结构调整、推进循环发展、饮用水水源地建设和海洋生态保护等方面提出更加严格的要求。总体上，与国家“水十条”相比，长三角两省一市在经济结构转型升级、水污染物排放控制、水资源保护、水生态环境保障、水环境管理、环境执法监管等方面制定了更加严格的配套措施。具体如下：

（1）水污染物排放控制

在工业污染防治方面，上海市提出要“制定更严格的地方标准，并对污水直接排向外环境的工业集聚区实施集中排污口管理，增加总氮、总磷等控制指标”；江苏省提出“全面推行工业集聚区企业废水和水污染物纳管总量双控制度，重点行业工业废水实行分类收集、分质处理、一企一管”；浙江省提出“促进和提升重污染行业重金属和高浓度难降解废水预处理和分质处理，对重点行业废水输送明管化，杜绝废水输送过程污染”。在城镇生活污染治理方面，上海市提出“对污水处理厂开展臭气处理并要求达到国家和地方最新标准要求”；江苏省提出“对太湖流域一级保护区内、尾水直接排入太湖的城市污水处理厂实施地表水Ⅳ类标准试点，2020 年前完成全省城镇污水处理监管信息平台建设、县（市）城镇污水处理厂污泥无害化处理处置率达到 100%”；浙江省提出“全面实施污水排入排水管网许可证制度”，明确了“镇级污水处理厂运行负荷率要求，到 2020 年县级以上污水处理厂污泥无害化处理处置率达到 100%”。在农业农村污染防治方面，上海市明确了“2020 年全市畜禽养殖规模和规模化养殖场数量”，提出“2020 年化肥农药施用量在 2015 年基础上削减 15%”；江苏省明确了“到

2017 年、2020 年规模化养殖场（小区）治理率及 2020 年主要湖泊网围养殖面积，其中太湖网围养殖面积控制在 4.5 万亩以内”；浙江省明确了“到 2017 年全省生猪饲养量和农药施用量削减比例，及 2020 年农村生活污水治理村覆盖率”。在加强船舶港口污染控制方面，上海市提出“在本市水域内全面禁运《内河禁运危险化学品目录（2015 版）》（试行）明确的相关危险品”。

（2）经济结构转型升级

在国家要求的基础上，上海市提出“全面淘汰手工电镀工艺、镀铅工艺、铸 / 锻件酸洗工艺等生产企业。104 个工业区块外原则上不得新建、扩建工业项目（都市型工业项目除外）”；江苏省提出“太湖流域停止审批增加氮磷污染物排放新建工业项目，淮河流域限制发展高耗水产业，沿江地区严格限制新建中重度污染化工项目，沿海地区严格控制新建医药、农药和染料中间体项目。到 2020 年全面完成城市建成区污染较重企业改造退出任务”；浙江省明确了“各行业淘汰落后产能要求。严格执行建设项目环评审批与区域环境质量、污染减排绩效挂钩制度。严格控制浙西地区和太湖流域等水环境敏感区域高耗水高污染行业发展，新建、改建、扩建重点行业建设项目实行主要污染物排放减量置换。关闭红线区内破坏生态环境或具有潜在破坏性的企业，实行严格保护”。

（3）水资源保护

在国家要求的基础上，上海市明确“到 2020 年，地下水开采量控制在 800 万 m^3/a 以内”；江苏省提出“到 2020 年农田灌溉水有效利用系数达到 0.6，全省 70% 以上市、县（市、区）建成节水型社会”；上海市和江苏省提出加快“海绵城市”建设，组织开展“海绵城市（区）”试点建设。浙江省与国家要求基本一致。

（4）水生态环境安全保障

在饮用水水源安全保障方面，上海市提出“到 2017 年年底前，实现全市在用集中式水源地一级保护区封闭式管理，基本完成二级水源保护区内企业的关闭整治工作。在水源保护区内禁止高污染风险货物或剧毒品的船舶航行、停泊、作业，严格监管各类装卸码头”；江苏省提出“到 2020 年，市县基本实现‘双源供水’和自来水厂深度处理两个‘全覆盖’”；浙江省提出“加强流域上下游联动治污和优化取水排水格局，汇水区内严格准入和监管。2015 年年底前县级以上饮用水水源地一级保护区完成物理隔离或生物隔离设施建设”。在加强近岸海域环境保护方面，上海市和江苏省提出“划定并实施海洋生态红线制度”。

（5）水环境管理

在国家要求的基础上，上海市提出“在环保部门全面实行重点污染源监管责任制，将监管责任落实到人，完善环保执法责任追究制度”；江苏省提出“实行环境损害赔偿和责任追究制度，2020 年年底前基本形成覆盖全省的环境污染损害鉴定评估工作能力；逐步建立全省水生态环境功能分区的管理体系，实现水生态监控、水生态健康评估、水质基准标准转化等三大技术支撑的新型水环境管理模式”；浙江省提出“进一步完善省、市、县、乡（镇）四级河长体系”。

（6）环境执法监管

在国家要求的基础上，长三角两省一市明确了“需要制定 / 修订地方污染物排放标准的重点地区、重点行业的范围；因环境违法构成犯罪的，对负有连带责任的环境服务第三方机构，依法严格追责”。

5. 长三角地区水环境现状与“水十条”目标的差距

长三角地区两省一市水环境现状与2020年目标对比情况见表2-6，其中上海市在消除丧失使用功能的水体和饮用水原水达标率、江苏省在地表水国控断面水质优良比例、浙江省在饮用水水源达标率上与2020年目标差距较大，实现2020年目标压力较大。

表2-6 长三角地区两省一市水环境现状与2020年目标对比情况

省（市）	2020年目标	水环境现状
上海市	全市集中式饮用水水源地原水供应总量的90%以上达到水质优良水平	黄浦江水源地断面水质不达标，以取水量计算，约25%的原水不能达到Ⅲ类水质要求
	基本消除黑臭水体	2015年12月明确了56条城市建成区的黑臭水体并确定了每条河的责任人
	力争消除丧失使用功能的水体	主要河流劣Ⅴ类断面占49.3%，压力较大
	近岸海域水质保持稳定	二类及以上水质海域面积仅有14%，与全国“近岸海域优于二类水质比例达到70%左右”的目标差距较大
江苏省	地表水国控断面水质优良比例达到70.2%	83个国控断面中仅有45.8%符合Ⅲ类水质要求，近5年均在50%以下，压力较大
	县级以上集中式饮用水水源水质达到或优于Ⅲ类比例总体高于98%	现状县级以上集中式饮用水水源地水质全部达标
	丧失使用功能的水体、地级以上城市建成区黑臭水体基本消除	2015年12月明确了92条城市建成区的黑臭水体
	近岸海域水质保持稳定	二类及以上水质海域面积为62.5%
浙江省	全省地表水省控以上断面Ⅰ～Ⅲ类比例达到72%以上	211个省控断面中Ⅰ～Ⅲ类比例占63.8%
	基本消除劣Ⅴ类水体断面	211个省控断面中劣Ⅴ类断面占10.4%
	交接断面水质达标率超过70%	145个跨行政区域河流交界断面达标率为67.5%
	2017年全面消除垃圾河、黑臭河	通过“五水共治”，现状基本清除水体“黑、臭、脏”等
	县级以上集中式饮用水水源地水质基本达标	县级以上集中式饮用水水源地水质达标率为85.0%，2010年来水质达标率略有下降
	近岸海域优于三类水质比例不低于45%	符合三类水质要求的海域面积占35.9%，与全国“近岸海域优于二类水质比例达到70%左右”的目标差距较大

三、《土壤污染防治行动计划》（国发〔2016〕31号）

1. 长三角两省一市的配套文件

——《上海市土壤污染防治行动计划实施方案》（2016年12月）。

——《江苏省土壤污染防治工作方案》（2016年12月）。

——《浙江省土壤污染防治工作方案》（2016 年 12 月）。

2. 国家与长三角两省一市目标比较

《土壤污染防治行动计划》（简称“土十条”）确定的工作目标、主要指标包括：到 2020 年，全国土壤污染加重趋势得到初步遏制，土壤环境质量总体保持稳定，农用地和建设用地土壤环境安全得到基本保障，土壤环境风险得到基本管控。受污染耕地安全利用率达到 90% 左右，污染地块安全利用率达到 90% 以上。到 2030 年，全国土壤环境质量稳中向好，农用地和建设用地土壤环境安全得到有效保障，土壤环境风险得到全面管控。到 21 世纪中叶，土壤环境质量全面改善，生态系统实现良性循环。受污染耕地安全利用率达到 95% 以上，污染地块安全利用率达到 95% 以上。

在总体工作目标设定上，江苏省、浙江省、上海市总体工作目标设置与全国一致。江苏省主要指标设置与全国一致，浙江省到 2020 年“受污染耕地安全利用率达到 91% 左右”的目标高于全国的“受污染耕地安全利用率达到 90% 左右”的目标，上海市“到 2020 年，受污染耕地和污染地块安全利用率均达到 95% 左右，到 2030 年，受污染耕地和污染地块安全利用率均达到 98% 左右”，均高于全国目标。

3. 国家制定的具体任务

针对长三角地区的特点，“土十条”提出了土壤污染防治的特别要求：

（1）开展土壤污染调查，掌握土壤环境质量状况

深入开展土壤环境质量调查，以农用地和重点行业企业用地为重点，开展土壤污染状况详查，2018 年年底前查明农用地土壤污染的面积、分布及其对农产品质量的影响；2020 年年底前掌握重点行业企业用地中的污染地块分布及其环境风险情况。建设土壤环境质量监测网络，2017 年年底前，完成土壤环境质量国控监测点位设置，2020 年年底前，实现土壤环境质量监测点位所有县（市、区）全覆盖。提升土壤环境信息化管理水平，利用环境保护、国土资源、农业等部门相关数据，建立土壤环境基础数据库，构建全国土壤环境信息化管理平台，力争 2018 年年底前完成。

（2）推进土壤污染防治立法，建立健全法规标准体系

加快推进立法进程，2016 年年底前，完成农药管理条例修订工作，发布污染地块土壤环境管理办法、农用地土壤环境管理办法。2017 年年底前，出台农药包装废弃物回收处理、工矿用地土壤环境管理、废弃农膜回收利用等部门规章。到 2020 年，土壤污染防治法律法规体系基本建立。系统构建标准体系，健全土壤污染防治相关标准和技术规范，各地可制定严于国家标准的地方土壤环境质量标准。全面强化监管执法，明确监管重点，重点监测土壤中镉、汞、砷、铅、铬等重金属和多环芳烃、石油烃等有机污染物，重点监管有色金属矿采选、有色金属冶炼、石油开采、石油加工、化工、焦化、电镀、制革等行业，加大执法力度。开展重点行业企业专项环境执法，对严重污染土壤环境、群众反映强烈的企业进行挂牌督办。

（3）实施农用地分类管理，保障农业生产环境安全

划定农用地土壤环境质量类别，2017 年年底前，发布农用地土壤环境质量类别划分技术指南。以土壤污染状况详查结果为依据，开展耕地土壤和农产品协同监测与评价，在试点基础上有序推进耕地土壤环境质量类别划定，2020 年年底前，逐步建立分类清单。切实加大保护力度。各地要将符合条件的优先保护类耕地划为永久基本农田，实行严格保护，高标准农

田建设项目向优先保护类耕地集中的地区倾斜。防控企业污染，严格控制在优先保护类耕地集中区域新建有色金属冶炼、石油加工、化工、焦化、电镀、制革等行业企业，现有相关行业企业要采用新技术、新工艺，加快提标升级改造步伐。着力推进安全利用，根据土壤污染状况和农产品超标情况，制定实施受污染耕地安全利用方案，2017 年年底前，出台受污染耕地安全利用技术指南。到 2020 年，轻度和中度污染耕地实现安全利用的面积达到 4 000 万亩。全面落实严格管控，加强对严格管控类耕地的用途管理，依法划定特定农产品禁止生产区域，严禁种植食用农产品；对威胁地下水、饮用水水源安全的，要制定环境风险管控方案，并落实有关措施。到 2020 年，重度污染耕地种植结构调整或退耕还林还草面积力争达到 2 000 万亩。加强林地草地、园地、土壤环境管理。

（4）实施建设用地准入管理，防范人居环境风险

明确管理要求，建立调查评估制度。2016 年年底前，发布建设用地土壤环境调查评估技术规定。自 2017 年起，对拟收回土地使用权的有色金属冶炼、石油加工、化工、焦化、电镀、制革等行业企业用地，以及用途拟变更为居住和商业、学校、医疗、养老机构等公共设施的上述企业用地，由土地使用权人负责开展土壤环境状况调查评估；已经收回的，由所在地市、县级人民政府负责开展调查评估。自 2018 年起，重度污染农用地转为城镇建设用地的，由所在地市、县级人民政府负责组织开展调查评估。分用途明确管理措施，自 2017 年起，各地要结合土壤污染详查情况，根据建设用地土壤环境调查评估结果，逐步建立污染地块名录及其开发利用的负面清单，合理确定土地用途。符合相应规划用地土壤环境质量要求的地块，可进入用地程序。暂不开发利用或现阶段不具备治理修复条件的污染地块，由所在地县级人民政府组织划定管控区域，设立标识，发布公告，开展土壤、地表水、地下水、空气环境监测；发现污染扩散的，有关责任主体要及时采取污染物隔离、阻断等环境风险管控措施。落实监管责任，地方各级城乡规划部门要结合土壤环境质量状况，加强城乡规划论证和审批管理。严格用地准入，将建设用地土壤环境管理要求纳入城市规划和供地管理，土地开发利用必须符合土壤环境质量要求。

（5）强化未污染土壤保护，严控新增土壤污染

加强未利用地环境管理，按照科学有序原则开发利用未利用地，防止造成土壤污染。防范建设用地新增污染，排放重点污染物的建设项目，在开展环境影响评价时，要增加对土壤环境影响的评价内容，并提出防范土壤污染的具体措施；需要建设的土壤污染防治设施，要与主体工程施行“三同时”。自 2017 年起，有关地方人民政府要与重点行业企业签订土壤污染防治责任书，明确相关措施和责任，责任书向社会公开。强化空间布局管控，加强规划区划和建设项目布局论证，鼓励工业企业集聚发展，严格执行相关行业企业布局选址要求，有序搬迁或依法关闭对土壤造成严重污染的现有企业。

（6）加强污染源监管，做好土壤污染预防工作

严控工矿污染，各地要根据工矿企业分布和污染排放情况，确定土壤环境重点监管企业名单，实行动态更新，并向社会公布。有关环境保护部门要定期对重点监管企业和工业园区周边开展监测，数据及时上传全国土壤环境信息化管理平台，加强电器电子、汽车等工业产品中有害物质控制。有色金属冶炼、石油加工、化工、焦化、电镀、制革等行业企业拆除生产设施设备、构筑物和污染治理设施，要事先制定残留污染物清理和安全处置方案，并备案；要严格按照有关规定实施安全处理处置，防范拆除活动污染土壤。2017 年年底前，发布企业拆除活动污染防治技术规定。加强涉重金属行业污染防控，对整改后仍不达标的企业，依法

责令其停业、关闭，并将企业名单向社会公开。继续淘汰涉重金属重点行业落后产能，完善重金属相关行业准入条件，提高铅酸蓄电池等行业落后产能淘汰标准，逐步退出落后产能。2020 年重点行业的重点重金属排放量要比 2013 年下降 10%。加强工业废物处理处置，全面整治产生固体废物的堆存场所，加强工业固体废物综合利用，自 2017 年起，长三角地区的部分城市开展污水与污泥、废气与废渣协同治理试点。控制农业污染，合理施用化肥农药。自 2017 年起，在江苏等部分产粮（油）大县和蔬菜产业重点县开展试点；到 2020 年，推广到全国 30% 的产粮（油）大县和所有蔬菜产业重点县。推行农业清洁生产，开展农业废弃物资源化利用试点，到 2020 年，全国主要农作物化肥、农药施用量实现零增长，利用率提高到 40% 以上，测土配方施肥技术推广覆盖率提高到 90% 以上。加强废弃农膜回收利用。强化畜禽养殖污染防治。到 2020 年，规模化养殖场、养殖小区配套建设废弃物处理设施比例达到 75% 以上。加强灌溉水水质管理。减少生活污染，推进水泥窑协同处置生活垃圾试点。

（7）开展污染治理与修复，改善区域土壤环境质量

明确治理与修复主体。按照“谁污染、谁治理”原则，造成土壤污染的单位或个人要承担治理与修复的主体责任。制定治理与修复规划。2017 年年底前，以影响农产品质量和人居环境安全的突出土壤污染问题为重点，制定土壤污染治理与修复规划，明确重点任务、责任单位和分年度实施计划，建立项目库。规划报生态环境部备案。长三角地区要率先完成。有序开展治理与修复，确定治理与修复重点。根据耕地土壤污染程度、环境风险及其影响范围，确定治理与修复的重点区域。到 2020 年，受污染耕地治理与修复面积达到 1 000 万亩。

4. 长三角两省一市的强化措施

为全面贯彻落实国家“土十条”要求，长三角两省一市在 10 项具体措施上制定了更为严格的要求。总体上，与国家“土十条”相比，长三角两省一市在土壤环境质量调查、空间布局管控、固体废物污染防治、农业面源污染、工矿污染等方面制定了更加严格的配套措施。具体如下：

（1）土壤环境质量调查

在重点行业方面，浙江省明确了“化工（含制药、焦化、石油加工等）、印染、制革、电镀、造纸、铅蓄电池制造、有色金属矿采选、有色金属冶炼等 8 个重点行业（以下统称 8 个重点行业）”；江苏省主要有“有色金属矿采选、有色金属冶炼、石油开采、石油加工、化工、焦化、电镀、制革，以及农药、铅蓄电池、钢铁、危险废物利用处置等重点行业”；在土壤环境质量状况定期调查制度方面，上海市“每 5 年开展 1 次”，江苏省和浙江省与全国相同，“每 10 年开展 1 次”；在建设监测网络方面，上海市建立“水土联动、统一规划、优化整合本市土壤及地下水环境质量监测点位”，浙江省“按照国家要求，结合重点工业园区和重点企业的产业特点，制订‘常规 + 特征’的重点企业用地土壤污染物监测指标体系”。

（2）强化空间布局管控

上海市“持续推进‘198’区域建设用地减量化，优先开展水源保护区、崇明生态岛的低效工业用地减量化，优先调整工业园区周边、市政设施周边、河道两侧、交通干道两侧农用地用于生态林地建设”；江苏省“落实《江苏省主体功能区规划》，推进市县及园区严格落实主体功能定位，以土壤资源等生态环境承载能力为依据，强化空间用途管制，推进重点行业企业‘入园进区’。落实最严格的耕地保护制度和节约用地制度，开展建设用地总量与强度‘双控’行动，提高土地节约集约利用水平”。

（3）加强固体废物污染防治

上海市提出“规范报废机动车拆解和废轮胎、废塑料等废旧物资的再生利用活动，引导有关企业采用先进适用的加工工艺，集聚发展，加快推进老港一般工业固体废物填埋场二期工程。开展污水与污泥、废气与废渣协同治理试点。规范建筑垃圾收运处置，以最严格的环境标准，大力推进医疗废物和危险废物处置设施建设。鼓励企业利用危险废物作为原材料安全利用。完善危险废物收运体系”；浙江省提出“严格危险废物处置监管措施。实施浙江省危险废物处置监管三年行动计划，进一步加强危险废物和污泥处置监管工作。到2020年年底，全省新增危险废物年处置能力50万t以上；11个设区市全部形成满足实际需要的危险废物处置能力，全部建成危险废物信息化监控平台，实现省控以上危险废物产生单位和持证处置单位联网监控全覆盖。各级卫生计生、环保部门要加强医疗废物联动监管，到2020年年底，实现全省医疗卫生机构医疗废物规范收集和处置全覆盖。持续推进危险废物的源头管理精细化、贮存转运规范化、过程监控信息化、设施布局科学化、利用处置无害化，把浙江省打造成危险废物处置监管最严格的省份。提高大宗固体废物和再生资源利用水平。实施浙江省循环经济发展‘十三五’规划，重点针对粉煤灰、工业副产石膏、煤矸石、冶炼废渣、脱硫脱硝副产物等大宗固体废弃物，全面排查贮存污染风险，制订并落实污染整治方案。以废旧金属、废旧塑料、废旧纺织品等再生资源为重点，建设‘城市矿产’‘城市油田’‘城市棉田’，同步推动电子废物、废旧轮胎的回收和综合利用，创新‘互联网+’再生资源回收利用模式，引导再生资源企业集聚化、规模化发展，逐步构建覆盖全省的再生资源交易系统。根据国家要求，适时启动污水和污泥、废气与废渣协同治理试点”；江苏省与国家一致。

（4）农业面源污染

上海市提出“到2019年，全市测土配方施肥技术推广覆盖率提高到90%以上，化肥利用率提高到40%以上，主要农作物病虫害统防统治覆盖率达到40%以上。到2020年，全市化肥、农药施用量在2015年基础上削减20%左右；到2020年，全市畜禽养殖规模控制在200万头标准猪（出栏）以下，保留规模化养殖场配套建设废弃物处理设施比例达到100%；到2018年，基本建立农药包装废弃物回收处理网络。结合标准园艺场建设，在崇明、青浦等地区开展农业废弃物资源化利用试点，推进水产养殖污染防治。制定水产养殖清塘操作规程，减小清塘过程中底泥随尾水排放的污染，实现池塘养殖水达标排放”；浙江省“到2020年，规模化畜禽养殖场（小区）配套完善的粪污贮存设施比例达到80%以上，废弃物综合利用及处置比例达到95%以上，规模化畜禽养殖场整治达标率达到100%；到2020年，对5万亩以上灌区实现灌溉水水质监测。加强农田灌溉工程的维修养护，到2020年，5万亩以上灌区实现标准化管理。灌溉用水应符合农田灌溉水水质标准，对因长期使用污水灌溉导致严重污染土壤、影响农产品质量的，要及时调整种植结构；落实《浙江省农药废弃包装物回收和集中处置试行办法》，建立农药废弃包装物回收体系，适时启动废弃农膜回收利用试点。到2020年，全省农药废弃包装物基本实现统一回收，初步建成重点地区废弃农膜回收体系”；江苏省提出“到2020年，规模化养殖场、养殖小区配套建设废弃物处理设施比例达到80%以上”。

（5）严控工业污染

上海市提出“加强涉重金属行业污染防控。以铬、汞、镉、铅、砷等为重点，开展涉重企业重金属污染物产生和排放状况调查，建立涉重企业全口径环境信息清单。加大监督检查力度，对整改后仍不达标的企业，依法责令其停业、关闭，并将企业名单向社会公开。继续淘汰涉重金属行业落后产能，完善重金属相关行业准入条件。制定涉重金属重点工业行业清洁生产技术推行方案，鼓励企业采用先进适用生产工艺和技术。落实国家鼓励的有毒有害原料（产品）替代品目录。加强电器电子、汽车等工业产品中有害物质控制。2020 年，重点行业重点重金属排放量比 2013 年下降 8%”，低于国家“2020 年重点行业重点重金属排放量比 2013 年下降 10%”的目标，但增加了“加强持久性有机污染物污染防控。采取有效措施控制持久性有机污染物（POPs）污染排放，实施 POPs 污染场地的风险管控”措施；浙江省“进一步优化涉重金属行业的空间布局，基本实现‘圈区生产’。切实强化污染整治和排放量削减的‘倒逼’约束作用，推动涉重金属行业产业结构进一步优化，重点防控区长效监管措施全面落实。结合全省淘汰和化解落后、过剩产能，将防治土壤污染的要求纳入企业关停、转产和拆除生产、治污设施的整体工作中。生产、储存危险化学品单位关停、转产和拆除生产、治污设施的，要严格执行《危险化学品安全管理条例》相关规定”。江苏省提出“2017 年起，列入名单的企业每年要自行或委托有资质的环境检测机构，对用地进行土壤和地下水环境监测，结果向社会公开。各县（市、区）环境保护部门要定期对辖区内重点监管企业和工业园区周边开展土壤和地下水环境监测，每 5 年完成一遍”。

（6）生活污染

浙江省增加了“到 2020 年年底，设区市市区全面实行生活垃圾的分类投放、分类收运、分类处置，50% 以上的县级以上城市和县城具备生活垃圾末端分类处置能力”等要求。江苏省增加了“加快建设区域性城镇污水处理厂污泥综合利用或永久性处理处置设施，2017 年年底前设区市全部建成污泥综合利用或永久性处理处置设施，2020 年年底前县（市）实现污泥综合利用或永久性污泥处理处置设施全覆盖，污泥综合利用、无害化处理处置率达 100%”等措施。

5. 长三角地区土壤环境现状与“土十条”目标的差距

长三角地区两省一市土壤环境现状与 2020 年目标对比情况见表 2-7。

表 2-7　长三角地区两省一市土壤环境现状与 2020 年目标对比情况

省（市）	2020 年目标	土壤污染现状
上海市	受污染耕地安全利用率达到 95% 左右	根据上海市农用地土壤调查结果，上海市共有 88 个农用地土壤超标点位，在全市郊区各区均有分布。在污染水平上，耕地土壤达标率约 75%，较全国耕地平均水平（80.6%）低 5.0 个百分点
	污染地块安全利用率达到 95% 左右	宝山南大、普陀桃浦两个典型工业地块土壤监测数据显示，监测点位达标率约为 86.1%。典型工业地块土壤达标率较全国工业园区平均水平（70.6%）高 15.5 个百分点
江苏省	受污染耕地安全利用率达到 90% 以上	全省土壤总体超标率为 10.9%，其中轻微、轻度、中度和重度污染点位占比分别为 7.28%、1.34%、1.02% 和 1.21%。污染类型以无机型为主，有机型次之，复合型污染比重较低，无机污染物超标点位占全部超标点位的 59.2%。耕地土壤达标率约 88%
	污染地块安全利用率达到 90% 以上	土壤污染问题突出区域 124 处，总面积 363.33 km^2。确定全省土壤污染重点企业 15 994 家

省（市）	2020 年目标	土壤污染现状
浙江省	受污染耕地安全利用率达到 91% 左右	耕地土壤达标率约 73%。农田表层土壤重金属含量有所富集，农产品产地土壤重金属污染综合超标率在 15% 左右，其中以水稻田土壤中重金属平均含量最高。有机肥料中重金属超标也相当普遍。2017 年，浙江省对 648 个国家网土壤环境质量点位开展监测，648 个监测点位中，超标点位 337 个，占 52.0%，以轻微污染为主。无机污染超标点位 169 个，有机污染超标点位 251 个，分别占总调查点位的 26.1% 和 38.7%
	污染地块安全利用率达到 90% 以上	全省共有重点行业企业土壤环境风险源企业 7 845 家，其中不少企业未进园区，存在区域性、布局性隐患，一些企业风险防范意识还不强，保障环境安全的压力加大

四、重要生态服务功能保障

1. 生态功能区划

长三角地区共包括长江三角洲城镇与城郊农业生态区、华北平原农业生态区、浙闽山地丘陵常绿阔叶林生态区、天目山—怀玉山山地常绿阔叶林生态区等 4 个生态区，其中长江三角洲城镇与城郊农业生态区、华北平原农业生态区、浙闽山地丘陵常绿阔叶林生态区的面积分别为 6.29 万 km^2、6.03 万 km^2、6.27 万 km^2，分别占长三角地区土地面积的 29.8%、28.6%、29.7%（图 2-8）。区域主导生态服务功能包括水源涵养、农产品供给、生物多样性保护、土壤保持和洪水调蓄等，在全国划定的 63 个重要生态功能区中，长三角共涉及 4 个，包括苏北滨海湿地生物多样性保护重要区、浙闽山地生物多样性保护与水源涵养重要区、天目山—怀玉山区水源涵养与生物多样性保护重要区和洪泽湖洪水调蓄重要区，面积为 42 524 km^2，占长三角总面积的 20.18%（图 2-8）。

2.《中国生物多样性保护战略与行动计划（2011—2030 年）》

根据《中国生物多样性保护战略与行动计划（2011—2030 年）》，长三角地区生物多样性保护重点是建立以残存重点保护植物为保护对象的自然保护区、保护小区和保护点，在长江中下游沿岸建设湖泊湿地自然保护区群。加强对人口稠密地带常绿阔叶林和局部存留古老珍贵动植物的保护。在长江流域及大型湖泊建立水生生物和水产资源自然保护区，加强对中华鲟、长江豚类等珍稀濒危物种的保护，加强对沿江、沿海湿地和丹顶鹤、白鹤等越冬地的保护。

在黄海沿岸，保护重点是江苏废黄河口三角洲侵蚀性海岸滨海湿地、灌河口，苏北辐射沙洲北翼淤涨型海岸滨海湿地、苏北辐射沙洲南翼人工干预型滨海湿地、苏北外沙洲湿地等，以及黄海中央冷水团海域。

在东海沿岸，保护重点是上海奉贤杭州湾北岸滨海湿地、青草沙、横沙浅滩，浙江杭州湾南岸、温州湾海岸及瓯江河口三角洲滨海湿地，渔山列岛、披山列岛、洞头列岛、铜盘岛、南麂列岛及其邻近海域，大陈、象山港、三门湾海域。

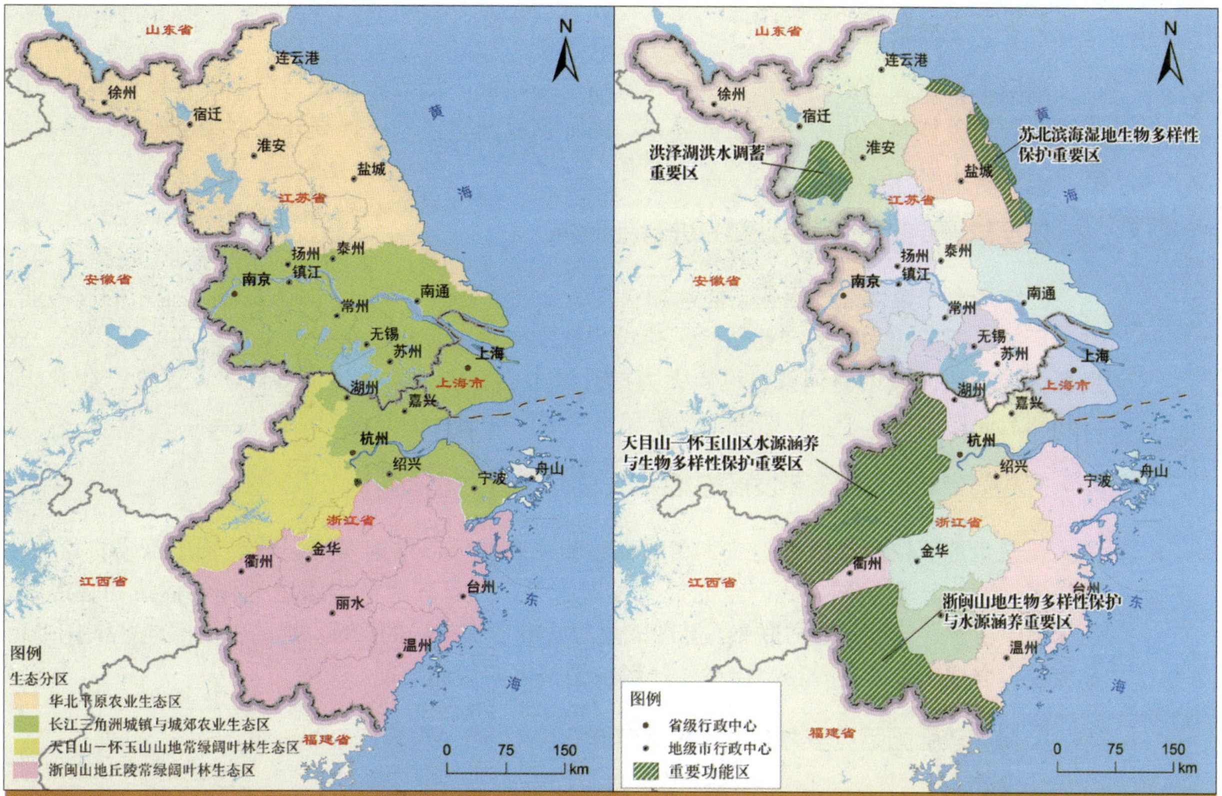

图 2-8　长三角生态分区（左）与生态服务功能区划（右）

第四节　长三角地区区域发展战略

在“四个全面”的战略布局下，长江经济带、长三角城市群和创新驱动发展等多重国家战略及“一带一路”倡议叠加在长三角地区。国家战略实施，是当前和今后一个时期长三角地区优化国土空间开发、扩大对外开放、促进经济转型、区域一体化协调发展的重大机遇，对长三角经济社会发展进程和国家东中西部开发开放发展格局将产生深远影响。

一、战略定位

长三角地区位于全国“两横三纵”城市化战略格局中沿海通道纵轴和沿长江通道横轴的交汇处，长三角城市群核心区是国家层面的优化开发区域；周边的江苏东北部徐州、连云港和浙江南部的温州、丽水和衢州分别是国家重要开发区东陇海地区和海峡西岸经济区的重要组成（图 2-1）。

长三角地区以上海建设全球城市为引领，以共建全球科技创新集群为支撑，以共守生态安全为前提，以健全包容共享的体制机制为保障，联手打造具有全球影响力的世界级城市群，更好服务于“一带一路”建设和长江经济带发展战略。其发展战略定位为：

1. 亚太地区重要的国际门户

围绕上海国际经济、金融、贸易和航运中心建设，打造在亚太乃至全球有重要影响力的国际金融服务体系、国际商务服务体系、国际物流网络体系，提高开放型经济水平，在我国参与全球合作与对外交流中发挥主体作用。

2. 全球重要的现代服务业和先进制造业中心

围绕培育区域性综合服务功能，加快发展金融、物流、信息、研发等面向生产的服务业，努力形成以服务业为主的产业结构，建设一批主体功能突出、辐射带动能力强的现代服务业集聚区。加快区域创新体系建设，大力提升自主创新能力，发展循环经济，促进产业升级，提升制造业层次和水平，打造若干规模和水平居国际前列的先进制造产业集群。

3. 辐射带动长江经济带发展的龙头

长三角地区依托其出海门户、交通枢纽的重要地位，继续发挥区域在长江流域的龙头带动作用，率先转变发展方式，全面提升发展水平，以长江“黄金水道”作为枢纽和辐射带，强化上中下游之间的沟通与联系，促进工业与城市带状布局的形成，推动中西部地区依托“黄金水道”合理承接产业转移，促进长江经济带整体的快速发展。

4. 具有较强国际竞争力的世界级城市群

坚持世界标准、瞄准国际标杆，充分发挥要素集聚和空间集中效应，补齐短板、消除瓶颈，培育更高水平的经济增长极；以上海建设全球城市为引领，以共建全球科技创新集群为支撑，以共守生态安全为前提，以健全包容共享的体制机制为保障，构建网络化、开放型、一体化发展格局，联手打造具有全球影响力的世界级城市群，更好服务于“一带一路”建设和长江经济带发展战略。

5. 全国科技创新与技术研发基地

依托区内大批高等院校和科研机构等优势，创新产学研合作模式，建立产学研主体之间成果共创、信息互通、利益共享的机制。以企业为主体创新体系建设，支持高等院校、科研院所开放科技资源，与企业联合兴办研发机构、成果转化基地等产学研合作组织。积极推进国际产学研合作，吸引集聚国外先进技术和人才等创新要素，推动本土企业研发国际化和外资企业研发本土化。研制一批具备国家乃至国际先进水平的重大战略产品，培育一批具有自主知识产权的世界品牌，打造全国科技创新和技术研发基地。

6. 高质量发展的重要引领区

在新时代，长三角地区担负着率先实现高质量发展、率先实现区域生态环境根本好转的重要历史使命，是实现我国 21 世纪中叶建成社会主义现代化强国战略目标的重要引领区。

二、发展目标

长三角地区的发展目标为：2020 年力争率先基本实现现代化。形成以服务业为主的产业结构，三次产业协调发展；在重要领域科技创新接近或达到世界先进水平，对经济发展的引领和支撑作用显著增强；生态环境明显改善，单位地区生产总值能耗接近或达到世界先进水平，形成人与自然和谐相处的良好局面；人民生活更加富裕，生活质量显著提高。人均 GDP 达到 11 万元（核心区 13 万元），服务业比重达到 53%（核心区 55%），城镇化水平达到 72%（核心区 75% 左右）。

根据《长江三角洲城市群发展规划》，长三角城市群的发展目标为：2020 年，长三角城市群基本形成经济充满活力、高端人才汇聚、创新能力跃升、空间利用集约高效的世界级城市群框架；到 2030 年，长三角城市群配置全球资源的枢纽作用更加凸显，服务全国、辐射亚太的门户地位更加巩固，在全球价值链和产业分工体系中的位置大幅跃升，国际竞争力和影响力显著增强，全面建成全球一流品质的世界级城市群。

三、空间布局

1. 优化总体布局

按照优化开发区域的总体要求，统筹区域发展空间布局，发挥上海龙头和辐射带动作用，依托交通运输网络培育形成多级多类发展轴线，推动南京都市圈、杭州都市圈、苏锡常都市圈、宁波都市圈的同城化发展，强化沿海发展带、沿江发展带、沪宁合杭甬发展带、沪杭金发展带的聚合发展，构建“一核四圈四带”的网络化空间格局（图 2-9）。

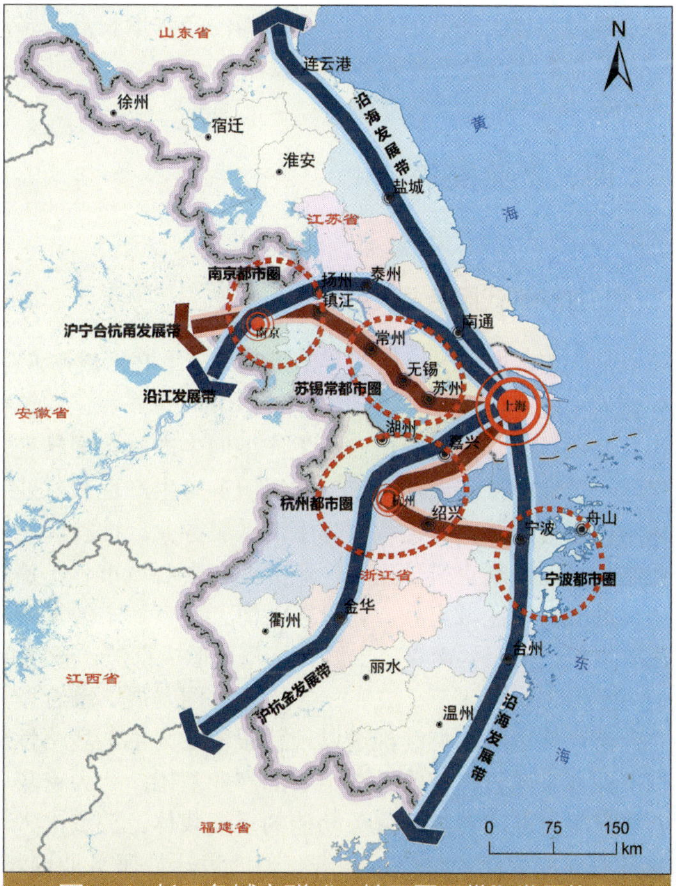

图 2-9　长三角城市群“一核四圈四带”发展格局

2. 推动区域协调发展

（1）**加快核心区发展**

以上海为龙头，南京、杭州为两翼，发挥上海、南京、杭州、宁波等中心城市要素集聚和综合服务优势，提高自主创新能力和城市核心竞争力。加快南京江北新区、杭州国家自主创新示范区和跨境电子商务综合试验区、湖州国家生态文明先行示范区、浙江海洋经济示范区和通州湾江海联动开发示范区建设；高起点建设浙江舟山群岛新区和江海联运服务中心、宁波港口经济圈、台州小微企业金融服务改革创新试验区；苏锡常地区全面强化与上海的功能对接与互动，加快推进沪苏通、锡常泰跨江融合发展；高效整合沿海海港资源和平台；其他核心区要抓住上海优先发展现代服务业和先进制造业的机遇，协同推进产业升级、技术创新和集约发展，增强现代产业和人口集聚能力。推动城市之间的融合，加快形成世界级城市群。

（2）优化“四沿”地区（沿长江、沿太湖、沿杭州湾和沿海地区）发展

沿江地区依托长江黄金水道，打造沿江综合交通走廊，促进长江岸线有序利用和江海联运港口优化布局，建设长江南京以下江海联运港区，打造引领长江经济带临港制造和航运物流业发展龙头地区，推动跨江联动和港、产、城一体化发展，建设科技成果转化和产业化基地，增强对长江中游地区的辐射带动作用；沿海地区积极培育临港制造业、海洋高新技术产业、海洋服务业和特色农渔业，推进江海联运建设，打造港航物流、重化工和能源基地，有序推进滨海生态城镇建设，辐射带动苏北、浙西南地区经济全面发展；沿湾地区发挥开放程度高和民营经济发达的优势，统筹环杭州湾地区产业布局，打造海陆双向开放高地，建设以高技术产业和商贸物流业为主的综合发展带。

（3）促进苏北、浙西南地区发展

充分利用苏北地区的土地、劳动力和能源资源优势，建立长三角地区优质农产品、能源、先进制造业基地和承接劳动密集型产业转移基地。发挥浙西南地区优良的生态资源优势，建设长三角地区绿色农产品基地和生态休闲旅游目的地，加快推进浙皖闽赣国家生态文明旅游协作区建设，促进区域经济转型发展，筑牢长三角生态安全屏障。加快连云港、盐城、温州等发展潜力较大地区的发展，形成新的经济增长点，带动江苏沿海、东陇海沿线和浙江温台沿海、金衢丽高速公路沿线地区发展。

四、产业发展

1. 加快现代服务业发展

加大服务业投入，服务业比重进一步上升，将产业结构锁定为“三、二、一”，形成以服务业为主的产业结构。推动生产性服务业向专业化和价值链高端延伸、生活性服务业向精细和高品质转变，推动制造业由生产型向生产服务型转变。围绕服务实体经济，优先发展金融保险、节能环保、现代物流、航运服务等生产性服务业；围绕满足居民需求，加快发展旅游休闲、家庭服务、文化教育等生活性服务业。推动区域中心城市逐步形成以服务业为主的产业结构，因地制宜引导生产性服务业在中心城市、制造业集中区域、现代农业产业基地及有条件的城镇等区域集聚。建设以上海、南京、宁波为中心的长江三角洲物流区域，全国性物流节点包括上海、南京、宁波、杭州，形成京沪、长江黄金水道等跨区物流大通道。

上海市坚持“三、二、一”产业共同发展、融合发展，更加重视实体经济发展，加快向产业链高端迈进，持续推进以现代服务业为主、战略性新兴产业引领、先进制造业支撑的新型产业体系建设，夯实经济中心的产业基础。智力密集、特色突出的现代服务业，是经济中心集聚辐射能力和综合服务功能的重要载体。放宽准入、扩大开放、优化环境，推动生产性服务业向专业化和价值链高端延伸、生活性服务业向精细和高品质转变。实施“互联网+”行动计划，发展分享经济，促进互联网与经济社会融合发展、现代服务业与先进制造业融合

发展，大力培育新技术、新业态、新模式、新产业经济。

江苏省围绕全产业链的整合优化，以拓展产品功能、提升交易效率、增强集成能力、满足深层需求为重点，推动制造业由生产型向生产服务型转变，推动生产性服务业向专业化和价值链高端延伸。大力发展物流服务业，依托长江黄金水道，建设综合立体交通走廊，打造南京区域性航运物流中心、长江下游江海联运港区和通州湾江海联动开发示范区，实现同中上游地区的互动发展。加快发展信息服务业；着力发展金融服务业，打造南京区域性金融中心；大力发展科技服务业，以无锡国际科技园、南京工业设计园、苏州高新区科技城等为重点，形成重要的工业研发设计服务中心。

浙江省提升发展金融、信息、物流、会展等生产性服务业，支持发展养老、家政、教育文化等生活性服务业，推动生产性服务业向专业化和价值链高端延伸、生活性服务业向精细化和高品质转变，推动制造业由生产型向生产服务型转变。大力推进流通现代化，以流通业变革带动生产方式变革。深化各类服务业改革试点，加强现代服务业集聚示范区建设，促进服务业规模化、品牌化、国际化发展。

2. 打造世界级制造业集群

长三角地区未来将着重“以沿江国家级、省级开发区为载体，加快制造业服务化转型，建立生产服务基地”。江苏省作为制造业大省，力争 2025 年建成国内领先、有国际影响力的制造强省，发展 15 个重点领域；上海紧扣制造业服务化的要求，着力对接“中国制造 2025”的国家智能制造示范基地；浙江制造业接轨上海，融入长三角与国际竞争合作的要求，着力构筑三大产业带（环杭州湾产业带、温台沿海产业带、金丽衢产业带），推进产业集群建设。

到 2020 年，上海市智能制造体系将在全国率先成形，初步形成适合智能制造发展的推广应用体系、高端产业体系、平台服务体系、标准支撑体系和人才服务体系，建设形成一批标志性智能制造示范工厂，培育扶持一批具有很强市场竞争力的系统集成、装备研制、软件开发与智能制造新模式应用等领域的骨干企业，争创一批国家级智能制造公共服务平台，有效提高生产效率和能源利用率，降低运营成本、产品研制周期和产品不良品率，力争把上海打造成为对接“中国制造 2025”的国家智能制造示范基地、对接全球科技创新中心的全球智能制造前沿阵地。

江苏省落实《中国制造 2025 江苏行动纲要》，加快制造强省建设，大力发展现代服务业，做强先进制造业和现代服务业两大主干，建设具有国际竞争力的先进制造业基地。构建新型制造体系，引导制造业向分工细化、协作紧密方向发展，促进信息技术向市场、设计、生产环节渗透，推动生产方式向柔性、智能、精细转变。实施企业制造装备升级计划，向数字化、智能化提升，建设一批智能车间、智能工厂。发挥制造业优势，推进国际产能和装备制造合作。加快推进连云港中哈物流合作基地和上海合作组织出海基地建设，积极参与中韩自贸区建设。

浙江省制定实施《中国制造 2025 浙江行动纲要》，深入实施“四换三名”工程，统筹推进战略性新兴产业、装备制造业、高新技术产业发展和传统产业改造提升，培育一批具有国际竞争力的创新型龙头企业，建设一批信息科技、新材料、新能源汽车等先进制造业基地和创新中心，抢占制造业新一轮竞争制高点。推进工业化和信息化深度融合发展，推动生产方式向柔性、智能、精细转变，加快“浙江制造”向“浙江智造”转型。推进互联网和制造业统筹发展，发挥互联网拓市场促发展的平台和渠道作用，推动制造方式和营销方式变革。

3. 大力发展战略性新兴产业

战略性新兴产业属于科技密集型产业，长三角地区两省一市战略性新兴产业起步时间、科研实力、产业基础、能源资源优势不同，两省一市已呈现各自的优势和特色，产业重心版图已有转变态势，新生增长极呈现。发挥地区技术与产业基础的优势，支持节能环保、生物技术、信息技术、智能制造、高端装备、新能源等新兴产业发展，布局一批战略性新兴产业集聚区、国家高技术产业基地，大力发展战略性新兴产业，推动区域产业结构转型升级。

上海市继续推进信息化与工业化深度融合，聚焦发展新一代信息技术、生物医药、高端装备、新能源等领域，大力培育战略性新兴产业，拥有一批具有创新开拓能力和市场竞争力的大企业，是经济中心强盛繁荣的有力支柱。在市场竞争中培育一批本土跨国公司和行业龙头企业，支持促进本市企业“走出去、引进来”，拓展投资贸易网络，提高企业全球化经营能力。

江苏省重点培育壮大软件、集成电路、新型显示器件、现代通信和信息技术应用等产业，建设100个创新平台，形成全国重要、全球有影响力的技术研发、软件开发、信息产品制造和出口基地；发展新能源、新材料、生物技术及新医药（以连云港、南通为核心）、节能环保产业（以盐城为核心）、新能源汽车（盐城、南通）。突出先导性和支柱性，深入实施战略性新兴产业培育发展规划和推进方案，发挥产业政策导向和促进竞争功能，做精、做特、做优、做强一批新兴产业，形成具有国际竞争力的现代产业集群。

浙江省强化新一代信息技术、智慧城市关联产业、节能环保、新型建材、高端装备制造等战略性新兴产业和高新技术产业发展。着力发展“互联网+”新业态，推进产业智能化升级，打造万亿级信息经济核心产业。基本建成国际电子商务中心和全国物联网产业中心、云计算产业中心、大数据产业中心、互联网金融创新中心、智慧物流中心、数字内容产业中心和国家两化深度融合示范区，成为全国信息经济发展的先行区。

4. 打造具有国际竞争力的世界级城市群

以建设世界级城市群为目标，科学定位各城市功能，增强城市群内中小城市和小城镇的人口经济集聚能力，引导人口和产业由特大城市主城区向周边和其他城镇疏散转移。提升长江三角洲城市群的国际竞争力。发挥上海国际大都市的龙头作用，加快国际金融、航运、贸易中心建设；提升南京、杭州都市区的国际化水平。合理划定中心城市边界，控制特大城市过度蔓延扩张。强化城市群交通网络建设，重点加快城际铁路建设，建设以上海为中心，南京、杭州、合肥为副中心，“多三角、放射状”的城际交通网络。

上海市发挥长江经济带的龙头作用，构建“多中心、网络化、组团式、集约型”的大都市区空间格局，形成“主城区（含中心城）、新城、新市镇（含集镇）、村庄”的城乡空间体系。上海要以自贸试验区建设为突破口，着力提升城市核心竞争力，全面增强集聚辐射功能，基本形成与我国经济实力相匹配的国际经济、金融、贸易和航运中心“四个中心”，大幅提升城市国际竞争力。

江苏省紧紧围绕“人的城镇化”这一核心，推动城镇化进入以提高质量和内涵为主的转型发展新阶段，推进国家新型城镇化综合试点，实施“强富美高”新农村建设推进行动，加快形成以工促农、以城带乡、工农互惠、城乡一体的新格局，努力建设新型城镇化和城乡发展一体化先导区、示范区。充分发挥南京、徐州、苏锡常都市圈辐射带动作用，加快建设沿江城市带、沿海和沿东陇海线城镇轴，充分发挥沿运河城镇的文化、生态、旅游功能，合作共建长三角世界级城市群。

浙江省规划建设以杭州、宁波、温州都市圈和浙中城市群为核心功能互补、结构合理、大中小协调的城镇体系，推动大中小城市和小城镇协调发展，带动美丽乡村建设。以杭州、宁波都市圈为重点，加快融入上海世界级城市群。努力提高杭州都市圈和宁波都市圈建设质量，使其成为长三角区域高端要素、高端产业的集聚高地。

5. 大力发展海洋经济

长江三角洲东面濒临海洋，沿海区域大部分处于国家海洋经济发展的优化开发地区，未来要整合海洋资源，重点发展海洋经济，包括现代航运服务业、海洋装备制造业、现代海洋渔业等，推进浙江海洋经济发展示范区和舟山群岛新区建设，加强上海、宁波—舟山等沿海城市港口建设，打造海洋生态示范区。

上海市加快建设具有全球航运资源配置能力的国际航运中心，建设重点港区，发展北外滩、陆家嘴、临港等航运服务集聚区。建设大中型沿海工业区及城镇区；利用崇明岛和南汇咀海底光缆登陆的优势条件，发展便捷的通信，使上海成为亚太地区重要的国际通信枢纽；利用广阔的滩涂资源和河口水域发展海洋养殖和捕捞业。

江苏省以连云港为核心，联合南通港、盐城港共同建设沿海港口群，大力发展国际航运和现代物流。苏北海域、长江口及其两翼海域为优化开发区域，积极发展现代海洋服务业，大力发展海洋高技术产业，推动海洋传统产业技术改造和优化升级，推动海洋产业结构向高端、高效、高附加值转变。重化工业发展力度大，主要集中在石化、钢铁及船舶、汽车行业。统筹安排沿海港口航运、农业围垦、水产养殖、工业与城镇、旅游休闲娱乐、海洋保护等用海。

浙江省以宁波—舟山港为核心，以洋山、梅山、金塘、衢山、六横港区开发为重点，建成我国重要的石油、煤炭、成品油、矿砂、粮食、液体化工等大宗战略物资储备和供应基地。建设“一核（宁波—舟山）两翼（环杭州湾、温台沿海产业带）三圈（杭州、宁波、温州三大都市圈）九区（杭州、宁波、嘉兴、绍兴、舟山、台州、温州沿海 9 个产业集聚区）多岛”的海洋经济总体发展格局。重点发展宁波和舟山石化成套设备、港口机械设备，杭州和舟山潮汐能设备、海水淡化成套设备，台州海洋环保设备，海盐核电设备，绍兴风电设备等。推进舟山燃料乙醇基地建设。以杭州生物产业国家高新技术产业基地、舟山海洋生物园区等为载体，引进海洋生物产业科研项目。建设宁波、杭州、台州汽车及零部件产业基地，建设宁波、嘉兴高档造纸基地。

第五节　环境保护战略地位分析

长三角地区位于长江流域下游，东临黄海与东海，南接浙闽山地，是我国重要的生物多样性保护区、水源涵养区和全国重点人居安全功能保障区。

一、区域水安全关系全局

区域水安全状态影响全局。地表水供水量占长三角地区供水总量的 98.4%，地表水质量对区域居民生活和经济发展具有不可替代的作用。一方面，区域、流域地表水污染形势依然严峻。长江干流水环境质量在Ⅱ类、Ⅲ类之间波动、沿江分布大量重化工业园区、危险化学品码头和仓储区等，使得沿江城市供水水源地保护难度不断加大。另一方面，江苏、上海城市供水对长江水依赖度的不断增加，环太湖地区、苏北地区的饮用水安全在相当大程度上取决于长江水安全；在钱塘江流域，约半数浙江人口生活用水依赖钱塘江，河流水污染胁迫流域内城市供水水源不断向上游迁移；具有城市供水功能的平原湖泊和大部分水库均面临富营养化加剧的威胁；长江口和杭州湾及附近海域成为我国近岸海域污染和海水富营养化最严重的区域。随着未来经济发展加速，水污染问题将更复杂，流域地表水环境和近岸海域水质改善的难度将进一步加大。实现长三角地区地表水和近岸海域环境质量的持续改善，保障供水、水生态安全，对于区域经济社会发展具有十分重要的战略性意义。

二、生物多样性保护具有全球意义

长三角地区生物资源丰富，其中江苏、浙江两省的野生植物资源品种繁多，生物多样性丰富。区域生态多样性保护直接关系区域生态安全和经济社会发展，具有全球性生态和生物多样性保护意义。江苏盐城市国家级珍禽自然保护区、浙江天目山自然保护区、浙江南麂列岛国家级自然保护区被列为国际生物圈保护区网络成员，浙、闽、赣交界山地，江苏盐城沿海、上海崇明岛东滩等沿海滩涂湿地，舟山—南麂岛海区等被列入全国优先保护的 17 个生物多样性关键地区。

图 2-10 “东亚 - 澳大利西亚”鸟类迁徙路线及沿海重要中途停歇地和越冬地

长三角地区位于“东亚 - 澳大利西亚”鸟类重要的迁徙通道上（图 2-10），迁徙路线覆盖长三角地区海岸带，每年逾 5 000 万只水鸟通过这条迁徙路线，滩涂湿地的生物多样性保护具有全球意义。长三角地区东部沿海分布的崇明东滩湿地、九段沙湿地、江苏盐城湿地、宁波慈溪庵东湿地等多处湿地，是鸟类迁徙路线上的重要中途停歇地和越冬地，南北半球迁徙候鸟在此停歇、补充食物或越冬。

三、保障公众健康的重点地区

长三角地区是我国人口最稠密的区域。2015 年区域人口密度达 747 人 /km²，是全国的 5.2 倍；城镇化水平达 69.5%，核心区城镇化水平达 73.5%。其中，核心城市群是国家级的优化开发区，为长三角地区工业发展最发达的区域，核心区创造了 80% 以上的生产总值，污染物排放量也占近 80%，为高耗能、高污染产业密集区，是社会经济发展和人居生态环境矛盾最突出的地区（图 2-11）。

区域水、大气环境质量不容乐观。水污染严重，流域地表水污染未实现根本性扭转，河流多重功能交织，岸线开发无序，持久性有机物污染加剧，饮用水水源地缺乏有效安全屏障；同时，大气环境面临灰霾、光化学污染、酸雨等大气复合污染的威胁，VOCs 排放与工业化发展空间、城镇化密集区域分布高度耦合（图 2-11），严重影响着人居环境质量和公众健康。该区域是人居环境迫切需要提升、产业结构最需要转型的核心地区。

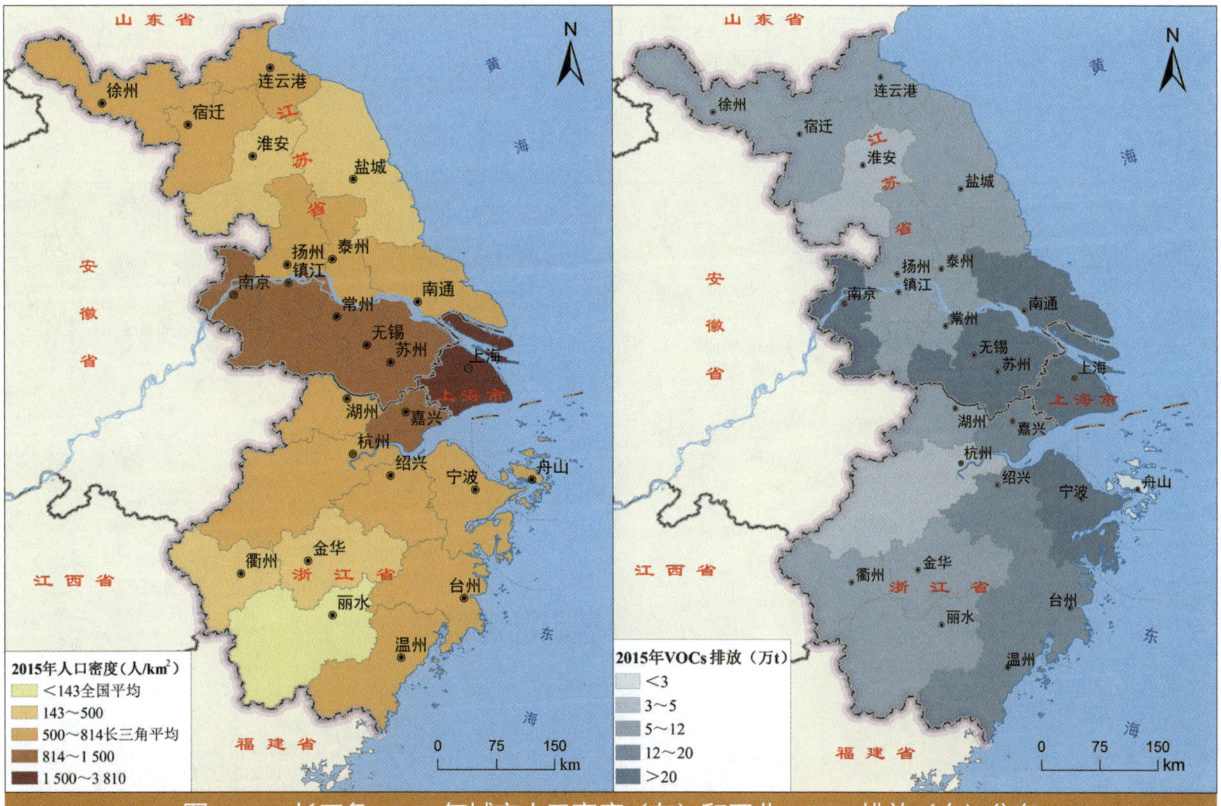

图 2-11 长三角 2015 年城市人口密度（左）和工业 VOCs 排放（右）分布

四、我国农产品及水产品供给区重要组成

长三角地区水热条件良好，自然资源丰富，是我国著名的鱼米之乡，其中苏北地区位于黄淮海平原主产区，苏南、浙西北地区为长江流域主产区的重要组成部分（图 2-2）。主要农

产品为优质水稻、小麦、棉花、油菜、大豆和畜产品、水产品等，是全国农产品供给区的重要组成。2015 年，长三角地区粮食产量占全国的 7.1%，肉类产量占全国的 5.7%。

长江口及其两翼海域、苏北海域、海峡西部浙江部分海域是全国海洋主体功能区规划中的优化开发区域，是全国水产品生产的重要区域，有国家级水产种质资源保护区 7 处，国家级海洋特别保护区 5 个。长三角沿海有吕四、舟山、长江口、大沙等 11 个渔场，盛产黄鱼、带鱼、鲳鱼、虾类等水产品，渔业资源丰富。2015 年，长三角地区水产品产量占全国的 17.2%。

五、湿地与沿海生态廊道至关重要

湿地中的沿海湿地对沿海地区抵御海洋灾害、生物多样性保护、保障食品安全、减缓与适应气候变化具有重要作用，是构筑陆海一体化生态安全格局的重要组成。长三角地区湿地面积达 43 975 km^2（不含水田），汇聚了我国最大的江、河、湖复合型湿地，是我国最独特的湿地生态系统，也涵养了世界罕见的生物种群。以保护湿地系统和湿地野生动植物为目标设立的国家级、省级、市县级保护区共有 19 处，受保护湿地面积 5 983.7 km^2。其中浙江西溪湿地公园、江苏大丰麋鹿自然保护区、江苏盐城沿海滩涂湿地和上海崇明东滩自然保护区等 4 处湿地列入《国际重要湿地名录》（图 2-12）。

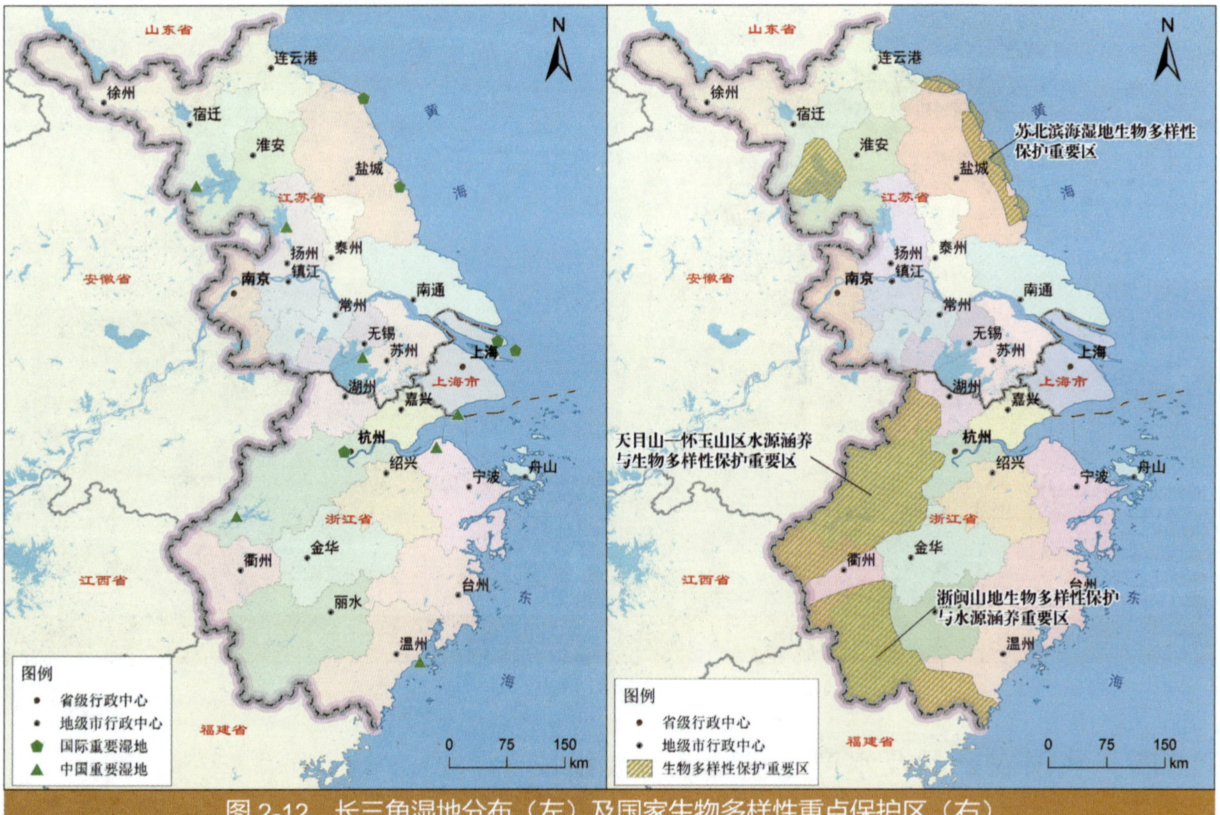

图 2-12　长三角湿地分布（左）及国家生物多样性重点保护区（右）

第三章

区域经济社会发展格局与趋势

第一节　经济社会发展

一、自然环境概况

1. 地理位置

长三角地区包括上海和江苏、浙江两省一市，位于我国华东地区东部，地处东经116°18′—123°、北纬27°12′—35°20′。东岸濒临黄海和东海，西部与安徽、江西接壤，北部毗邻山东，南部紧邻福建。淮河、长江、钱塘江等大型河流穿越长三角地区入海。区域总面积21.07万km^2，其中陆地面积19.33万km^2、水域面积1.74万km^2（图3-1）。

图3-1　长三角地区地理位置

2. 地形地貌

长三角地区位居扬子准地台和华南地槽褶皱系两大构造单元之上，地层发育齐全，以第四系覆盖为主，地貌以平原和丘陵为主，其中长江以北（江苏北部地区）

多为平原地形，长江两岸和长江以南多为丘陵（图 3-2）。地震基本烈度 5 ～ 7 度，属于基本稳定区。

图 3-2 长三角地区地形

3. 气候

长三角地区处于亚热带的中北部，属亚热带季风气候。雨热同期，降水充沛，日照较多，四季分明。

年降水量 700 ～ 1 500 mm，季节变化明显（图 3-3）。夏季主要受季风强弱、副高变动和西风带槽脊的影响，盛行偏南风，高温湿润多雨，每年 6 月中旬至 7 月中旬的梅雨型降水，持续时间长、笼罩范围广、降雨总量大，占全年降水量的 20% ～ 30%；7 月下旬至 9 月中旬为台风暴雨型降水。冬季主要受东亚大槽和大陆冷气团影响，盛行偏北风，低温干燥降水少。春秋两季则是冬夏季风交替的过渡季节。

区域气温年差较小，冬温夏热。年均日照时数 1 800 ～ 2 200 h，年均太阳辐射总量为 4.6×10^5 ～ 5.0×10^5 J/cm^2；常年平均气温 13 ～ 19℃，最冷月均温 2 ～ 4℃，最热月均温 27 ～ 28℃，年积温 4 500 ～ 5 300℃（图 3-3）。

区域濒临东海和黄海，沿海地区海陆风特征显著，对其天气气候和环境空气质量有重要影响。海陆风与一定的海岸线形状相结合，常形成强的辐合中心和降水中心；海陆风过程可能造成污染物循环累积，使空气质量变差。

4. 水系

长三角地区河湖交错，水系众多（图 3-4），由北向南主要有淮河、长江、钱塘江三大水系，浙江省东部及南部沿海分布有浦江、曹娥江、甬江、椒江及瓯江等独立入海水系。此外，京杭大运河贯穿江苏省和浙江省北部，主要湖泊包括江苏省的太湖、洪泽湖、骆马湖、高邮湖和浙江的杭州西湖、绍兴东湖、嘉兴南湖，主要港湾为杭州湾、温州湾、三门湾、乐清湾等。水域面积高达 1.74 万 km^2，占总面积的 8.3%，其中江苏省水域面积占全省面积的比例达 16.9%。

淮河流域在江苏省汇水面积 6.34 万 km^2，流域水系是区域外来客水中除长江外的主要通道，流域多年平均入境水量 439.0 亿 m^3。以废黄河为界，可以分为淮北区和淮河下游区。其中，淮北区主要水系有沂河、沭河和盐河；淮河下游区主要水系包括京杭大运河、串场河、通榆运河、苏北灌溉总渠和通扬运河等。流域内的洪泽湖是我国五大淡水湖之一，正常水位水域面积达 2 068 km^2，是淮河流域最大的平原湖泊型水库。

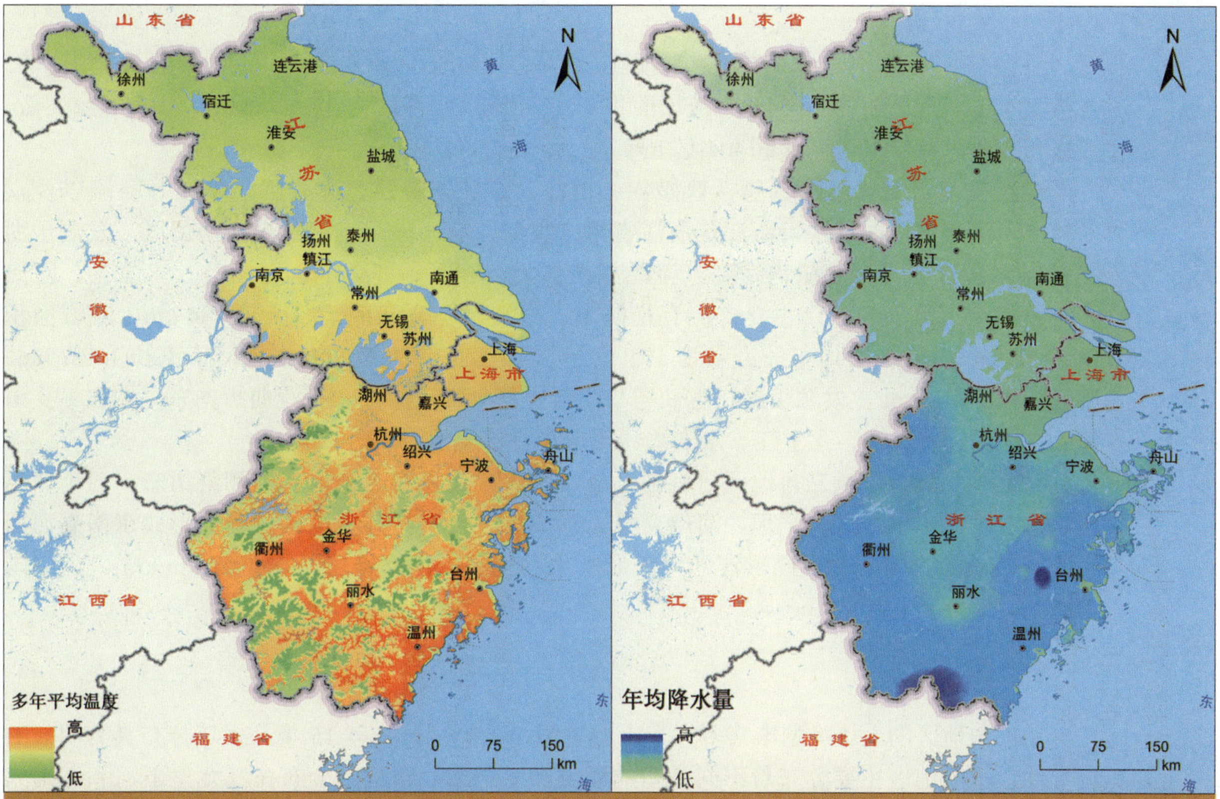

图 3-3　长三角地区多年平均温度和降水分布示意

长江流域跨江苏省、上海市和浙江省，主要水系包括太湖水系及江苏省的望虞河、太浦河、秦淮河、滁河、苏南运河等，上海市黄浦江水系，浙江省苕溪和信江等水系。长江干流汇集了上游 15 个省（区）近 200 万 km^2 的径流，历年最大洪峰流量达 10 万 m^3，大通站多年平均流量为 9 730 亿 m^3，长江诸小河及太湖流域多年平均入境水量为 85 亿 m^3。

太湖水系是长江下游地区分布的主要水系，也是长三角地区的主要湖泊集中区域，有大小湖泊 180 多个，水流主要补给源为天目山、界岭和茅山东麓诸水，其中太湖以西为上游地区，有苕溪、洮滆等水系及洮湖、滆湖及宜兴三九湖；太湖以东为下游地区，有黄浦江水系及阳澄湖、澄湖、淀山湖和昆承湖等。

钱塘江是浙江省第一大河，其源头分南北两源，北源为新安江，南源为兰江。南北两源在建德梅城汇合后经杭州入杭州

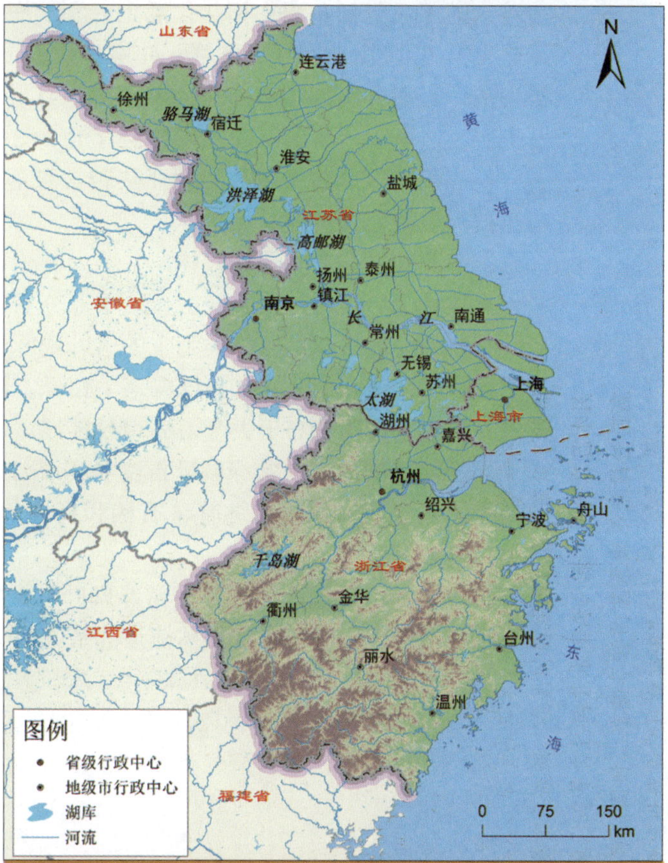

图 3-4　长三角地区水系分布

湾，经杭州湾注入东海。主要支流有乌溪江、金华江（婺江）、新安江、分水江、桐溪、浦阳江等。全长 484 km（浙江境内 216.5 km），流域面积 4.22 万 km^2（浙江境内 3.55 万 km^2），其余分属安徽、福建和江西，多年平均径流量 404 亿 m^3。

浙江东南沿海诸河流域包括曹娥江、甬江、椒江、瓯江、飞云江、鳌江等河流以及众多独立入海小河流。其中，瓯江是浙江省第二大河，自西向东贯穿整个浙南山区，发源于浙江省庆元县百山祖西北麓锅帽尖，流经龙泉县、云和县、莲都区、青田县、永嘉县、瓯海区，由温州市流入东海，主要支流有松阴溪、好溪、小溪和楠溪。全长 384 km，流域面积 18 142.7 km^2，多年平均年径流量为 193 亿 m^3。椒江是浙江第三大水系，干流长 197.7 km，流域面积 6 613 km^2，发源于浙江省仙居与缙云交界处的天堂尖，干流曲折向东至椒江牛头山颈入海。沿途有灵江、永宁江、永安溪、始丰溪等干支流。

除上述流域外，长三角地区另有部分浙、闽、赣边界河流；杭嘉湖和萧绍宁、温黄、温瑞等主要滨海平原，地势平坦，河港交叉，形成平原河网，其中杭嘉湖平原形成东南高而西北低的以太湖为中心的浅碟形洼地。平原上水网稠密，河网密度平均 12.7 km/km^2，为中国之冠。

5. 土壤与植被

长三角地区的土壤类型丰富多样，土壤类型按土类划分共有 15 类。土壤分布具有明显的地带性。平原地区主要分布着不同类型的潮土和水稻土，水稻土分布在江北里下河和江南太湖地区以及江苏丘陵、沿江、沿海地区、上海湖沼平原、浙北平原与浙东南滨海平原。滨海潮滩为潮土（包括灰潮土和盐化潮土）和滨海盐土（包括草甸滨海盐土、沼泽滨海盐土和潮滩盐土）。丘陵山地则分布黄壤、红壤和紫色土等。如浙南、浙东、浙西丘陵山地以红壤、黄壤为主，上海西南部零散山丘为黄棕壤，红层盆地分布紫色土。此外，浙西低山丘陵分布有石灰岩土，浙东、浙南山地分布有粗骨土（图 3-5）。

长三角地区地带性植被为北亚热带常绿落叶阔叶混交林和中亚热带常绿阔叶林。由北向南植被类型特征表现为：

①苏北地区存在少量针叶林，主要为侧柏林和赤松林。侧柏林在徐州丘陵平原分布普遍，多为人工林；赤松林在东海低山丘陵平原分布极普遍，占云台山森林覆盖面积的 85% 以上。

②江北丘陵平原是以栎类为主的落叶阔叶林。代表性植被类型为江北丘陵平原落叶栎林、马尾松林。东西佘山分布有白栎群落；白栎、糙叶树、榉群落分布于西佘山南坡；日本野桐、黄檀、算盘子群落分布于大金山岛南麓陡坡。

③丘陵平原区出现常绿阔叶混交林。长江三角洲丘陵平原栎类典型混交林，常见常绿阔叶树种有苦槠、青冈栎、冬青、石楠和杨梅等，落叶树种主要有栓皮栎、短柄枹树、白栎、枫香和黄檀等。

④浙南低山丘陵、山地覆盖常绿阔叶林。在全国植被区划中浙江全省植被属中亚热带常绿阔叶林地带，构成浙江省森林植被的基本成分是壳斗科、樟科、山茶科和木兰科（图 3-5）。

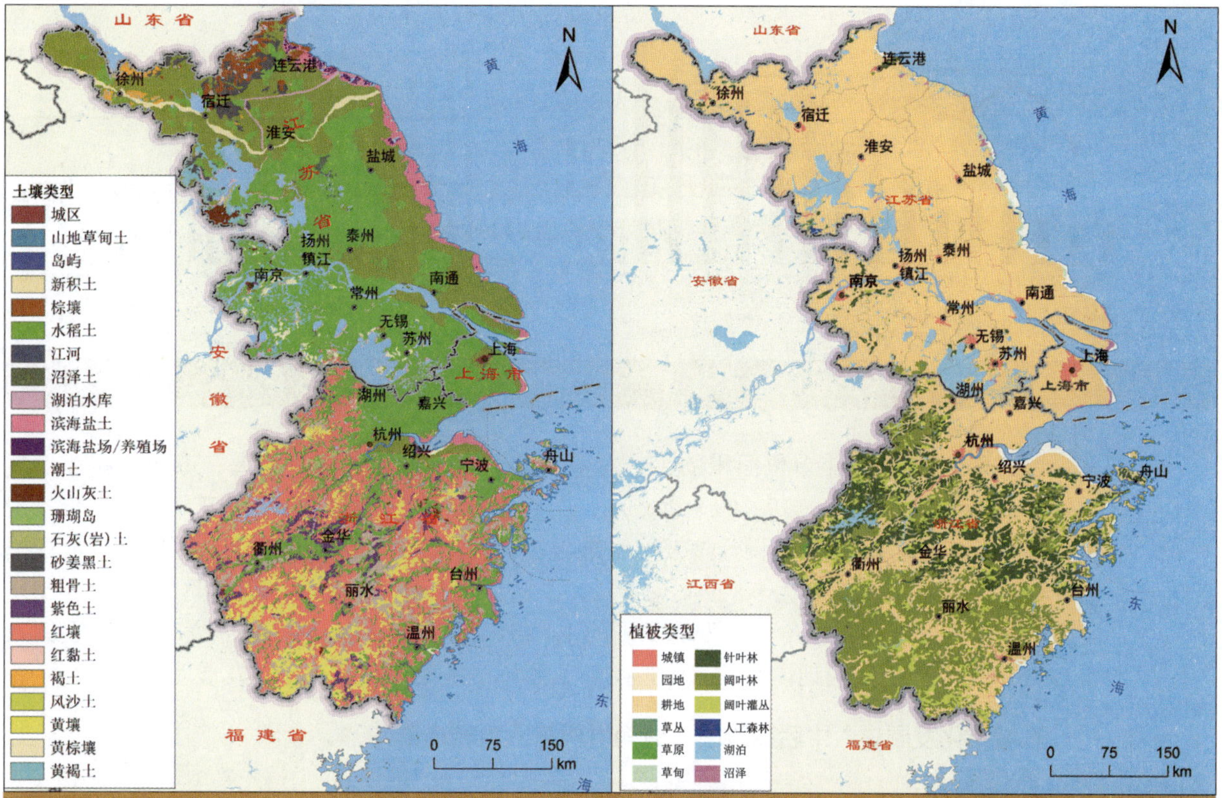

图 3-5 长三角地区土壤类型（左）及植被类型（右）

二、社会经济特征

1. 经济快速稳定，是中国经济发展引擎与核心区

长三角地区地处我国东部沿海地区与长江流域的接合部，拥有面向国际、连接南北、辐射中西部的密集立体交通网络和现代化港口群，经济腹地广阔，自然条件优越，区位优势明显。改革开放 40 年来，长三角地区以全国 2% 的土地和 1/10 的人口，创造了全国 1/5 的生产总值，是全国发展基础最好、体制环境最优、整体竞争力最强的地区之一。

2015 年，长三角地区生产总值达到 13.81 万亿元，江苏省以 70 116 亿元居于长三角首位，浙江次之（42 886 亿元），上海第三（25 123 亿元）。近 10 年间，长三角地区生产总值在全国 GDP 总量中的占比一直保持在 20% ～ 22%（图 3-6），2011 年之前增速维持在 16% 以上，是全国经济增速最快的地区，2012 年以后经济增速有所放缓（8% 左右），略低于全国平均水平。

2015 年长三角地区人均 GDP 为 91 778 元，除苏北的盐城、淮安、连云港、宿迁，以及浙南的温州、衢州、丽水几个城市外，其余各城市的人均 GDP 均高于全国 49 992 元的平均水平。上海、苏南和浙北地区较高，其他地区人均小于 7.3 万元，其中宿迁市人均 GDP 最低为 3.5 万元，仅为排名第一位无锡市的 28%。居民消费能力高于全国平均水平。2015 年，长三角地区城镇居民人均可支配收入达到 42 564 元，农村居民人均纯收入 19 581 元，分别高于全国 31 790 元、10 772 元的平均水平。

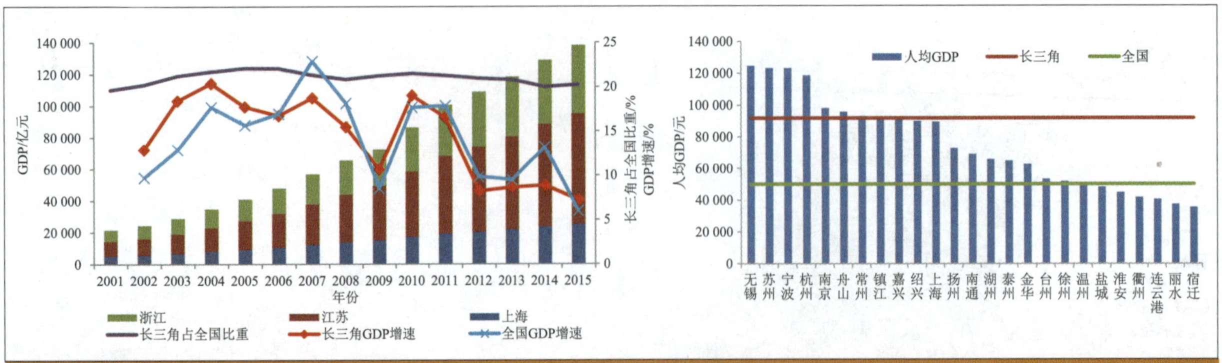

图 3-6　长三角 1990—2015 年 GDP 规模、增速与人均 GDP 水平

长三角地区 2015 年单位面积的生产总值为 6 476.85 万元 /km²，上海、苏南、浙北地区 GDP 占比分别为 17.93%、29.64%、20.5%，其经济发展最快，经济密集程度最高，是长三角地区的“经济高地”，成为中国经济发展引擎与核心区。苏中、苏北、浙南地区经济发展规模相对较小，GDP 比重分别为 9.89%、11.82%、9.87%。上海、苏南及浙北地区也是人均 GDP 最高的区域，分别是长三角地区平均水平的 1.1 倍、1.4 倍及 1.3 倍；而苏北和浙南地区的人均 GDP 水平低于长三角地区平均水平，与长三角核心区相比存在一定的发展差距。

2. 城市化发展进入中后期阶段，成为世界第六大城市群

2000—2015 年，长三角地区城镇化率由 50.0% 提升至 69.5%，高于珠三角、京津冀地区。区内城镇化发展空间差异大，核心区的城镇化率为 73.5%，处于城市化后期；苏中、苏北、浙南等地区城镇化率都在 63% 以下，处于城市化中期。

区域城镇体系完善，城镇密集，拥有一批具有很强发展活力的特色城镇，形成以超大、特大、大城市为节点，带动中小城镇全面协调发展的城镇体系。长三角城市群以上海都市圈为核心，初步形成南京都市圈、杭州都市圈、苏锡常都市圈和宁波都市圈的多中心格局，带动整个区域发展（图 3-7）。南京都市圈是全国科教、创新与先进制造业基地之一；苏锡常都市圈是国际制造业基地、中国先进制造业和创新基地；杭州都市圈是长三角南翼的中心区域，是国际旅游服务中心和以高科技为龙头的国家先进制造业基地；宁波都市圈是杭州湾南岸港口型都市圈。这些中心的形成对长三角城市群发展起到了至关重要的作用。

按照戈特曼世界级城市群标准要求，长三角城市群已成为第六大世界级城市群，但与其他世界级城市群相比，仍存在上海作为中心城市地位作用不够突出、城市群内部基础设施尚未实现共建共享、快速城市化带来的城市病突出、资源环境利用效率偏低等方面的问题。

3. 处于后工业化时期，进入经济发展的转型期

长三角地区自 2012 年人均 GDP 突破 1 万美元水平，开始步入后工业化时期，经济发展已率先进入发展方式转型期。回顾近 30 年长三角地区三产结构变化可以看出（图 3-8），2000—2007 年是长三角地区第二产业迅速增加的时期，第二产业比重持续攀升，经济增长主要依靠投资驱动；近几年随着经济转型，三次产业结构趋于改善，第一、第二产业比重在稳定中缓慢下降，第三产业比重持续提高，由 1980 年的 19.1% 上升至 2015 年 52.3%。

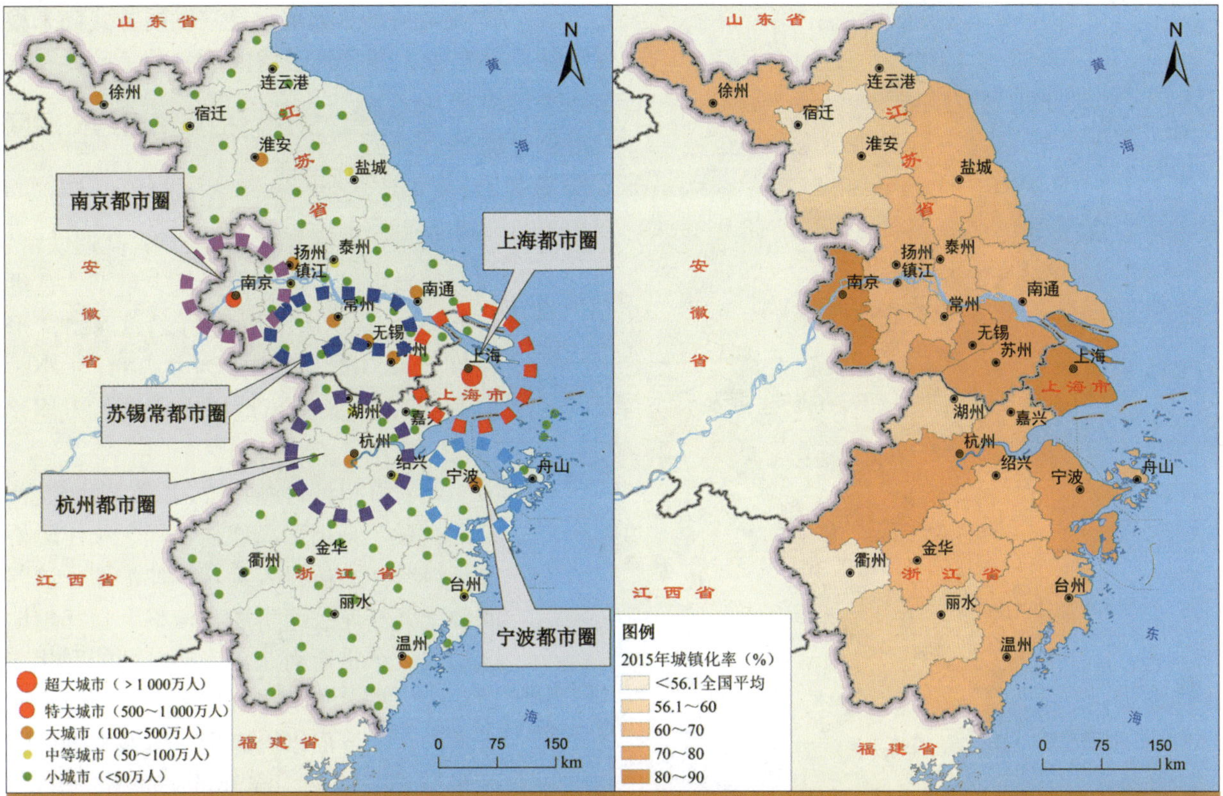

图 3-7　长三角地区城镇体系（左）及城镇化水平（右）

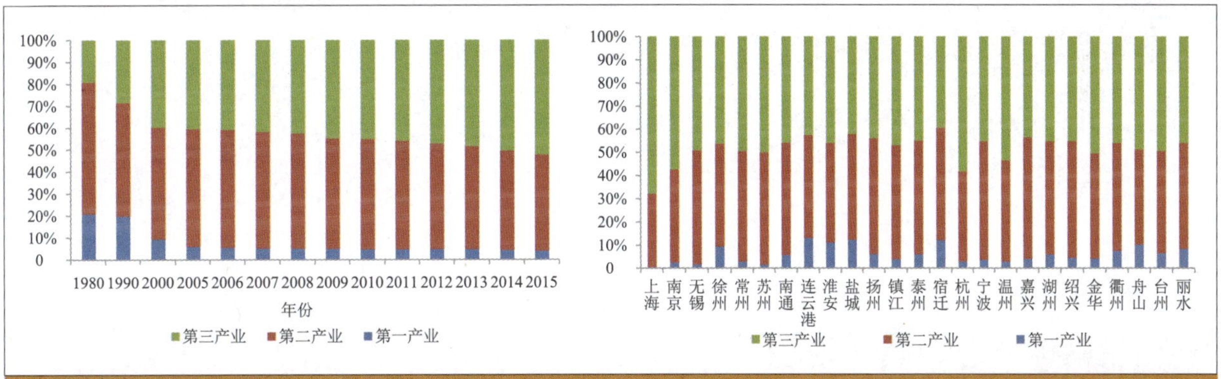

图 3-8　长三角地区三产结构演变（左）与主要城市 2015 年三产结构（右）

2015 年，长三角地区三次产业结构调整为 3.9 ∶ 43.8 ∶ 52.3，已呈“三、二、一”的格局。与全国同期相比，长三角地区第一产业比重比全国低 5.0 个百分点，第二、第三产业比重比全国分别高 2.9 个和 2.1 个百分点，工业化发展进程略高于全国总体水平（8.9 ∶ 40.99 ∶ 50.2）。

区域内各城市间产业发展不均衡，除上海、南京、杭州、温州、金华外，其他地区第三产业比重均不足 50%，苏南及浙东南地区的第三产业比重明显高于其他地区。上海经济转型初见成效，“三、二、一”结构形成；江苏、浙江产业结构偏重，工业经济依然占据主导地位。2015 年上海第三产业比重达到 67.8%，已经形成“三、二、一”产业结构。江苏和浙江的三次产业结构比例为 5.7 ∶ 45.7 ∶ 48.6 和 4.3 ∶ 46.0 ∶ 49.8，第三产业比重低于全国平均水平，

图 3-9 长三角地区交通网络

产业结构仍然偏重，经济发展方式尚未根本转变，结构性矛盾依然突出。

4. 便捷、快速、相互贯通的交通网络基本形成

长三角地区拥有高速公路、高速铁路、国际贸易中转大港、国际航空港及信息港（图 3-9）等发达、便捷的交通网络，形成以上海、杭州和南京为中心的“1 小时交通圈”，使长三角地区真正进入一体化时代。

随着杭州湾跨海大桥、江苏苏通大桥、崇海大桥、舟山群岛连岛工程、长江隧桥等跨海跨江大桥投入运营，使沪浙、沪苏间数十条高速公路贯通，使整个长三角地区形成一个贯通南北、连接东西的网状交通结构。长三角港口群以上海、宁波和连云港为主，形成以上海港、宁波—舟山港为集装箱干线港，连云港、苏州、南京、南通、镇江、温州等港口为支线港，其他港口为喂给港的集装箱运输格局。以上海浦东和虹桥机场、杭州萧山机场、南京禄口机场、宁波栎社机场为基础形成五大枢纽机场布局模式。

三、工业发展特征

1. 工业经济总量稳步增加，结构偏重

（1）工业经济总量稳步增加

长三角地区工业增加值持续增长，2015 年工业增加值为 5.24 万亿元，占全国比重为 22.3%，是 2000 年的 6 倍，年均增长率为 12.6%（图 3-10）。

（2）制造业发达，工业结构仍偏重型化

长三角地区 2015 年工业总产值为 246 952.28 亿元，制造业占 95.1%，江苏、浙江两省的轻重工业比重约为 3 ∶ 7，工业发展仍以重型化为主要特征。工业主要集中在长三角核心区，其工业产出占整个长三角地区的 80%，其中上海、苏南、浙北地区是工业高度集聚发展区域，苏南地区的工业产值占整个长三角地区的 31.3%，浙北地区比重为 20.1%，上海比重下降到 13.5%；苏中、苏北、浙南地区的工业产出相对较低，区域内部差异较大。

长三角地区已形成装备制造、化学制造、钢铁、纺织等优势产业，传统产业和新兴产业

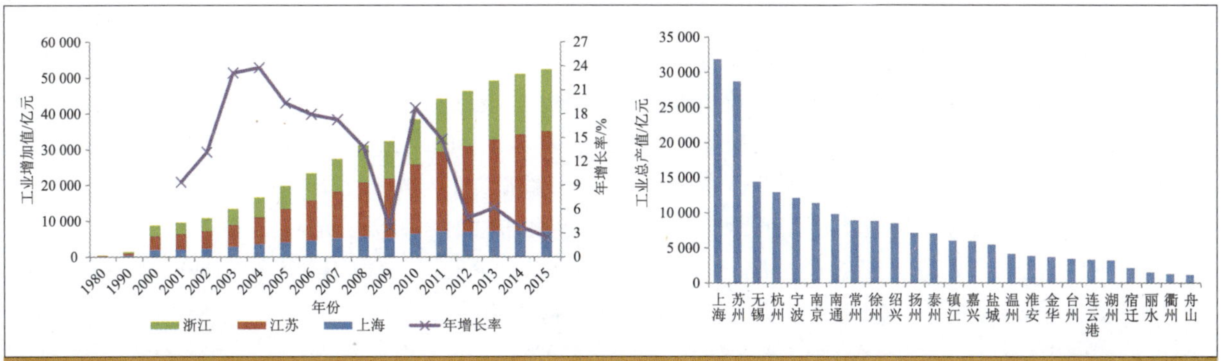

图 3-10　长三角地区工业增加值趋势（左）与 2015 年各地市工业总产值规模（右）

并行发展，传统产业仍占主流（图 3-11）。装备制造业是长三角最强产业，占比高达 45.3%，其中交通运输设备制造业、电气制造业和计算机等电子设备制造业的比重分别为 8.9%、10.0% 和 10.9%，通用设备制造业也高达 6.3%。纺织服装、石油化工、金属冶炼（包括钢铁和有色）、火电等传统产业仍然具有支柱作用，2015 年上述产业产值占区域工业总产值的 39.2%。其中，上海以设备修理业（区位商 6.1）、烟草制造业（区位商 3.9）、汽车制造业（区位商 2.6）、计算机等电子设备制造业（区位商 2.1）为主，江苏以化学纤维制造业（区位商 2.7）、仪器仪表制造业（区位商 2.9）、电气制造业（区位商 1.7）为主，浙江以化学纤维制造业（区位商 5.9）、纺织业（区位商 2.5）为主，形成各有侧重的产业集聚优势。

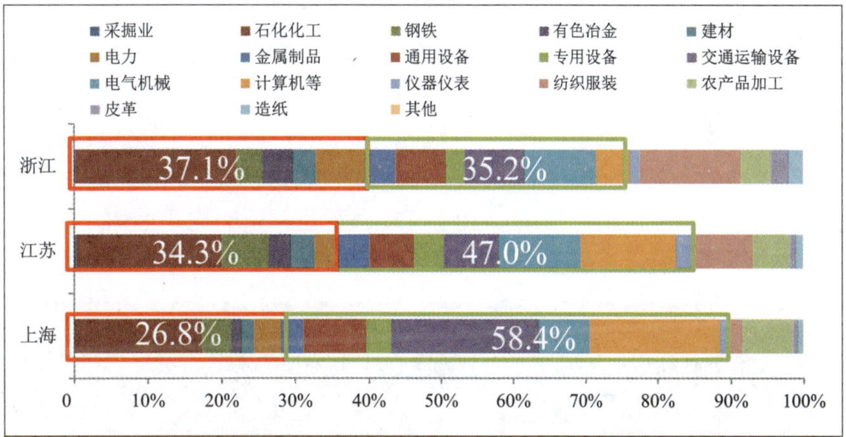

图 3-11　长三角地区工业结构对比

（3）长三角核心区与苏北、浙南两翼地区工业结构差异较大

核心区主导产业与长三角地区的主导产业一致，即电子信息、电气制造、交通设备制造、化学制造等 7 个产业的产值比重合计为 60.6%。化工、纺织、钢铁、通用设备、交通设备制造、电气制造为各地共同主导产业；苏北地区的不同优势产业为农副食品加工、木材加工、水泥等传统行业；浙南地区的皮革产业、金属制品业比重较高。

2. 战略性新兴产业快速成长

近年来，长三角地区战略性新兴产业发展迅速，部分战略性新兴产业已具有较好的发展基础。电子信息产业的工业产值占全部工业产值的比重达 10.9%，集成电路产量 649.9 亿块，全国占比 59.8%；微型计算机设备 0.97 亿台，全国占比 30.9%。全国 55% 的集成电路制造企业、80% 的封装测试企业以及近 50% 的集成电路设计企业集聚在长三角地区，形成集成电路设计业、晶圆制造业、封装测试业和支撑业的产业链。其中，上海侧重研发设计、芯片制造与测试，而苏州以封装测试为主，无锡重视制造，杭州重视集成电路设计。

2015 年，上海市高端装备、新一代信息技术、生物医药、新能源、新材料、新能源汽车、节能环保等战略性新兴产业工业产值 8 064.12 亿元，占全市工业总产值的 25.7%。江苏省战略性新兴产业销售收入突破 4.5 万亿元，是 2010 年的 2.2 倍，占全省工业总产值的比重超过 30%，新材料、节能环保、新一代信息技术和软件、光伏、海工装备、生物医药等产业规模居全国领先地位。浙江省战略性新兴产业增加值约 3 367 亿元，占规模以上工业增加值的 25.5%，较 2014 年增长 6.9%，高于全省规模以上工业增加值的增幅（2.6%），其中新能源、新一代信息技术与物联网、新能源汽车、新材料增加值增速达 17.1%、15.1%、10.9%、8.1%。

3. 港口经济成为重要力量

港口是长三角地区参与全球经济合作和竞争的重要战略资源，长三角地区基本形成由港航、临港工业、商贸、旅游等产业结合的港口经济特征，成为本地与外界物资和信息交换的重要载体，港口经济已成为推动区域经济发展的重要力量。

长三角地区初步形成了围绕煤炭、石油、铁矿石和集装箱四大货物的专业化、高效运输系统。2015 年，长三角地区主要港口共完成货物吞吐量 36.8 亿 t，占全国的 32.1%；集装箱吞吐量 7 500 万 TEU①，占全国的 35.7%（表 3-1）。其中，上海和宁波—舟山两港货物吞吐量占长三角地区规模以上港口货物吞吐总量的比重 80% 以上，宁波—舟山港是区域港口吞吐量增长的最重要推动力。

表 3-1 全国及长三角地区 2015 年港口经济情况

区域	外贸进出口总值 **/亿美元	货物吞吐量 */亿 t	外贸货物吞吐量 */亿 t	集装箱吞吐量 */万 TEU	水路货运量 */亿 t	水路货物周转量 **/（亿 t · km）
全国	39 530.33	114.56	36.11	21 008	62.1	91 917
上海	12 705.19	7.17	3.78	3 653	4.89	19 046
江苏	5 456.14	17.82	3.73	1 572	7.52	5 633
浙江	3 467.84	11.8	4.43	2 275	7.43	8 149
长三角	21 629.17	36.79	11.94	7 500	19.84	32 828
占全国比重	54.7%	32.1%	33.1%	35.7%	31.9%	35.7%

注：* 数据来自《2015 年长三角地区港口经济运行情况及形势分析》。
** 数据来自 2016 年国家统计年鉴和上海、江苏、浙江统计年鉴。

港口群的产业聚集效应对区域经济的推动作用更明显。长三角地区以港口为支撑，通过发挥大企业、大项目的带动效应，引进、培育配套的上下游关联企业，充分组合延伸产业链，依托港口崛起新型产业集聚区，主要是以连云港—盐城—上海—嘉兴—杭州—宁波—舟山—台州—温州为轴线的沿海重化工产业带，以上海—南通—苏锡常—镇江—扬州—南京为轴线的沿江装备制造、精细化工、冶金加工和造修船等为支柱的现代制造业产业集群，形成了沿江、沿海、沿湾布局的产业格局。

4. 现代服务业快速发展

长三角地区第三产业比重随着经济发展不断提升，逐步发展成产值最大、效能最高的产业。2015 年，长三角地区第三产业增加值 72 450 亿元，占全国第三产业增加值的 21.1%。随

① TEU 为标准集装箱。

着长三角内部经济增长方式和产业结构的不断调整，现代服务业渐成规模，服务业已经成为长三角地区经济持续发展新的增长极。

2015 年，长三角地区服务业中，批发零售业、金融业、房地产业和交通运输业等 4 个行业共占长三角服务业总量的 57.9%，占据主导地位（图 3-12）。金融业、租赁和商务服务等新兴服务业在长三角地区迅速崛起，自 2005 年以来金融业、租赁和商务服务业年均增长率达到 20.5% 和 22.1%，较 2005 年增加 5.5 倍和 6.4 倍。

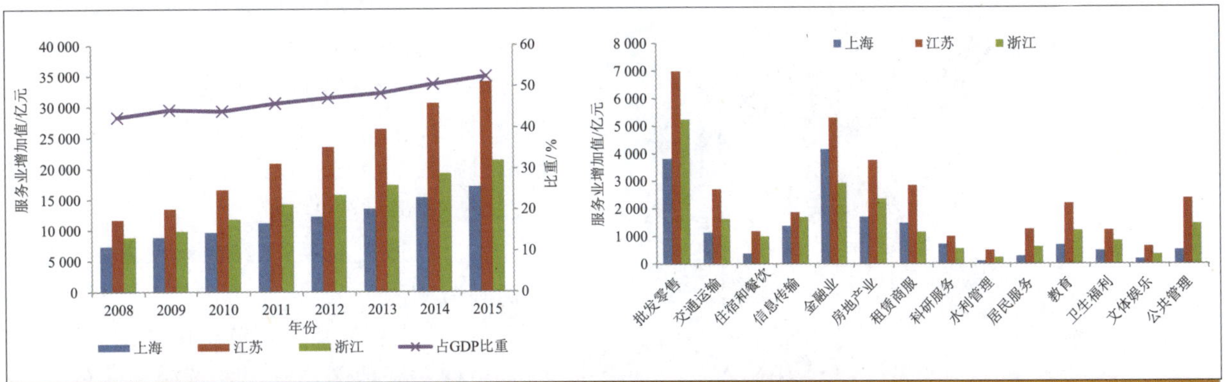

图 3-12　服务业增加值变化趋势（左）及内部行业结构（右）

5. 工业产业在沿江、沿湖、沿湾、沿海地区集聚

国家 3 个石化基地布局在长三角地区长江干线和环杭州湾的上海、南京、宁波，其炼油能力分别为 2 530 万 t、2 150 万 t、3 100 万 t，约占长三角地区的 3/4。钢铁产业重点布局在沿长江的上海、苏州、南京、常州和无锡，其中苏州、上海的生铁产量在长三角地区的比重高达 33.9%、19.9%。长三角地区火电总装机容量为 16 872 万 kW，主要分布在沿江、环杭州湾地区，其中，沿长江地区的装机容量超过长三角地区的 1/2。印染产业是杭州湾南岸地区的重点产业，形成绍兴和萧山两个印染产业集中区，印染能力约占全国的 60%。

第二节　长三角地区社会经济空间分异

一、总体空间分异

1. 社会经济集聚在苏南、上海和杭嘉湖地区

长期以来，长三角地区形成了明显的区域差异，包括人口分布和经济发展。总体来看，社会经济发展呈现长三角城市群集聚度高、两翼不足的特征，从更细化的区域来看，长三角地区的社会经济活动主要集中在苏南地区、上海地区和杭嘉湖地区。

（1）人口相对集中在苏北和苏南地区

长三角地区人口稠密，苏北地区的人口最多，为 3 476 万人，比重达到 23.4%，接近

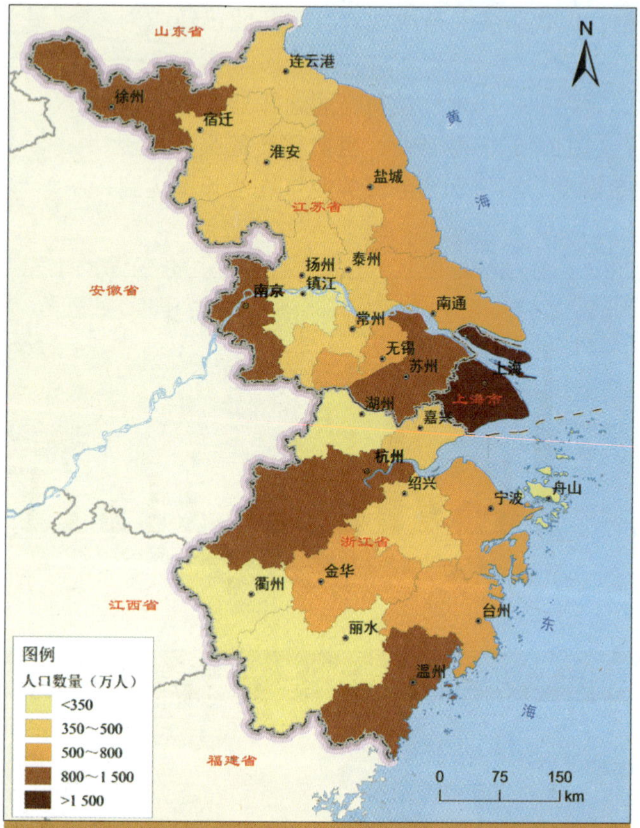

图 3-13 长三角地区人口分布格局

1/4。苏南地区和上海市分别超过 2 400 万人，比重分别为 16.3% 和 16.2%；苏中地区的人口为 1 734 万人，比重为 11.7%。浙东南地区和杭嘉湖地区的人口规模分别为 1 401 万人和 1 315 万人，比重分别为 9.42% 和 8.8%。浙东地区和浙西南地区的人口规模相对较少，比重合计为 14.2%。区内 13 座城市人口超 500 万人，除了分布在传统的黄淮海平原，大部分集中在长三角城市群地区，即苏北地区的徐州、盐城、宿迁、淮安、连云港；东部沿海的南通、杭州、台州、温州、宁波；沿长江经济带的苏州、南京、泰州等地（图 3-13）。

（2）经济发展集中在苏南、上海、苏北和杭嘉湖地区

经济发展主要集中在苏南地区、上海地区、苏北和杭嘉湖地区。其中，苏南地区的 GDP 比重达到 30.2%，上海为 18%。苏北和杭嘉湖地区有着类似的规模，比重均分别超过 11%。苏中和浙东地区规模类似，均在 9% ～ 10%。浙东南和浙西南的经济发展规模较小，比重在 4% ～ 6%。工业产业分布基本遵循了类似的格局，但集中度更高；苏南工业产值比重达 32.9%，上海比重下降达到 14.8%，苏中和苏北比重均超过 12%，杭嘉湖和浙东分别超过 10%，浙东南和浙西南分别低于 4%。

（3）区域内部发展效益差异大

从经济发展效益来看，各区域板块的人均 GDP 均高于全国平均水平，但从内部区域来看，苏南人均 GDP 最高，是长三角平均水平的 1.9 倍、全国平均水平的 3.6 倍；其次，浙东地区是长三角平均水平的 1.3 倍、全国平均水平的 2.6 倍；杭嘉湖地区是长三角和全国平均水平的 1.2 倍和 2.4 倍。上海是长三角平均水平的 1.1 倍、全国平均水平的 2.1 倍。苏中、浙东南、浙西南的人均 GDP 分别低于长三角的平均水平，但均高于全国平均水平，具体见表 3-2。

表 3-2 基于八大板块的长三角空间分异

指标 \ 地区		上海	苏南	苏中	苏北	杭嘉湖	浙东	浙东南	浙西南	京沪—沪杭沿线
面积	规模 /km²	636	27 921	20 739	54 442	26 310	19 579	21 195	37 095	60 302
	比重 /%	0.31	13.43	9.97	26.18	12.65	9.42	10.19	17.84	29.00
人口	规模 / 万人	2 425.68	2 407	1 734	3 476	1 315	1 119.1	1 401.28	991.48	6 891.89
	比重 /%	16.31	16.19	11.66	23.38	8.84	7.53	9.42	6.67	46.35
GDP	规模 / 万亿元	2.16	3.64	1.13	1.36	1.33	1.2	0.72	0.5	7.39
	比重 /%	17.95	30.24	9.39	11.27	11.05	10.00	5.95	4.15	61.43

指标		上海	苏南	苏中	苏北	杭嘉湖	浙东	浙东南	浙西南	京沪—沪杭沿线
工业产值	规模 / 万亿元	3.39	7.52	2.84	2.88	2.31	2.37	0.83	0.75	13.89
	比重 /%	14.81	32.86	12.39	12.57	10.11	10.35	3.64	3.29	60.70
人均 GDP	规模 / 元	89 056	151 178	65 149	39 009	101 095	107 468	51 076	50 414	107 249
	相当于研究区比例 /%	110.06	186.83	80.51	48.21	124.93	132.81	63.12	62.30	132.54
	相当于全国平均水平比例 /%	212.41	360.57	155.39	93.04	241.12	256.32	121.82	120.24	255.80

(4) 沿交通轴线集聚分布明显

社会经济要素围绕重大交通干线进行布局始终是区域发展的本质。在长三角地区，京沪线—沪杭线曾是该区域的核心交通干线。该交通干线的沿线地区用 29% 的土地，供养着 46.4% 的人口，提供了 61.4% 的 GDP 和 60.7% 的工业产值，经济发展效益是整个地区的 1.3 倍，是全国平均水平的 2.6 倍。

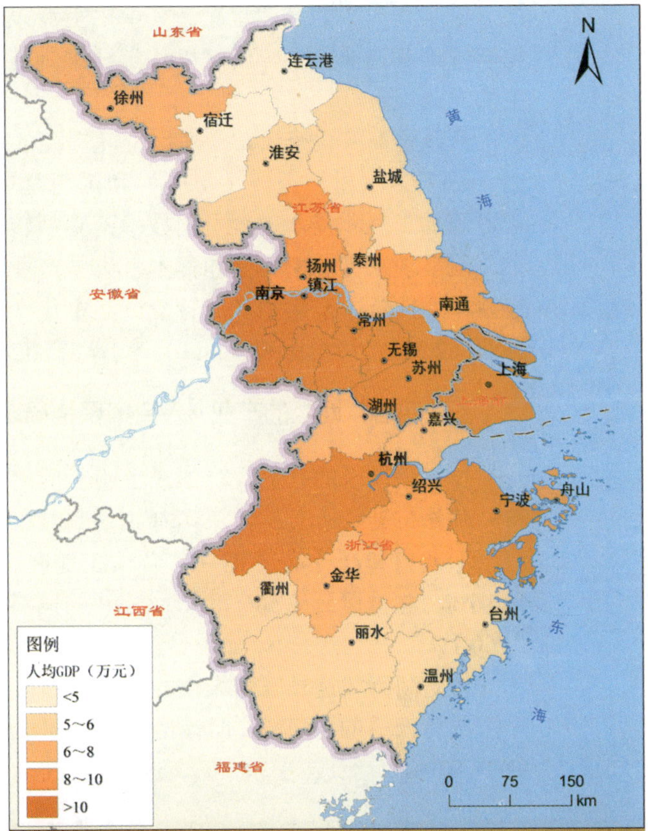

图 3-14　长三角人均 GDP 分布格局

2. 基本形成了各有侧重的产业分工体系

经过长期的发展，目前长三角各地区的工业各有侧重，互为补充，基本形成一体化产业链。2000—2013 年，上海、江苏、浙江两省一市的产业结构逐步调整，精细化工、电子信息产业的优势更加突出。其中，上海侧重研发设计、芯片制造与测试，而苏州以封装测试为主，无锡重视制造，杭州重视集成电路设计（表 3-3）。

长三角地区形成了以烟草制造业以及化学纤维制造业和纺织业为主的资本密集型和

表 3-3　2000—2013 年长三角地区两省一市产业结构

地区	2013 年	2000 年	区位商
上海	烟草制品（3.1）；交通运输设备制造（2.6）；计算机通信电子制品制造（2.12）；通用设备制造（1.8）	化学纤维制品（2.6）；交通运输设备制造（1.94）；黑色金属冶炼压延加工（1.7）；仪器仪表制造（1.57）	烟草制造业（3.4）、交通运输设备制造业（1.89）和通信设备计算机等电子设备制造（1.79）
江苏	仪器仪表制造（3.1）；化学纤维制造（2.86）；电气机械和器材制造业（1.8）；计算机、通信和其他电子设备制造业（1.7）；纺织服装（1.56）	化学纤维制造（1.9）；通用设备制造（1.87）；纺织业（1.97）；纺织服装（1.5）	化学纤维制造业（1.89）和仪器仪表及文化、办公用机械制造业（1.55）

地区	2013 年	2000 年	区位商
浙江	化学纤维制造（5.49）；纺织业（2.65）；仪器仪表制品（2.27）；纺织服装（1.99）；皮革毛皮制品（1.96）；橡胶制品（1.65）；文体美用品（1.63）；金属制品（1.6）	皮革毛皮制品（2.3）；仪器仪表制品（2.27）；纺织服装（2.26）；纺织业（2.2）；化学纤维制造（1.77）；文体美用品（1.67）；金属制品（1.67）；橡胶制品（1.6）	化学纤维制造业（3.86）、纺织业（2.2）和皮革、毛皮、羽毛（绒）及其制品业（1.8）

注：表中“2013 年”及“2000 年”两列的括号内数字表示该行业的产值占所在省份工业产值的比重，单位为 %。区位商是指一个地区特定部门的产值在地区工业总产值中所占的比重与全国该部门产值在全国工业总产值中所占比重之间的比值；区位商大于 1，可以认为该产业是地区的专业化部门，区位商越大，专业化水平越高。

技术密集型为主的产业集聚。其中，上海以烟草制造业和交通运输设备制造业为主，江苏以化学纤维制造业为主，浙江以化学纤维制造业和纺织业为主，形成了以轻工业加工型产业为主的产业集聚。

从区位商变化来看，上海区位商提高的产业为烟草制造业（1.48）、计算机等电子设备制造（0.67），木材加工业（-0.96）和黑色金属冶炼及压延加工业（-0.89）明显降低，呈现出从资源加工型和资本密集型向技术密集型转变的趋势；江苏各产业的区位商变化幅度整体较小，但呈现从劳动密集型和资本密集型产业向技术密集型产业转变的趋势；浙江省从劳动密集型产业向资本密集型产业转变，其中化学纤维制造业区位商提高了 1.88；皮革毛皮及其制品业（2.35）、纺织服装（1.11）等劳动密集型产业显著提高。

3. “四沿”地区的产业 - 人口集聚格局明显

长三角地区的社会经济形成了明显的“四沿”分布格局，即沿长江、沿太湖、沿杭州湾和沿海分布集聚（表 3-4）。其中：

①人口和产业高度集中在沿长江地区。沿长江地区是该地区的核心区域，人口比重为 44.16%，总量达到 6 566 万人；GDP 的比重为 57.6%，超过研究区域的一半，工业产值比重为 60.1%。

②太湖流域是长三角城市群地区的核心区域。2013 年环太湖地区有 2 100 万人口，占研究区域总人口的 14.1%。但该地区提供了 25.26% 的 GDP，工业总产值的比重略高一些，达到 28.87%。

表 3-4　2013 年长三角“四沿”地区的人口 - 产业集中概况

地区		面积 /km^2	人口 / 万人	GDP/ 亿元	工业产值 / 亿元
两省一市		207 917	14 869.4	120 322	228 858
环太湖地区	规模	27 226	2 100.4	30 397.6	66 073.1
	比重 /%	13.09	14.13	25.26	28.87
环杭州湾地区	规模	29 954	4 153.22	38 579.9	68 304
	比重 /%	14.41	27.93	32.06	29.85
沿长江地区	规模	49 296	6 566.65	69 285.8	137 448
	比重 /%	23.71	44.16	57.58	60.06
沿海地区	规模	102 972	8 762.92	75 593	137 536
	比重 /%	49.53	58.93	62.83	60.10

③环杭州湾地区分布了 4 153 万人口，提供了 32.1% 的 GDP，接近 1/3；提供了 29.9% 的工业产值。

④沿海地区集聚水平高，未来仍呈现加速集聚态势。沿海地区的人口比重最高，为 58.9%，GDP 比重为 62.8%，但工业产值的比重略低，为 60.1%。但该区域与以上区域有重复计算的地方。

二、工业行业空间分异

1. 装备制造、重要能源化工产品集中在沿江沿海地区

截至目前，传统的重化工业仍是长三角地区的重要支柱产业。传统产业包括钢铁工业、石油化工与火电产业，而这些产业往往是高耗能、高排放产业，对资源环境的影响最大。这些重化产业集中在长三角城市群，正是人居环境迫切需要提升、产业结构最需要转型的核心地区，产业发展基础与区域发展方向存在重大冲突。

（1）钢铁工业集中在南京以下的长江口地区，空间集中性高

钢铁产量主要集中在江苏省和上海市，其中江苏省占 72.5%，上海占 19.9%，而浙江仅占 7.6%。钢铁产业集中在南京以下的长江口地区，重点布局在常州、无锡、南京、上海、苏州。其中，苏州的生铁产量最高，达到 2 792 万 t，比重为 33.9%，即 1/3。上海的生铁产量达 1 639 万 t，比重为 19.9%，即 1/5。常州的生铁产量达 1 126 万 t，比重为 13.7%；无锡和南京的生铁产量分别为 687 万 t 和 579 万 t，比重分别为 8.3% 和 7%（图 3-15）。

（2）三大石化基地布局在长三角地区

从地市来看，石油炼化能力主要集中在上海、南京、宁波和舟山等地区。其中，宁波的石油炼化能力较高，达到 2 800 万 t，比重为 35.7%。上海有两家石油炼化企业，能力达到 2 530 万 t，占地区总量的 32.3%，接近 1/3。南京有 2 家石油炼化企业，能力达 2 000 万 t，比重为 25.5%，即 1/4。淮安、无锡、盐城、舟山、杭州有石油炼化企业分布，但产能都比较小，合计占 6% 左右。乙烯生产集中在上海和江苏，其中上海乙烯产能达 285 万 t，南京产能为 135 万 t，扬子石化为 75 万 t，而扬 - 巴公司达到 60 万 t（图 3-15）。

（3）传统印染行业高度集中在杭州湾南岸地区

高污染的印染行业是杭州湾地区与太湖地区的重点产业。随着产业布局的调整，部分印染产业逐步向杭州湾南岸地区转移，目前形成绍兴和萧山两个集中区。其中，绍兴的印染能力超过全国印染总能力的 1/3，绍兴和萧山两个地区的印染能力约占全国总量的 60%。绍兴形成了滨海印染工业园区，集中了该地区的主要印染企业。

（4）火电能源产业集中在长三角城市群地区

长三角是能源资源匮乏地区，从外地调入煤炭资源建设火电厂成为该地区解决能源供应的重要途径。长三角地区共有火电装机容量为 9 461 万 kW；其中，江苏省为 4 470 万 kW，比重为 47.3%；上海为 1 466 万 kW，比重为 15.5%，浙江为 3 525 万 kW，占比为 37.26%。从除上海之外的地市来看，宁波的装机容量最高，为 1 314 万 kW，占比达到 13.9%；徐州、苏州分别有超过 800 万 kW 装机火电，嘉兴、泰州分别超过 500 万 kW，无锡、南京、南通分别超过 400 万 kW，扬州、温州、镇江分别超过 300 万 kW（图 3-16）。

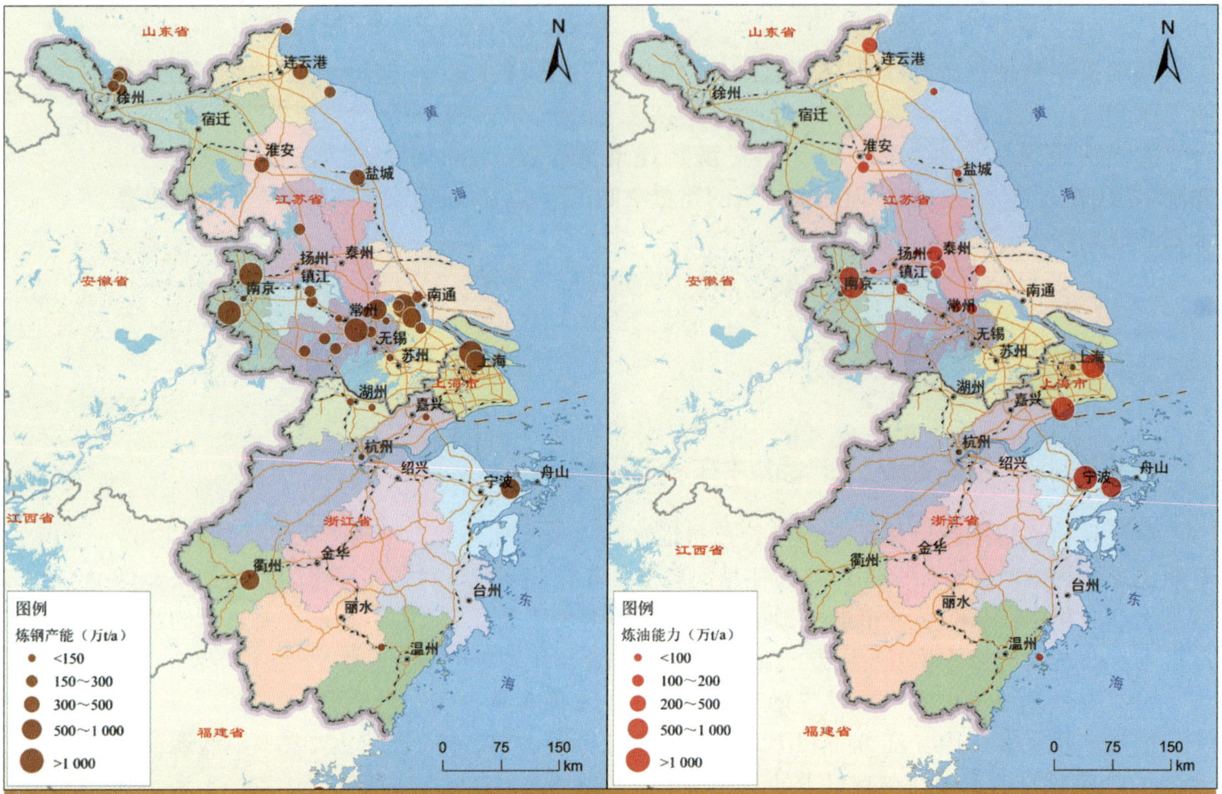

图 3-15　长三角地区钢铁基地分布格局（左）及石油炼化基地分布格局（右）

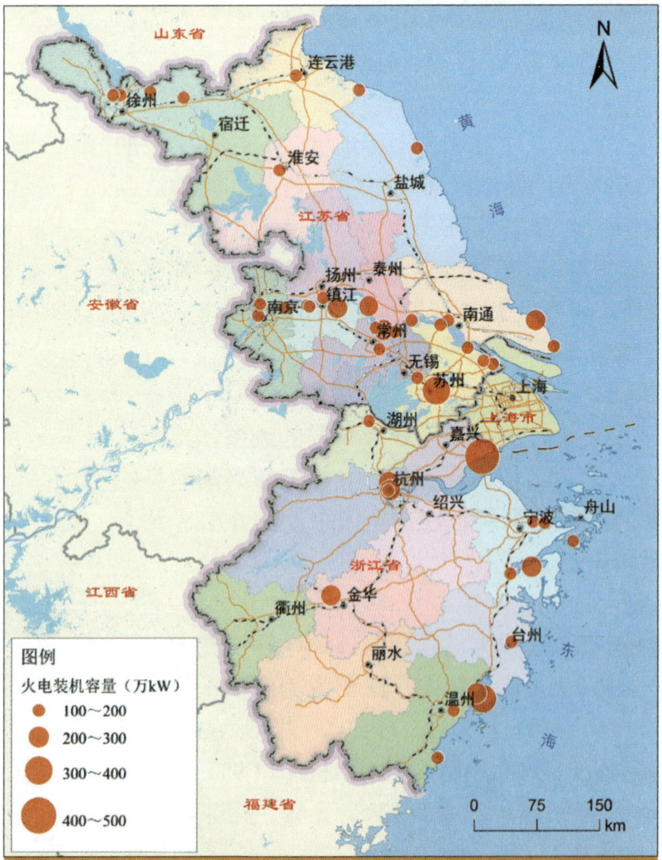

图 3-16　长三角火电装机容量分布格局

2. 装备制造业集中在长三角城市群与沿江沿海地区

装备制造业主要集中在长三角城市群，比重高达 86.7%，而苏北和浙西南地区的比重都很低，分别为 7.25% 和 6.08%。在“四沿”地区，沿江和沿海地区的比重较高，分别达到 64.5% 和 62.2%，而沿湖地区和沿湾地区分别为 26.2% 和 32.9%。

其中，交通运输设备制造业在城市群和沿江沿海地区的集聚更加突出，在长三角城市群，比重达到 90.6%，苏北和浙西南地区的比重很低，分别为 5.76% 和 3.68%（表 3-5）。

从城市分布来看，装备制造业主要集中在上海市、苏州市和无锡市，比重分别为 19.9%、9.7% 和 8.4%。交通运输设备制造业的空间集中性更高，上海比重达 30.8%，南京、无锡和杭州分别超过 6%（表 3-6）。

表 3-5 长三角装备制造业的空间集中性 单位：%

地区	金属制品业	通用设备制造业	专用设备制造业	交通运输设备制造业	电气机械及器材制造业	装备制造业
长三角城市群	83.68	82.82	86.26	90.55	87.48	86.67
苏北地区	5.67	11.45	10.52	5.76	4.73	7.25
浙西南地区	10.65	5.72	3.22	3.68	7.80	6.08
沿湖地区	28.01	24.57	34.96	15.91	33.29	26.23
沿湾地区	26.31	33.84	31.96	41.15	27.47	32.90
沿江地区	63.63	57.97	66.24	69.41	64.79	64.49
沿海地区	53.55	66.27	61.58	67.62	57.58	62.18

表 3-6 长三角装备制造业的地市空间集中性 单位：%

地区	金属制品业	通用设备制造业	专用设备制造业	交通运输设备制造业	电气机械及器材制造业	装备制造业
上海市	14.11	19.38	18.80	30.79	12.73	19.86
南京市	4.05	3.46	2.91	6.42	3.16	4.18
无锡市	9.24	6.15	8.65	6.64	11.50	8.42
徐州市	2.57	5.24	3.54	0.66	1.40	2.44
常州市	5.68	4.57	10.74	2.85	6.04	5.31
苏州市	9.69	10.27	13.47	5.56	11.81	9.72
南通市	7.07	4.80	2.67	4.33	5.62	4.95
连云港市	0.73	0.27	1.46	0.91	0.41	0.66
淮安市	0.88	1.27	1.39	0.37	1.28	1.00
盐城市	1.06	4.43	3.99	3.76	1.23	2.90
扬州市	3.10	2.92	5.18	5.43	6.34	4.82
镇江市	4.41	1.97	1.49	2.06	3.71	2.72
泰州市	6.29	4.45	2.33	5.32	3.87	4.51
宿迁市	0.43	0.24	0.14	0.05	0.41	0.25
杭州市	5.58	6.71	3.71	6.22	5.80	5.87
宁波市	5.75	6.42	6.84	4.59	8.28	6.42
温州市	2.18	3.30	1.78	1.34	5.38	3.07
嘉兴市	2.07	2.53	1.48	0.63	1.64	1.61
湖州市	1.33	1.04	0.61	0.23	2.29	1.17
绍兴市	2.90	4.33	3.87	1.24	2.47	2.76
金华市	6.36	1.09	0.80	1.88	1.50	2.01
衢州市	0.44	0.68	0.22	0.11	0.63	0.44
舟山市	0.13	0.13	0.36	3.69	0.04	1.08
台州市	2.27	3.68	3.15	4.56	2.15	3.26
丽水市	1.67	0.65	0.41	0.36	0.28	0.56

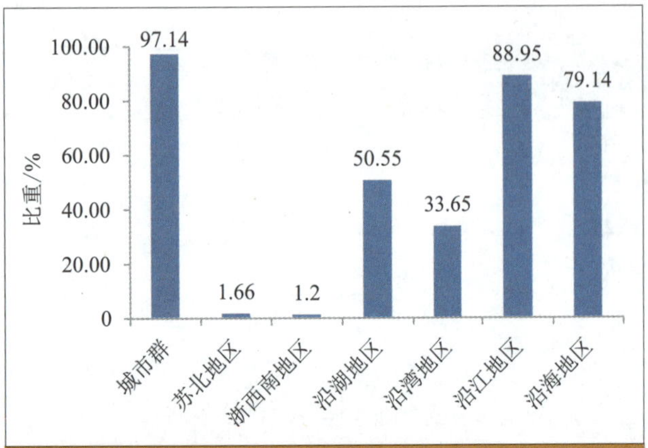

图 3-17 长三角电子信息产业的空间集中性

3. 电子信息产业集中在上海和苏州地区

电子信息产业是战略性新兴产业的重要部分。长三角是我国电子信息产业重要发展起源地区和生产基地。

电子信息产业主要集中在长三角城市群，比重高达 97.1%，其中苏州市比重最高，达到 39.9%，其次是上海为 28.8%，两个城市合计占 68.7%。而苏北和浙西南地区分别为 1.7% 和 1.2%，比重很小（图 3-17、表 3-7）。

表 3-7 长三角电子信息产业的空间集中性 单位：%

地区名称	通信设备、计算机及其他电子设备制造	地区名称	通信设备、计算机及其他电子设备制造	地区名称	通信设备、计算机及其他电子设备制造
城市群	97.14	上海市	28.80	宿迁市	0.07
苏北地区	1.66	南京市	6.02	杭州市	3.13
浙西南地区	1.20	无锡市	6.90	宁波市	3.31
沿湖地区	50.55	徐州市	0.43	温州市	0.44
沿湾地区	33.65	常州市	2.67	嘉兴市	0.82
沿江地区	88.95	苏州市	39.88	湖州市	0.29
沿海地区	79.14	南通市	1.65	绍兴市	0.42
		连云港市	0.30	金华市	0.65
		淮安市	0.69	衢州市	0.08
		盐城市	0.16	舟山市	0.01
		扬州市	1.13	台州市	0.22
		镇江市	1.01	丽水市	0.03
		泰州市	0.88		

4. 区域板块之间工业结构差异较大

长三角城市群和苏北、浙西南地区有着较大差异的工业结构，主导产业虽有重复但差异仍然较大。城市群的主导产业主要是电子信息、电气机械及器材制造、交通设备制造、化学原料及化学制品制造、通用设备制造业、纺织业和钢铁工业等，以上产业合计占 64.9%，接近 2/3。苏北地区的主导产业主要是化学原料及化学制品制造业、通用设备制造、纺织、农副食品加工、交通设备制造、非金属矿物制品、木材加工、电气机械及器材制造、钢铁工业和专用设备制造。浙西南地区的主导产业主要是电气机械及器材制造、通用设备制造、金属制品、皮革、化学原料及化学制品制造、纺织、钢铁工业、塑料制品和交通设备制造，以上产业合计占 62.3%。

长三角城市群与整个地区的主导产业相同，纺织、化工、钢铁、通用设备与交通设备制造、电器机械制造成为各地区的共同主导产业；苏北地区有更强的农副食品加工、木材加工、水泥等行业，但能源与电子信息产业落后，浙西南的皮革产业与金属制品比重较高（表 3-8）。

表 3-8 基于三大板块的工业结构及主导产业 单位：%

地区名称	两省一市	长三角城市群	苏北地区	浙西南地区
农副食品加工业	1.90	1.41	7.13	1.46
纺织业	6.89	6.84	7.82	6.17
纺织服装和鞋、帽制造业	2.73	2.61	2.60	4.77
皮革羽毛制品业	1.09	0.77	0.58	6.70
木材加工及木竹制品业	0.94	0.50	5.39	1.05
石油加工、炼焦加工业	2.43	2.63	1.75	0.39
化学原料及化学制品制造业	8.62	8.55	10.82	6.49
医药制造业	1.50	1.42	2.48	1.28
化学纤维制造业	2.06	2.29	0.82	0.49
塑料制品业	2.35	2.20	1.76	5.53
非金属矿物制品业	2.64	2.37	5.53	2.50
黑色金属冶炼及压延加工业	6.19	6.35	4.93	5.67
有色金属冶炼及压延加工业	2.99	2.91	3.00	4.17
金属制品业	3.70	3.60	2.50	6.95
通用设备制造业	7.12	6.86	9.72	7.19
专用设备制造业	3.30	3.31	4.14	1.87
交通运输设备制造业	8.38	8.83	5.75	5.44
电气机械及器材制造业	8.88	9.04	5.00	12.21
通信设备、计算机及其他电子设备制造	12.06	13.63	2.39	2.55
电力、热力的生产和供应业	4.58	4.78	2.40	4.71

“四沿”地区的工业结构也有差异，由于部分地区重叠，差异较小。沿湖地区的主导产业主要是电子信息、钢铁工业、电气器材及器材制造、纺织、化学原料及化学制品制造、通用设备制造和交通设备制造，以上合计占 65.9%。沿湾地区的主导产业主要是电子信息、交通设备制造、纺织、电气器材及器材制造、化学原料及化学制品制造、通用设备制造、钢铁工业、石油加工和火电，以上合计占 67.4%。沿江地区的主导产业主要是电子信息、交通设备制造、电气机械及器材制造、化学原料及化学制品制造、钢铁工业、通用设备制造、纺织、火电，以上合计占 68.2%。在沿海地区，主导产业包括电子信息、交通设备制造、电气机械及器材制造、纺织、通用设备制造、化学原料及化学制品制造、黑色金属冶炼加工、火电，合计占 63.6%（表 3-9）。

表 3-9 基于“四沿”地区的工业结构差异 单位：%

地区名称	两省一市	沿湖地区	沿湾地区	沿江地区	沿海地区
纺织业	6.89	8.12	7.58	4.87	7.81
纺织服装和鞋、帽制造业	2.73	2.95	2.47	2.52	2.75
石油加工、炼焦加工业	2.43	0.50	4.69	2.42	2.64

地区名称	两省一市	沿湖地区	沿湾地区	沿江地区	沿海地区
化学原料及化学制品制造业	8.62	7.22	7.57	9.18	7.33
化学纤维制造业	2.06	3.27	2.23	1.49	2.58
非金属矿物制品业	2.64	2.58	2.27	2.16	2.34
黑色金属冶炼及压延加工业	6.19	10.37	4.71	7.55	4.90
有色金属冶炼加工业	2.99	3.80	2.75	2.71	2.39
金属制品业	3.70	3.43	3.02	3.80	3.09
通用设备制造业	7.12	5.79	7.48	6.66	7.36
专用设备制造业	3.30	3.82	3.28	3.53	3.17
交通运输设备制造业	8.38	4.42	10.70	9.38	8.83
电气机械及器材制造业	8.88	9.79	7.57	9.28	7.97
通信设备、计算机及其他电子设备制造	12.06	20.19	12.59	17.30	14.87
电力生产和供应业	4.58	1.84	4.53	3.98	4.51

第三节　产业聚集区分布格局与发展特征

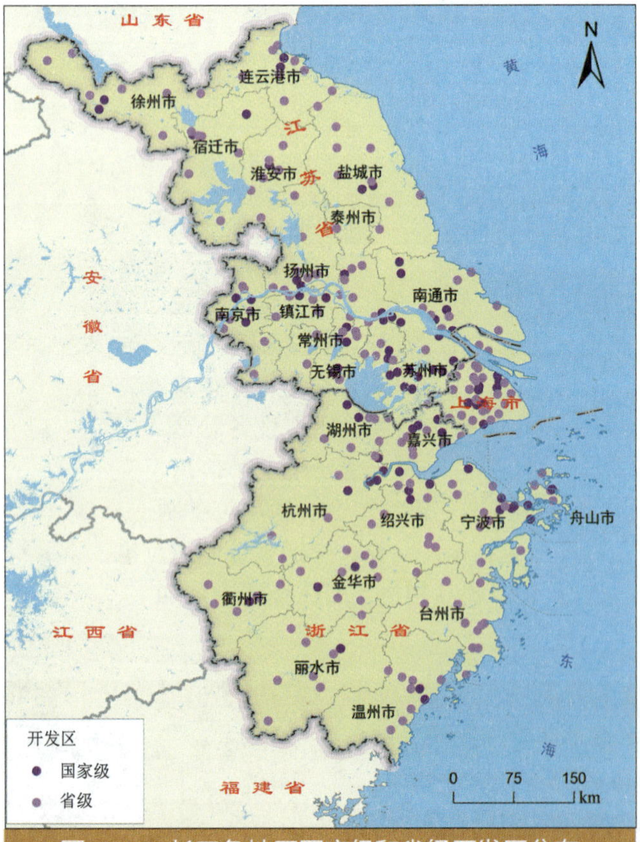

图 3-18　长三角地区国家级和省级开发区分布

一、产业聚集区发展特征

1. 集聚区分布密集、连续成片

截至 2016 年年底，长三角地区省级以上经济类开发区共 270 个，其中国家级开发区 85 个，省级开发区 185 个。两省一市的省级以上开发区面积占国土面积比例分别为 17%、22%、12%，开发区密度约 12.8 个 / 万 km^2，其中上海市约每 198 km^2 国土面积就有 1 个市级以上开发区。长三角核心区产业园区最密集，集中分布在沿长江、环太湖及环杭州湾地区（图 3-18）。

各类产业集聚区是区域经济增长的关键节点，是区域战略布局和产业转型发展的重要平台和载体，是吸引外资和对外贸易的重要基地。江苏、浙江的开发区集聚了全省 3/4 以上的工业产值，上海市级以上开发区贡献了全市 46.6% 的工业产值，园区产业集聚态势凸显（表 3-10）。

表 3-10　长三角地区两省一市开发区主要经济指标

	上海		江苏		浙江	
	市级以上	占比 /%	省级以上	占比 /%	全部园区	占比 /%
工业总产值 / 亿元	15 470.26	46.6	105 855.21*	78.6	49 769.5	74.5
税收收入 / 亿元	455.05	9.4	—	—	2 242.6	53.8
出口总额 / 亿元	4 431	35.4	16 274.68	79.9	8 824	52.6
从业人员 / 万人	115.85	8.5	1 243.05	26.1	595.9	16.0

注：上海、浙江数据来自 2016 年统计年鉴，江苏数据来自《江苏开发区年鉴 2014》；
* 江苏工业总产值数据为规模以上工业企业统计数据。

2. 化工园区数量众多，沿江沿海布局特征明显

调查显示，长三角近 60% 省级以上开发区中的主导产业涉及石化、医药、农药等化工产业，其中化工类开发区或设有化工分园分区的开发区占 40%，主要分布在沿江、环杭州湾及江苏沿海地区（图 3-19）。

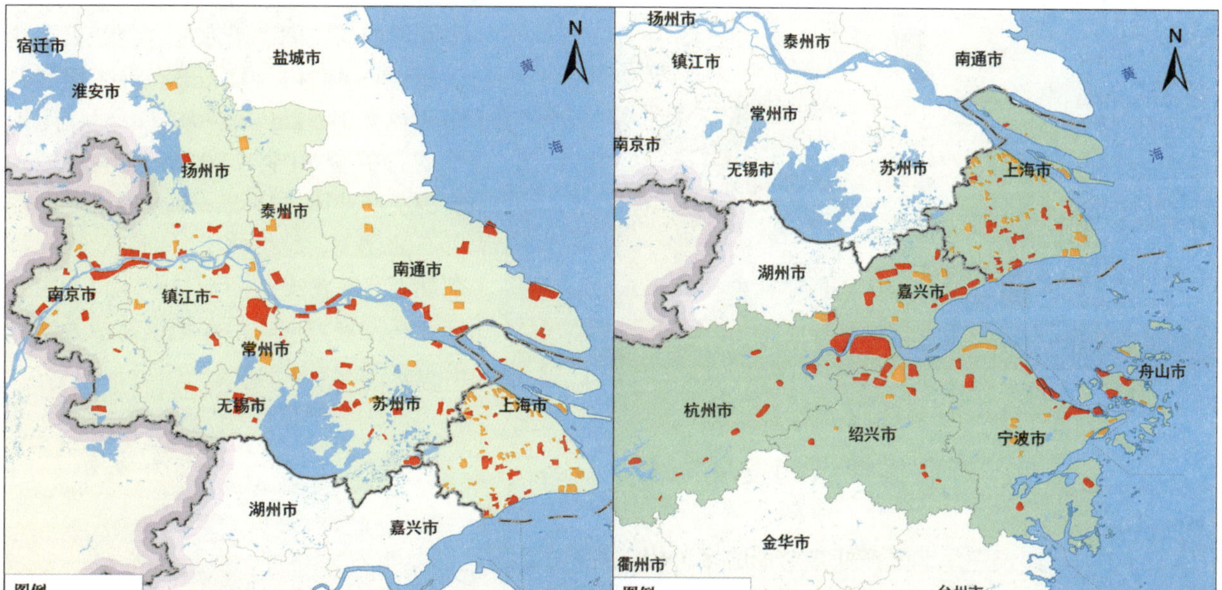

图 3-19　长三角沿江及环杭州湾涉化工开发区分布示意

化工企业入园率低，与居住区的空间布局矛盾突出。2016 年，江苏约有 68% 的化工企业不在专业化工园区内。2015 年，浙江化工企业入园率为 66%，还有大量化工企业尚未进入专业化工园区，实现全部化工企业进入工业园区发展、集中监管还有相当大距离。江苏沿江化工园区多数依托城市发展，随着城市建设空间拓展及工业园区用地扩张，导致部分化工园区与大型居住区毗邻，或形成围城态势，或被城市建成区所包围。浙江由于山多地少的特点，园区与居住区毗邻现象普遍，而分散于专业化工园区外的化工企业也多存在与居住区混杂的情形，安全隐患较突出。

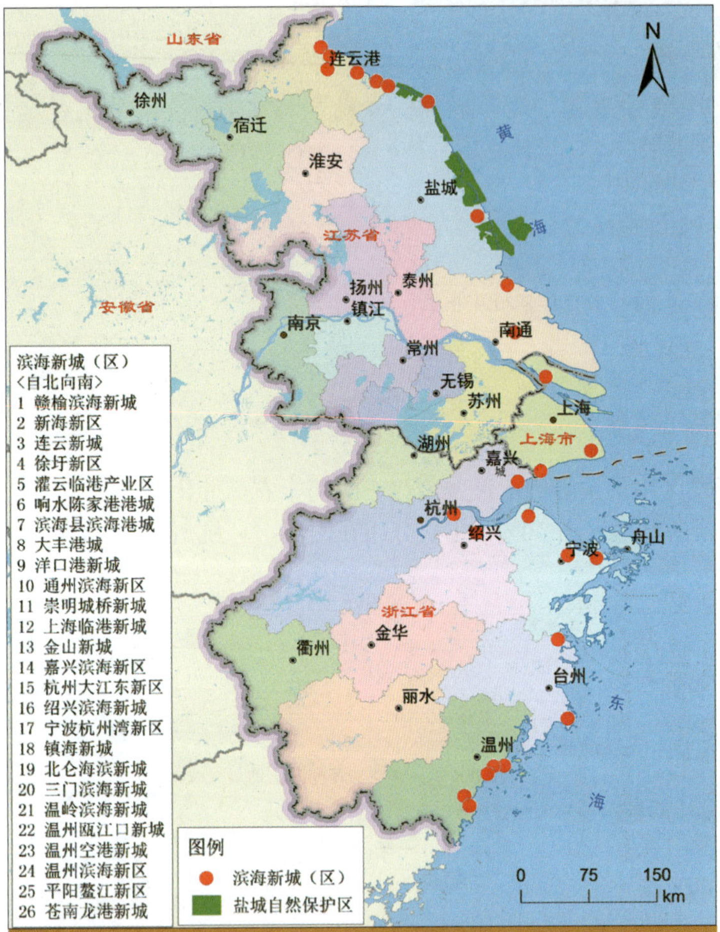

图 3-20 长三角地区港城分布示意

3. 沿海成为新一轮发展热点地区

在国家、地区发展战略的引导下，沿海地区成为新一轮城镇化和工业化发展的热点地区。其中，连云港、盐城、嘉兴、绍兴、舟山的城镇化将借力港口经济、临港工业布局发展，沿海城市空间组织正在多个层面展开重塑，形成了许多临港新城、滨海新城、滨海新区等。据不完全统计，长三角地区 10 个沿海城市中已有 26 个滨海新区（城、镇），平均一个城市少则 1 个多则 5 个（图 3-20）。

港城承担着各地区经济发展和新型工业化的主要任务，成为推动产业经济发展的新空间。沿海地区现状城市建设用地面积为 5 292 km^2，新区规划总面积约 4 331 km^2，沿海城市建设用地平均将扩容 70% ~ 80%，临港新城主要围绕产业园区建设，部分临港产业园以石油化工、精细化工、钢铁、火电等高耗能、高污染、高消耗产业作为主导产业和发展方向，沿海地区将成为新兴的重化产业带。

二、产业集聚区的发展态势

1. 长三角地区产业集聚形成多种模式并存的状态

长三角地区的开发区创立 30 年以来，形成多种发展模式并存状态，包括单一工业园区、政区合一、一区多园及产业集聚区模式。

（1）以工业为主导的单一园区开发模式

由政府为实现工业发展目标而设立，强调土地、水、电力、能源等生产要素的集约利用，同时对污水、废气、工业固体废物等实施统一综合处理，降低治理成本。工业主导的单一园区主要以工业仓储用地为主，配套必需的道路、供水、供电、供热、“三废”综合治理等基础设施以及少量必要的商务、居住、学校、医院等服务设施。通过对长三角地区省级以上开发区官方网站的初步统计，约 60% 属于此类型，其中上海全部属于工业主导型园区，江苏、浙江约一半以上园区为工业主导型园区。

（2）实施“政区合一”的开发区

地方政府通过“行政托管”手段将开发区周边的街道、乡、镇、区委托给开发区管委统一规划管辖，并赋予开发区管委会对托管区域全面的管理权限，开发区与行政区实施“政区合一”的管理模式，此类开发区约占长三角开发区的40%。

开发区通过对行政托管范围全面管理或园区扩区等形式带动区域经济发展。目前，江苏约一半以上的开发区通过行政托管取得发展空间，省级以上开发区的平均管辖面积约98 km²。

浙江近几年开展开发区、工业园区的整合提升，省级以上开发区的平均管辖面积从整合前不足10 km²拓展到74 km²。部分开发区形成产城融合的新城区，如杭州经济技术开发区、富阳经济技术开发区、宁波经济技术开发区、余姚经济开发区。

（3）“一区多园”的开发区

20世纪90年代中后期，苏南一些发展水平较高的国家级、省级开发区为进一步推进产业规模扩张，在现有空间范围内优化产业空间布局，相继开展“一区多园”模式的探索。通过在现有开发区内设立不同功能的产业园区，或增加新建园区，或将已经具备一定发展基础的园区整合，实施区位优势、资源优势、基础优势、政策优势和服务优势共享的政策，促进不同类型产业集聚并实施专业化管理。

早期开发区多采取单一的工业园区开发模式，随着开发区逐步发展，目前长三角地区270家省级以上开发区中已有187家建成或规划建设区中园，开发区“一区多园”趋势明显。

上海各开发区面积较小且缺乏拓展空间，上海漕河泾、张江高科技园区、上海外高桥保税区等一些发展水平较高的开发区，通过在外省自建或合建分园分区，输出品牌、开发模式及管理经验，以获得更高的经济效益。

江苏“一区多园”模式的开发区约占80%，一般是通过采取“政区合一”扩展发展空间后，将开发区管辖范围内现有工业区块整合到开发区内形成“一区多园”，代表性园区有南京经济技术开发区、江阴高新技术产业开发区、张家港经济技术开发区、常州高新技术产业开发区等；或是在拓展的土地上新建不同类型产业园区，如南京化学工业区新建的玉带片区、盐城经济技术开发区的大丰港产业园、江苏滨海经济开发区的沿海工业园等。

浙江近几年通过对开发区、工业园区开展整合提升，将区域内的几个工业区块整合到一起集中管理，已有近一半园区呈现一个开发区多个片区的情况，如富阳经济技术开发区、建德经济开发区、镇海经济开发区、宁波鄞州工业园区、舟山经济开发区等。

浙江设立14个产业集聚区，作为“大平台、大产业、大项目、大企业”主要发展载体，在开发区建设的基础上，从区域产业发展布局层面，进一步促进资源集约、产业协调、产城融合发展。产业集聚区依靠龙头企业辐射带动，迅速吸引同类产业快速集聚，如杭州大江东和宁波杭州湾以汽车产业为主导，在引入大众、福特等龙头企业后迅速聚集了上百家汽车关联企业；杭州城西在阿里巴巴进驻后，带动电子商务及网络公司快速发展。

实际运行中，产业集聚区管理体制尚未理顺，集聚区与开发区园区范围交叉。除杭州大江东、宁波杭州湾、温州3个集聚区已对管理体制进行调整外，其余集聚区的开发区产业发展整合尚未完成，现有各工业园区没有实现统筹规划。

2. 产业集聚区与城市融合发展状态

（1）传统产业集聚区逐步融入城市发展，但城市品质需要提高

在长三角地区，产业园区的建设和发展比较早。经过近20多年的发展，部分产业园区的规模不断扩大，人口日渐集聚。尤其是在苏南地区，园区之间、园区与城市之间、镇区之间已形成连续分布，生产隔离空间不断缩小，区域公路开始变成城内主干道，并形成网状格局。

部分园区已成为中心城市的核心部分，融入城区空间结构。

传统产业园区的主要功能仍是工业生产，人居环境质量相对较低，城市功能仍不完善。迫切需要加强产业园区的绿色转型，提高园区的市政设施建设，以服务于工业生产的基础设施体系迫切需要向以服务于城市生活居住的市政设施体系进行转变，提高公共服务水平，加快发展生活服务业。

（2）新建产业集聚区融入产城融合理念

在传统产业园区向产城融合发展方向进行转变的同时，长三角开始在沿海地区掀起了新的产业园区建设，形成了许多临港新城、滨海新区等。这些新建产业集聚区不但覆盖面积大，承担各地区经济发展和新型工业化的主要任务，尤其是成为推动地方经济增长的新空间。同时，这些产业集聚区要承载大量的人口，转移农村剩余劳动力，承担城镇化的任务。这些滨海新区、滨海新城与临港新城主要围绕产业园区建设。

根据不完全统计，目前在江苏和浙江两省规划建设了至少20个以上的新型产业集聚区。包括连云港的新海新区、滨海新区、赣榆滨海新区、徐圩新区，盐城的滨海新城、陈家港港城、大丰新城，嘉兴的滨海新城，杭州的大江东新区，绍兴的滨海新城，宁波的杭州湾新区等。

第四节　长三角产业转移与发展新趋势

一、资源、环境约束促使部分产业开始转移

随着长三角地区经济的持续增长，部分区域已处于工业化后期向后工业化时期转变的经济发展阶段，以服务业为主的经济结构正在逐步形成，资源环境支撑能力日趋降低，难以满足快速增长的需求。这促使部分产业开始转移。

第一，能源原材料短缺及价格上升，尤其是能源供应的成本日益上升，各种资源型产业价格不断飙升。而苏北和浙西南地区的土地、税收、电费都比长三角城市群要便宜很多，特别是该地区的土地税和电价一调再调、不断上涨。

第二，土地利用空间有限。随着城市化的快速扩张和各类工业园区的持续扩大，大量的耕地转化为建设用地，长三角地区可供利用的土地资源日益稀缺。苏南地区、浙东北地区招引、发展资金密集型产业和技术密集型产业受到土地资源诸多限制。可供成片开发利用的土地较少，且指标紧张，企业项目无法落地。

第三，环境容量接近饱和。二氧化硫、固体废物、生活垃圾等治理任务繁重。2007年太湖蓝藻暴发，就充分说明环境承载能力已达极限。为此，仅江苏就关停小化工企业4 000多家。

第四，人力资源短缺等因素。长三角地区是我国高收入地区，随着该地区居民收入水平的提高，劳动力成本日益上升，可供应的劳动力资源日益稀缺，甚至出现劳工荒。

资源环境约束的趋紧使得部分产业在长三角地区发展的成本日益上升。尤其是纺织、皮革、食品等资源与劳动密集型的低端产业逐步失去优势。江苏、浙江两省通过对发达地区的低端产业实施产业转移，腾出空间发展高技术、高附加值的新兴产业集群。涉及产业领域不断拓展，产业转移已不再是简单的劳动密集型等低端产业项目的输出，高新技术产业项目也开始进入了转移的行列。江苏南通、扬州、盐城、连云港等城市承接了纺织服装、计算机、机械、

汽车配件、船舶配套、医疗器材、玻璃制品、玩具、农产品加工、食品加工及交通设施、商贸物流、房地产综合开发和餐饮等领域的一些项目。安徽芜湖与上海的合作意向涉及汽车及零部件、装备制造、审计及咨询、人才服务等4个方面，芜湖无为县承接了华谊煤化工等项目。

二、产业转移存在进入与转出两种并存模式

目前长三角地区正处在两种产业转移并行的关键阶段。一是国际的产业向长三角的沿海、沿高速公路、沿江等交通优势明显、基础产业雄厚的地区转移。二是在长三角内部，相对发达的上海、浙东、苏南将部分产业向苏中、苏北转移。从长三角内部的产业转移来看，大致形成以下几种类型。

1. 离市离省离地区

长三角地区是产业转移输出地区，而长江中游和上游地区是产业承接地区。这在电子信息产业的转移方面尤为突出，如电子信息产业从苏州向重庆的转移。浙江省向江西、安徽、湖北与河南等相邻的中西部省区进行转移，部分产业向重庆和四川等西部地区进行转移。上海市通过开发管理、人才科技和品牌效应等优势的园区在其他地区自建或共建新的园区，输出品牌、开发模式及管理经验，以实现规模效应和辐射效应。皖江城市带地区以这种形式成为上海产业转移的重要承接地区（图3-21）。

图3-21　中国主要国家级产业承接示范区分布

2. 留生产转研发

这种产业转移主要发生在上海与周边地区之间。突出表现为泰州、南京、无锡、杭州和常州是产业或企业的研发职能部门的转出地区，但企业的生产部分仍保留在原地。上海、苏州等则是企业研发部门的承接地区（图3-22）。

3. 离市不离省不离地区

长三角城市群是产业的转出地区，而苏北地区和浙西南地区是产业的承接地区。上海产业转移优先考虑浙江、江苏和安徽等省份，尤其是沿着京沪—沪宁高速公路向苏北地区转移，南通和启东已率先成为承接上海产业转移的前沿阵地。苏南地区部分产出效益较好的劳动密集型制造业转移到经济欠发达的苏北地区，“十一五”期间苏北承接500万元以上的产业转移

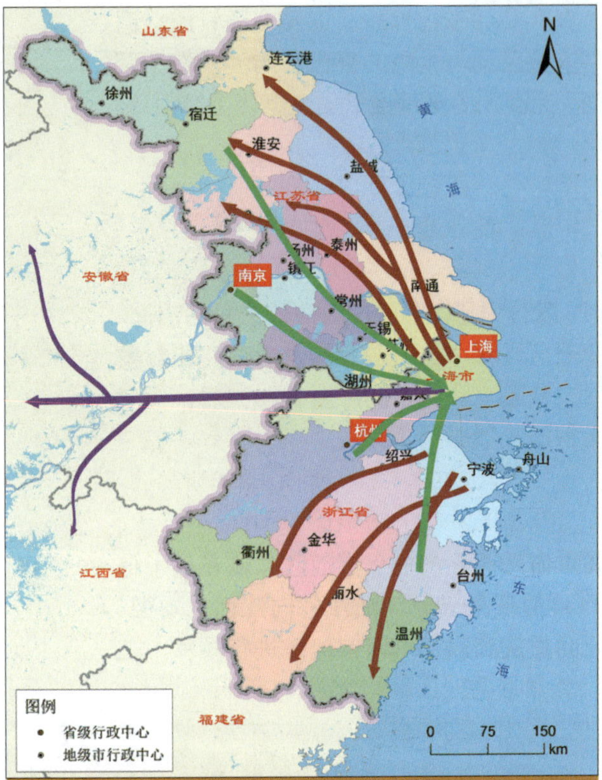

图 3-22 长三角产业转移空间分异

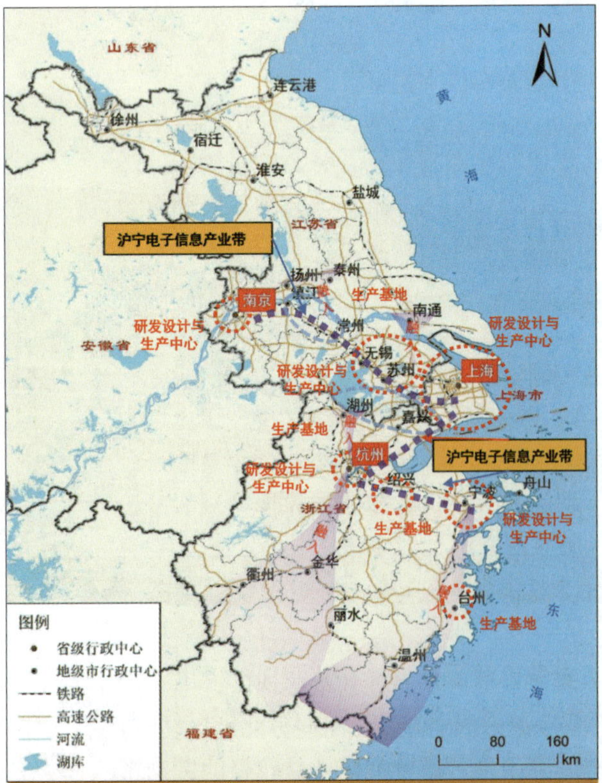

图 3-23 长三角地区电子信息产业规划（2009—2020 年）

项目 9 854 个，总投资达到 6 086 亿元；江苏组织南北共建产业园区，由苏南开发区采取选派团队、挂钩结对，帮助苏北建设开发区。

三、能源化工业向苏北地区转移的趋势明显

重化工业转移，如钢铁、船舶及海洋工程装备、精细化工等都在异地寻找扩产基地。2009 年 6 月，宝钢集团斥资 4.3 亿元，将线材制品项目的生产转移到南通。

一般加工制造业转移，包括食品、纺织、汽车零部件等行业。如上海部分加工制造业计划在盐城大丰市大规模转移，部分项目已经落地，大丰市也为承接上海企业转移专门设立了光明产业园、纺织产业园和洋浦工业园等。

四、新兴产业存在跨区域转移的态势

战略新兴产业转移。如新能源、新材料、电子信息制造业、生物医药、节能环保等产业。瑞士罗氏公司在上海设研发中心，2002 年在海门建立了一个新的研发中心。德国拜耳公司 2008 年收购东盛科技启东盖天力制药股份公司的资产和部分业务，在启东努力打造拜耳在中国的 OTC（非处方药）药品生产基地。法国博旭瓦、中国台湾兆阳科技等都在海宁投资电子信息、新能源等研发生产基地。

生产和生活性服务业转移。包括现代物流、服务外包（信息技术服务外包、业务流程外包和知识流程外包等）、职业培训和金融业、商贸服务、房地产等也出现了异地发展的迹象。如携程呼叫中心落户南通，上海大批物流公司入驻安徽和江西等地。

新业态专业和渠道转移。如电子商务等产业（图 3-23）。

第五节　长三角地区发展状况与短板

一、环境质量是全面建成小康社会的突出短板

根据国家统计局《全面建成小康社会统计监测指标体系》(2013)东部目标值和计算方法，选取经济发展、人民生活、资源环境3个子系统，对长三角地区及两省一市2010—2014年全面建设小康社会的进展情况进行测算（表3-11和表3-12）。

表3-11　2010—2014年长三角地区全面建设小康社会的实现程度　单位：%

		监测指标		2010年	2011年	2012年	2013年	2014年
一、经济发展	1	人均GDP（2010年不变价）		62.4	68.0	73.7	79.8	82.3
	2	第三产业增加值占GDP比重		89.6	91.8	94.4	96.6	100
	3	居民消费支出占GDP比重		90.2	92.3	93.4	98.4	100
	4	R&D（研究与试验发展）经费支出占GDP比重		78.7	84.0	91.5	95.0	97.7
	5	每万人口发明专利拥有量		100	100	100	100	100
	6	工业劳动生产率		87.1	96.4	100	100	100
	7	互联网普及率		99.8	100	100	100	100
	8	城镇人口比重		100	100	100	100	100
	9	农业劳动生产率		100	100	100	100	100
		综合实现程度		88.2	91.1	93.4	95.5	96.6
二、人民生活	10	城乡居民人均收入（2010年不变价）		89.2	98.1	100	100	100
	11	失业率		100	100	100	100	100
	12	恩格尔系数		100	100	100	100	100
	13	城乡居民收入比		100	100	100	100	100
	14	城乡居民家庭住房面积达标率		61.4	62.9	63.4	63.0	67.7
	15	公共交通服务指数[①]	每万人拥有公共交通车辆	90.1	98.0	99.9	100	100
	16	平均预期寿命		100	100	100	100	100
	17	平均受教育年限		89.8	90.4	92.5	93.2	92.8
	18	每千人口拥有执业医师数		100	100	100	100	100
	19	农村自来水普及率		100	100	100	100	100
	20	农村卫生厕所普及率		100	100	100	100	100
		综合实现程度		92.7	95.2	96.0	96.0	96.4
三、资源环境	21	单位GDP能耗（2010年不变价）		88.2	92.0	97.4	100	100
	22	单位GDP水耗（2010年不变价）		100	100	100	100	100
	23	单位GDP建设用地占用面积（2010年不变价）		100	100	100	100	100
	24	环境质量指数	空气质量达到二级以上天数占全年比重 *	96.4	96.8	95.5	68.3	76.0

		监测指标		2010 年	2011 年	2012 年	2013 年	2014 年
三、资源环境	24	环境质量指数	地表水好于III类水质的比例②	64.5	62.6	63.0	64.0	64.0
			森林覆盖率	100	100	100	100	100
			城市建成区绿化覆盖率	98.8	98.9	99.8	100	100
			环境质量指数	86.1	85.6	85.5	76.3	79.0
	25	主要污染物排放强度指数（2010 年不变价）	单位 GDP 化学需氧量排放强度	100	100	100	100	100
			单位 GDP 二氧化硫排放强度	100	100	100	100	100
			单位 GDP 氨氮排放强度	100	80.7	91.7	100	100
			单位 GDP 氮氧化物排放强度	73.2	80.4	92.1	100	100
			主要污染物排放强度指数	100	98.45	100	100	100
	26	城市生活垃圾无害化处理率		100	93.0	100	100	100
	综合实现程度			95.5	94.6	96.7	95.3	95.8
小康社会实现程度				92.0	93.6	95.3	95.6	96.3

注：数据来源于中国统计年鉴、中国环境统计年鉴、中国环境统计年报、中国城市统计年鉴、长三角年鉴，以及两省一市的统计年鉴、环境状况公报、水资源公报、国民经济和社会发展统计公报。

①公共交通服务指数中“行政村客运班线通达率”指标，未列入本评价指标体系中；②“地表水达标率”指标由“地表水好于III类水质的比例”指标替代，目标值依据“水十条”中的目标要求来确定。

*“空气质量达到二级以上天数占全年比重”指标由两省一市统计年鉴、环境状况公报优良天数比率计算得出，其中优良天数的统计中2010—2012 年采用旧标准 GB 3095—1996 评价，2013—2014 年采用新标准 GB 3095—2012 评价。新标准中加严了 NO_2 日均浓度标准，并新增了 $PM_{2.5}$ 及 O_3 日最大 8 h 平均浓度标准。但由于目前缺乏各城市日均浓度数据，因而无法统一标准进行评价。

表 3-12　2010—2014 年两省一市全面建设小康社会的实现程度　单位：%

地区	2010 年	2011 年	2012 年	2013 年	2014 年
经济发展					
上海	96.44	97.34	98.27	99.28	100.00
江苏	78.06	84.55	88.41	91.78	94.93
浙江	82.60	86.73	88.87	91.32	93.33
人民生活					
上海	93.19	92.72	92.83	92.95	92.89
江苏	87.51	90.82	93.26	95.25	96.67
浙江	92.63	94.85	96.77	97.01	96.95
资源环境					
上海	90.14	91.56	92.97	91.61	92.85
江苏	78.33	89.43	94.01	94.08	95.21
浙江	87.29	97.05	99.04	97.42	97.94

地区	2010 年	2011 年	2012 年	2013 年	2014 年
全面建成小康社会					
上海	93.35	93.94	94.74	94.71	95.32
江苏	81.39	88.23	91.83	93.69	95.62
浙江	87.51	92.75	94.76	95.18	96.02

总体来看，长三角地区距离全面建成小康社会目标越来越近，2014 年总体实现程度达到 96.3%，其中浙江全面建成小康社会进程走在前列，上海和江苏紧随。在各项参评指标中，环境质量是突出“短板”。

从各领域变化趋势来看，经济发展指数表现为起点最低、增速最快。由 2010 年 88.2% 的实现程度增加到 2014 年的 96.6%，其中人均 GDP、工业劳动生产率和 R&D（研究与试验发展）经费支出占 GDP 比重 3 项指标提升最快；资源环境指数表现为起点较高，5 年的资源环境指数在 95% 波动，基本停滞不前，2014 年环境质量指数仅 79%，其中空气质量达标天数占比实现程度仅 76%、地表水好于Ⅲ类水质的比例实现程度仅 64%，两个指标是影响全面建成小康社会的突出“短板”。

二、资源环境效率水平与国际的差距

参照世界银行划分各国贫富程度的标准（2012），“人均国民收入在 4 086 美元与 12 615 美元之间的是中上等富裕国家水平”，长三角地区在 2011 年人均 GDP 首次超过 1 万美元，达到 10 365 美元，整体已达到了中上等富裕国家水平。虽然长三角地区的社会生产力发展综合水平已经接近富裕国家，但与国际同等发达程度的国家相比，资源利用效率和环境质量差距还相当大。现选取世界大国美国、地域相邻的日本和韩国、面积相近的英国、制造业发达的德国等发达国家，就资源利用水平和环境质量与长三角进行比较，结果见表 3-13。

表 3-13　长三角地区资源环境指标的国际比较

	单位	美国	日本	韩国	英国	德国	长三角
能耗（2005 年不变价）（2011）	t 标煤 / 万元	0.19	0.11	0.28	0.09	0.12	0.58
单位 GDP 水耗（2011）	m^3/ 万元	45.8	31.6	29.8	7.4	13.5	69.1
万元工业增加值用水量（2011）	m^3/ 万元	223.6	120.7	77.6	37.0	44.0	174.0
单位 GDP 有机水污染物排放量	t/ 亿元	0.63	1.46	1.35	1.05	1.44	15.91
PM_{10}（2011）	mg/m^3	18.21	19.01	46.25	19.64	24.09	85
森林覆盖率（2011）	%	33.3	68.6	64	11.9	31.8	35.8

注：1. 数据来源于中国统计年鉴 2015、国际统计年鉴 2014 和两省一市统计年鉴 2015；2. 长三角地区为 2014 年数据；3. 美元按当年平均汇率进行折算。

在能耗方面，2014 年单位 GDP 能耗（2005 年不变价）达到 0.58 t 标煤 / 万元，分别是美、日、韩、英、德（2011 年水平）的 3.0 倍、5.1 倍、2.1 倍、6.4 和 5.0 倍，单位 GDP 水耗达到 69.1 m^3/ 万元，分别是美、日、韩、英、德（2011 年水平）的 1.5 倍、2.2 倍、2.3 倍、9.3 倍和 5.1 倍，万元工业增加值用水量达到 174.0 m^3/ 万元，除比美国低外，分别是日、韩、英、德的 1.4 倍、2.2 倍、4.7 倍和 4.0 倍。

在水污染物排放强度方面，2014 年长三角地区单位 GDP 化学需氧量排放强度达到 15.91 t/ 亿元，是美国的 25.2 倍、日本的 10.9 倍、韩国的 11.8 倍、英国的 15.1 倍、德国 11.0 倍。

在 PM_{10} 年均浓度上，2014 年长三角地区城市 PM_{10} 浓度平均为 85 μg/m³，$PM_{2.5}$ 平均为 57 μg/m³，在人均 GDP 的“历史同期”，发达国家 PM_{10} 平均约为 44 μg/m³，$PM_{2.5}$ 年均浓度为 18 ～ 25 μg/m³。如果要在 2020 年达到发达国家“历史同期”平均水平，需降低 50% 左右，难度极大。

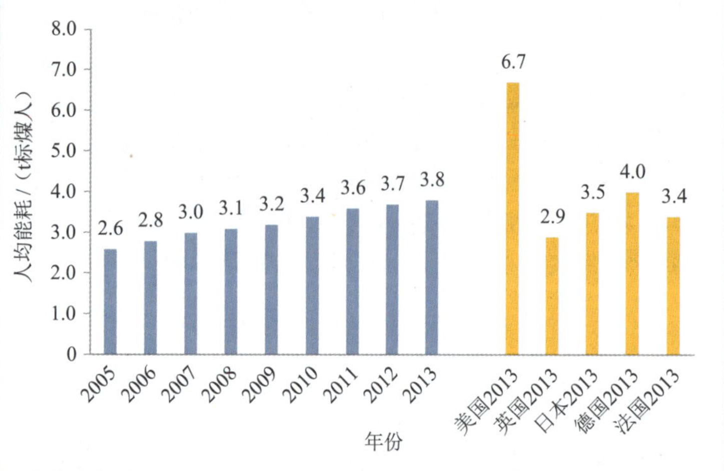

图 3-24 长三角及部分发达国家人均能耗水平

美国在 1996 年提出 $PM_{2.5}$ 控制时，相应的人均 GDP 为 2.8 万美元，能源消费中煤炭占比为 20% 左右；我国 2011 年提出 $PM_{2.5}$ 控制时，长三角地区人均 GDP 为 1.04 万美元，能源消费中煤炭占比为 58.6%（2012 年）。在人均能源消费方面，与发达国家相比，长三角地区人均能耗指标并不高，与日本、德国和法国相当，低于美国的 6.7 t 标煤 / 人（图 3-24）。总体来看，长三角地区与世界主要国家在能源和经济发展阶段差距较大，大气环境治理的复杂性和难度更大。

三、总体进入转型升级发展关键阶段

推动创新，加快转型发展，是长三角地区当前和今后一段时期内的重要任务。参考国家统计局《基于需求的反映提质增效转型升级统计指标体系》（2014），从经济稳定、经济安全、结构优化、产业升级、质量效益、创新驱动、资源环境和民生改善 8 个大类中选取部分指标对长三角两省一市转型升级发展进程进行了评价，结果详见表 3-14。

表 3-14 2010—2014 年两省一市转型升级发展进程评价

		指标名称	单位	2010 年	2011 年	2012 年	2013 年	2014 年
上海市								
1	结构优化	服务业增加值占 GDP 比重	%	57.3	58	60.4	62.2	64.8
2		居民消费率	%	42.4	42.9	43.2	43.5	44.2
3		城镇化率	%	88.9	89.3	89.8	90	90.3
4	产业升级	高新技术产业产值占规模以上工业总产值比重	%	23.11	21.76	21.4	21.13	20.35
5	质量效益	税收占 GDP 比重	%	46.62	49.98	51.58	50.56	51.27
6		GDP 与固定资产投资之比	%	323	379	384	382	392
7		全社会劳动生产率	元 / 人	157 376	173 822	180 921	157 805	172 578
8		规模以上工业企业总资产贡献率	%	14.68	13.39	12.61	13.32	12.99

		指标名称		单位	2010 年	2011 年	2012 年	2013 年	2014 年
9	创新驱动	R&D（研究与试验发展）经费与 GDP 之比		%	2.81	3.11	3.37	3.6	3.66
10		每万名就业人员 R&D 人员全时当量		人年 / 万人	123.77	134.47	137.52	121.12	123.17
11	资源环境	资源集约利用率（2010 年价计算）	万元 GDP 能耗	t 标煤	0.65	0.61	0.57	0.54	0.48
			万元 GDP 用水量	m^3	73.58	68.0	58.10	57.29	46.02
			单位建设用地 GDP	万元 / 亩	39.40	42.64	45.83	49.17	52.61
12		主要污染物排放总量降低率	化学需氧量	%	—	-13.29	2.57	2.88	4.75
			二氧化硫	%	—	32.93	4.95	5.44	12.84
			氮氧化物	%	—	—	7.76	5.29	12.50
			氨氮	%	—	-95.33	11.70	3.41	2.62
13	民生改善	居民人均可支配收入与人均 GDP 之比		%	40.01	41.61	44.66	46.27	46.46
江苏省									
1	结构优化	服务业增加值占 GDP 比重		%	41.4	42.4	43.5	44.7	47
2		居民消费率		%	26.42	27.56	28.46	31.95	34.58
3		城镇化率		%	60.6	61.9	63	64.1	65.2
4	产业升级	高新技术产业增加值占规模以上工业增加值比重		%	32.97	35.64	37.50	38.71	40.05
5	质量效益	税收占 GDP 比重		%	—	—	—	—	—
6		GDP 与固定资产投资之比		%	191	187	170	164	157
7		全社会劳动生产率		元 / 人	87 126	103 211	113 579	124 292	136 716
8		规模以上工业企业总资产贡献率		%	15.1	15.62	15.42	15.8	15.87
9	创新驱动	R&D（研究与试验发展）经费与 GDP 之比		%	2.1	2.2	2.33	2.45	2.5
10		每万名就业人员 R&D 人员全时当量		人年 / 万人	42.31	60.41	71.91	82.76	88.82
11	资源利用	资源集约利用率（2010 年价计算）	万元 GDP 能耗	t 标煤	0.62	0.60	0.57	0.55	0.50
			万元 GDP 用水量	m^3	133.3	120.1	109.1	103.9	98.0
			单位建设用地 GDP	万元 / 亩	12.4	13.8	15.2	16.6	18.1
12		主要污染物排放总量降低率	化学需氧量	%	—	-58.14	3.94	4.02	4.26
			二氧化硫	%	—	-0.36	5.87	5.07	3.93
			氮氧化物	%	—	—	3.65	9.57	7.88
			氨氮	%	—	-149.52	2.56	3.75	3.32
13	民生改善	居民人均可支配收入与人均 GDP 之比		%	33.11	32.79	33.96	32.88	33.19

		指标名称		单位	2010 年	2011 年	2012 年	2013 年	2014 年
浙江省									
1	结构优化	服务业增加值占 GDP 比重		%	43.5	43.9	45.2	46.1	47.9
2		居民消费率		%	0.353	0.360	0.360	0.362	0.368
3		城镇化率		%	61.62	62.3	63.2	64	64.9
4	产业升级	高新技术产业增加值占规模以上工业增加值比重		%	22.6	23.5	24.4	34.4	34.5
5	质量效益	税收占 GDP 比重		%	20.3	21.2	22.1	21.5	21.4
6		GDP 与固定资产投资之比		%	242	230	203	186	171
7		全社会劳动生产率		元 / 人	75 846	87 759	93 912	101 536	108 000
8		规模以上工业企业总资产贡献率		%	12.21	12.44	11.32	11.45	11.3
9	创新驱动	R&D（研究与试验发展）经费与 GDP 之比		%	1.78	1.9	2.08	2.18	2.26
10		每万名就业人员 R&D 人员全时当量		人年 / 万人	61.84	71.93	75.52	84.05	91.1
11	资源利用	资源集约利用率（2010 年价计算）	万元 GDP 能耗	t 标煤	0.61	0.59	0.55	0.53	0.5
			万元 GDP 用水量	m^3	73.23	67.183	60.703	56.16	50.77
			单位建设用地 GDP	万元 / 亩	—	—	17.7	19	21.2
12		主要污染物排放总量降低率	化学需氧量	%	—	2.81	3.92	3.95	3.94
			二氧化硫	%	—	3.15	5.48	5.18	3.25
			氮氧化物	%	—	—	5.86	6.9	8.65
			氨氮	%	—	2.55	2.73	4.26	4
13	民生改善	居民人均可支配收入与人均 GDP 之比		%	41	40.9	42.9	43.9	44.7

注：数据来源于两省一市统计年鉴、浙江省统计信息网和江苏省高新技术产业主要数据统计公报。

总体来看，长三角地区正处于转型升级进程中，近五年转型升级发展稳定向好。

1. 经济结构优化调整

五年间长三角工业结构在不断优化和调整，长三角地区第三产业增加值同比增速高于同期 GDP 增速，第三产业比重以 1.5% ～ 5.0% 的速度提升，在 2014 年首次超过了 50%，表明长三角地区已经开始进入主要以服务业快速发展来推动经济增长的新轨道。两省一市第三产业增加值年均增幅都达到 10% 以上，与 2010 年相比，第三产业比重分别提升了 7.5 个、5.6 个和 4.4 个百分点。

2. 产业转型升级

产业转型升级步伐加快，战略性新兴产业快速成长。五年间，上海战略新兴产业增速高于全市工业总产值平均水平，2014 年战略性新型产业所占比重达 24.8%，七大产业中新能源汽车产业受政策利好影响，成为增长最快的产业；江苏战略性新兴产业销售收入从 2010 年的 2 万亿元增加到 2014 年的 4.3 万亿元，年均增长超过 20%，占规模以上工业比重从 22.4%

提高到 29.7%。十大产业中以海洋工程装备产业、新能源汽车、高端装备制造产业增速最高，超过 20%；浙江战略性新兴产业工业增加值以年均 8.8% 的速度增长，2014 年产业规模占规模以上工业比重达到 24.5%。九大产业增幅均高于规模以上工业平均水平，尤其是生物产业、新一代信息技术和物联网产业、新能源汽车保持着两位数的增长。

3. 高新技术产业在江苏和浙江发展迅猛

2014 年江苏高新技术产业产值 5.73 万亿元，增速高于规模以上工业增速 2.7 个百分点，占规模以上工业产值比重达 39.5%，比 2010 年提升了 7.1 个百分点。在长三角地区中，2014 年江苏高新技术产业工业产值占比达到 65.8%；2014 年浙江高新技术产业增加值 4 283 亿元，增速比规模以上工业平均水平高 1.6 个百分点，占规模以上工业比重达到 34.5%，较 2010 年增加了 11.9 个百分点。其中，医药、交通设备、非金属、电气等 4 个行业总产值、主营业务收入、利润总额的增速均高于高新技术产业平均水平，是高新技术产业的增长点和赢利点。

4. 创新驱动发展

长三角两省一市 R&D（研究与试验发展）经费投入强度不断加大，经费占 GDP 比重不断提升，R&D 人员稳步增长。五年间 R&D 经费投入年均增速超 15%，与 2010 年相比，两省一市 R&D 经费占 GDP 比重分别提升了 0.85 个、0.4 个和 0.48 个百分点，每万名就业人员 R&D 人员全时当量江苏和浙江分别提升了 1.1 倍和 0.5 倍。

四、经济转型发展中的“短板”

1. 江苏和浙江第三产业发展相对不足

虽然五年间江苏、浙江两省第三产业比重与工业比重差距逐年缩小甚至超越，但在全球经济服务化趋势下，两省第三产业中最具竞争力和增长潜力的现代服务业发展不足，整体附加值偏低，尤其是生产性服务业占比更低。2012 年江苏服务业占 GDP 比重达到 43.5%，生产性服务业占服务业比重达到 63.7%；2013 年浙江服务业占 GDP 比重达到 46.1%，生产性服务业占服务业比重达到 49.8%；在发达国家和地区，普遍达到“两个 70%”，即服务业占国内生产总值比重 70% 以上，生产性服务业占服务业比重 70% 以上。

2. 新兴产业比重远低于传统行业

在第二产业内部，战略性新兴产业虽然取得了迅速发展，但传统产业依然占据主导。浙江传统产业（纺织、皮革、化工等）占规模以上工业总产值比重在 75% 左右，企业数量占到 82%。2014 年战略性新兴产业增加值占规模以上工业比重为 24.5%，对 GDP 的贡献率不足 10%，战略性新兴产业亟待寻求新的增长点。

3. 全社会劳动生产率有待进一步提升

江苏、浙江两省一市全社会劳动生产率同北京以及国际先进城市相比还有差距，尤其是浙江明显偏低，且提升缓慢。2014 年浙江人均 GDP 达到 1.12 万美元，约相当于美国的 20%、日本的 30% 和韩国的 40%，同年全社会劳动生产率只有美国的 9.7%、日本的 10.5% 和韩国的 23%。

4. 转型期的研发投入尚需加强

虽然长三角两省一市 R&D 经费投入占比处于全国前列，但与发达国家和地区相同发展时期比较，R&D 经费投入占比存在较大差距。目前长三角正处于转型升级跨越式发展的关键期，亚洲“四小龙”的韩国经济崛起期的 20 世纪 70—90 年代其研发投入占 GDP 的比重为 7% ～ 8%，远高于目前长三角的水平。长三角地区如果要顺利实现经济转型发展，必须在研发投入上进一步加强。从两省一市的报告也可以看出，目前转型发展存在“研发投入主力的企业创新能力不强，投入强度偏低”等问题，如上海市 2014 年研发投入中的企业投入，占企业主营业务的比例只有 1.2%，主要发达国家的这一比例为 2.5% ～ 4%。

第四章

区域资源环境现状及演变趋势

第一节 战略性资源基本状态

一、土地资源

长三角地区国土面积 21.07 万 km^2，约占全国面积的 2.2%。其中：

①耕地：耕地面积 679.82 万 hm^2，占全国耕地面积的 5%，人均耕地面积 0.64 亩，不足全国人均水平（1.52 亩）的 1/2，低于联合国粮农组织规定的最低人均耕地警戒线。上海市人均耕地仅为 0.12 亩，不足全国人均水平的 1/12。长三角地区土地开发历史悠久，土地利用率高，未利用地面积 290.25 万 hm^2，占总面积的 13%，低于全国 27.9% 的水平。耕地后备资源十分匮乏，后备资源相对集中的沿海滩涂，因生态保护、用海许可及淋盐洗碱等限制，补充耕地的潜力十分有限。

②林草地：林地面积 847.17 万 hm^2，主要分布在浙江省西北丘陵和西南山地。其中浙江省林地面积 660.74 万 hm^2，占全省面积的 64.9%，森林覆盖率达 59.07%，为全国第三；江苏省、上海市森林覆盖率较低，分别为 15.80%、10.74%，与全国森林覆盖率（21.63%）有一定差距。

③湿地：湿地面积 439.75 万 hm^2（不含水田），占区域总面积的 1/5 以上，占全国湿地面积的 8.2%，是我国湿地数量最多、湿地类型最丰富的地区。其中，天然湿地 320.1 万 hm^2（近海与海岸湿地 216.7 万 hm^2，河流 44.51 万 hm^2，湖泊 55.14 万 hm^2，沼泽 3.8 万 hm^2），人工湿地 119.6 万 hm^2。长三角地区湿地率为 20.9%，是全国第二次湿地调查全国平均湿地率（5.58%）的 3.8 倍。江苏省湿地面积达 282.28 万 hm^2，居全国第六位，是全国湿地资源最丰富的省份之一；浙江省湿地面积 111.01 万 hm^2，占全省总面积的 10.9%。江苏省、浙江省海岸线总长度分别为 953.9 km、6 696 km，长三角地区海岸线长度超过 8 000 km。

④滩涂：2013 年滩涂面积为 104 万 hm^2，约占全国滩涂面积的一半，其中上海市 8.4 万 hm^2，江苏省 68.93 万 hm^2，浙江省 26.67 万 hm^2。江苏海岸带分布有广阔的滩涂，其滩涂面积占全国首位；《江苏省沿海地区综合开发战略研究》提出：江苏沿海地区海域滩涂资源丰富，且每年仍以 2 万多亩的速度淤涨，是我国不可多得的土地后备资源。上海的江、海岸线长达

448.66 km，其中 30% 的岸线属于淤涨岸段，平均每年可形成滩涂面积超过 20 km^2。

⑤建设用地：建设用地面积约 381.89 万 hm^2（第二次全国土地调查数据），约占总面积的 18%，土地开发利用超过全国平均水平的 4 倍，是我国土地开发利用程度最高的地区之一。

二、水资源

长三角地区水资源丰沛，多年平均水资源量为 1 315.56 亿 m^3（其中地表水资源量 1 224.42 亿 m^3，地下水资源量 342.79 亿 m^3，地表水与地下水重复量 251.65 亿 m^3），占全国多年平均水资源总量的 4.7%（表 4-1）。主要流域分区中，淮河流域多年水资源量 193 亿 m^3，长江流域多年水资源量 242.26 亿 m^3（其中太湖水系 176 亿 m^3），钱塘江流域 388.57 亿 m^3，浙东诸河 106.45 亿 m^3，浙南诸河 344.79 亿 m^3。

表 4-1 长三角地区水资源情况 单位：亿 m^3

地区	多年地表水资源量	多年地下水资源量	多年水资源量	地均水资源量 /（万 m^3/km^2）
上海市	24.33	1.42	25.58	40.34
江苏省	256.24	120.24	334.57	32.61
浙江省	943.85	221.13	955.41	93.85
长三角地区	1 224.42	342.79	1 315.56	62.43

注：上海市地下水资源量为可开采量。

除本地水资源外，长三角地区处于长江、淮河的下游地区，拥有丰富的过境水资源。2012 年长江干流江苏省大通站年径流量 10 020 亿 m^3，上海市徐六泾水文站入海水量 10 370 亿 m^3，多年平均过境水量 9 730 亿 m^3，最枯年（1928 年）也有 6 320 亿 m^3；太湖流域经黄浦江排泄进入长江口的多年平均泄水量为 107 亿 m^3，具有良好的供水条件。此外，黄浦江和钱塘江等进潮量也是水资源的重要补充，其中上海黄浦江年均进潮量有 409 亿 m^3，是上海市多年水资源量的 16 倍。

长三角地区水资源分布与降水一致，大致呈南多北少、山区多平原少的特点。受季风气候影响，降水季节变化明显，导致了水资源的年内分配不均。每年降水主要集中在春夏之间的梅雨和夏秋之间的台风雨，相应地，5—9 月的径流量占全年径流量的 60% ～ 70%。同时，区域降水与径流的年际变化可达 2 ～ 5 倍（表 4-2、表 4-3）。丰水年雨水过多，造成洪涝灾害；而少水年雨水过少，以致干旱缺水。

表 4-2 长三角地区部分水文站降水量年际变化

水文站	降水量最大值 /mm	降水量最小值 /mm	平均值 /mm	最大值与最小值之比
南京	1 612.3	567.6	1 001.8	2.8
南通	1 394.3	641.3	1 066.8	2.2
扬州	1 930.6	424.1	1 030.0	4.5
杭州	2 530.0	797.3	1 411.5	3.2
嘉兴	1 719.4	723.1	1 189.9	2.4
绍兴	2 182.3	922.5	1 420.0	2.4
诸暨	2 171.3	903.8	1 449.7	2.4
岱山	1 589.9	701.0	1 133.9	2.3

表 4-3　钱塘江等河流入海水量年际变化

河流	集水面积 /km²	多年平均入海水量 / 10⁸m³	水量最大值 /10⁸m³	水量最小值 /10⁸m³	最大值与最小值之比
钱塘江	41 700	373.0	692.0（1954 年）	179.00（1979 年）	3.87
曹娥江	6 046	42.8	72.2（1954 年）	19.60（1967 年）	3.68
甬江	4 294	28.6	41.9（1952 年）	9.96（1967 年）	4.21

从本地水资源来看，地均水资源量 62.43 万 m^3/km^2，为全国平均水平（28.88 万 m^3/km^2）的 2.16 倍，其中江苏省各地市及上海市地均水资源均低于长三角地区平均水平，浙江省各地市普遍高于区域平均水平（图 4-1）。

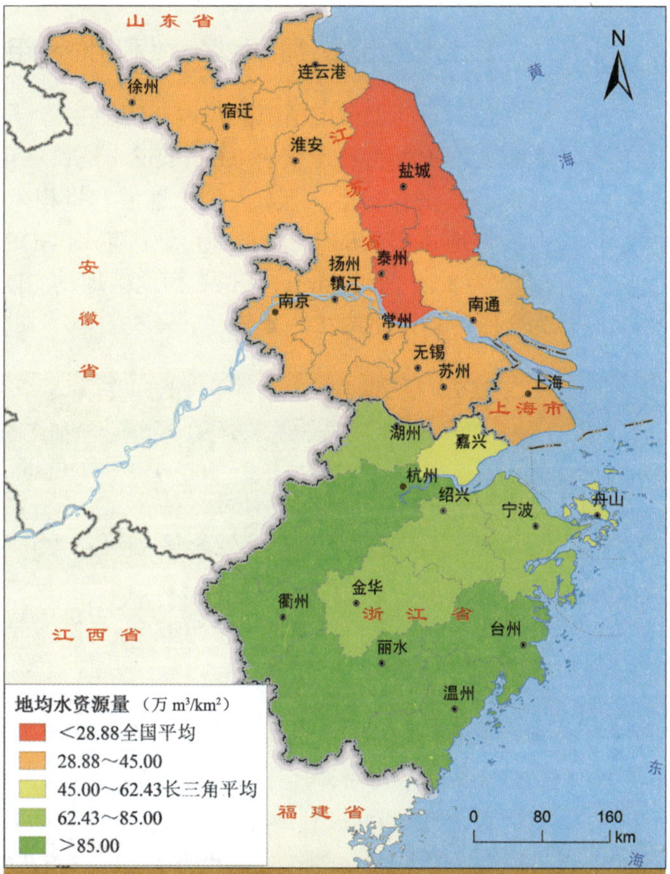

图 4-1　长三角地区各地市地均水资源分布情况

三、能源

长三角地区化石燃料能源资源匮乏，煤炭、石油和天然气都依靠外地输入，调入比例高达 95% 以上（表 4-4）。同时，二次能源电力缺口逐年增大。

二次能源电力生产以火电为主，兼有核能、水电、风能、太阳能和生物质能发电。2013 年长三角地区发电量达 8 222 亿 kW · h，其中江苏发电量 4 321 亿 kW · h，约占 1/2。

表 4-4　长三角地区能源对外依赖度　　单位：%

类别	长三角地区		上海市		江苏省		浙江省	
	1995 年	2007 年	1995 年	2007 年	1995 年	2007 年	1995 年	2007 年
能源对外依赖度	87	94	100	99	75	89	95	97
净进口比例	3	18	4	28	0	11	13	22
净外省调入比例	81	70	91	57	73	72	85	75
石油对外依赖度	96	97	100	100	90	92	100	99
煤对外依赖度	85	94	100	100	71	89	98	100

第二节 资源环境利用效率及综合水平

一、土地资源

1. 土地产出高，局部地区土地利用依然粗放

长三角两省一市国土面积占全国的 2%，人均土地占有量不到全国人均水平的 1/5。其中，上海人均土地占有量仅有 0.026 hm²，是长三角地区人均土地占有量最低的城市；苏南次低；苏中、苏北、浙北、浙东人均土地占有量相差无几；浙西南人均土地占有量较高，约为全国人均土地占有量的 1/2。长三角地区地均 GDP 约为全国地均水平的 10 倍。其中，上海地均 GDP 为 3.19 亿元 /km²，是长三角地区地均 GDP 最高的城市；苏南次之；苏北、浙西南偏低，为全国平均水平的 2 ～ 4 倍（表 4-5）。

表 4-5 长三角两省一市与全国、京津冀、珠三角土地产出情况

指标	上海	江苏	浙江	长三角	京津冀	珠三角	全国
人均土地面积 /hm²	0.026	0.129	0.189	0.135	0.198	0.096	0.706
地均 GDP/（万元 /km²）	31 829.9	5 427.0	3 321.6	5 183.5	2 868.2	9 690.7	589.7
指标	苏南	苏中	苏北	浙北	浙东	浙西南	—
人均土地面积 /hm²	0.084	0.124	0.182	0.163	0.135	0.383	—
地均 GDP/（万元 /km²）	11 955.8	5 002	2 237.8	4 628.9	4 313.2	1 233.9	—

注：数据来自两省一市及中国统计年鉴。

工业用地规模大且局部产出效率低。原国土资源部发布的 2012 年国家级开发区土地集约利用评价结果综合排序中，浙江、苏北等地部分开发区土地集约利用较差，园区规划面积大，地均 GDP 偏低。位列国家级开发区土地集约利用排序第三的上海漕河泾新兴技术开发区，规划面积 14.28 km²，地均 GDP 达 52.70 亿元 /km²。与之相比，浙江省内土地集约利用排序第一的宁波石化经济技术开发区，园区规划总面积 56.22 km²，在全国国家级开发区排序中仅列第 45 位；温州经济技术开发区规划面积 128.33 km²，2011 年地均 GDP 仅 1.41 亿元 /km²；盐城经济技术开发区规划面积 200 km²，2011 年地均 GDP 仅 0.84 亿元 /km²；连云港经济技术开发区规划面积 162 km²，2011 年地均 GDP 仅 1.58 亿元 /km²。

2. 建设用地扩张迅猛，土地开发利用强度大

长三角地区土地利用表现出“高密度、高强度”的特征，单位土地面积的产值和平均负荷水平高于全国平均水平，是我国土地开发利用程度最高的地区之一，部分地区土地开发利用强度远超 30% 的国际警戒线。其中，江苏 2014 年土地开发强度已达 20.6%，苏南地区达到 27.9%，在 13 个省辖市中，开发强度最高的已达 31.2%；上海的陆域土地资源几乎全部利用殆尽，建设用地总规模已超过全市陆域面积的 40%，高于大伦敦、大巴黎、东京圈等国际大都市（2010 年大伦敦地区建设用地占城市用地比例为 23.7%，大巴黎地区为 21%，东京圈

为 29%），开发利用接近上限；浙江环杭州湾地区土地开发强度高于省内其他地区。

受工业化、城镇化进程影响，长三角地区建设用地面积呈逐年增加趋势（图 4-2、图 4-3）。上海建设用地从 2008 年的 2 540 km^2 增加到 2014 年的 3 050 km^2，年均增幅 3.1%，1990 年、1995 年、2000 年和 2005 年上海市市区面积分别为 749.98 km^2、2 057.01 km^2、3 924.24 km^2 和 5 299 km^2，年平均扩展率达 13.9%；江苏建设用地从 2008 年的 19 341.49 km^2 增加到 2014 年的 21 144.68 km^2，年均增幅 1.5%；浙江建设用地从 2008 年的 10 490 km^2 增加到 2014 年的 12 662 km^2，年均增幅 3.2%。

2014 年江苏建设用地总规模达 3 376 万亩，已超过 2020 年规划目标 41 万亩，扩张式的发展规模难以为继。“十三五”时期浙江可使用的规划剩余建设用地指标仅 62 万亩左右，预测新增用地需求量 150 万～ 190 万亩，供需缺口达 90 万～ 130 万亩。

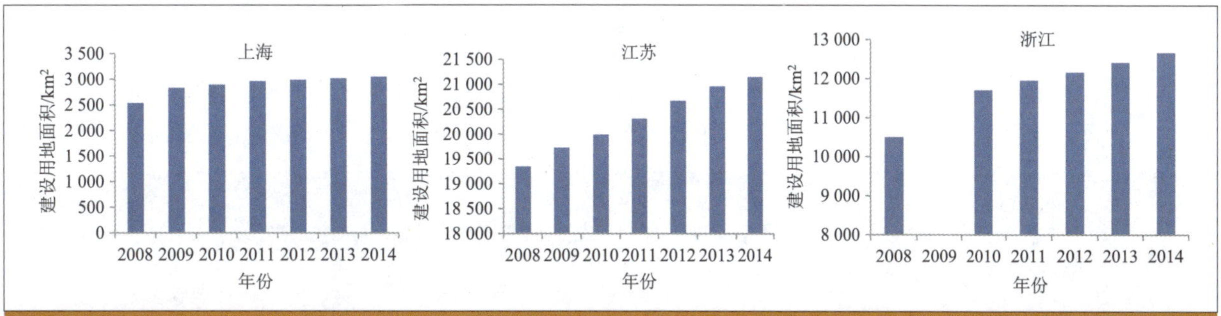

图 4-2　2008—2014 年两省一市建设用地变化

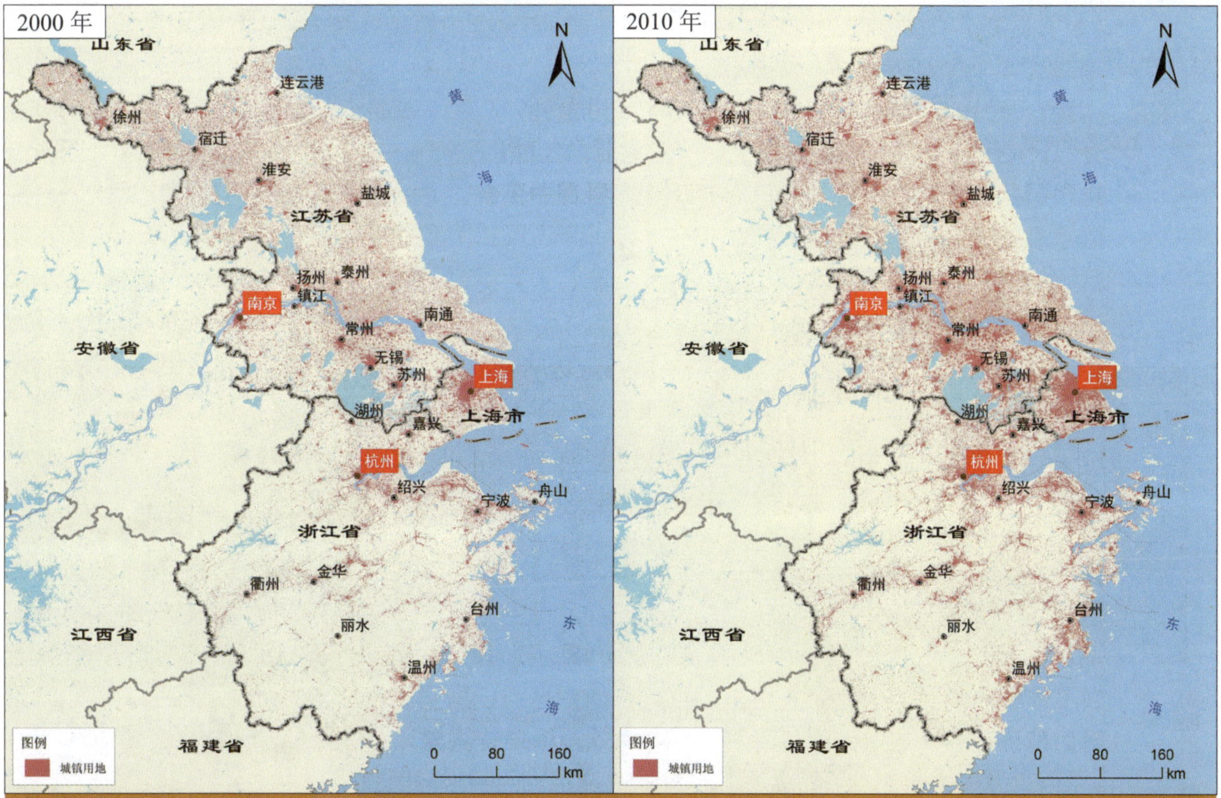

图 4-3　2000—2010 年长三角地区城镇用地变化

二、水资源

1. 水质型缺水问题突出

2015 年全区 COD、氨氮排放总量分别为 193.66 万 t、27.87 万 t，加上长江、淮河中上游输入大量污染物，造成河流水污染加剧，太湖、洪泽湖等湖库富营养化。地表水体污染引发的水质型缺水问题突出。2015 年上海市集中式饮用水水源地达标率为 60%，主要超标因子为粪大肠杆菌；嘉兴、杭州等平原河网地区的河流型水源地（嘉兴市水源地达标率仅为 25.8%），主要超标因子为氨氮、总磷、高锰酸盐、石油类等。饮用水水源地污染迫使城市供水格局发生转变，江苏、上海更加依赖长江水，浙江更加依赖千岛湖。

2. 水资源短缺类型多样，开发利用程度高

2015 年长三角地区人均本地水资源占有量为 826 m^3，约为全国平均水平的 40%，从本地人均水资源占有量来看，属于严重缺水地区（表 4-6、图 4-4）。上海和江苏经济社会发展的

表 4-6　长三角地区本地水资源短缺程度评价

缺水程度	人均水资源量标准	城市数量 / 个	人口占比 /%	GDP 占比 /%
中度缺水	＞1 000 m^3 且＜2 000 m^3	7	28.41	26.06
重度缺水	＞500 m^3 且＜1 000 m^3	5	12.42	8.17
极度缺水	＞300 m^3 且＜500 m^3	9	34.59	35.30
维持人口生存最低需求	＜300 m^3	2	21.91	28.77

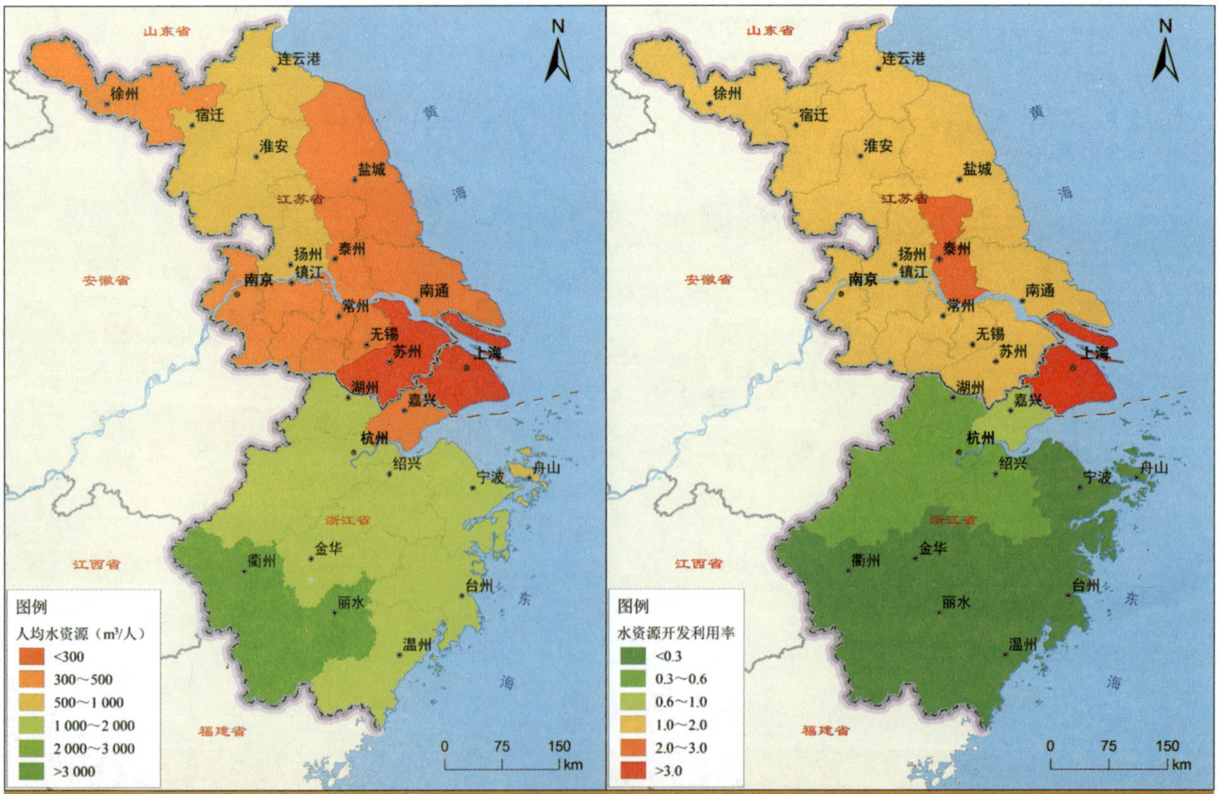

图 4-4　长三角地区各地市本地人均水资源量与开发利用率

水资源需求，主要依靠长江、淮河上中游大量的入境水资源来支撑，其中长江干流入境江苏多年平均水量为 9 492 亿 m^3，是区域供水的重要来源。浙江省境内分布八大水系，拥有丰富的自产水资源可供利用，部分缺水地区通过调水工程满足供水要求。2013 年长三角地区水资源整体开发利用率为 60.0%，主要流域分区中，淮河流域水资源开发利用率达到 127.7%，长江流域及太湖水系开发利用率均超过 200%，钱塘江流域、浙东诸河和浙南诸河水资源开发利用率均低于 30%（图 4-4）。

针对长三角地区实际情况，选取水资源开发利用率和人均供水量两个指标进行水资源短缺识别，指标阈值分别为：水资源利用率 40%、人均供水量 500 m^3。根据两个指标的阈值及现有人口条件下改变供水能力及消费方式对水资源承载情况产生的影响，界定水资源短缺类型的 6 个区间，具体划分和说明见图 4-5 和表 4-7。

评价结果显示长三角地区整体属于超载资源型缺水，其中上海属于欠载资源型缺水、江

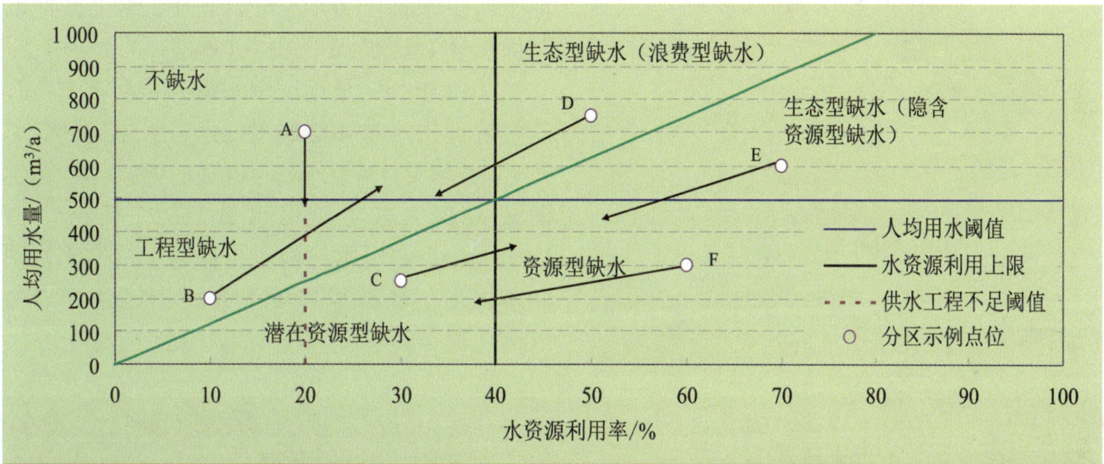

图 4-5　水资源短缺类型评价方法

注：图中各区间的示例点位引出的箭头线为设定的发展趋势或取向，即可能进入的邻近区域。

表 4-7　水资源短缺类型评价

水资源短缺类型		水资源量充足	人均供水充足	占用生态水	对策
水量短缺	C 潜在资源型缺水	否	否	否	外部调水，避免占用生态水量
	E 超载资源型缺水	否	是	是	开拓新水源，退还占用的生态水量
	F 欠载资源型缺水	否	否	是	控制人口增长，适度控制发展速度
水量不短缺	A 不缺水	是	是	否	前瞻性规划，未雨绸缪
	B 工程型缺水	是	否	否	提高供水能力
	D 浪费型缺水	是	是	是	优化配置水资源，强化管理，节约用水，退还占用的生态水量
水质型缺水	本底超标型	是	可能	可能	维持现状或外部调水
	背景超标型	是	可能	可能	削减上游污染物排放量或入境通量
	环境水量减少型	可能	可能	是	减少区域耗水量或外部调水恢复原河道设计保证率水量；降低污染物分配总量

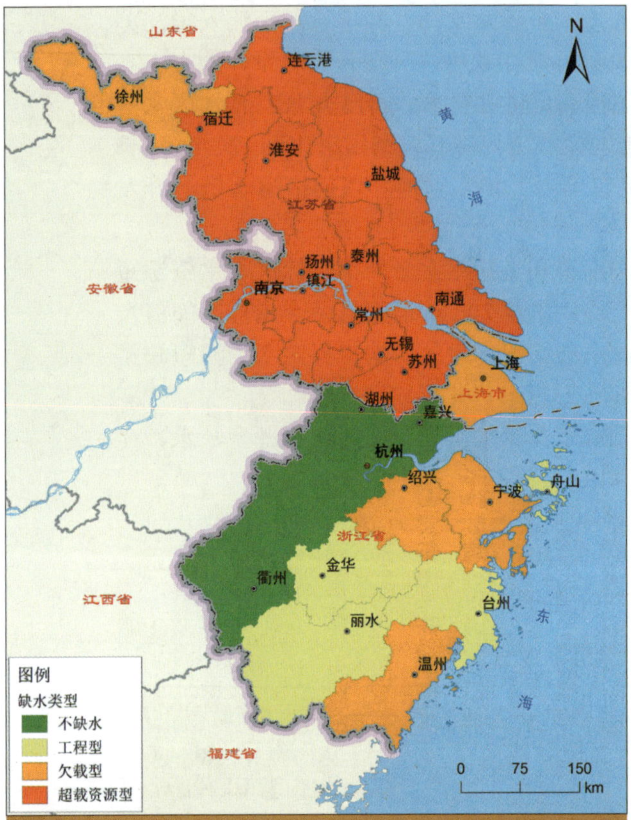

图 4-6 长三角地区水资源短缺类型

苏属于超载资源型缺水、浙江属于工程型缺水。从各地市来看，江苏 13 个省辖市均属于超载资源型缺水；浙江 11 个省辖市中，杭州、嘉兴、湖州和衢州不缺水，宁波、温州和绍兴属于欠载资源型缺水，金华、舟山、台州和丽水属于工程型缺水（图 4-6）。

3. 供水结构以地表水为主，不同区域用水结构差别较大

2014 年长三角地区供水量为 789.95 亿 m^3，其中地表水供水量 776.96 亿 m^3，占 98.36%；地下水供水量 11.97 亿 m^3，占 1.52%；其他水源供水量 1.02 亿 m^3，占 0.13%。

2014 年长三角地区用水量为 789.95 亿 m^3，其中农业用水量 402.27 亿 m^3，占 50.92%；工业用水量 231.4 亿 m^3，占 29.29%；城镇生活公共及生态环境用水量 156.27 亿 m^3，占 19.78%。上海用水结构以工业为主，占比达到 50% 以上；江苏以农业为主，占比达到 60% 以上（表 4-8）。

表 4-8 2014 年长三角地区供水结构与用水结构

地区	供水结构			用水结构			
	供水量 / 亿 m^3	地表水占比 / %	地下水占比 / %	用水量 / 亿 m^3	农业占比 / %	工业占比 / %	城镇生活公共及生态环境占比 /%
上海市	89.01	99.91	0.09	89.01	18.27	51.94	29.79
江苏省	480.7	97.98	2.02	480.7	61.95	26.94	11.11
浙江省	220.24	98.54	0.99	220.24	40.05	25.28	34.67
长三角地区	789.95	98.36	1.52	789.95	50.92	29.29	19.78

注：上海市为 2013 年数据。

从主要流域分区来看，2013 年长三角地区主要流域用水量为 1 265.47 亿 m^3，以地表水为主。用水结构方面，淮河流域以农业用水为主，占比达到 80% 以上；长江流域（含太湖流域）以工业用水为主，占比接近 60%；钱塘江流域、浙东诸河、浙南诸河农业用水不足 50%，工业、生活及生态环境补水占比均高于淮河流域（表 4-9）。

4. 全社会用水效率还有较大提升空间

从长三角地区两省一市近 10 年万元 GDP 用水量变化情况来看，两省一市近年来用水效率显著提升（图 4-7）。2015 年长三角地区用水效率总体优于全国平均水平，上海、江苏和浙江万元 GDP 用水量依次为全国平均水平的 34.3%、73.7% 和 48.7%。与全国其他地区相比，

表 4-9　2013 年主要流域供水结构与用水结构　单位：亿 m^3

省份	供水结构			用水结构				
	供水量 / 亿 m^3	地表水占比 /%	地下水占比 /%	用水量 / 亿 m^3	农业占比 /%	工业占比 /%	生活占比 /%	生态环境补水占比 /%
淮河流域	246.38	96.6	3.4	246.37	81.3	10.4	7.9	0.4
长江流域	506.5	99.7	0.3	506.5	28.8	57.0	13.4	0.8
其中，太湖流域	364.29	99.8	0.1	364.3	24.9	60.1	14.1	0.9
钱塘江流域	78.4	—	—	78.4	47.3	34.9	15.6	2.2
浙东诸河	25.7	—	—	25.7	38.9	30.7	28.8	1.6
浙南诸河	44.2	—	—	44.2	42.3	28.7	24.7	4.3

2015 年两省一市万元 GDP 用水量远高于北方的北京、天津等省市。与国际先进水平相比，长三角地区用水效率还有较大差距，2015 年上海、江苏、浙江万元 GDP 用水量分别是日本 2011 年水平的 1.3 倍、2.7 倍、1.8 倍，说明区域用水效率还有较大的提升空间（表 4-10）。

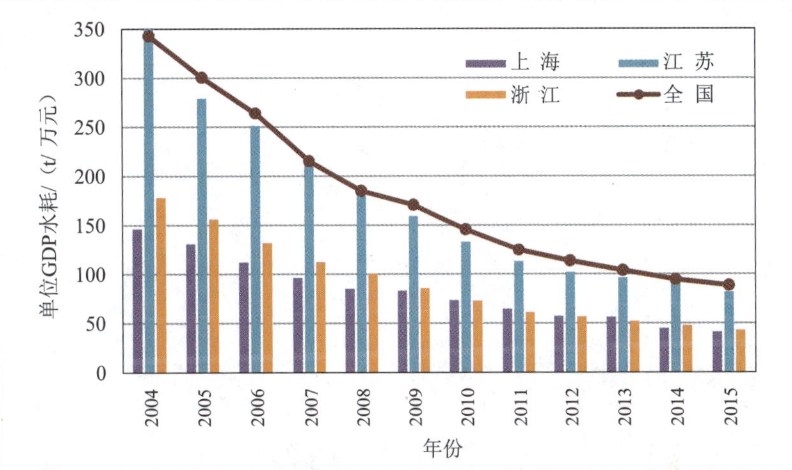

图 4-7　两省一市 2004—2015 年万元 GDP 水耗变化特征

表 4-10　长三角地区两省一市用水效率与其他地区对比　单位：m^3/ 万元

省份	万元 GDP 用水量	万元工业增加值用水量	国家	万元 GDP 用水量	万元工业增加值用水量
上海市	57.03	111.10	澳大利亚	23.49	—
江苏省	97.48	85.94	加拿大	40.97	—
浙江省	52.78	35.92	法国	17.63	—
北京市	18.67	14.42	德国	13.98	—
天津市	16.56	8.09	日本	23.75	19.78
河北省	67.59	19.10	英国	8.32	—
山西省	58.56	24.70	美国	49.06	—
山东省	39.85	11.93	—		

注：国内各省份数据为 2013 年，其他国家数据为 2011 年。

5. 深层地下水超采带来的地质问题长期难以解决

长三角地区是全国最早进行深层地下水开发的区域之一，上海市中心城区早在 1860 年就开凿了第一口深水井，苏州市深水井开发始于 20 世纪 30 年代。随着 20 世纪 80 年代、90 年代长三角地区乡镇企业的快速发展，工业用水需求量猛增，同时区域地表水污染严重，众多乡镇企业开始通过加大地下水开采来解决水源问题。1980—2000 年上海市孔隙承压水累计开采量 $25.8\times10^8 m^3$，20 世纪 90 年代苏州市深层地下水日开采量达 12 万 m^3，导致在上海市、苏锡常地区、杭嘉湖地区形成了 3 个深层地下水漏斗，2001 年苏锡常地区地下水埋深大于 30 m 的漏斗范围超过 5 200 km^2，同时引发地面沉降、地裂缝等地质灾害。

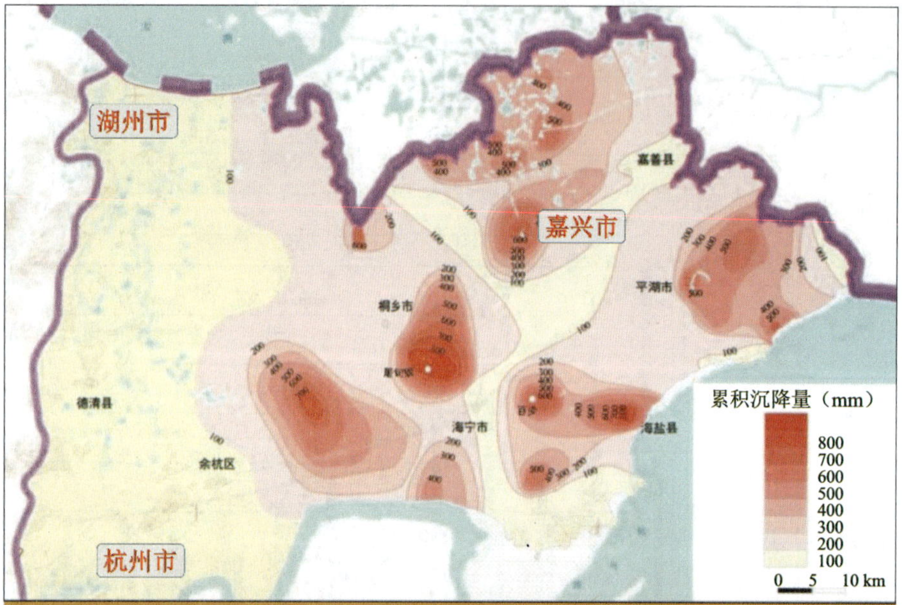

图 4-8 杭嘉湖平原累计地面沉降量等值线（1964—2013 年）

2000 年前后，上海、江苏、浙江先后出台政策，对地下水开采总量进行控制，并划定地下水禁采区，对超采严重区域进行地下水回灌，但由于超采严重，地下水超采形成的地下水漏斗及由此带来的地面沉降问题在长期内仍难以解决。根据《长三角地区地下水资源与地质灾害调查评价》（2005 年），长江三角洲地面沉降现象普遍，在近 10 000 km^2 的区域内，累计沉降量超过 200 mm 的区域占总面积的 1/3，累计沉降量在 200 ～ 600 mm、600 ～ 1 000 mm、1 000 ～ 1 400 mm、1 400 ～ 1 800 mm 及大于 1 800 mm 的沉降范围分别为 4 650 km^2、1 350 km^2、300 km^2、30 km^2 及 6.5 km^2。地面沉降在区域上有连成片的趋势，上海城区、苏锡常地区、杭嘉湖地区已形成 3 个主要的沉降中心，最大累计沉降量已分别达到 2.63 m、1.80 m 和 0.82 m（图 4-8）。苏锡常地区因不均匀沉降，曾发生 22 处地裂缝地质灾害。

2013 年江苏盐城第Ⅱ、第Ⅲ、第Ⅳ承压水漏斗区面积达到 4 257 km^2，南通漏斗地下水埋深大于 30 m 的范围为 3 069 km^2，最深处位于通州区二甲镇。江苏苏锡常第Ⅱ承压水漏斗面积达到 1 248 km^2，上海金山第Ⅱ承压水漏斗面积达到 642 km^2、第Ⅲ承压水漏斗面积达到 358 km^2（图 4-9）。

图 4-9 江苏省 2013 年承压水漏斗区分布情况

三、能源

随着经济的快速发展，长三角地区能源需求持续增长。2015 年长三角地区能源消费总量达到 6.12 亿 t 标煤，分别是 2000 年和 2005 年能源消费量的 3.0 倍和 1.6 倍，占全国能源消费总量的 14.2%（图 4-10）。其中，上海、江苏和浙江分别占 2.6%、7.0% 和 4.6%。从总体变化趋势看，两省一市能耗总量呈现持续增长但增速波动放缓的特征。

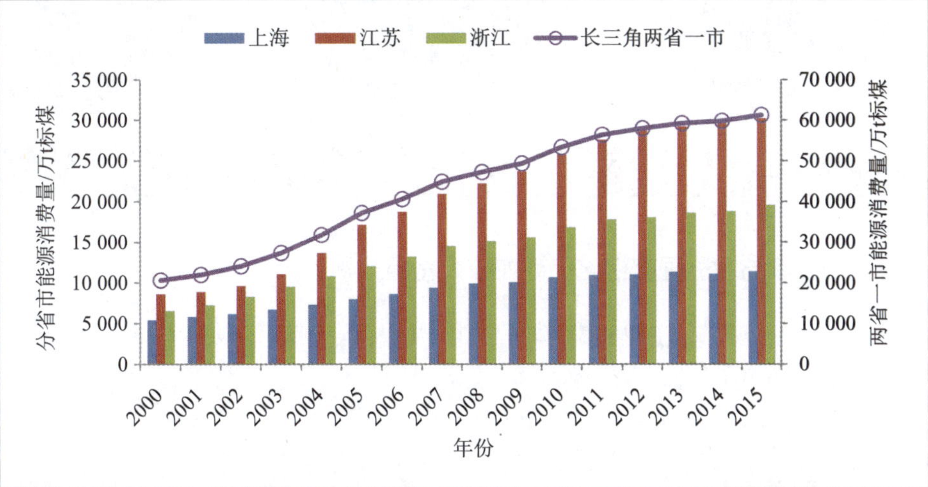

图 4-10　长三角地区两省一市能源消费量变化趋势

长三角地区工业尤其是重工业能源消费比重大。2015 年长三角地区工业能源消费 4.2 亿 t 标煤，占全社会能源消费总量的 69.2%，工业占比略高于全国平均水平（68.8%）。其中，江苏省工业能源消费 2.3 亿 t 标煤，占江苏省能源消费总量的 76.5%，远高于全国平均水平。

1. 煤炭消耗强度大、占比高是区域大气污染的直接压力来源

2015 年长三角地区消耗 4.6 亿 t 煤炭，占全国比重为 11.6%，单位面积煤耗强度为 2 146 t/km²，其中上海煤耗强度最高，达到 7 458 t/km²。江苏省煤炭消费量最为可观，2000—2015 年煤炭消费总量增长 2.1 倍（图 4-11）。

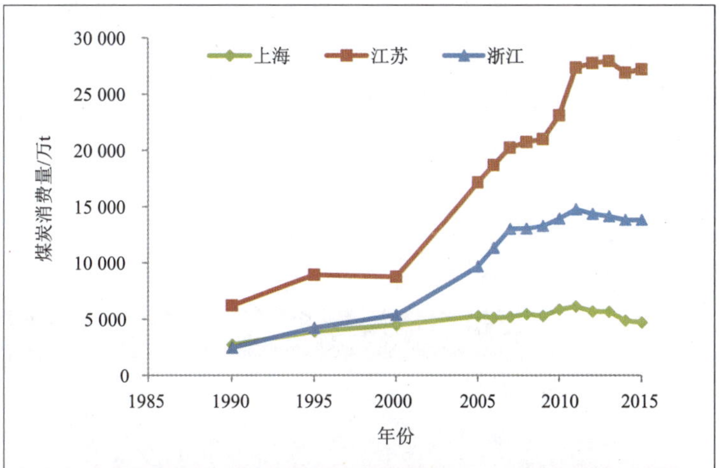

图 4-11　长三角地区两省一市煤炭消费量变化趋势

从能源消费结构来看，长三角地区能源结构以化石能源为主，煤炭是主要能源品种，在能源消费中的比重一直处于高位。2015 年，长三角地区煤炭消费量占比为 55.3%。两省一市中，江苏省能源结构煤炭占比相对较

高，达 64.4%；浙江次之，为 52.4%；上海最低，为 36%（图 4-12）。

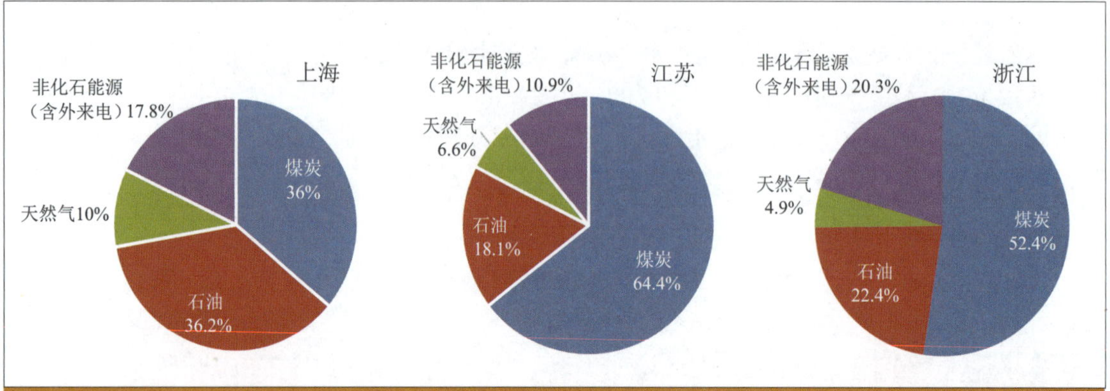

图 4-12　两省一市 2015 年能源消费结构

2. 能源利用效率与发达国家相比仍存在较大差距

2015 年江浙沪三地万元 GDP 能耗分别为 0.546 t 标煤 / 万元、0.564 t 标煤 / 万元和 0.506 t 标煤 / 万元（按 2005 年可比价格计算），均优于全国平均水平（0.920 t 标煤 / 万元，按 2005 年可比价格计算）。从变化趋势来看，2005—2015 年江浙沪三地能源利用水平不断提升，2015 年江苏省能源利用水平首次反超浙江（图 4-13）。相较于美国、日本、德国等制造业强国 2013 年 0.18 t 标煤 / 万元、0.11 t 标煤 / 万元、0.12 t 标煤 / 万元的平均水平，两省一市能源利用效率都仍有较大的提升空间。

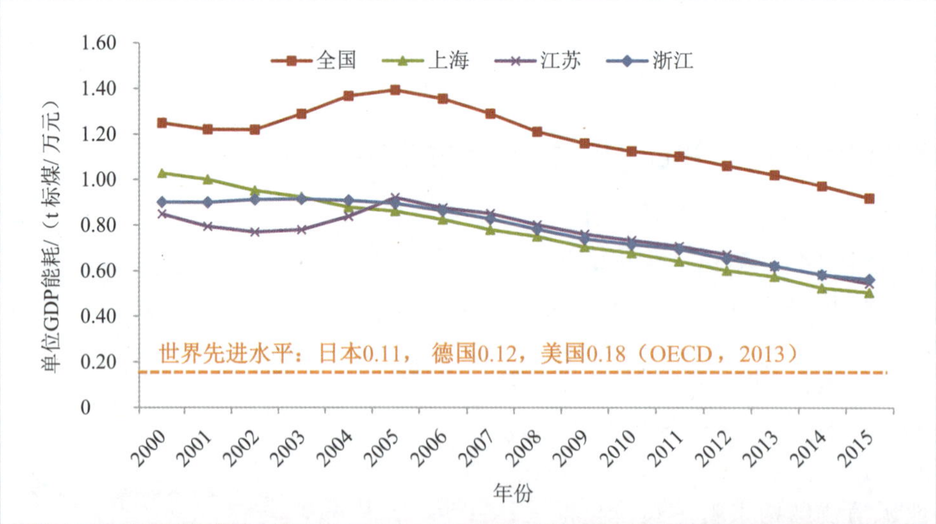

图 4-13　长三角地区单位 GDP 能耗变化趋势（按 2005 年可比价格计算）

第三节　区域资源环境现状及演变趋势

一、水环境质量现状及演变趋势

1. 江河干流水质较好，支流总体轻度污染

长三角地区地表水污染未实现根本性扭转，劣Ⅴ类水质断面尚未消除，与区域水环境保护目标仍存在差距。2015 年长三角地区省控监测断面中，Ⅰ～Ⅲ类水质断面占 55.3%；Ⅵ类水质断面占 26.4%；Ⅴ类水质断面占 6.6%；劣Ⅴ类水质断面占 12.2%。

（1）长江干流水质下降，淮河维持Ⅲ类水平

①长江流域：近 10 年来，由于上游来水及本地排污双重影响，长江干流水质总体呈恶化趋势，其中长江江苏段水质下降一个类别，总磷（0.12 mg/L）虽然符合河流Ⅲ类水质标准，但近 5 年来入境江宁河口断面总磷浓度上升超过 40%（图 4-14）。2015 年长江江苏段 41 条主要入江支流中，劣Ⅴ类断面占比达到 20.5%，南京外秦淮河、十里长沟和扬州的古运河等河流水质持续恶劣。

图 4-14　江苏省 2004—2015 年长江入境断面总磷变化

②淮河流域：2015 年长三角地区淮河干流水质较好，4 个监测断面水质均符合Ⅲ类标准；主要支流水质总体处于轻度污染，Ⅲ类、Ⅳ～Ⅴ类和劣Ⅴ类水质断面分别占 59%、32% 和 9%，主要污染因子为化学需氧量、总磷和氨氮。

③钱塘江：近年钱塘江水质呈好转趋势，2015 年长三角地区钱塘江流域Ⅰ～Ⅲ类水质断面占比为 87.2%（表 4-11），主要污染河段为金华市境内的金华江、东阳江和武义江等，主要污染因子为氨氮、化学需氧量、石油类和总磷。

表 4-11　长江、淮河流域及钱塘江流域水质变化

流域	指标	2010 年	2011 年	2012 年	2013 年	2014 年	2015 年
长江流域	干流水质	Ⅱ类	Ⅱ类	Ⅲ类	Ⅲ类	Ⅲ类	Ⅲ类
	支流Ⅲ类 /%	57.8	53.3	62.2	63.6	54.6	54.5
	支流劣Ⅴ类 /%	11.1	11.1	13.3	9.1	13.6	20.5
淮河流域	干流水质	Ⅲ类	Ⅲ类	Ⅲ类	Ⅲ类	Ⅲ类	Ⅲ类
	支流Ⅲ类 /%	45.4	56.3	65.7	64.7	66.5	59
钱塘江流域Ⅲ类比例 /%		73.3	74.5	76.6	70.2	74.5	87.2

（2）江苏省入海河流整体水质较差

随着沿海开发及苏北腹地快速发展，江苏省入海河流水质整体呈下降趋势，符合Ⅲ类标准的入海河流断面由 2008 年的 70% 下降至 2015 年的 29%。大量污染物入海导致沿海三市近岸海域无机氮均有超标现象，平均浓度值为 0.25 mg/L，超标率为 29.2%，浓度值及超标率均呈上升趋势，主要重污染河流为西盐大浦河、排淡河、新沂河等。

（3）城市河流、平原河网污染严重，水体黑臭问题依旧突出

平原河网区大量中小河流及城市河道流速缓慢，流向、流态呈现随机性变化，水量交换关系紊乱，汇流特性极为复杂，水动力条件不佳，自净能力不足，同时又有大量生活、工业废水排入，造成水环境恶化，甚至出现黑臭现象，严重影响城市环境和沿河居民的生活。

“水十条”实施以来，长三角地区水体黑臭状况总体呈改善趋势，浙江省经“五水共治”行动，黑臭水体数量下降，2015 年共排查出 6 条黑臭河道，但江苏省、上海市水体黑臭问题依旧突出。上海市有 56 条黑臭水体，总长 130 km，占河流 27.5%，100 条中小河道中，90% 存在不同程度的污染，其中 24 条黑臭河道污染最严重。江苏省设区市建成区共有 152 条主要黑臭水体，总长度 219.966 km。全省整治黑臭河道中，南京难度最大，主要原因在于：生活、工业废水直接排入河道，且雨污分流系统不完善，南京市河西新城雨污分流比例不足 50%，老城区更低；河道淤积严重，河道自净能力减弱。

2. 湖库富营养化趋势明显，氮磷污染突出

（1）主要湖泊的富营养化状况

长三角地区湖泊水质由原来的Ⅲ类水为主变为Ⅳ类、Ⅴ类水为主，污染指标主要为总氮和总磷，主要湖泊富营养化趋势明显。2015 年 17 个主要湖泊水质在总磷、总氮参评情况下，水质为Ⅲ类、Ⅳ类、Ⅴ类、劣Ⅴ类的湖泊占比分别为 5.9%、41.1%、23.5%、29.4%，其中Ⅴ类～劣Ⅴ类比例超过 50%；在营养状态方面，多数湖泊呈富营养化状态，仅 3 个湖泊为中营养状态（表 4-12）。

表 4-12 长三角地区 2015 年主要湖泊水质、营养状态

湖泊	综合水质		营养状态
	总磷、总氮不参评	总磷、总氮参评	
太湖	Ⅱ类	Ⅳ类	轻度富营养
洪泽湖	Ⅲ类	Ⅳ类	轻度富营养
骆马湖	Ⅱ类	Ⅳ类	中营养
白马湖	Ⅲ类	Ⅴ类	轻度富营养
宝应湖	Ⅲ类	Ⅳ类	轻度富营养
高邮湖	Ⅲ类	Ⅳ类	轻度富营养
邵伯湖	Ⅱ类	Ⅲ类	轻度富营养
滆湖	Ⅳ类	劣Ⅴ类	中度富营养
长荡湖	Ⅳ类	劣Ⅴ类	中度富营养
固城湖	Ⅲ类	Ⅳ类	轻度富营养
石臼湖	Ⅲ类	Ⅴ类	轻度富营养
大纵湖	Ⅲ类	Ⅴ类	中度富营养
淀山湖	—	劣Ⅴ类	轻度富营养
西湖	Ⅲ类	Ⅴ类	中营养
东钱湖	Ⅳ类	Ⅳ类	中营养
南湖	Ⅴ类	劣Ⅴ类	中度富营养
鉴湖	Ⅳ类	劣Ⅴ类	轻度富营养

（2）太湖富营养化状态演变趋势

太湖水质经多年整治总体有所好转，但总氮、总磷浓度仍然较高。2015 年总氮年均浓度 1.85 mg/L，水质仍为Ⅴ类；总磷年均浓度 0.059 mg/L，高于有效控制藻类暴发阈值，且 2016 年出现反弹，总磷年均浓度升高至 0.064 mg/L（图 4-15）。湖体综合营养状态指数 TLI 为 56.1，处于轻度富营养化状态（按营养指数 EI 为 61.0 评价，则处于中度富营养化状态），其中西部沿岸区为中度富营养状态，北部、沿岸区、湖心区和南部沿岸区均为轻度富营养状态，东部沿岸区为中营养状态。

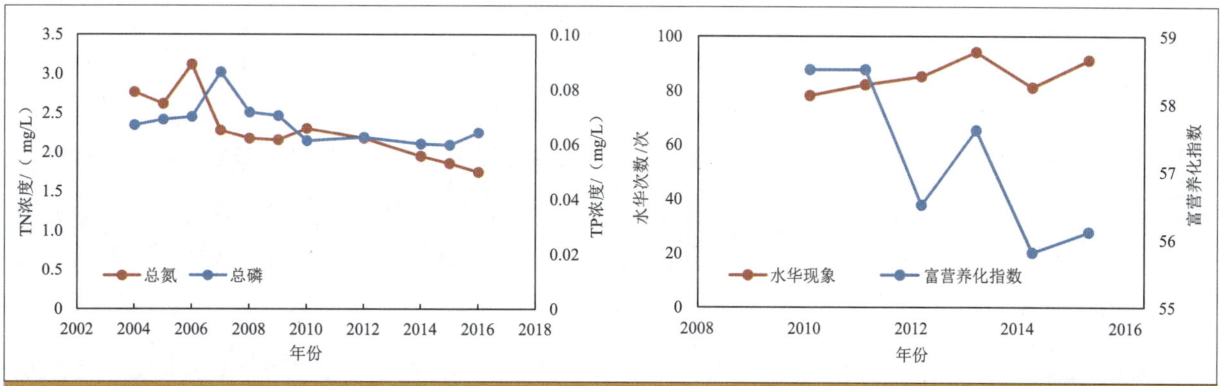

图 4-15　太湖多年氮磷变化（左）和富营养化指数、水华发生次数变化（右）

（3）浙江省水库富营养化状态演变

根据《浙江省饮用水水库水质演变及风险评价研究》，浙江省 30 座具有供水功能的大中型水库 2001—2013 年水质总体上明显下降。2001 年 30 座具有供水功能的水库全部达到Ⅲ类水质要求，到 2013 年有 10 座水库未达到Ⅲ类水质要求，已无Ⅰ类水质水库；2001 年仅 1 座水库为轻度富营养，其余均为贫 / 中营养状态，到 2013 年已没有贫营养水库，10 座水库呈现富营养状态（图 4-16）。

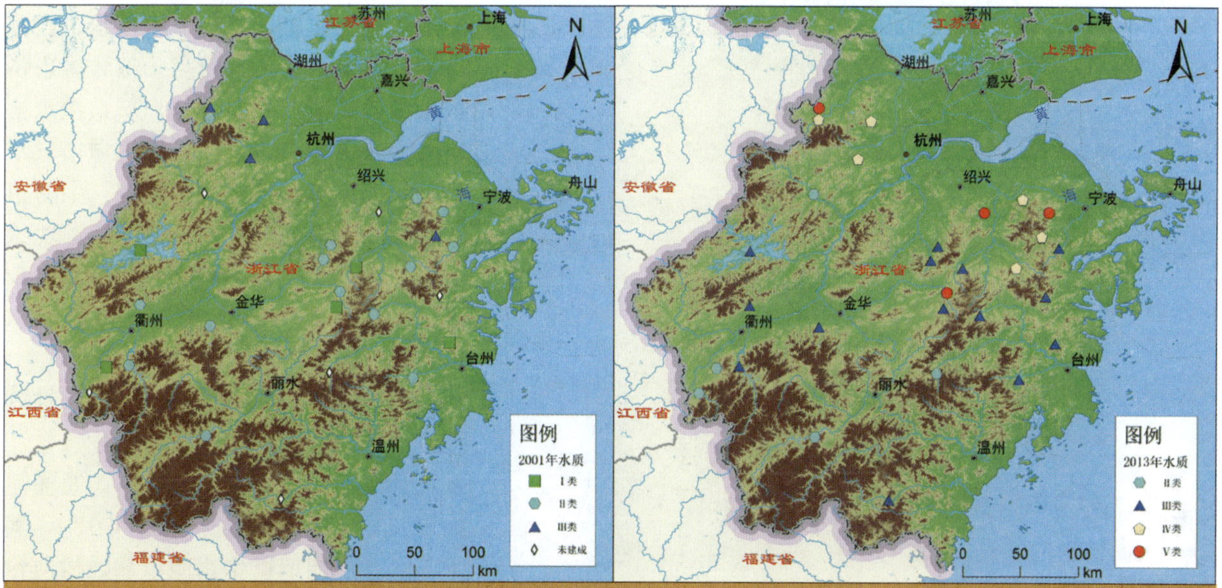

图 4-16　浙江省 30 座饮用水水源水库的水质演变情况

在“五水共治”的引领下，2015 年，12 座省控水库水质总体好转，但满足Ⅲ类标准的水库仅占 75%，总氮、总磷是主要影响指标，约有 60% 的水库依然处于中营养状态。

3. 布局性、持久性问题突出，饮用水安全面临挑战

（1）区域供水格局以地表水为主

长三角地区处于江河下游、区内河湖交错水系众多，形成了长江、钱塘江、太湖、太浦

河 - 黄浦江及山丘区水库为主多源互补的饮用水水源地总体布局（表 4-13、图 4-17），南水北调东线工程、通榆河输水、引江济太工程等流域性调水工程，在改善区域水资源配置的同时，较大程度上改变了江河与湖泊的自然关系。

表 4-13 长三角地区两省一市县级以上集中式饮用水水源地类型

水源地类型	上海	江苏省			浙江省	合计
		苏北 5 市	沿江 8 市	全省		
水源地	4	44	62	106	99	209
河流型	4	30	39（长江 29）	69	31（钱塘江 9）	104
湖库型	—	7	23（太湖 9）	30	68	98
地下水型	—	7	—	7	—	7

注：苏北 5 市包括徐州、连云港、淮安、宿迁、盐城，沿江 8 市包括南京、镇江、常州、无锡、苏州、扬州、泰州、南通。

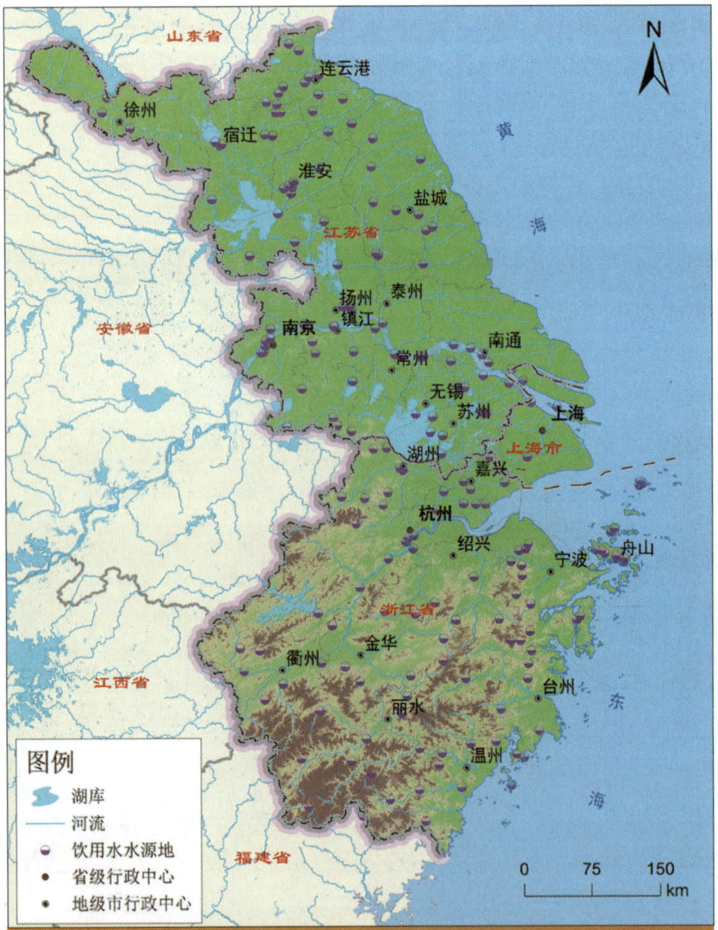

图 4-17 长三角地区县级以上集中式饮用水水源地分布情况

由于长三角地处流域下游，上游污染和本地污染叠加，长江和淮河等河流水污染依然突出、太湖和洪泽湖等湖泊富营养化严重、浙江省多座具有供水功能的水库呈现水质下降和富营养化趋势，导致部分地区缺乏优质水源，饮用水水源地水质难以满足供水需求。在水污染胁迫下，长三角相当一部分城市供水水源地被迫调整、迁移，城市供水格局发生转变，上海、江苏各地城市供水对长江干流的依赖度显著增强。上海市取水量中 75% 来自长江，江苏省现状供水水量中约 80% 直接或间接来自长江，沿江 8 市 35 个河流型水源地取水均直接或间接来自长江。

目前在长三角地区实施的流域性调水工程包括：南水北调东线工程（含江水北调）、江水东引北调工程（通榆河输水）、引江济太工程等（图 4-18），其中苏北 5 市城镇供水水源依靠通榆河输水、江水北调等调水工程从长江引水支撑；南水北调东线一期工程建成后，完善了江苏省原有江水北调工程体系，向扬州、徐州等城市供水 19.3 亿 m^3。浙江城市供水水源向河流上游迁移，或改为水库水源的趋势明显，钱塘江流域上游的金华、衢州等地已进入水库饮用水水源供水阶段，目前水库型水源地约占浙江省水源地总数的 80%。

（2）布局性矛盾突出

长江干流功能复杂多样，不堪重负，开发与保护的矛盾冲突由来已久，岸线持续高强度的开发造成布局性矛盾突出。主要表现为：集中式饮用水水源地与港口码头交叉分布，与城市或工业园区排污口交叉分布，与城市雨洪排涝口交叉分布，甚至有的饮用水水源保护区内还存在法律禁止的排污口、化工码头或修造船基地等。沿江各城市的水源地都存在不同程度的安全隐患，普遍存在上游取水、下游排污的情况，加上油品、化工原料和产品等运输繁忙，及饮用水水源地规范化建设不足，环境风险事故导致供水危机的事件时有发生。

长江干流饮用水水源地、取排水口分布密集。长三角地区的长江沿岸共有41个地表水饮用水水源地。其中，长江干流饮用水水源地32个，属于国家重要水源地的有13个。沿江区域性取水口80多个（包括引江济太、南水北调东线和江水东引北调工程取水口），全线有129个排污口，沿江排污口设置过多且呈现无规划分散布局。上游城市排污口毗邻下游城市饮用水水源保护区或取水口的情况长期存在。特别在南京大厂地区3 km江段分布有7处取水口，以及化工厂、钢铁厂、热电厂等大型企业的15处入江排污口，取水水质受到工业废水排放直接影响（图4-19）。

城市雨洪排涝口与饮用水水源地的交叉分布突出。在长江南京段4个集中式饮用水水源地保护区内，共有9个排涝或雨水泵站。城市初期雨水径流污染严重，未经处理直接排入江，对饮用水水源地安全构成隐患未能引起关注。

港口码头尤其是危化品码头与饮用水水源地的交叉或重叠布局矛盾突出，危化品船舶通航密度大，对城市饮用水水源地安全构成严重威胁。长江干流重要港口包括南京港、苏州港等11个一类开放港口，各类港口危化品泊位密集布局。据统计，长江江苏段共有危化品

图4-18　长三角地区主要水资源配置工程示意

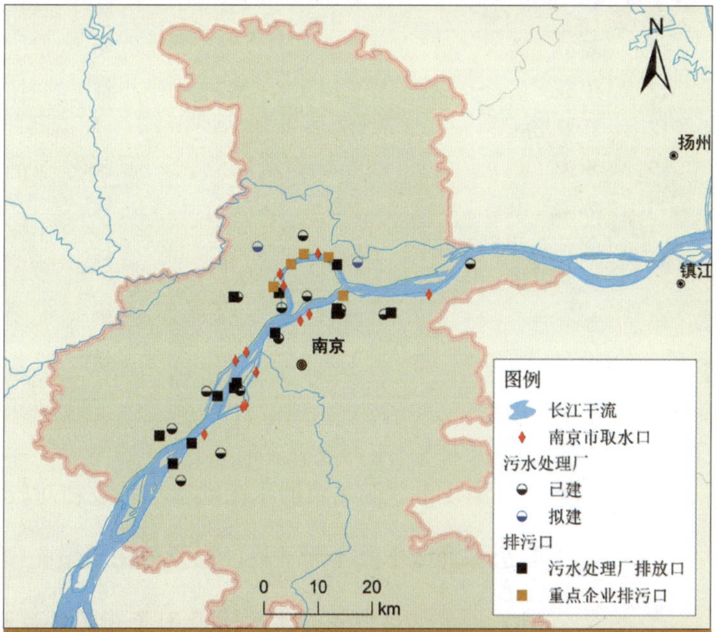

图4-19　长江干流南京段主要取水口和排污口分布情况

泊位 235 个，其中超过 50% 集中在南京港（66 个）和苏州港（59 个）。苏州港的张家港港区有危化品码头 18 座、危化品泊位 39 个、危化品作业品种 69 种，化工品吞吐量连续 6 年突破 1 000 万 t，是长江沿线危险品吞吐量最大的港口。危化品码头布局分散，11 座码头位于城市饮用水水源区（供水河段），其中 3 座码头位于浏海沙水道，8 座位于福南水道，加上航道狭窄，通航密度大（日均 10 余艘化工品船舶进出港区），尤其是福南水道内码头前沿靠泊区与航道之间没有隔离区域，全部与航道直接相连，船舶靠、离码头均在航道内完成，化工品船舶航行存在极大的安全隐患。

（3）持久性有机污染逐步凸显

根据有关文献报道及各地饮用水水源地 80 项特定项目监测，长江、淮河、太湖和钱塘江等地表水体及饮用水水源地多环芳烃、酞酸酯类、农药类等持久性有机污染物及重金属等“三致”物质普遍都有检出，甚至出现特定项目超标的情况，检出物中还包含美国国家环保局（EPA）优先污染物名单上的物质和我国 68 种优先污染物名单上的物质。持久性有机污染已经成为影响地表水水源地水质安全的重要因素。由于目前获得的数据资料不足，尚不能系统评估持久性有机污染的健康风险等级。通过文献检索可知：

2015 年 6 月，江苏省市级以上集中式饮用水水源地特定项目监测中钡检出率为 100%，同时钼、锑、硼、钒等检出率均大于 50%。其中，南京市各饮用水水源地钡和 1,2- 二氯乙烷的含量均超出检出限。

2013—2014 年，上海市饮用水水源地 80 项特定项目中检出邻苯二甲酸二甲酯、邻苯二甲酸二（2- 乙基己基）酯、硼、钡、钛、钼、甲醛、四氯苯、二氯甲烷、1,2- 二氯乙烷、微囊藻毒素 -LR、丙烯醛、丙烯腈、丁基黄原酸和硝基氯苯等 15 项。

2014 年，浙江省 96 个开展全项目分析的饮用水水源中，特定项目（80 项）水质存在超标的 8 个，超标项目涉及活性氯、水合肼、钒。检出但未超标的特定项目涉及 26 项，包含邻苯二甲酸二（2- 乙基己基）酯、邻苯二甲酸二丁酯等（表 4-14），从各地市看，杭州市、嘉兴市、湖州市、衢州市的水源地检出种类相对较多。

表 4-14　浙江省 2014 年 96 个集中式水源地特定项目检出情况

序号	项目	检出率 /%	序号	项目	检出率 /%
1	三氯甲烷	6.2	50	丁基黄原酸	11.4
3	三溴甲烷	1.0	51	活性氯	1.0
4	二氯甲烷	6.2	71	微囊藻毒素 -LR	2.1
5	1,2- 二氯乙烷	7.3	71	钼	32.3
12	氯丁二烯	8.3	72	钴	17.7
15	甲醛	25	73	铍	11.4
18	三氯乙醛	1.0	74	硼	46.9
39	苯胺	3.1	75	锑	59.3
43	邻苯二甲酸二丁酯	9.3	76	镍	23.9
44	邻苯二甲酸二（2-乙基己基）酯	12.5	77	钡	90.6
45	水合肼	7.3	78	钒	41.7
47	吡啶	1.0	79	钛	23.9
49	苦味酸	6.2	80	铊	16.7

4. 近岸海域水质不断下降，富营养化严重

（1）海水水质较差，主要污染因子是无机氮和活性磷酸盐

长三角的近岸海域污染严重，近年来，江苏省近岸海域（黄海）水质不断下降，2009—

2015 年水质由良变为一般，一类、二类海水比例下降，四类和劣四类海水比例上升；上海近岸海域 2009—2015 年三至劣四类海水占比在 70% ～ 100% 波动；浙江近岸海域（东海）2009—2015 年三至劣四类海水占比在 70% ～ 96% 波动(图 4-20)。重要河口海湾中，杭州湾、长江口水质全国最差，从 2001 年起，杭州湾水域全为四类以下水质；长江口海域四类以下水体占比居高不下，吧主要超标因子为无机氮和活性磷酸盐，部分海域出现溶解氧、化学需氧量、滴滴涕超标。

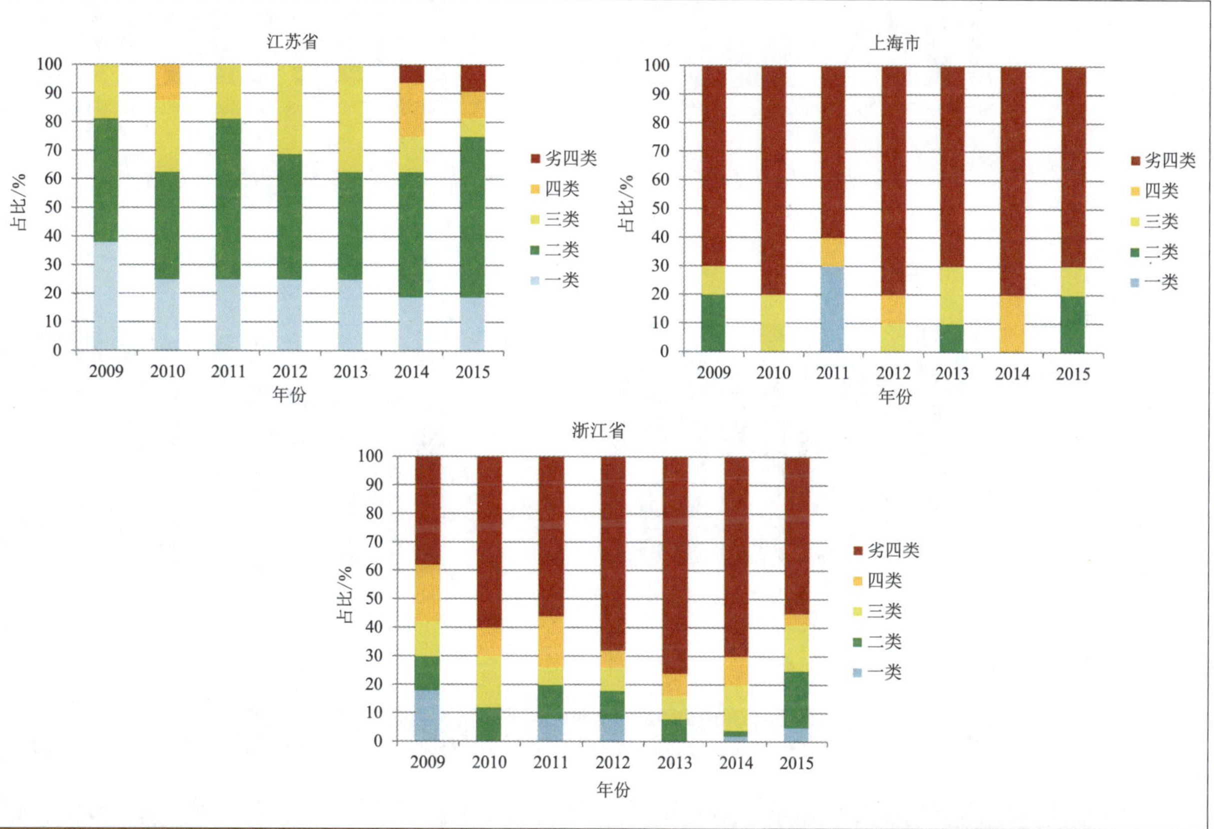

图 4-20　长三角地区近岸海域水质类别变化趋势

近岸海域营养盐浓度总体呈上升趋势，2005—2015 年，苏北浅滩的无机氮浓度呈明显上升趋势，活性磷酸盐浓度先下降后上升，长江口、浙南海域的活性磷酸盐浓度呈缓慢上升趋势（图 4-21）。

（2）主要海湾、河口富营养化程度严重

根据《中国近岸海域环境质量公报》，2011—2015 年，江苏省和浙江省的富营养化程度均加重一级，上海市则常年处于重度富营养化状态。长江口、杭州湾长期处于重度富营养化或严重富营养化状态，浙东沿海的三门湾、乐清湾、象山港等海湾的富营养化程度不断升级，2014 年均达到重度富营养化状态，2015 年略有好转，但整体富营养化形势严峻（表 4-15、图 4-22）。

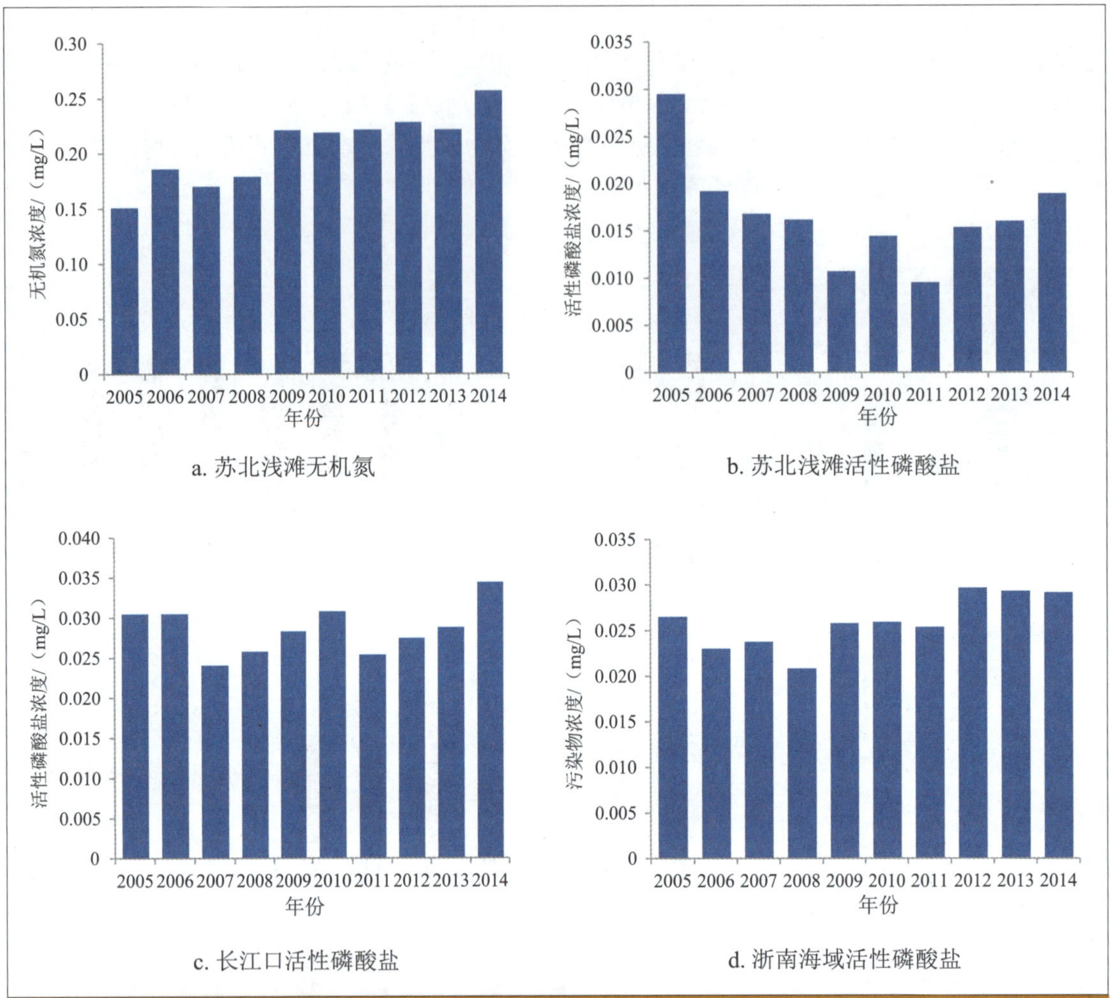

图 4-21　长三角地区近岸海域营养盐演变趋势

表 4-15　重点河口、海湾 2009—2015 年富营养化程度变化

年份	轻度富营养化（1～2）	中度富营养化（2～5）	重度富营养化（5～15）	严重富营养化（> 15）
2009	三门湾	乐清湾、象山湾	长江口、杭州湾	—
2010	—	乐清湾、三门湾	长江口、杭州湾、象山湾	—
2011	—	乐清湾、三门湾、象山湾	长江口、杭州湾	—
2012	—	三门湾	长江口、杭州湾、乐清湾、象山湾	—
2013	—	乐清湾、三门湾	长江口、杭州湾、象山湾	—
2014	—	—	长江口、乐清湾、三门湾、象山湾	杭州湾
2015	—	乐清湾、三门湾	长江口、象山湾	杭州湾

注：资料来自《中国近岸海域环境质量公报》《中国海洋环境质量公报》。

（3）赤潮现象总体趋缓

长三角近岸海域赤潮现象主要发生在浙南海域。2015 年浙江全省共监测到赤潮 12 次，总面积达 837.5 km²，包括有害赤潮 3 次（由米氏凯伦藻或赤潮异弯藻引发），总面积 78.8 km²，较上年赤潮发生减少 6 次，有害赤潮减少 2 次，影响面积减少过半。图 4-23 统计了 2001 年以来浙江省赤潮发生情况。长期受高营养盐的影响，浙江省已经成为全国赤潮的最频发区域之一，2004—2008 年赤潮发生面积最大，近年赤潮总次数和影响面积有所下降，但有毒有害赤潮发生次数明显回升，对海洋生态环境的危害更严重。

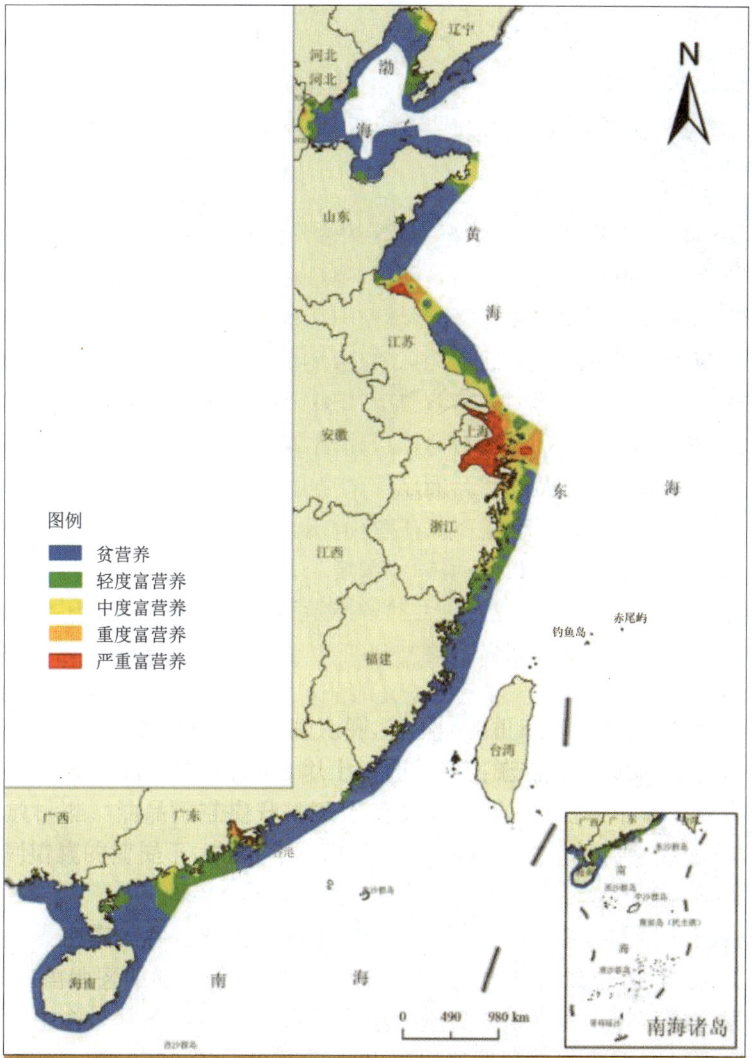

图 4-22　长三角地区 2015 年近岸海域富营养化状态分布

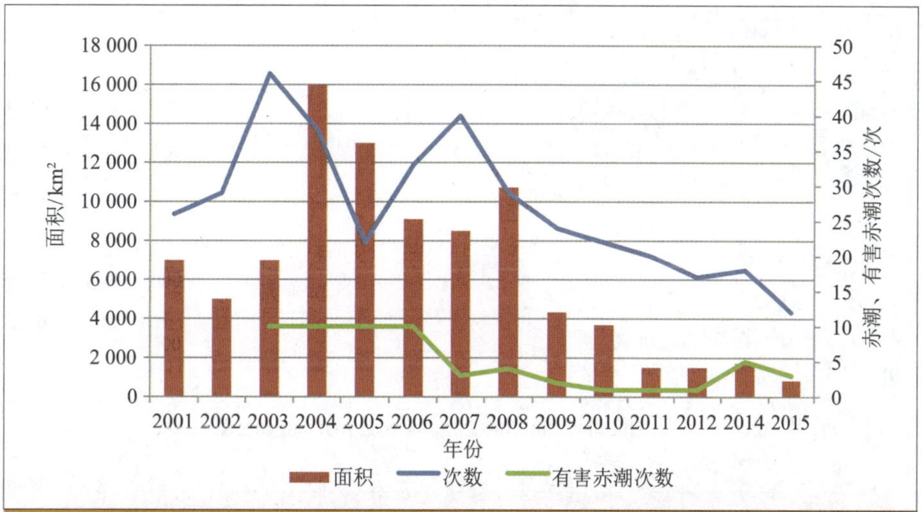

图 4-23　浙江省海域赤潮统计情况

二、大气环境质量现状及演变趋势

1. 区域大气环境质量持续改善，距离达标尚有差距

“大气十条”实施成效显著。“大气十条”实施以来，长三角地区全面推动燃煤锅炉污染整治、重点行业提标改造、落后产能淘汰、黄标车及老旧车辆淘汰、VOCs 治理、扬尘污染整治以及重污染天气应急等措施，SO_2、NO_x、VOCs、一次 $PM_{2.5}$ 等污染物排放显著下降，减排幅度在 20% 以上，区域环境空气质量得到持续改善。与 2013 年相比，2016 年 PM_{10}、SO_2 和 NO_2 年均浓度分别下降了 27.2%、43.9% 和 16.7%。长三角地区平均优良天数比例由 2013 年的 64.2% 上升到 2016 年的 76.1%。2016 年，长三角地区 $PM_{2.5}$ 年均浓度为 46 μg/m^3，与 2013 年相比下降了 31.3%，提前完成 2017 年“大气十条”目标。

现状空气质量距离全面达标尚有差距。2015 年长三角地区除 SO_2 年均浓度全部达标；其他因子均有半数以上城市存在超标。$PM_{2.5}$ 除舟山外其余 24 市均超标，有 17 个城市超标 50% 以上；88% 的城市 PM_{10} 超标，徐州超标 50% 以上；约一半城市存在 NO_2 超标，上海、南京、苏州、杭州、常州、温州、绍兴等城市超标 10% ～ 50%；64% 的城市 O_3 超标，扬州、镇江、嘉兴、湖州等城市超标 10% ～ 50%（表 4-16、图 4-24）。

以环境空气质量指数（AQI）统计，长三角地区环境空气质量优良率 80% 以上的城市 6 个，主要分布在浙东沿海和浙南山区；优良率 70% 以下的城市 11 个，主要分布在江苏内陆腹地以及苏南、浙北交界地区。长三角大气污染整体呈北“重”南“轻”、内陆“重”沿海“轻”的趋势。

表 4-16 长三角地区 2015 年各地级市环境空气质量达标状态（年均值）

占标率	严重超标 超 50%	超标 超 10% ～ 50%	临界达标 超标小于 10%	稳定达标 达标
SO_2	—	—	—	全部
NO_2	—	上海、南京、苏州、杭州、常州、温州、绍兴	无锡、镇江、宁波、嘉兴、金华、湖州	徐州、南通、连云港、淮安、盐城、泰州、扬州、宿迁、衢州、舟山、台州、丽水
PM_{10}	徐州	南京、无锡、常州、苏州、南通、连云港、淮安、盐城、扬州、镇江、泰州、宿迁、杭州、嘉兴、绍兴	上海、宁波、温州、湖州、金华、衢州	舟山、台州、丽水
$PM_{2.5}$	南京、无锡、徐州、常州、苏州、南通、连云港、淮安、扬州、镇江、泰州、宿迁、杭州、嘉兴、湖州、绍兴、金华	上海、盐城、宁波、温州、衢州、台州、丽水	—	舟山
O_3	—	扬州、镇江、嘉兴、湖州	上海、南京、无锡、常州、苏州、南通、淮安、盐城、泰州、杭州、金华、绍兴	徐州、宿迁、宁波、温州、衢州、舟山、台州、丽水、连云港

注：表中 O_3 污染程度按日最大 8 h 平均浓度第 90 百分位数进行分类；其余污染物按年均浓度进行分类。

常规污染物浓度变化与大气污染控制政策紧密相关。2005—2015 年，在国家 SO_2 减排任务约束下，两省一市 SO_2 浓度均呈明显下降趋势；由于早期国家没有实施 NO_x 总量控制，加之质量标准较宽松，江苏、浙江 NO_2 浓度呈上升趋势（图 4-25），“十二五”期间随着 NO_x 减排任务约束，呈缓慢下降趋势；上海 NO_2 浓度 2005 年处于明显

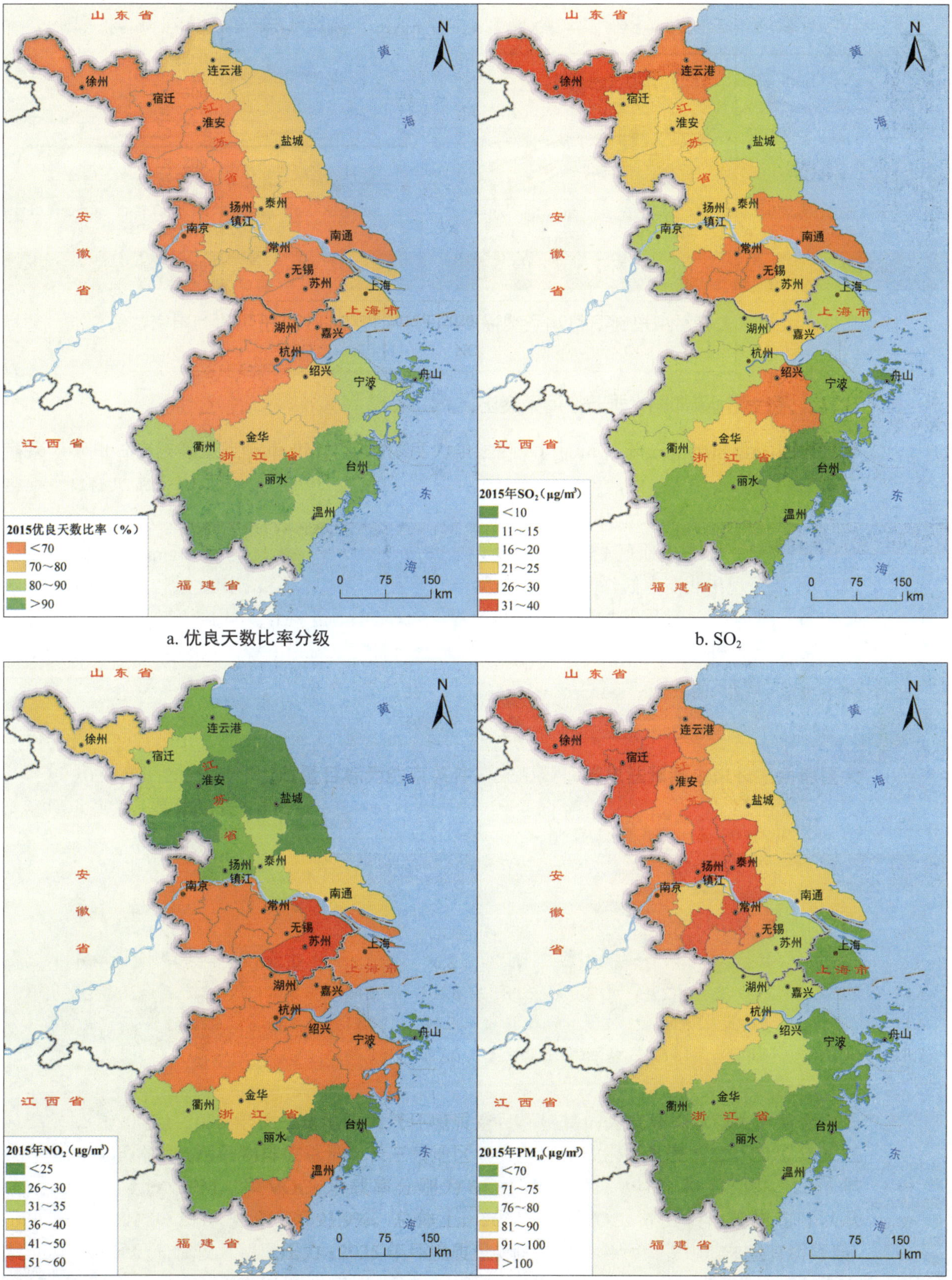

a. 优良天数比率分级　　b. SO_2

c. NO_2　　d. PM_{10}

图 4-24　长三角地区 2015 年优良天数比率分级与主要污染物年均浓度分布

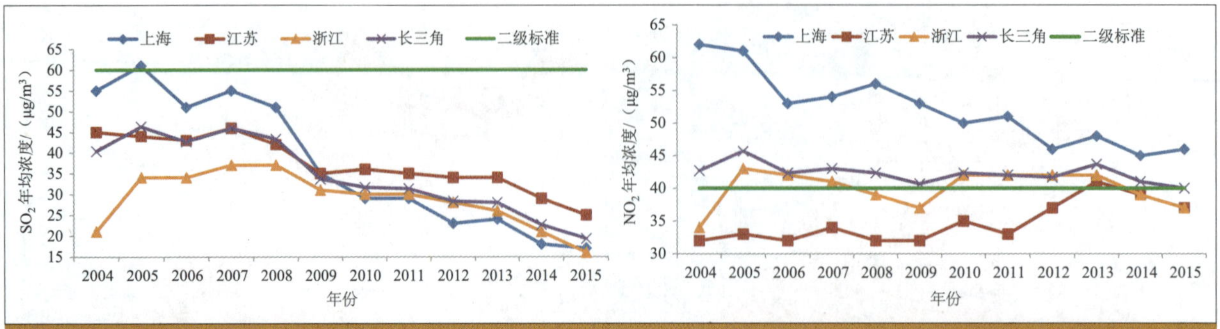

图 4-25　SO_2 年均浓度变化趋势（左）及 NO_2 年均浓度变化趋势（右）

高位，近年在大气污染控制下整体呈缓慢下降趋势，但 2015 年仍未达到国家二级标准，超标 15%。

2. 复合型污染加剧，季节性污染突出

自 2013 年按照新环境空气质量标准实施监测以来，长三角地区首要污染物主要为 $PM_{2.5}$ 和 O_3，区域复合污染日益严重。

（1）$PM_{2.5}$ 浓度整体下降，冬季超标依然严重

2016 年，长三角地区 25 个地级及以上城市 $PM_{2.5}$ 年均浓度为 46 μg/m³，超标 31.4%，$PM_{2.5}$ 污染呈现出北高南低、西高东低空间分布特征，沿海区域和浙南地区较好，内陆污染水平较高（图 4-26）。美国芝加哥、纽约和英国伦敦等 2014 年 $PM_{2.5}$ 年均浓度在 10 ～ 20 μg/m³，长三角各城市 $PM_{2.5}$ 浓度水平普遍大幅高于上述欧美国家城市；WHO 推荐的 $PM_{2.5}$ 年均浓度

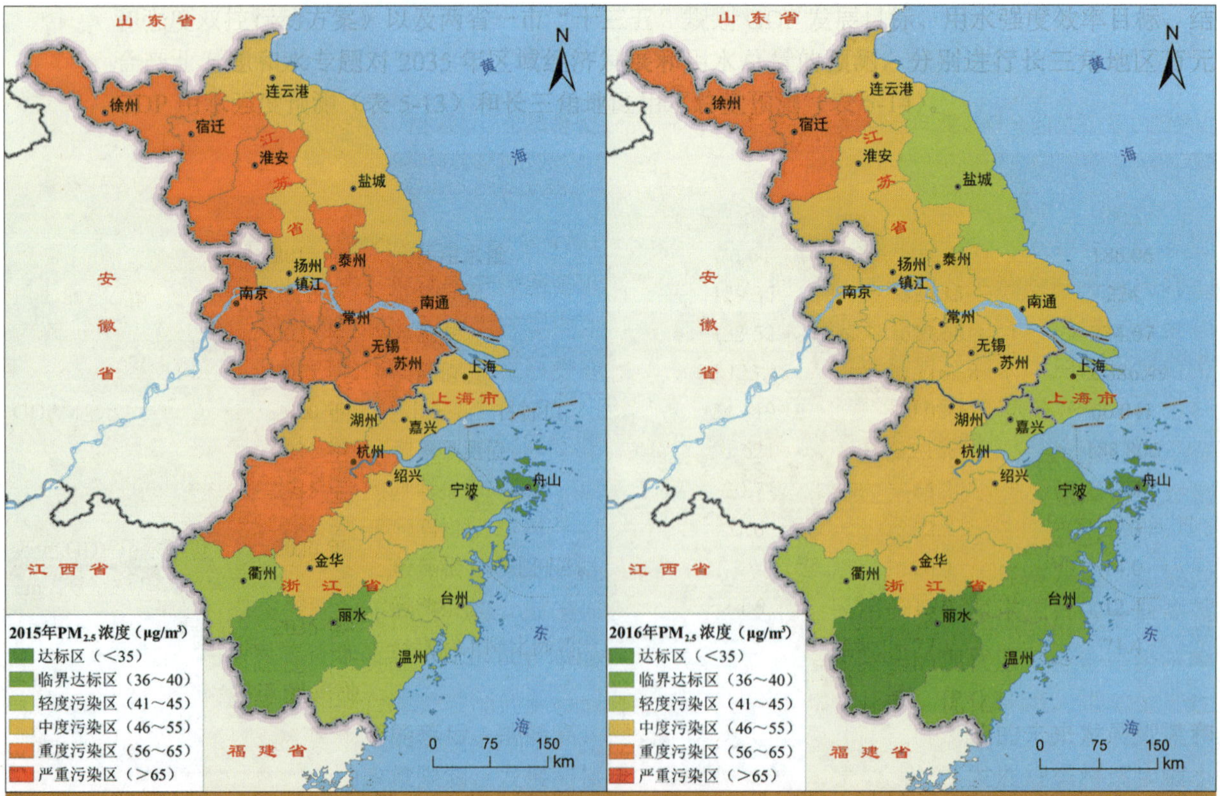

图 4-26　长三角 2015—2016 年 $PM_{2.5}$ 年均浓度空间分布

标准为 10 μg/m³，长三角地区各城市平均高出 WHO 标准 4 倍左右。

2013—2016 年长三角地区各市 $PM_{2.5}$ 月均浓度变化（图 4-27）显示，近年来长三角地区夏季 $PM_{2.5}$ 污染明显改善，但冬季重度及以上污染仍较为突出，冬季对全年 $PM_{2.5}$ 平均浓度有明显拉升作用。以上海为例（图 4-28），2013—2016 年冬季对上海全年 $PM_{2.5}$ 贡献为 40% ～ 49%。2015 年冬季（1 月、2 月、11 月、12 月）上海 $PM_{2.5}$ 浓度为 71 μg/m³，是其他时段（44 μg/m³）的 1.6 倍，该时期占全年时间的 1/3，对全年 $PM_{2.5}$ 贡献达 45%。

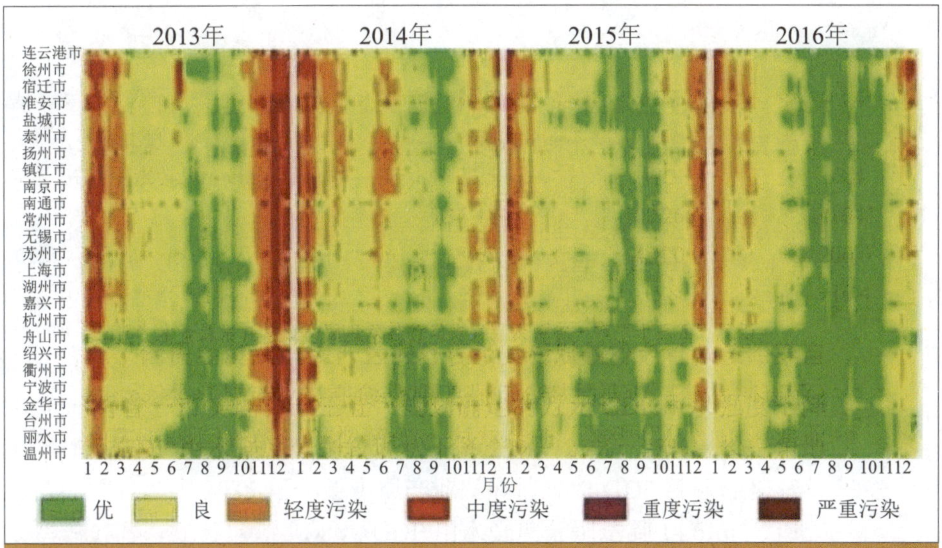

图 4-27　长三角地区 2013—2016 年 $PM_{2.5}$ 日均值

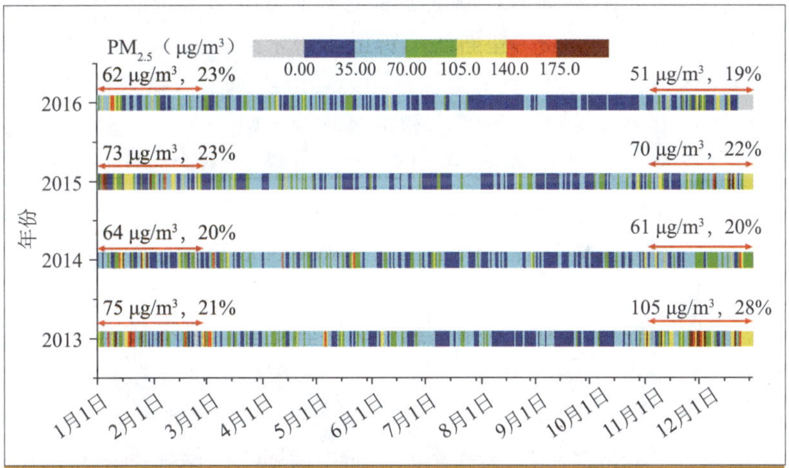

图 4-28　上海 2013—2016 年冬季 $PM_{2.5}$ 浓度贡献

（2）区域性 O_3 污染问题凸显，夏季污染突出

2015 年长三角地区 O_3 为首要污染物的天数占总超标天数比例为 37.2%，O_3 日最大 8 h 均值第 90 百分位浓度为 163 μg/m³，比 2014 年（154 μg/m³）上升 5.8%，超标天数 38 d。以 O_3 日最大 8 h 均值第 90 百分位数浓度计，2015 年长三角 25 个城市中除徐州、宿迁、温州、宁波、衢州、丽水、台州、舟山、连云港等城市达标外，其余 16 个城市 O_3 浓度全部超标（浓度范围为 161 ～ 190 μg/m³），超标城市比例为 68%（图 4-29、图 4-30）。与欧美国家相比，2015 年长三角

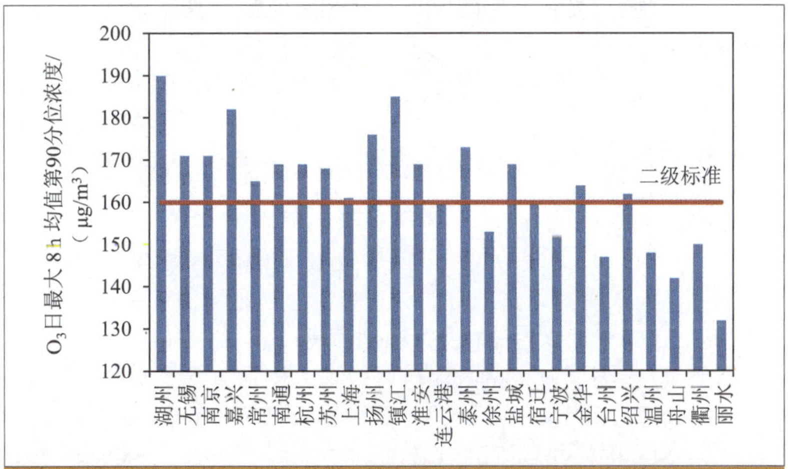

图 4-29　长三角各市 2015 年 O_3 日最大 8 h 均值第 90 百分位浓度

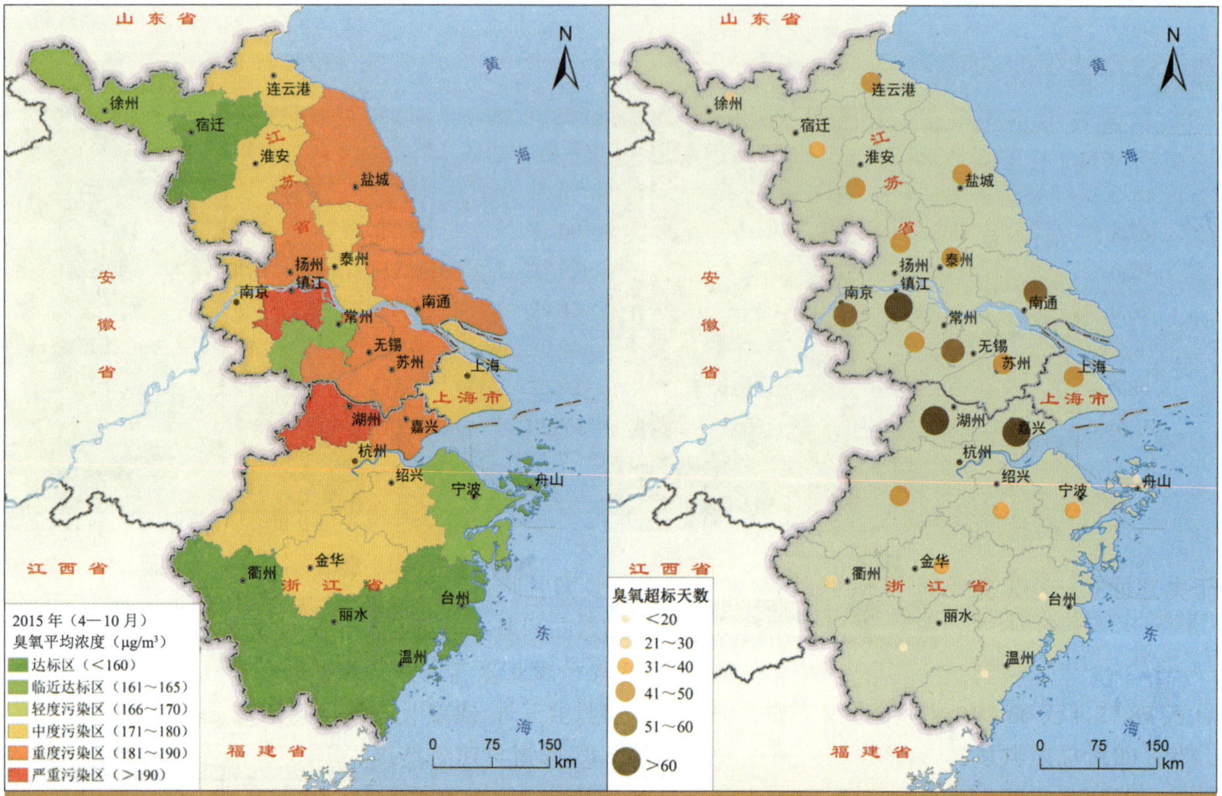

图 4-30　长三角 2015 年 O_3（4—10 月）平均浓度和 O_3 超标天数空间分布

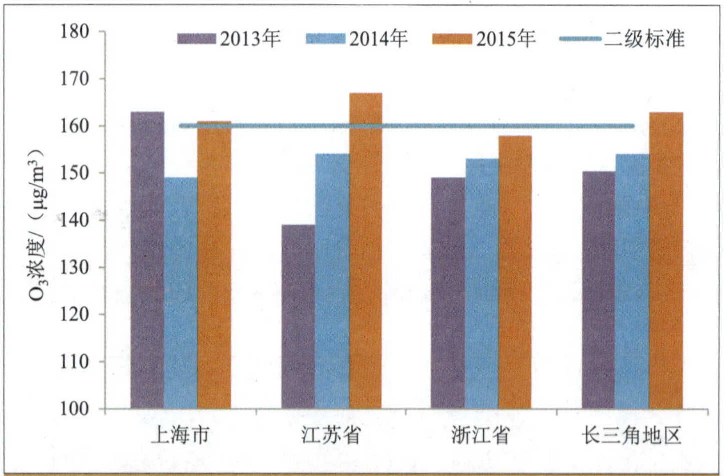

图 4-31　长三角地区 2013—2015 年 O_3 浓度变化趋势

地区 O_3 的 8 h 平均浓度较欧美同类大中型城市高出 20 ～ 30 μg/m³。

从 2013—2015 年长三角地区 O_3 浓度变化趋势来看（图 4-31），总体呈现逐年增加的态势，长三角地区 O_3 污染问题已经凸显，影响范围不断扩大。

夏季 O_3 污染十分突出。长三角地区 O_3 超标集中在夏季，以中部沿江城市镇江、南通为例，2015 年 6—8 月两市 O_3 浓度分别为 219 μg/m³ 和 208 μg/m³，分别是其他时段的 1.8 倍和 1.6 倍（图 4-32）。

3. NO_x、VOCs 两大污染物减排形势紧迫

（1）NO_x、VOCs 排放量大

2015 年长三角两省一市污染物排放量及船舶的排放量见表 4-17。长三角地区 VOCs、NO_x 排放量分别为 337.4 万 t 和 211.7 万 t（不含船舶），排放总量居各种污染物前两位。其中，SO_2 的污染物排放以城市为中心呈点状分布，NO_x 排放呈现沿路网、沿海航道带状分布和沿江、杭州湾北岸面状分布相结合的特征，VOCs 排放主要呈现沿江、沿杭州湾面状分布的特征。

表 4-17　长三角地区两省一市污染物排放量　单位：万 t

污染物种类	SO_2	NO_x	PM_{10}	$PM_{2.5}$	VOCs	NH_3
上海市	5.7	24.3	19.5	6.7	39.4	5.6
江苏省	82.3	106.6	70.1	32.0	160.6	44.8
浙江省	51.9	80.7	53.2	22.5	137.3	26.5
船舶	26.6	64.7	3.9	3.2	2.4	—
合计（不含船舶）	139.9	211.7	142.9	61.2	337.4	76.9
合计（含船舶）	166.5	276.4	146.8	64.4	339.8	76.9

注：由于船舶的排放量较难划分省市，因此船舶的排放量为长三角区域排放量，省市排放量不包括船舶排放量。

NO_x、VOCs 是形成 $PM_{2.5}$、O_3 污染的重要前体物，区域 $PM_{2.5}$ 依然超标，臭氧污染呈上升趋势，基于当前长三角地区的复合污染日益严峻，加大对 NO_x、VOCs 两大污染物的减排力度对扭转区域大气复合污染态势至关重要。

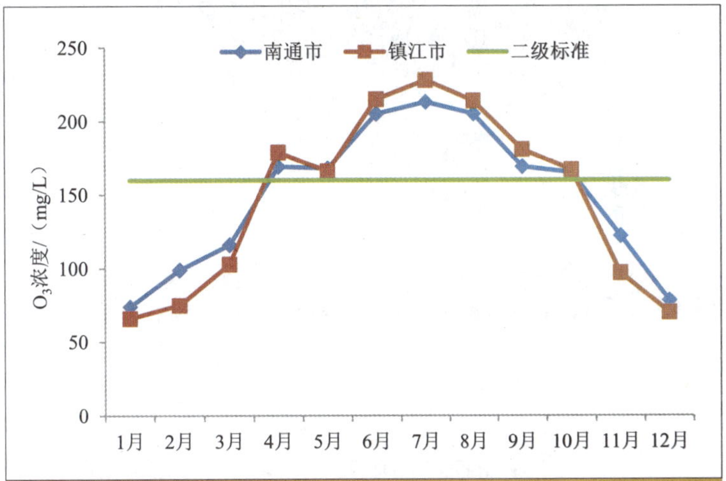

图 4-32　南通、镇江两市 2015 年 O_3 月均浓度变化

（2）NO_x 控制效果不明显，减排任务重

2005 年以来，通过实施一系列大气环境治理措施，长三角地区各城市 SO_2 浓度显著降低。国家在"十二五"期间开始实施 NO_x 总量控制，但目前长三角地区有半数以上城市存在 NO_2 超标，从近 10 年长三角各城市 NO_2 年均浓度变化趋势来看，长三角地区 25 市中，除浙江舟山、衢州、台州、丽水及江苏淮安外，其余 20 个城市 NO_2 浓度全部处于不断上升或长期超标或波动上升状态。在近 5 年，12 个城市呈上升趋势，9 个城市虽然下降但仍超标，"十二五"期间 NO_x 控制效果不明显减排压力大（图 4-33）。

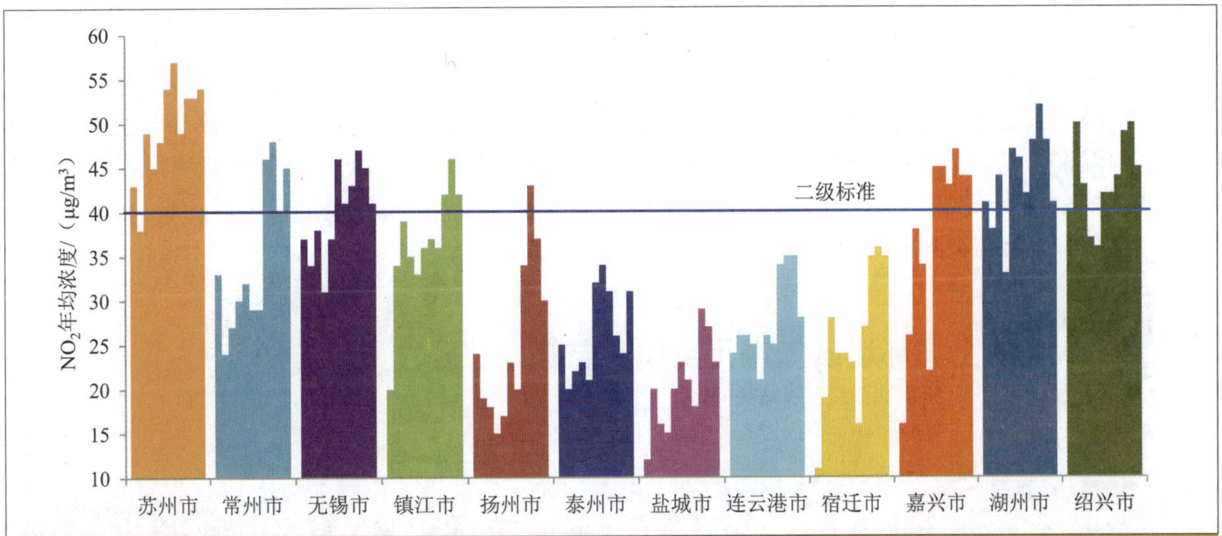

图 4-33　长三角地区 2005—2015 年 NO_2 年均浓度呈增加态势城市

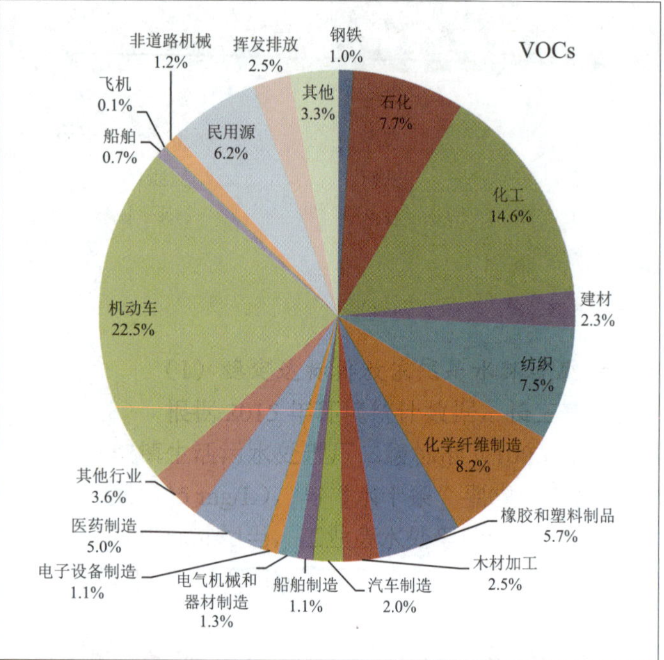

图 4-34 长三角地区各类排放源 VOCs 排放贡献

（3）VOCs 排放来源广，污染控制起步晚

长三角地区 VOCs 排放来源广，工业部门 VOCs 排放占比约 66.8%，移动源和非道路机动机械 VOCs 排放占比约 24.5%，民用源和油气挥发排放占比 8.7%（图 4-34）。化学制造、石油化工、化学纤维、橡胶塑料、医药制造、纺织等 6 个行业的 VOCs 排放量，占长三角地区人为源排放总量的 48.8%，占工业源排放总量的 73.0%。我国在 2012 年才首次将 VOCs 列为防控重点，较常规污染防控晚了十几年。国家和地方虽已陆续出台了一系列技术政策文件，但实际工作中仍存在 VOCs 排放底数不清、法律法规和标准不完善等问题，各地区的管理方法、技术规范思路不一。长三角地区 VOCs 排放总量大，亟待采取积极有效的 VOCs 控制策略和技术。

4. 农业氨是水气协同控制的焦点

长三角地区氨排放最主要的来源为农业，农业源氨排放占全部大气氮输入源的 80.7%。其中，畜禽养殖排放占 38.0%，氮肥施用占 42.7%。从两省一市来看，江苏省农业源氨排放量为 40.6 万 t，占整个长三角地区农业氨排放量的 58.2%。从空间分布来看，浙江北部嘉兴是氨排放强度最高的区域，衢州、金华两市交界地区及江苏北部徐州、连云港、宿迁等地氨排放强度也较高。

农业氨是大气气溶胶的重要前体物，与空气中的 SO_2、NO_x 等气态前体物反应生成硫酸铵、硝酸铵等二次颗粒物，加剧 $PM_{2.5}$ 污染、灰霾形成，对人体健康造成影响。模型预测结果显示，长三角地区农业源氨排放对各城市 $PM_{2.5}$ 浓度贡献在 4% ～ 10%，平均贡献为 6%。

同时大气中的氨氮以湿沉降的形式进入地表水体，增加水中离子铵的浓度，也是造成区域内太湖等众多湖库富营养化的重要污染源。按照现状氨氮湿沉降负荷测算，太湖湖面氨氮湿沉降量年均值在 0.43 万 t/a（湖水面积以 2 338 km^2 计）。根据太湖健康状况报告，近 5 年太湖河流入湖氨氮为 1.24 万 t/a，氨氮湿沉降量与河流入湖氨氮量的比值约为 1 ∶ 2.9，氨湿沉降现状负荷对太湖水环境和富营养化影响显著。

三、生态环境质量现状及演变趋势

1. 生态建设持续加强，陆域生态环境质量整体改善

长三角地区秉承“绿水青山就是金山银山”的理念，在全国率先推进生态文明建设。

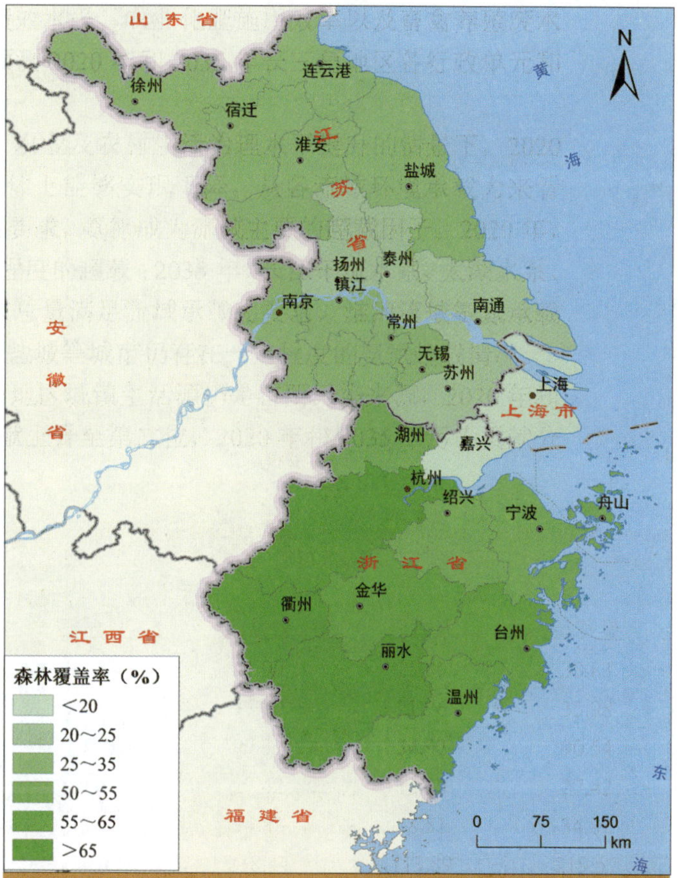

图 4-35　长三角地区 2015 年森林覆盖率分布示意

自 2000 年以来，上海滚动实施五轮环保三年行动计划，环保投入占同年地区生产总值的比重保持在 3% 左右。崇明生态岛建设经过两轮三年行动计划，取得显著成效。岛上湿地占比超 30%，森林覆盖率达 22.53%，为上海市提供了约 40% 的生态资源和 50% 的生态服务功能，成为上海市空气质量最优、绿地面积最广、生物多样性最丰富的区域，被联合国环境规划署列为绿色经济典型案例。浙江省林业发展从以木材生产为主向以生态建设为主转变，森林生态系统质量有所提高。2014 年 10 月，浙江省出台《加快推进林业改革发展全面实施五年绿化平原水乡十年建成森林浙江的意见》，加大生态建设力度。2015 年浙江省乔木林单位面积蓄积量达 6 941 m^3/km^2，较 2008 年增加 1 865 m^3/km^2；活立木蓄积总生长量与总消耗量之比为 2.41 ∶ 1，较 2008 年的 1.69 ∶ 1 有较大提升。乔木林结构由以针叶林为主转变为以阔叶林、针阔混交林为主（阔叶林、针阔混交林面积占比达 60.03%）。

随着生态文明建设的深入，长三角地区陆域生态环境质量整体改善。2015 年，长三角地区森林生态系统面积为 77 027 km^2，平均森林覆盖率 36.6%。其中，上海、嘉兴不足 15%，浙西南地区高达 65% 以上（图 4-35）。10 年间森林面积增加 2 049.44 km^2，增幅为 3.35%。森林主要分布在浙西北丘陵区和浙西南山区，占林地面积近八成。区域人工林比重偏高，上海、江苏的森林几乎全部为人工林，浙江的人工林占森林的面积比例达到 40.2%。现有 7 个国家级森林自然保护区全部分布在浙江省境内，受保护林地森林系统面积占比 1/3。2014 年，浙江省生态环境质量为“优”，江苏省、上海市生态环境质量为“良”。

2. 生态系统向城镇演变，高功能生态系统面积减少

长三角地区土地利用以农田为主，占长三角地区总面积的 39.65%，其次为森林、城镇和湿地，分别占总面积的 29.52%、18.12% 和 11.14%，草地、灌丛和裸地的分布面积较小，合计仅占总面积的 1.58%。区内农田分布较广，集中分布在沂沭泗平原、淮河下游平原、江苏沿江平原丘岗以及杭嘉湖平原、宁绍平原等地；森林、灌丛和草地集中分布在浙西北丘陵区和浙西南山区、江苏西南部等；湿地共包括沼泽、湖泊和河流三个大类，其中水库（坑塘）、湖泊和河流的分布较广，共占湿地总面积的 88.7%；城镇主要分布在区内的平原地区，并形成以上海为中心的长三角城市群。2000—2010 年，长三角地区生态系统构成的总体变化情况为除森林、城镇生态系统的面积增加，其他具有较高生态服务功能的生态系统的面积均有

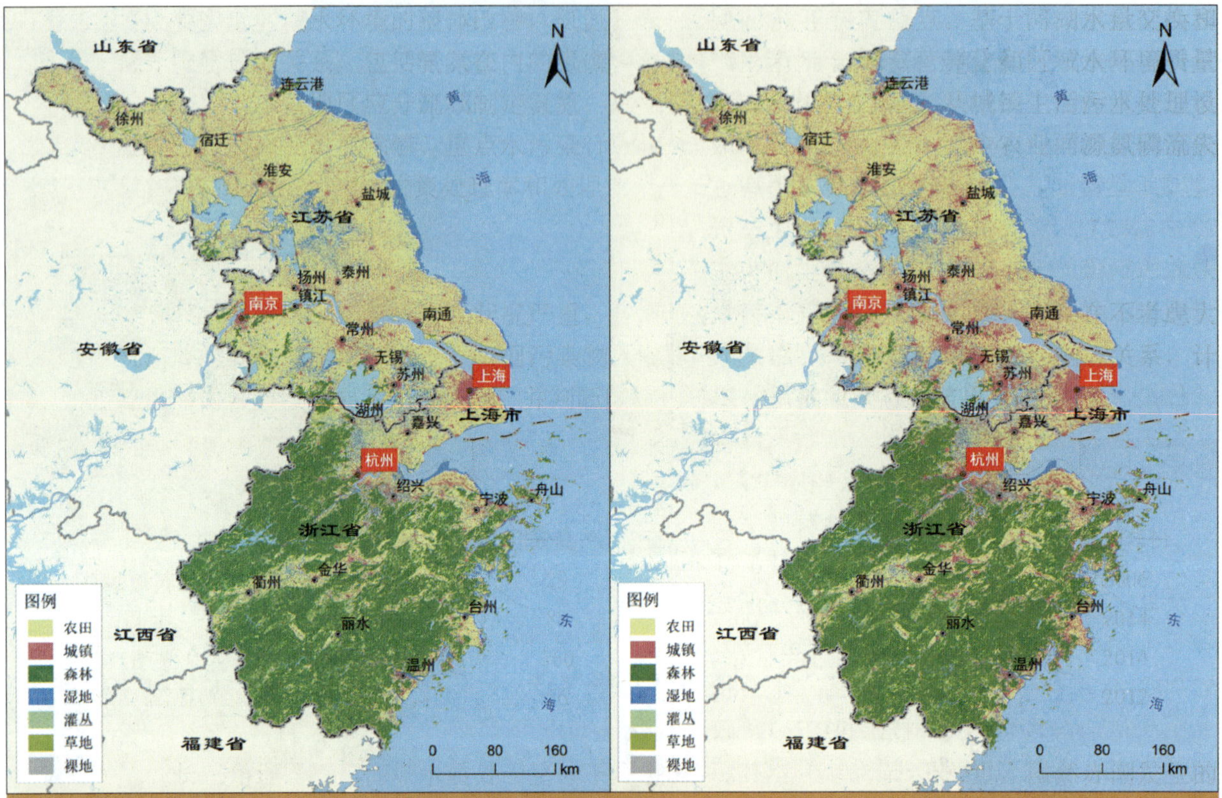

图 4-36 长三角地区 2000 年（左）和 2010 年（右）生态系统构成空间分布

不同程度减少。其中，城镇生态系统有大幅度的增加，面积增长 13 863.86 km^2；减少的主要是农田和湿地，分别减少了 12 446.8 km^2 和 1 133.9 km^2（图 4-36）。

城镇生态系统土地利用表现出“高密度、高强度”的特征。建设用地面积约 38 189 km^2（第二次全国土地调查数据），约占总面积的 18%。土地开发强度超过 20% 的城市已占四成（图 4-37）。上海、无锡两市土地开发利用强度远超 30% 的国际警戒线，上海更是接近 50%，高于大伦敦（23.7%）、大巴黎（21%）和东京圈（29%）等国际大都市。

3. 湿地萎缩明显，生态服务功能大幅下降

长三角地区共有湿地约 4.4 万 km^2，占区域总面积 1/5 以上，其中天然湿地 32 010 km^2，人工湿地 11 960 km^2。湿地类保护区共有 19 处，受保护湿地面积 5 983.7 km^2，占湿地总面积的 13.6%，湿地保护力度明显不足。

（1）围填海强度大，沿海滩涂湿地面积明显萎缩

长三角滩涂资源丰富，滩涂面积占全国约一半。2013 年面积为 10 400 km^2，其中江苏省滩涂资源高达 6 893 km^2。滩涂资源是长三角地区重要的后备土地资源。1951—2015 年江苏沿海累计围垦滩涂 3 613.3 km^2，规划 2016—2020 年围垦滩涂 933.3 km^2；浙江省 1949—2011 年，共围垦 2 490.5 km^2，平均每年围垦 40.8 km^2；按照《浙江省滩涂围垦总体规划》（2005—2020），近 10 年平均每年围垦 85.5 km^2，其围垦速度是过去的 2 倍。

（2）河湖型自然湿地受人工围垦等因素影响，面积萎缩明显

长三角地区河湖型自然湿地面积 10 345 km^2，占全区湿地总面积 1/4 左右。江苏湿地调

查数据显示，2000—2010年江苏湖泊河流湿地减少约2 000 km²，上海2015年比2005年减少500 km²；浙江2012年比2002年减少180 km²。其中太湖和洪泽湖湿地减少最为突出，截至2010年太湖共有529 km²的湖滩湿地被垦殖，洪泽湖滩地11.5～16 m高程内已被围垦1 018 km²，整个洪泽湖已丧失了近50%的湿地。

（3）湿地萎缩导致生态服务功能下降

滨海湿地快速向耕地、养殖水面、建设用地转化，滨海湿地的生态关键区面积出现快速退化趋势，射阳南部和大丰市盐生植被空间的快速萎缩，导致丹顶鹤越冬生境已由过去的连续分布变为目前的片段分布，湿地黑嘴鸥的巢区和河麂种群的数量大幅下降。1990—2000年，丹顶鹤种群数量达到1 128只，2000年之后呈下降趋势，到2012年下降到600只左右；1990—2001年，黑嘴鸥种群数量最大达到1 073只，到2007年下降到575只。

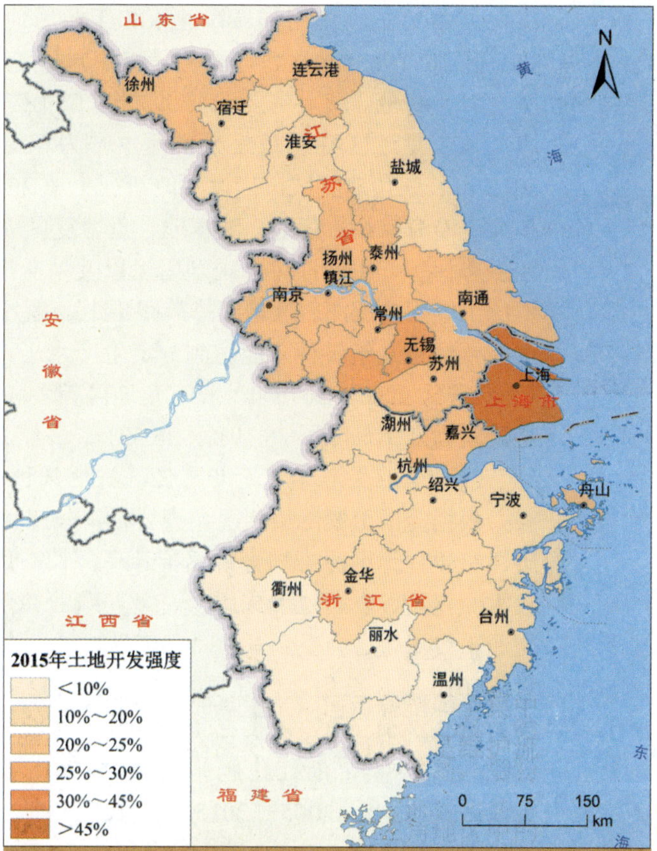

图4-37　长三角地区2015年土地开发强度

注：建设用地面积、土地开发强度数据来自国土部门统计数据、国土资源公报等。

4. 农田生态系统面积锐减，污染问题突出

长三角两省一市农田生态系统面积为80 025.62 km²，占区域总面积的37.2%，人均耕地面积0.75亩，不足全国平均水平（1.52亩）的1/2，低于联合国粮农组织规定的最低人均耕地警戒线。2005—2015年，仅有盐城、淮安和温州耕地面积有所增加（图4-38），大部分城市在城镇化、工业化进程中大量侵占城市周边良田，耕地流失情况普遍存在。2005—2015年，长三角地区耕地面积减少约9 489 km²，其中江苏省耕地面积减少5 074 km²，占耕地总面积的8%左右，苏锡常地区2010—2015年耕地下降幅度最大，5年减少耕地27.5%，减少的耕地中95.2%为水田。浙江省2005—2015年耕地面积减少3 705.07 km²，占耕地总面积的15.8%，上海市减少710.8 km²，占耕地总面积的18.4%。

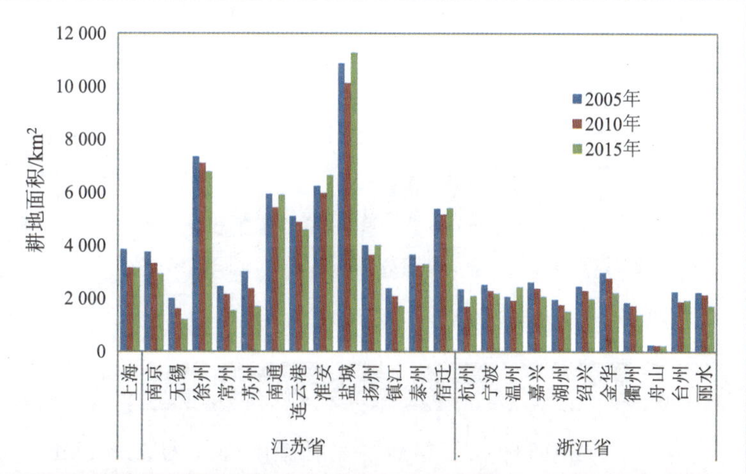

图4-38　长三角地区2005—2015年耕地面积变化

20世纪90年代以来，长三角核心区16个城市耕地面积年均递减0.6%～1%，在沪宁一

线将近 40% 的土地用作城市建设和工业用地，失去农业生产能力。2005—2015 年，长三角核心区 16 个城市地区生产总值（GDP）每增加 1 亿元，耕地面积减少 10 hm^2。

（1）耕地占优补劣，农产品产量不同程度下降

长三角地区特别是江苏耕地生产力相对较高，城市化发展占用了城郊大量优质良田，2015 年长三角地区城市建设用地新征土地 265.36 km^2，其中 135.73 km^2 为耕地，补充的耕地多源于沿海滩涂、荒地、宅基地、鱼塘复垦等劣质土地。土地后备资源相对集中的沿海滩涂，因生态保护、用海许可、规划用途以及淋盐洗碱等限制，补充耕地的潜力十分有限。补充耕地的土壤肥力低，后续培肥措施跟不上，地力明显不如被占耕地；即使采取有效的培肥措施，也需要经过几年耕种才能达到一定生产水平。优质良田的减少在一定程度上导致农产品产量相应下降，2000—2015 年，长三角地区粮食和油料产量分别下降了 1.6% 和 41.4%，其中浙江、上海粮食产量下降了 38.19%、36.59%。

（2）农业生态环境逐渐恶化，耕地保护形势严峻

根据全国土壤污染状况调查公报，长三角部分区域农田土壤污染问题较为突出，镉、汞、砷、铅 4 种无机污染物含量逐年升高。长三角地区农田土壤污染物含量受人为源输入的影响较大。化肥、农药过度施用、畜禽养殖业粪便还田是造成农田污染的普遍因素，在工业区和交通干线周边还会受到工业“三废”排放、汽车尾气排放、污灌等因素影响。

2015 年长三角地区化肥施用量 421.02 万 t，占全国 7.0%（图 4-39）。其中，江苏化肥施用量 323.61 万 t，占长三角 76.9%，为长三角化肥施用的主体，江苏施肥主要在苏北（占长三角 54.9%）；浙江化肥施用量 87.51 万 t，占长三角 20.8%；上海化肥施用量 9.9 万 t，占长三角 2.4%。2005—2015 年，长三角地区化肥施用量总体显著减少（减量 24.48 万 t），但局部仍在增加，增点主要在苏北的淮安、宿迁、连云港，分别增加 8.76 万 t、7.74 万 t、5.39 万 t（图 4-39）。

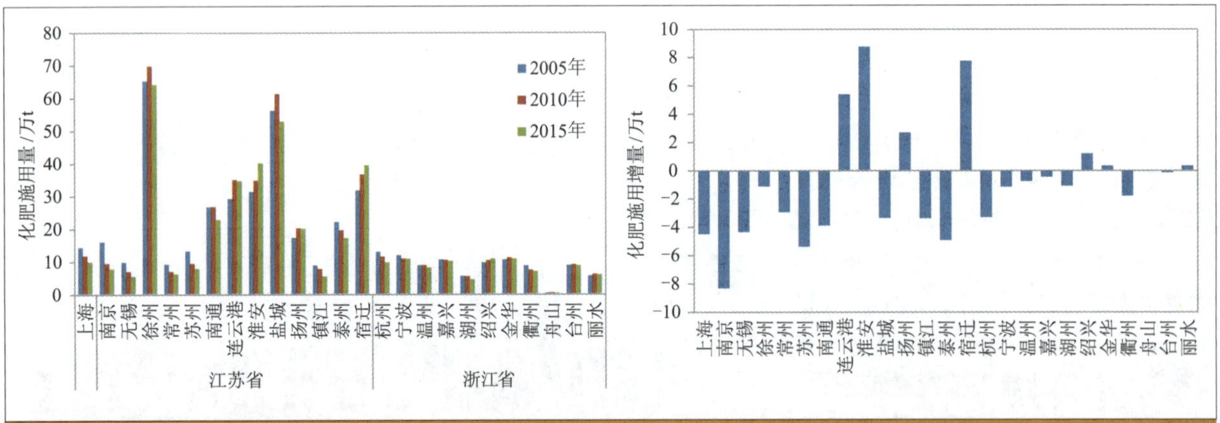

图 4-39　长三角地区 2005—2015 年化肥施用量（左）和增量（右）变化

2015 年长三角地区化肥施用强度为 52.6 t/km^2，高于全国平均水平（44.6 t/km^2）。其中，江苏省单位耕地面积化肥施用量高达 56.7 t/km^2，是全国平均水平的 1.27 倍。徐州市单位耕地面积化肥施用强度为长三角最高，达 94.4 t/km^2（复种指数 1.7），超出全国平均水平 1.1 倍（复种指数 1.2）。2005—2015 年，长三角地区单位耕地面积化肥施用强度总体呈上升态势，由 49.8 t/km^2 增加到 52.6 t/km^2。其中，江苏省化肥施用强度由 2005 年的 54.2 t/km^2 增加到 56.7 t/km^2；浙江省化肥施用强度由 2005 年的 40.1 t/km^2 增加到 44.2 t/km^2，增幅达到 10.1%。这

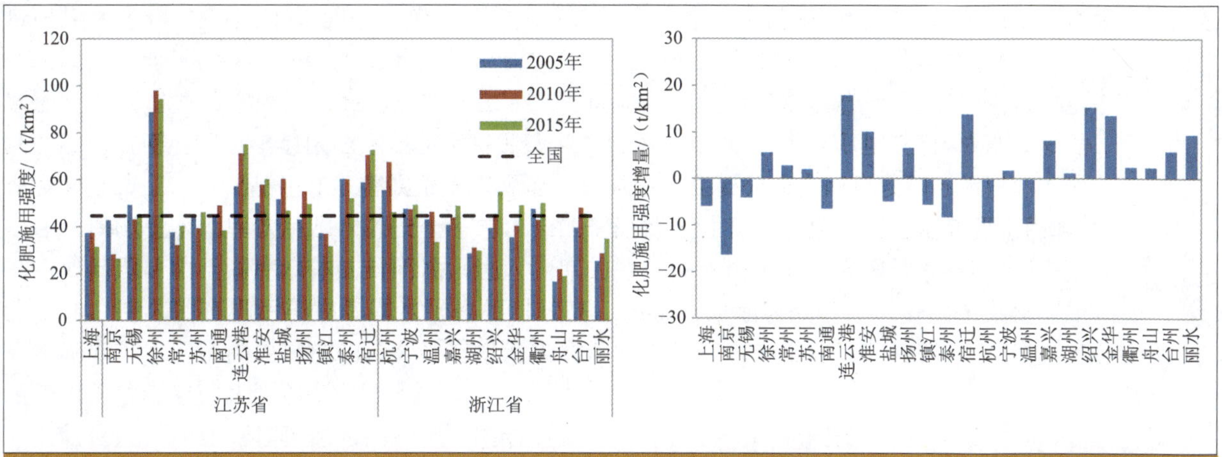

图 4-40　长三角地区 2005—2015 年化肥施用强度（左）和强度增量（右）变化

10 年间，长三角近 2/3 的城市化肥施用强度有不同程度的增加，增量大的地区主要位于苏北（增量达 5.4 t/km²）和浙西南（增量达 4.4 t/km²），环太湖地区略有上升（增量 0.1 t/km²），上海、南京、杭州等地市有所下降（图 4-40）。

长三角地区化肥施用强度已经超过发达国家安全施用量上限的 2 倍多。由于化肥施用量过大造成大量化肥流失进入土壤，农药化肥中除了有效成分，还含有一定的重金属等有害成分，如磷酸铵肥料中砷含量 30 mg/kg 以上的产品占其产品总量的 36.0%、铅含量 50 mg/kg 以上的产品占其产品总量的 1/3，水溶肥料产品中镉含量相对较高，有机肥料产品中铬含量相对较高，50 mg/kg 以上的产品占 28.6%。由于长期过量施用化肥和农药，流失进入土壤的化肥农药和重金属造成土壤重金属和持久性有机物的污染，同时农田面源也对河湖水生态环境造成不利影响。

第五章

区域资源环境压力与承载状态

第一节　未来区域人口与产业发展情景

一、区域人口与城镇化情景分析

1. 城镇化进程分类

根据城镇化水平和总人口规模，将长三角的 25 个地市分为 4 类。

Ⅰ类：严格控制类城市——该类城市主要是指上海，城镇化率已经超过 90%，属于极度城市化地区。未来人口控制设置“天花板”，应严格控制人口增长。

Ⅱ类：适度控制类城市——包括南京、宁波、无锡、苏州和温州。该类城市往往都是区域的中心城市，其城镇化率均超过了 70%，总人口规模均超过 500 万人。未来，这些城市的人口规模应适当控制，保持缓慢增长。

Ⅲ类：适度增长类城市——该类城市包括常州、绍兴、镇江、丽水、杭州、衢州、金华、南通、扬州和泰州，这些城市城镇化水平在 60% ～ 70%。该类城市的发展策略是保持城市人口的适度增长，进一步提高城镇化率。

Ⅳ类：积极增长类城市——该类城市包括舟山、徐州、湖州、盐城、嘉兴、连云港、淮安、宿迁和台州。这些城市城镇化率相对较低，但这些地区有密集的人口分布，农业剩余劳动力转移的压力大，也是未来长三角重点开发的区域，将会迎来城镇人口较大规模的增长。该类地区应积极推动城镇人口增长，大幅提高城镇化率（表 5-1）。

表 5-1　长三角地区城市分类

类型	标准	城市名称	人口策略
Ⅰ类	城镇化率＞ 90%	上海	严格控制人口增长
Ⅱ类	城镇化率＞ 70%	南京、宁波、无锡、苏州和温州	人口规模应适当控制，保持缓慢增长
Ⅲ类	60% ＜城镇化率＜ 70%	常州、绍兴、镇江、丽水、杭州、衢州、金华、南通、扬州和泰州	保持城市人口的适度增长
Ⅳ类	城镇化率＜ 60%	舟山、徐州、湖州、盐城、嘉兴、连云港、淮安、宿迁和台州	人口较大规模增长

2. 人口和城镇化率预测

遵循城镇化自然规律，兼顾城镇化不同阶段的发展规律，同时参照江苏省、上海市、浙江省新型城镇化规划和主要城市总体规划确定的人口约束条件，对未来长三角地区人口规模和城镇化水平开展预测（表 5-2）。

表 5-2　长三角地区总人口规模预测

类型	城市	2014 年		2020 年		2030 年	
		人口总量 / 万人	城镇化率	人口总量 / 万人	城镇化率	人口总量 / 万人	城镇化率
严格控制	上海	2 425	0.9	2 500	0.92	2 500	0.95
适度控制	南京	822	0.81	1 060	0.85	1 300	0.9
	宁波	583	0.75	850	0.78	1 050	0.85
	无锡	650	0.75	800	0.79	1 130	0.85
	苏州	1 060	0.74	1 100	0.78	1 500	0.82
	温州	813	0.7	1 050	0.74	1 300	0.8
适度增长	杭州	716	0.65	850	0.7	1 100	0.76
	绍兴	443	0.67	500	0.72	600	0.78
	镇江	317	0.67	350	0.72	400	0.78
	丽水	265	0.66	280	0.71	350	0.77
	常州	470	0.69	570	0.74	850	0.8
	衢州	255	0.63	300	0.68	370	0.74
	金华	475	0.62	600	0.67	650	0.73
	南通	730	0.61	870	0.66	920	0.72
	扬州	448	0.61	560	0.66	700	0.72
	泰州	464	0.6	500	0.65	600	0.71
积极增长	舟山	97	0.6	140	0.66	180	0.75
	徐州	863	0.6	1 000	0.66	1 200	0.73
	湖州	263	0.59	350	0.65	450	0.72
	盐城	722	0.59	760	0.65	800	0.72
	嘉兴	348	0.57	400	0.63	500	0.7
	连云港	445	0.57	550	0.63	650	0.7
	淮安	485	0.57	560	0.63	620	0.7
	宿迁	484	0.54	540	0.6	620	0.67
	台州	597	0.49	650	0.55	760	0.62

3. 人口分布变化趋势

长三角地区人口总规模在 2020 年达到 1.77 亿人，2030 年达到 2.11 亿人。其中，2014—2030 年，总人口增长 5 860 万人，增长率达到 38.45%，年均增长率达到 2.4%。城镇人口规模在 2020 年达到 1.28 亿人，2030 年达到 1.65 亿人。其中，2014—2030 年，长三角城镇人口增长 6 000 万人，增长率达到 57%，年均增长率达到 3.4%（图 5-1）。

从地区的人口所占比重来看，上海地区的总人口比重有所下降，从 15.9% 下降到

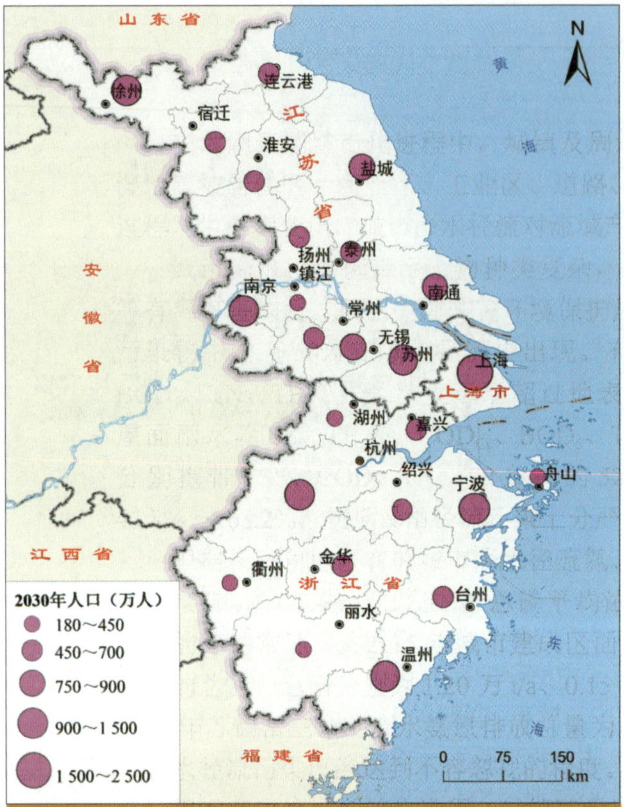

图 5-1 2030 年长三角地区总人口分布

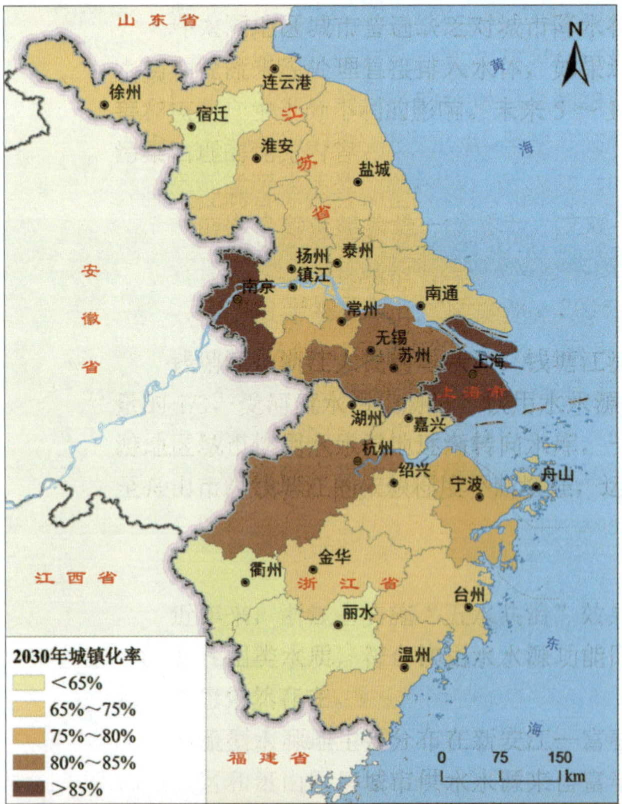

图 5-2 2030 年长三角地区城镇化率格局

11.85%。南京、宁波、无锡、苏州、温州、杭州、常州、衢州、扬州、舟山、徐州、湖州、嘉兴、连云港等地区的人口比重有所增长，但绍兴、镇江、丽水、南通、金华、泰州、盐城、淮安、宿迁、台州等地区的人口比重略有下降。

4. 城镇化率分布特征

总体格局上，沪宁沿线地区是高度城市化地区，南北两端的城市化水平相对较低。2014—2030 年，上海的城镇化率进一步提高，从 90% 提高到 95% 左右。南京的城镇化率也从 81% 提高到 90%。城镇化率在 80% ～ 85% 的地区有杭州、无锡、苏州、常州，城镇化率在 75% ～ 80% 的地区有宁波、温州、舟山，城镇化率在 65% ～ 75% 的地区有镇江、绍兴、徐州、湖州、南通、扬州、金华、连云港、盐城、淮安、嘉兴、泰州、台州，城镇化率低于 65% 的有丽水、衢州及宿迁。

二、区域经济发展格局情景分析

1. 经济发展地区分类

综合各地区产业基础、发展速度趋势以及未来可能面临的重大机遇与重大产业项目布局，将长三角所有地市分为以下 4 种类型。

类型Ⅰ：低速增长类城市——主要包括上海和温州。上海地区经济进入发达经济阶段，产业结构面临转型，经济发展速度趋缓。而温州则属于轻工制造业进入后期转型阶段。该类城市未来经济发展进入缓慢增长阶段，经济增长保持增长但速度明显放缓。

类型Ⅱ：平稳增长类城市——主要包括杭州、宁波、绍兴、台州、湖州、金华和嘉兴等地区。其中，杭州、宁波地区的经济发展进入较为平稳的增长阶段，城市发展进入质的提升阶段。绍兴、台州、湖州、金华、嘉兴等地区经济发展进入相对平稳阶段，传统产业结构升级调整。该类城市未来经济发展将保持平稳增长态势。

类型Ⅲ：惯性增长类城市——主要包括南京、无锡、衢州、丽水和盐城等地区。其中，南京、无锡是长三角未来重要经济发展引擎，保持经济增长的惯性，而衢州、丽水、盐城等地区的经济后发优势明显，保持增长惯性。该类城市未来经济将保持其经济发展速度。

类型Ⅳ：高速增长类城市——包括苏州、扬州、南通、常州、连云港、徐州、舟山、宿迁、泰州、淮安等地区。其中，苏州和扬州进入了工业化后期的快速增长阶段，南通、常州、连云港、徐州是长三角地区重要的增长区域，上海和南京等核心城市是重要的产业转移承载基地、重大工业项目投资拉动区域；舟山、宿迁、泰州、淮安一方面因核心城市的经济、产业和技术等扩散效应而产生后发优势；另一方面城市经济规模相对较小，体量扩充将引起较快的增长速度。该类城市未来经济发展将保持比较高的增长速度（表 5-3）。

表 5-3　长三角地区经济发展与预测类型及原因

发展类型	城市名称	注释
低速增长	上海	进入发达经济阶段，产业结构转型，经济放缓
	温州	轻工制造业后期转型阶段
平稳增长	杭州、宁波	经济发展进入较为平稳的增长阶段，城市发展进入质的提升阶段
	绍兴、台州、湖州、金华、嘉兴	经济发展进入相对平稳阶段，传统产业结构升级调整
惯性增长	南京、无锡	长三角未来重要经济发展引擎，保持经济增长的惯性
	衢州、丽水、盐城	经济后发优势，保持增长惯性
高速增长	苏州、扬州	进入工业化后期的快速增长阶段
	南通、常州、连云港、徐州	长三角地区重要的增长区域，上海和南京等核心城市重要的产业转移承载基地、重大工业项目投资拉动区域
	舟山、宿迁、泰州、淮安	一方面因核心城市的经济、产业和技术等扩散效应而产生后发优势；另一方面城市经济规模相对较小，体量扩充将引起较快的增长速度

注：分类依据长三角城市群各城市的定位、经济发展阶段以及未来发展趋势判断。即使较低速增长，相较于全国增长速度依然较高。

2. 经济总量预测

长三角地区经济预测遵循惯性增长路径，考虑规划指标约束，即地区经济发展受国家宏观调控的影响明显，同时关注数理逻辑规律和区域增长分异，即长三角地区经济的逻辑规律和不同地区资源禀赋与发展基础。经济发展情景必须关注既有基础，关注各地区的发展趋势，实施区别分类的预测方法。

从预测数据来看，2030 年，苏州和上海将是经济的主要集聚区域，其比重分别达到 12.67% 和 12.40%。其次，南京、杭州、宁波、无锡、南通等地区，其所占比重均高于 5% 以上。上述地区主要分布在传统的沪宁—沪杭发展轴线上。徐州、常州的比重略高，高于 4%。其他地区的比重均低于 4%（图 5-3、表 5-4）。

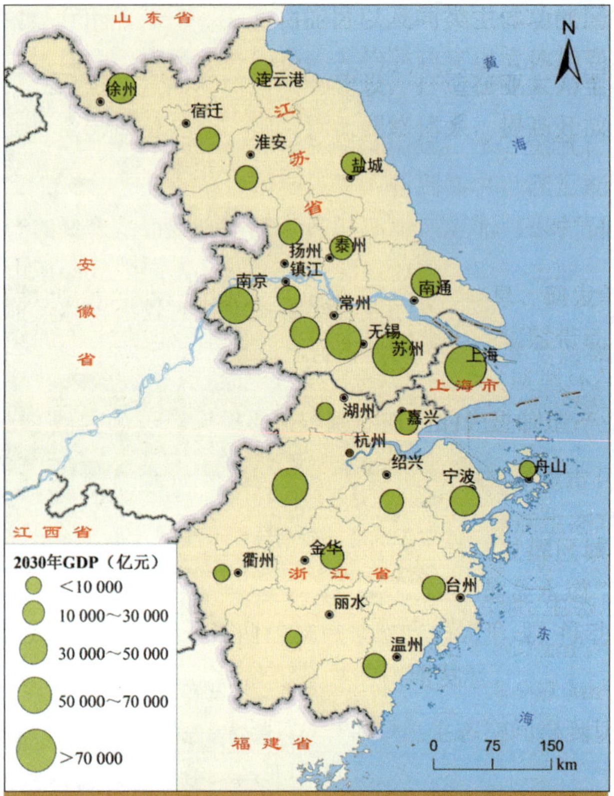

图 5-3 2030 年长三角地区经济发展规模分布格局

表 5-4 2030 年长三角地区 GDP 预测方案分布格局

城市	2014 年		2020 年		2030 年	
	GDP/ 亿元	比重 /%	GDP/ 亿元	比重 /%	GDP/ 亿元	比重 /%
上海	23 568	18.01	43 080	16.2	11 7320	12.4
杭州	9 206	7.04	18 620	7.0	61 490	6.5
宁波	7 610	5.82	15 530	5.8	51 280	5.42
温州	4 303	3.29	8 040	3.0	22 910	2.42
绍兴	4 266	3.26	8 350	3.1	25 940	2.74
湖州	1 956	1.49	3 850	1.4	12 040	1.27
嘉兴	3 353	2.56	6 670	2.5	21 120	2.23
金华	3 208	2.45	6 350	2.4	20 220	2.14
衢州	1 115	0.85	2 370	0.9	8 320	0.88
台州	3 387	2.59	6 370	2.4	18 300	1.93
丽水	1 052	0.80	2 250	0.8	8 190	0.87
舟山	1 015	0.78	2 260	0.8	8 760	0.93
南京	8 821	6.74	19 350	7.3	75 200	7.95
无锡	8 205	6.27	17 260	6.5	57 800	6.11
徐州	4 964	3.79	11 080	4.2	44 260	4.68
常州	4 902	3.75	10 760	4.0	41 310	4.37
苏州	13 761	10.52	30 920	11.6	119 810	12.66

城市	2014 年		2020 年		2030 年	
	GDP/ 亿元	比重 /%	GDP/ 亿元	比重 /%	GDP/ 亿元	比重 /%
南通	5 653	4.32	12 420	4.7	47 680	5.04
连云港	1 966	1.50	4 460	1.7	18 320	1.94
淮安	2 455	1.88	5 550	2.1	23 210	2.45
盐城	3 836	2.93	8 300	3.1	31 280	3.31
扬州	3 698	2.83	8 170	3.1	31 960	3.38
镇江	3 252	2.49	7 040	2.6	26 530	2.8
泰州	3 371	2.58	7 570	2.8	30 370	3.21
宿迁	1 931	1.48	4 740	1.8	22 740	2.4

从变化趋势来看，传统沪宁沿线与宁杭甬沿线城市 GDP 比重有所下降，而江苏苏北和长江口北岸地区以及浙西南地区的 GDP 比重略有提高。具体来看，上海、杭州、宁波、温州、绍兴、嘉兴、金华、无锡等地区的 GDP 比重多属于略有下降地区；衢州、丽水、舟山、南京、徐州、常州、苏州、南通、连云港、淮安、盐城、扬州、镇江、泰州、宿迁等地区的 GDP 比重略有提高。

3. 产业结构预测

根据以上方法与技术，对长三角所有地市的产业结构进行预测，结果见表 5-5。

表 5-5　长三角地区产业结构的预测方案

城市	2013 年			2020 年			2030 年		
	一产	二产	三产	一产	二产	三产	一产	二产	三产
上海	0.6	37.2	62.2	0.00	0.31	0.69	0.00	0.23	0.77
杭州	3.2	43.9	52.9	0.02	0.38	0.60	0.01	0.30	0.69
宁波	3.9	52.5	43.6	0.03	0.51	0.46	0.02	0.47	0.51
温州	2.9	50.3	46.8	0.02	0.44	0.54	0.01	0.37	0.61
绍兴	4.9	53.0	42.1	0.03	0.48	0.49	0.02	0.40	0.58
湖州	7.0	52.9	40.2	0.05	0.49	0.46	0.03	0.44	0.53
嘉兴	4.9	54.9	40.2	0.03	0.53	0.44	0.02	0.48	0.50
金华	4.7	48.9	46.4	0.03	0.44	0.53	0.02	0.36	0.62
衢州	7.9	52.6	39.5	0.05	0.52	0.43	0.02	0.52	0.46
台州	6.8	48.1	45.2	0.05	0.43	0.52	0.03	0.37	0.60
丽水	8.6	50.6	40.7	0.05	0.51	0.44	0.03	0.54	0.44
舟山	10.3	44.2	45.5	0.07	0.45	0.48	0.04	0.49	0.48
南京	2.6	43.1	54.4	0.02	0.39	0.59	0.01	0.34	0.65
无锡	1.8	52.1	46.0	0.01	0.46	0.53	0.01	0.39	0.60
徐州	9.7	47.8	42.5	0.07	0.44	0.49	0.04	0.39	0.57
常州	3.2	51.6	45.2	0.02	0.45	0.53	0.01	0.37	0.62
苏州	1.6	52.6	45.7	0.01	0.46	0.53	0.00	0.37	0.63
南通	6.9	52.1	41.1	0.04	0.48	0.48	0.02	0.41	0.57

城市	2013 年			2020 年			2030 年		
	一产	二产	三产	一产	二产	三产	一产	二产	三产
连云港	14.5	45.2	40.3	0.10	0.47	0.43	0.06	0.48	0.47
淮安	12.6	45.6	41.8	0.08	0.44	0.48	0.04	0.40	0.56
盐城	14.1	47.1	38.9	0.09	0.48	0.43	0.05	0.48	0.48
扬州	6.9	52.1	41.0	0.05	0.49	0.46	0.03	0.44	0.54
镇江	4.4	52.9	42.7	0.03	0.47	0.50	0.02	0.39	0.59
泰州	6.8	52.3	40.8	0.04	0.49	0.47	0.02	0.43	0.55
宿迁	13.8	47.8	38.4	0.08	0.51	0.41	0.03	0.54	0.43

三、工业产业发展情景分析

1. 行业发展趋势判断

根据发展趋势，将各类产业分为 4 类，分别为增长型产业、衰退型产业、平稳发展型产业、新兴产业（表 5-6）。

表 5-6 长三角地区产业分类

产业类型	具体行业
增长型产业	智能制造行业：机械、航空、汽车、电子、交通、家电、食品、农装设备等行业；绿色制造行业：废弃资源与废旧材料加工回收利用等；高端装备行业：大型飞机、航空发动机及燃气轮机、民用航天、海洋工程装备及高技术船舶、核电装备、高端诊疗设备、先进轨道交通装备等重点产业
衰退型产业	煤炭采掘、100 万 t 及以下低效炼油设备、棉纺、毛纺的落后产能产业、部分印染行业、钢铁、化工、建材、印染等传统制造业
平稳发展型产业	农副食品加工业、饮料制造业、食品制造业、文教体育用品制造业、工艺品及其他制造业
新兴产业	高端装备制造业、新材料、新能源、生物产业

（1）增长型产业

该类产业指生态环境友好、符合国家生态文明建设需求，且科技含量高，在一定程度上基本可以代表地区未来科技发展水平的产业类别。该类产业符合国家和区域及各地市的产业发展政策，未来发展将快于自身的自然增长速度（至少不低于国民经济增长速度）。

增长型产业具体包括以下行业：

①智能制造行业：机械、航空、汽车、电子、交通、家电、食品、农装设备等行业的智能制造。

②绿色制造行业：废弃资源与废旧材料加工回收利用等。

③高端装备行业：大型飞机、航空发动机及燃气轮机、民用航天、海洋工程装备及高技术船舶、核电装备、高端诊疗设备、先进轨道交通装备等重点产业。

（2）衰退型产业

该类产业主要指产能落后、能耗高、污染严重的产业类别。该类产业的未来发展规模和速度均将受到一定的政策限制，发展将慢于自身的自然增长速度，且其发展规模将逐步缩小甚至被完全淘汰。

该类产业包括煤炭采掘、100 万 t 及以下低效炼油设备、棉纺、毛纺的落后产能行业、部分印染行业等。同时，衰退型行业还包括亟待优化升级的产业类别，该类产业主要指本身具有一定发展优势的传统产业，但在发展过程中逐渐凸显出附加值低、竞争力下降、发展后劲不足等问题，且对周围环境具有较大影响。若要继续发展，需在现有基础上，完善发展模式或提升生产工艺，否则，将成为被限制发展的产业类别。如钢铁、化工、建材、印染等传统制造业。

（3）平稳发展型产业

该类产业在一定程度上支撑了国民经济的发展，且对环境影响相对较小，可以按照其自身的自然发展规律继续发展下去。该类产业包括农副食品加工业、饮料制造业、食品制造业、文教体育用品制造业、工艺品及其他制造业等。

（4）新兴产业

该类产业在最近几年逐渐兴起，属于朝阳产业，具有一定的发展后劲，有可能成为地区未来的支柱产业，但其未来的发展趋势具有不确定性。总体来说，该类产业的产品市场需求较大，也应属于国家及地区政策相对偏重的产业类别。该类产业包括高端装备制造业、新材料、新能源、生物产业等。

2. 产业发展模式

各地市之间、同一地市内部之间的行业发展情况具有很大差异性，一方面，受国际大环境的影响，经济发展进入了新常态，各地市结构调整成为产业发展的重要方面；另一方面，从全国总体经济形势来看，房地产、钢铁、能源等对国民经济各行业拉动最大，行业在地产调控政策、国际市场价格波动、新能源发展和能源治理等方面的影响下，难以维持“十一五”“十二五”期间大规模增长惯性。

在对主要行业进行类别划分的基础上，根据国家和地区未来的产业发展定位及主体功能定位，结合对各地市过去 10 年主要工业行业产值及结构数据梳理的结果，设定了 4 种产业发展模式，并分别预测其在未来的发展情况（表 5-7）。

模式Ⅰ——假定增长型产业的各类行业按照“十三五”的国民经济增长速度持续增长，估算其在 2020 年、2025 年和 2030 年的产值。考虑增长型产业是未来宏观政策重点扶持的产业之一，其发展受政策影响较大。按低方案预测，行业平均增长速度不应低于国民经济增长速度。

模式Ⅱ——假定衰退型产业的各类行业在“十三五”期间控制产业规模减少 25%，2025 年产业规模衰减到 50%，并保持在 50% 的水平上，个别被淘汰产业的规模将在 2025 年及 2030 年缩减为零。

模式Ⅲ——受国家整体经济环境影响，预计平稳发展型产业的平均发展速度不会快于国民经济增长速度，按国民经济增长速度的 70% 预测其在 2020 年、2025 年及 2030 年的产业产值。

模式Ⅳ——新兴产业按照增长型产业的预测方法估算其在 2020 年、2025 年和 2030 年的产值。

表 5-7 长三角地区各地市重点发展产业

城市	重点发展行业（增长型产业）		优化升级型产业
	战略新兴产业	先进制造业	
上海	生物医药产业、新材料研发产业、新能源产业、民用航空航天产业、金融	电子信息研发设计，软件、通信等产业研发，轨道交通产业、大型修造船舶及海洋工程装备	服装设计和贸易，精品钢材
杭州	生物医药产业、新材料研发产业、新能源产业、文化创意产业、电子商务产业	软件、通信等产业研发	服装及面料生产、研发、展销
宁波	海洋生物产业、新材料研发产业、现代物流、商务会展	软件、通信等产业研发，机械装备制造业、精细化工产业	服装及面料生产、研发、展销
温州	新能源产业	电子材料、电子元器件产业，精细化工产业	服装及面料生产、研发、展销
绍兴	新材料研发转化生产	软件、通信等产业研发生产	现代纺织业
湖州	生物医药产业、新材料研发转化生产	软件、通信等产业研发生产	服装及面料生产、研发、展销，现代纺织业
嘉兴	新材料研发转化生产	软件、通信等产业研发生产，精细化工产业	现代纺织业
金华	生物医药产业、新材料研发转化生产	电子材料、电子元器件产业	现代纺织业
衢州	新材料研发转化生产	电子材料、电子元器件产业	—
台州	新材料研发转化生产、新能源产业	软件、通信等产业研发生产，机械装备制造业	—
丽水	—	机械装备、不锈钢、新材料、生物医药	—
舟山	海洋生物产业、新能源产业	大型修造船舶及海洋工程装备	—
南京	生物医药产业，物流、科技、文化产业	电子信息研发设计、轨道交通产业	—
无锡	生物医药产业、新材料研发转化生产产业、创意设计产业	电子信息研发设计、机械装备制造业	服装及面料生产、研发、展销
徐州	新材料研发转化生产	机械装备制造业	—
常州	新材料研发转化生产	电子信息产品生产、轨道交通产业	服装及面料生产、研发、展销
苏州	生物医药产业、新材料研发产业、现代物流、商务会展、休闲旅游	电子信息研发设计、机械装备制造业	服装及面料生产、研发、展销
南通	新能源、新材料研发转化生产、新能源产业	电子材料、电子元器件产业，大型修造船舶及海洋工程装备	服装及面料生产、研发、展销
连云港	生物医药产业、新材料高技术产业	—	—
淮安	—	盐化工	—
盐城	海洋生物产业、新能源产业	精细化工产业、盐化工	现代纺织业
扬州	—	电子材料、电子元器件产业	现代纺织业
镇江	新材料研发转化生产	电子信息产品生产	—

城市	重点发展行业（增长型产业）		优化升级型产业
	战略新兴产业	先进制造业	
泰州	生物医药产业、新材料研发转化生产	电子材料、电子元器件产业，精细化工产业	现代纺织业
宿迁	生物技术和新医药、节能环保、电子信息	纺织服装业	—

3. 工业产值预测

从预测数据来看，长三角城市群地区仍将是该区域的主要工业集聚区域，但与之前的高度集聚已经发生了变化，尤其是内部城市已经形成了分异发展。2030 年，苏州将是工业经济的主要集聚区域，其比重将达到 13.2%。其次，南通、连云港、常州、宁波、泰州、南京等地区所占比重均高于 5% 以上。上述地区主要分布在传统的沪宁—沪杭发展轴线上。再次，杭州、嘉兴、无锡、徐州、扬州的比重略高，高于 4%。其他地区的比重均低于 4%（图 5-4、表 5-8）。

从比重的变化来看，上海、杭州、宁波、温州、绍兴、台州、南京、无锡、徐州、苏州、淮安、盐城、扬州、镇江等地区的工业产值比重略有下降，而湖州、嘉兴、金华、衢州、丽水、舟山、常州、南通、连云港、泰州和宿迁等地区的工业产值比重略有提高。

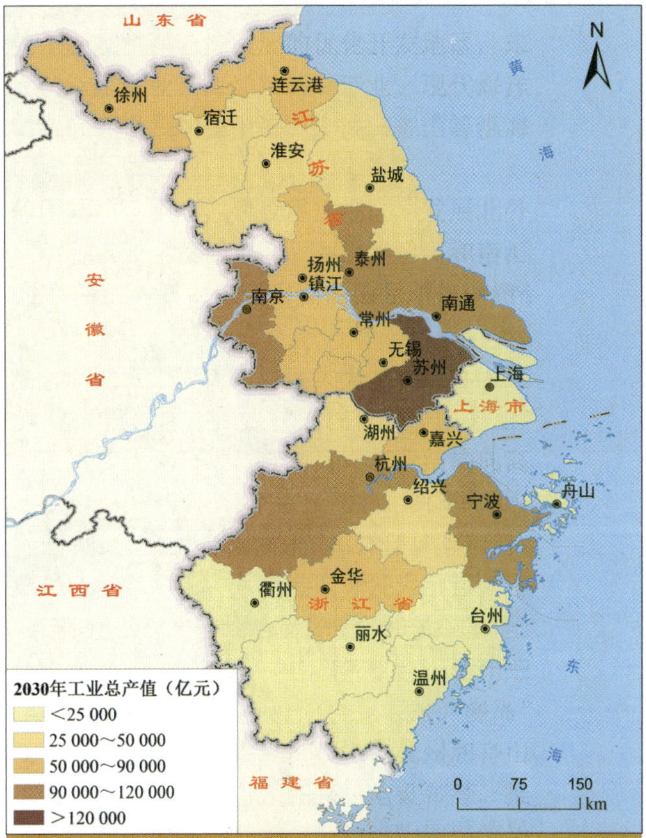

图 5-4　2030 年长三角地区经济发展规模分布格局

表 5-8　2014—2030 年长三角地区工业经济结构

城市	2014 年		2020 年		2030 年		2014—2030 年
	产值 / 亿元	比重 /%	产值 / 亿元	比重 /%	产值 / 亿元	比重 /%	变化 /%
上海	7 363	3.43	12 100	2.2	26 500	1.41	-2.02
杭州	12 853	5.99	26 750	4.9	87 210	4.64	-1.36
宁波	14 028	6.54	31 650	5.8	121 380	6.45	-0.09
温州	4 844	2.26	7 560	1.4	15 420	0.82	-1.44
绍兴	9 735	4.54	19 230	3.5	58 800	3.13	-1.41
湖州	4 201	1.96	10 450	1.9	47 680	2.54	0.58
嘉兴	7 464	3.48	18 850	3.5	87 970	4.68	1.20
金华	4 586	2.14	11 970	2.2	60 420	3.21	1.07
衢州	1 585	0.74	4 630	0.9	26 500	1.41	0.67

城市	2014 年		2020 年		2030 年		2014—2030 年
	产值 / 亿元	比重 /%	产值 / 亿元	比重 /%	产值 / 亿元	比重 /%	变化 /%
台州	4 053	1.89	6 480	1.2	13 930	0.74	-1.15
丽水	1 839	0.86	4 540	0.8	2 0570	1.09	0.24
舟山	1 498	0.70	3 940	0.7	19 340	1.03	0.33
南京	13 200	6.16	29 270	5.4	110 440	5.87	-0.28
无锡	14 426	6.73	28 380	5.2	79 530	4.23	-2.50
徐州	11 391	5.31	43 980	8.1	397 690	4.21	-1.10
常州	11 037	5.15	25 910	4.8	106 510	5.66	0.52
苏州	30 322	14.14	68 400	12.6	248 200	13.20	-0.94
南通	12 500	5.83	33 540	6.2	167 540	8.91	3.08
连云港	4 865	2.27	14 230	2.6	122 990	6.54	4.27
淮安	5 644	2.63	34 130	6.3	1 001 580	2.35	-0.29
盐城	7 238	3.38	18 700	3.4	97 240	2.65	-0.73
扬州	8 841	4.12	24 530	4.5	125 140	4.11	-0.01
镇江	8 084	3.77	20 580	3.8	105 350	3.37	-0.40
泰州	9 456	4.41	29 070	5.4	188 150	5.85	1.44
宿迁	3 369	1.57	13 580	2.5	176 380	1.90	0.33

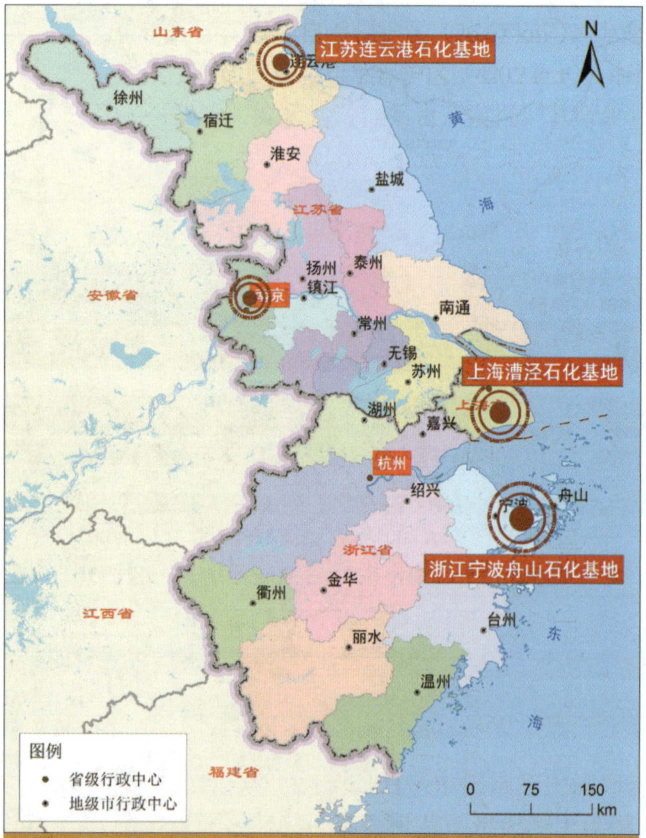

图 5-5　2030 年长三角地区石油化工基地

四、主要工业产业分布格局分析

1. 石油化工

在长三角地区，石油化工业空间集中度趋于分散，进一步向沿海地区扩散，苏北地区将成为新的石油化工基地，而杭州湾则成为重要的石油化工基地（图 5-5）。

从地市来看，石油炼化能力主要集中在上海、南京、宁波、舟山、连云港等地区，总规模控制在 9 000 万 t 左右。其中，上海的炼油能力短期内保持不变，但未来存在被压缩的发展情景，保持在 2 000 万 t 左右。宁波—舟山的石油炼化能力进一步提高，增长到 5 000 万 t 左右。南京炼油能力短期内也保持平稳，未来产能进一步被压缩，控制在 1 000 万 t。连云港作为新的石油化工基地，炼油能力从无到 1 000 万 t。杭州、无锡、盐城等地区的炼油能力将被淘汰。

2. 钢铁工业

钢铁工业继续向集中在南京以下的长江口地区集聚，但局部区域存在微调，总体产能控制在 7 000 万 t 左右（图 5-6）。

钢铁产能重点布局在常州、无锡、南京、上海、苏州、连云港。其中，经过去产能计划的实施，苏州的钢铁能力仍保持 2 000 万 t 左右。上海的钢铁产能保持在 2 000 万 t 左右。常州钢铁产能控制在 1 000 万 t；无锡和南京的钢铁能力分别控制在 500 万 t 左右。杭州的钢铁产能转移到宁波，并在宁波形成 1 000 万 t 钢铁基地。

图 5-6　长三角钢铁工业分布格局

3. 印染行业

传统印染行业高度集中在杭州湾南岸地区，部分印染产业逐步向杭州湾南岸地区转移，形成绍兴和萧山两个集中区。绍兴的印染能力超过全国印染总能力的 1/3，绍兴和萧山两个地区的印染能力约占全国总量的 60%。

4. 高端制造业

未来，长三角地区将形成高端装备制造业分散发展的格局（图 5-7）。每个地市形成不同的高端装备制造业分工格局。

汽车制造——上海、南京、徐州、盐城、扬州、常州、无锡、苏州、宁波。造船工业——泰州、舟山、上海。海洋工程装备——泰州、上海、舟山。机械装备——徐州、南通、丽水、宁波。软件信息产业——上海、杭州。电子信息产业——苏州、无锡、常州。电子材料、元器件——泰州、扬州、南通、温州、衢州、金华。精细化工——盐城、温州、杭州。

5. 战略性新兴产业

未来，战略性新兴产业在长三角地区快速发展，每个地市形成不同的战略性新兴分工格局（图 5-8）。

生物医药——上海、连云港、徐州、宿迁、南通、南京、常州、苏州、金华、杭州、湖州。海洋生物——盐城、宁波。新能源——泰州、温州。航空航天——上海。新材料——上海、连云港、徐州、泰州、南通、镇江、常州、无锡、苏州、绍兴、台州、衢州、杭州、金华、嘉兴、湖州。节能环保——宿迁。

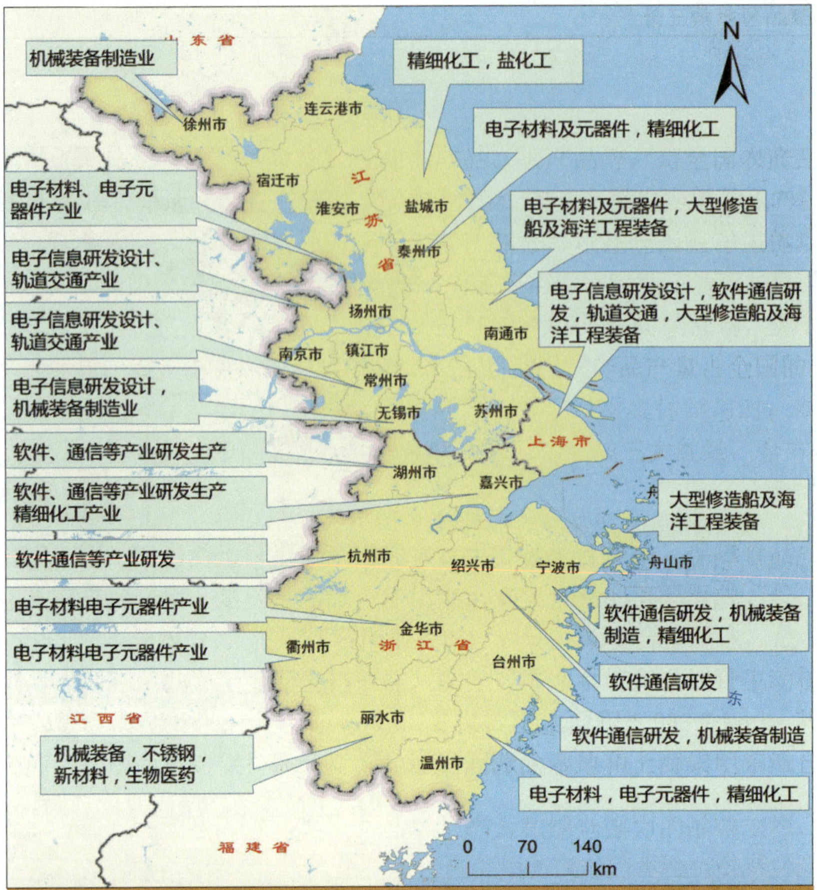

图 5-7　长三角高端制造业分布格局

图 5-8　长三角战略性新兴产业分布格局

第二节　资源环境压力分析与承载状态

一、土地资源压力与承载状态

1. 现状土地利用下的环境压力

长三角地区土地资源开发的环境压力，集中表现为：一是土地开发强度大，建设用地快速增加，生态用地占比锐减，自然湿地萎缩，农业生态系统面积减少 13%，耕地大量流失，依靠滩涂围垦开发建设用地以及实现耕地占补平衡等；二是开发活动集聚，受产业结构偏重影响，工业用地占比大，单位建设用地污染物排放强度大；三是土地资源利用效率不高。

长三角地区上海、江苏土地开发强度居全国各省（区、市）前列。上海市建设用地规模已触“天花板”，提前进入建设用地总量“零增长”阶段，工业用地占建设用地 28%；单位建设用地 NO_x、SO_2 排放强度排长三角地区 25 个地市中首位和第五位。

苏南地区多个地市建设用地已超过土地利用总体规划确定的建设用地总量，剩余可开发利用空间小，进入建设用地“零增长”阶段。工业用地占比大，苏州近 5 年供应的建设用地中，工业仓储用地占比达 48.7%。无锡 2014 年各类工业用地占建设用地的 32.9%（约 1/3），超出国家标准（28%），单位建设用地 SO_2、NO_x 排放强度均为除上海之外最高，烟粉尘排放强度长三角最高（图 5-9、图 5-10）。苏北地区土地利用粗放，建设用地用地效率低于全国平均水平。建设用地的投入尚未完全形成生产力，土地利用方式粗放，生态用地被挤占，导致受保护湿地面积减少、湿地破碎化加剧。

2015 年，浙江省土地开发强度为 12.2%，接近 2020 年全省土地开发强度 13% 的控制性目标。浙江全省适宜建设用地不足 2 万 km^2，可利用土地资源不足 1 万 km^2，主要集中在环杭州湾区域、浙东沿海和金衢盆地。环杭州湾地区土地开发强度明显高于其他地区，单位建

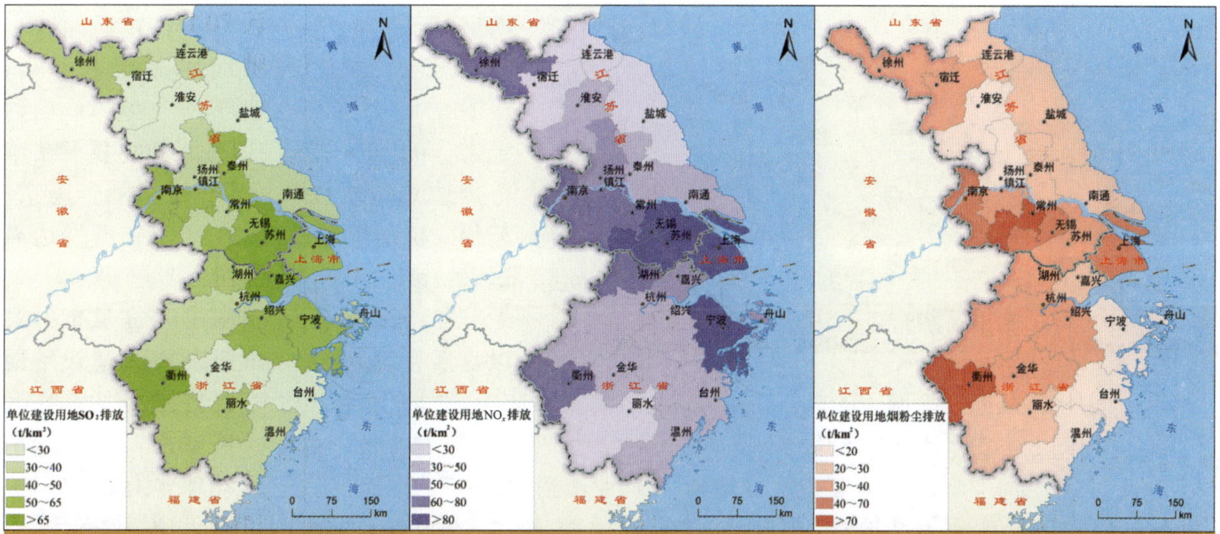

图 5-9　长三角地区单位建设用地大气污染物排放强度

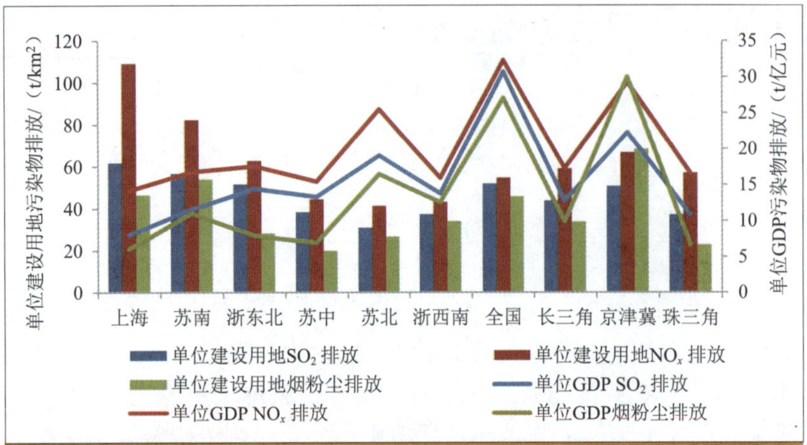

图 5-10　单位建设用地和单位 GDP 大气污染物排放强度

设用地大气污染物排放强度低于上海和苏南地区。

从工业园区用地效率来看，长三角地区国家级、省级、市级、市级以下开发区单位开发面积的工业产出呈逐级递减，平均用地效率分别为 5.11 亿元 /km^2、3.87 亿元 /km^2、3.67 亿元 /km^2、2.68 亿元 /km^2（根据长三角地区 418 个工业园区提供的开发面积、工业增加值统计数据测算，包括 64 个国家级、179 个省级、74 个市级及 101 个市级以下工业园区）。上海和江苏沿江 8 市的工业园区用地效率较高，其中上海市国家级和省级开发区效率最高，分别达到 18.94 亿元 /km^2 和 10.96 亿元 /km^2，浙江省开发区用地效率相对于上海、江苏偏低（图 5-11、图 5-12）。

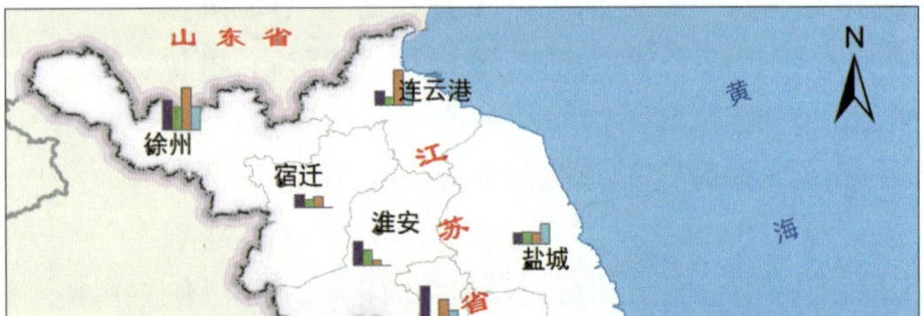

图 5-11　长三角地区工业园区单位开发面积工业增加值

2. 未来土地开发呈现红线约束下的节约集约利用

“十三五”国家实施以资源环境承载力、建设用地总量强度“双控”和耕地保护红线、生态保护红线、城市开发边界“三线”的土地利用基本约束政策。长三角的上海、南京、无锡、徐州、常州、苏州、南通、扬州、镇江、泰州、杭州、宁波、温州、嘉兴、绍兴、台州等 16 个城市列入全国永久基本农田划定工作的 106 个重点城市之列，要求在城市周边划定永久基本农田；上海、南京、苏州、杭州等城市纳入划定城市开发边界试点城市。

在长三角地区特别是长三角城市群要以盘活存量为主，率先压减新增建设用地规模，从严控制城区人口 500 万人以上的特大城市新增建设用地。超大和特大城市中心城区原则上不安排新增建设用地。

上海实施建设用地规模“零增长”。产业转型，低端产业退出，部分工业用地转为生态用地，到 2040 年，用地结构调整方向是增加生态用地、减少工业用地、保障生活用地、预控储备用地，确保耕地（基本农田）、林地等生态用地占市域总用地的比例保持在 50% 以上，工业用地占全市建设用地比例控制在 10% ～ 15%。

江苏实施节地水平和产出效益的“双提升”，“十三五”时期全省单位 GDP 占用建设用地再降低 27%，建设用地地均 GDP 产出水平再提升 38%。节地水平和产出效益保持全国前列。苏南地区建设用地由异地补偿转向土地节约集约利用，盘活存量、二次开发低效用地。

浙江实施“空间换地”策略，推进工业用地挖潜增效，提高产业密度。“十三五”要求新增建设用地总量控制在 115 万亩，其中新增建设用地占用耕地规模控制在 60 万亩以内，盘活存量建设用地 58 万亩。

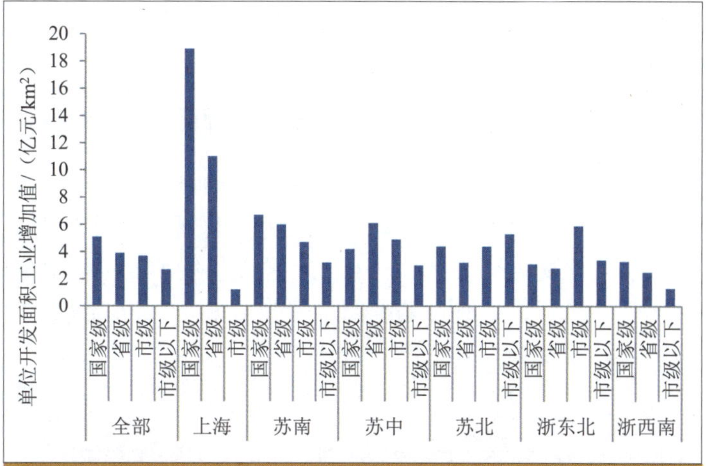

图 5-12　长三角地区分区各级开发区单位开发面积工业增加值

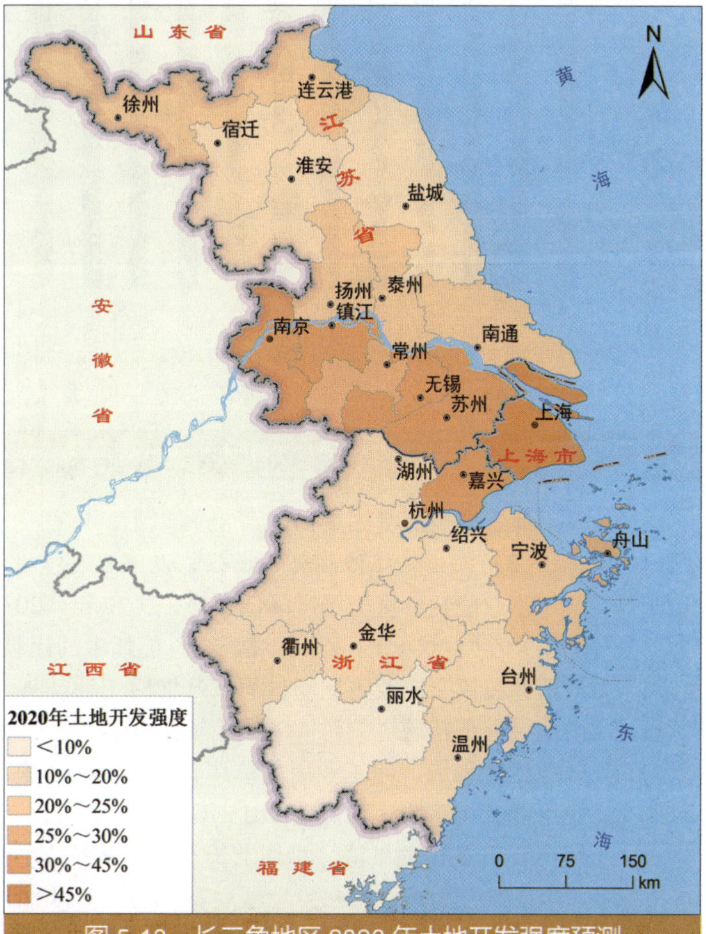

图 5-13　长三角地区 2020 年土地开发强度预测

根据上述土地管理政策和产业情景设计，预测 2020 年的土地开发强度，结果见图 5-13。总体来讲，2020 年苏南地区的土地开发强度整体上突破 30%，苏北与苏南、苏中地区的土地利用效率的差距将扩大，浙东北地区的土地利用效率继续滞后于上海、苏南。苏北地区平均用地效率为 2.6 亿元 /km²，勉强相当于苏中地区 2014 年水平。浙东北地区用地效率为 4.9 亿元 /km²，相当于苏南地区 2014 年水平。

未来 10 年，在生态保护红线、耕地保护、土地利用一系列政策约束下，长三角“三生”空间失衡的状况将得到有效遏制，但上海、苏南等先发地区生态用地占比低的状况短期内不可能扭转。

长三角地区未来土地利用采取提质增效模式下，如果不强化转型发展和产业技术升级改造，单纯强化提升产业密度，则单位建设用地土地承载的污染负荷量将呈现增加的态势。对于江苏沿海、浙东北等地区的产业发展呈现重化发展路径态势，如果不注重环境绩效的提升，这些未来发展热点地区也将成为环境污染的重点地区，因此必须大幅提高污染物排放准入要求。在苏南地区强化土地集约、节约利用的同时，应当大力推进重污染产业退出、产业结构升级，产业向高效、高端、优质化方向发展。

二、大气环境压力与承载状态

1. 能耗总量持续增长，局部区域重化产业能耗仍将增加

（1）能源消费持续增长，煤炭比重逐步降低

2020 年、2035 年长三角地区能源消费总量达到 6.85 亿 t 标煤、7.6 亿 t 标煤，较 2015 年分别增长 11.9%、24.2%。主要用能增长区域仍集中在江苏省，与 2015 年相比，2020 年上海、江苏、浙江三地能源消费量分别增加 0.11 亿 t 标煤、0.38 亿 t 标煤、0.24 亿 t 标煤，年均增速为 1.9%、2.4%、2.3%。

2020 年，长三角地区煤炭占能源消费总量的比重由 2015 年的 55.3% 下降到 45.0%，天然气比重由 6.7% 提高到 11.7%（图 5-14）。2020 年上海、江苏、浙江三地煤炭消费比重分别降至 33%、50.9% 和 42.8%，上海将通过降低钢铁行业铁钢比，削减钢铁、石化行业等用煤总量，减少直接燃烧、炼焦用煤及化工原料用煤，江苏省将持续压减非电行业用煤，逐步提高电煤占比，2020 年煤炭消费量将减少 3 200 万 t，电力行业煤炭消费比重将提高到 65% 以上，浙江省煤炭消费量将减少 300 万 t，发电、供热用煤占煤炭消费比重提高到 85% 以上。

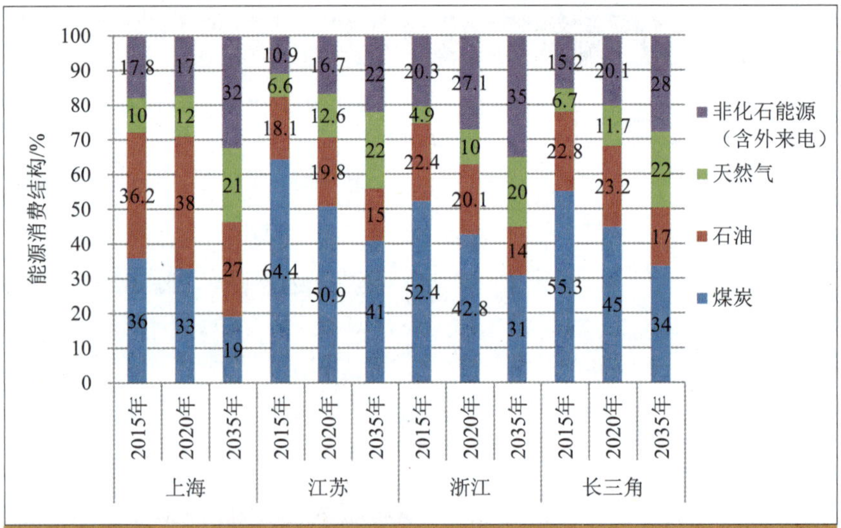

图 5-14 长三角地区一次能源消费结构变化趋势

（2）工业能耗依然处于高位，局部区域重化产业能耗仍将迅猛增加

工业能耗总量呈缓慢降低态势，2020 年、2035 年工业能耗将由 2015 年的 4.2 亿 t 标煤降至 3.9 亿 t 标煤、3.1 亿 t 标煤，在总能耗中的比重将从 2015 年的 69% 降至 57%、41%。珠三角地区在第三产业占比超过第二产业时工业能耗总量同步呈现下降趋势，而长三角地区工业用能进入下行通道的时间要比第三产业占比超过第二产业相对滞后，长三角 2013 年“三、二、一”结构形成，但工业用能总体仍呈逐年增加态势，上海、浙江分别在 2012 年、2014 年工业用能开始下降，江苏省 2015 年第三产业占比首次超过第二产业，工业能耗预计在 2016—2018 年开始出现下降，总体上长三角地区工业用能在 2020 年前可以全面进入下行通道。

受长三角地区内热点地区后发和重大项目布局影响，苏北沿海连云港及杭州湾地区宁波、舟山等城市石化、化工行业能耗仍呈不断增长态势，与 2015 年相比，2035 年宁波石化、化工能耗量分别增长 0.7 倍、0.2 倍，舟山石化能耗由无增长到约 835 万 t 标煤、化工能耗增长 3.1 倍，连云港石化能耗由不足 20 万 t 标煤增至近 900 万 t 标煤，化工能耗量增长 0.3 倍。

（3）生活、交通用能量快速增加，在总能耗中比重持续升高

未来能耗增加的领域主要集中在生活和交通领域。2020 年、2035 年生活能耗 0.9 亿 t 标

煤、1.7 亿 t 标煤，相对于 2015 年增长 50.4% 和 195.0%，在总能耗中的比重将从 2015 年的 9.6% 增至 13.5%、22.8%，生活能耗中城镇用能占比由 2015 年的 64.6% 增加至 2035 年的 77.1%。2020 年、2035 年交通能耗将由 2015 年的 0.6 亿 t 标煤增至 0.9 亿 t 标煤、1.2 亿 t 标煤，在总能耗中的比重将从 2015 年的 9.6% 增至 12.9%、16.3%（图 5-15）。未来提升生活用能清洁化、加强交通源的尾气治理对于改善能源消费带来的大气污染将越发重要。

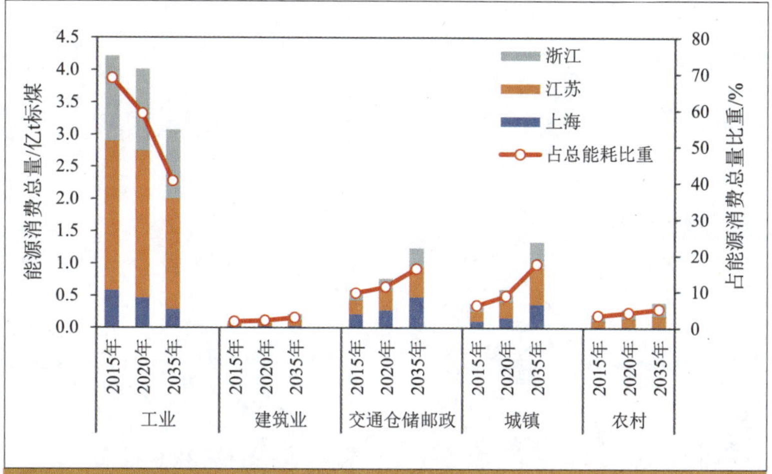

图 5-15 长三角地区主要领域能源消费量及占比变化趋势

2. 高耗能产业和交通源仍将是大气污染控制重点

（1）高耗能产业支柱地位短期内很难改变，资源环境压力仍将持续

改革开放 40 多年来，长三角地区高耗能产业为国民经济建设做出了巨大贡献的同时，成为推高区域能源消费量和污染物排放量的主要动因，带来了巨大资源环境代价。长三角区域内电力、钢铁、石化、化工、建材、纺织六大高耗能产业产值贡献占全部工业比重 29%，消耗了全区 80%（全国 11% 以上）的能源，SO_2 和 NO_x 排放占全部污染源的 63.1% 和 43.1%。同时高耗能产业中化工、石化、纺织等行业还是 VOCs 主要排放行业，2015 年上述六大行业 VOCs 排放占区域总排放量的 33.4%，占工业源排放量的 50.0%。

长三角地区高耗能产业绩效水平不高削弱了资源环境支撑能力。江苏六大重点行业 NO_x 排放绩效全部低于全国平均水平；浙江、上海纺织行业 SO_2、NO_x 及上海石化行业 NO_x 排放绩效同样低于全国平均水平（图 5-16）。长三角地区重点行业排放绩效水平强烈地折射出传统产业先进与落后并存，升级改造尚有较大的空间（图 5-17）。

未来产业发展对能源重化工业具有巨大的现实市场需求和潜在扩张的能量，短期内高耗能产业带来的资源环境压力仍将持续。长三角地区有着巨大人口基数、巨大市场需求，在从

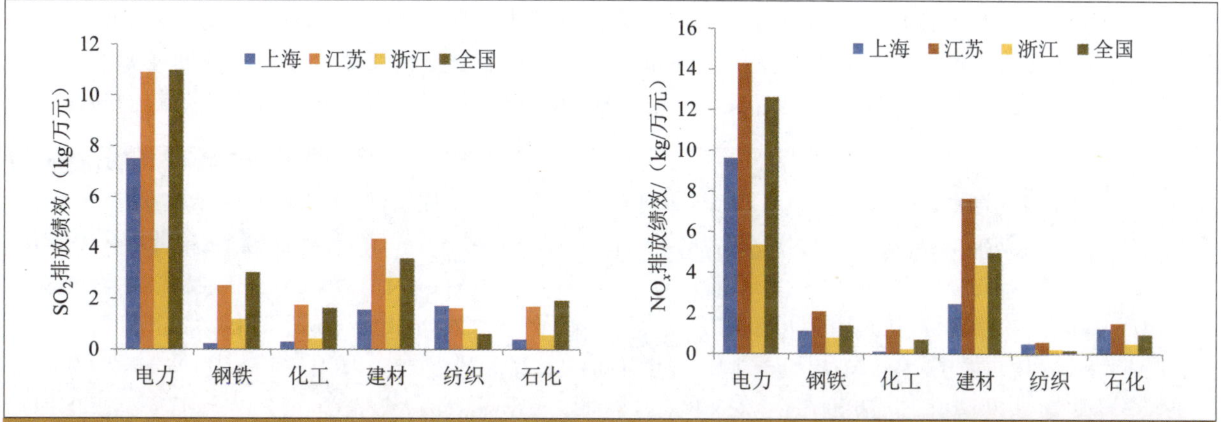

图 5-16 重点行业污染物排放绩效水平

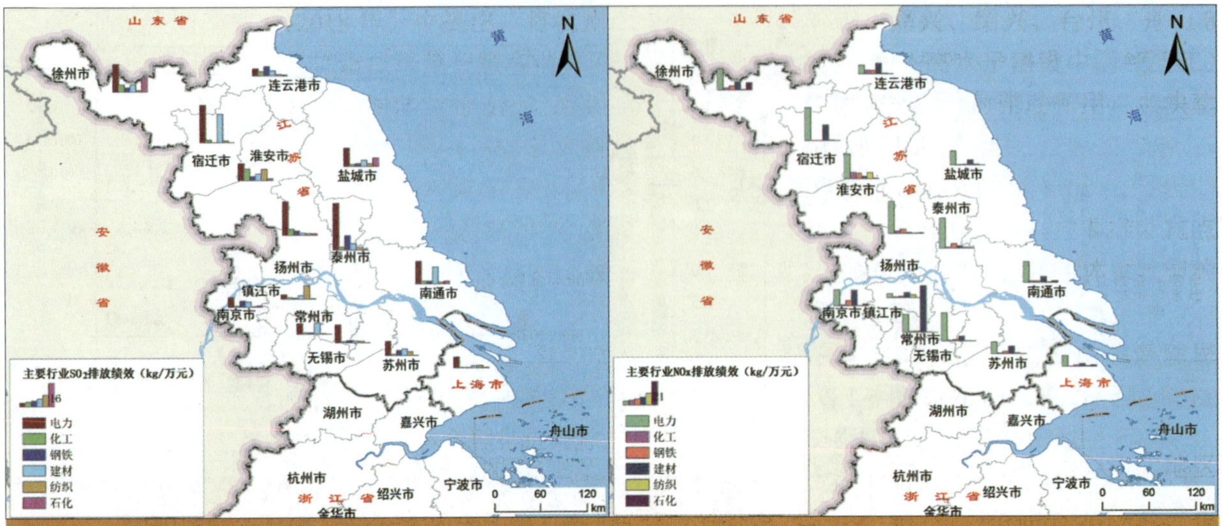

图 5-17 江苏省、上海市重点行业主要污染物排放绩效

温饱社会向全面实现小康社会的转变中，民众的基本需求转向以房地产、建筑、汽车、家用电器等行业，与之相关联的钢铁、建材、化工、石化等重化产业的快速发展将无法回避，同时，已经成为以及未来仍将作为优势产业大规模发展的装备制造业对上游钢铁冶炼业存在刚性需求。未来苏北沿海、杭州湾地区炼油石化产能仍将大规模扩张，预计 2020 年六大高耗能产业耗能量为 3.2 亿 t 标煤，占全社会能耗总量 47%，SO_2、NO_x 排放量为 58.8 万 t、68.2 万 t，占全社会排放量的 72%、51.8%；到 2035 年六大高耗能产业污染排放占比依然处于高位，SO_2、NO_x 排放占全社会排放量比重为 73.8%、51.3%。

因此，必须以最严格的环保门槛制约能源重化工业的无序扩张，同时以减少污染物排放为核心，以降低物耗能耗为重点，坚决守住环保达标的红线和能耗达标的底线，推进提质增效，促进高耗能产业转型升级。

（2）*未来物流运输进一步增加，交通源污染压力将持续上升*

长三角地区交通源对区域 $PM_{2.5}$ 浓度贡献评估显示，其对区域内各城市贡献占比为 10% ~ 39%，平均贡献占比近 26%。2015 年交通源对区域一次 $PM_{2.5}$、NO_x 和 VOCs 排放的贡献占比为 17.4%、51.2% 和 24.4%（表 5-9）。

环境 NO_2 浓度与交通源排放分布呈正相关态势（图 5-18），汽车保有量大、港口货物吞吐量高的城市，NO_2 平均浓度相对较高。在江苏—上海沿长江地区、浙江钱塘江和东南沿海地区，机动车保有量的快速增长与物流运输的进一步发展在抵消污染防治成效的同时，使得

表 5-9 长三角地区 2015 年交通源主要污染物排放量及分担率

排放源	SO_2		NO_x		一次 $PM_{2.5}$		VOCs	
	排放量 / 万 t	分担率 /%	排放量 / 万 t	分担率 /%	排放量 / 万 t	分担率 /%	排放量 / 万 t	分担率 /%
机动车	0.67	0.4	51.37	18.6	5.11	7.8	76.46	22.5
船舶	26.57	16.0	64.75	23.4	3.23	5.0	2.39	0.7
飞机	0.06	0.0	1.17	0.4	0.04	0.1	0.19	0.1
非道路移动	0.32	0.2	24.44	8.8	2.96	4.5	3.91	1.2
合计	27.62	16.6	141.72	51.2	11.34	17.4	82.96	24.4

区域交通源污染压力持续上升。

交通源基数大，未来增速快、污染贡献增加。长三角地区 2015 年机动车保有量达 3 646 万辆，占全国机动车总量的 13% 左右。近 10 年年均增速 6.7%，若不加以控制，2020 年、2025 年将达 4 300 万辆和 5 600 万辆（图 5-19）。2020 年机动车源 NO_x 占总体排放比重由基准年的 18.6% 增加到 28.5%，2035 年有所下降，为 27.6%。以上海为例，若不实施机动车污染防治措施，到 2020 年上海机动车 NO_x 排放量将比基准年增加 80% 以上；即使在实施交通结构优化调整、机动车总量控制、新车国Ⅵ排放标准、油品标准提升、深化老旧车淘汰、严化在用车排放管控以及新能源汽车推广等一系列措施的前提下，2020 年上海机动车 NO_x 排放量仍将保持在 6.4 万 t 的高排放水平。

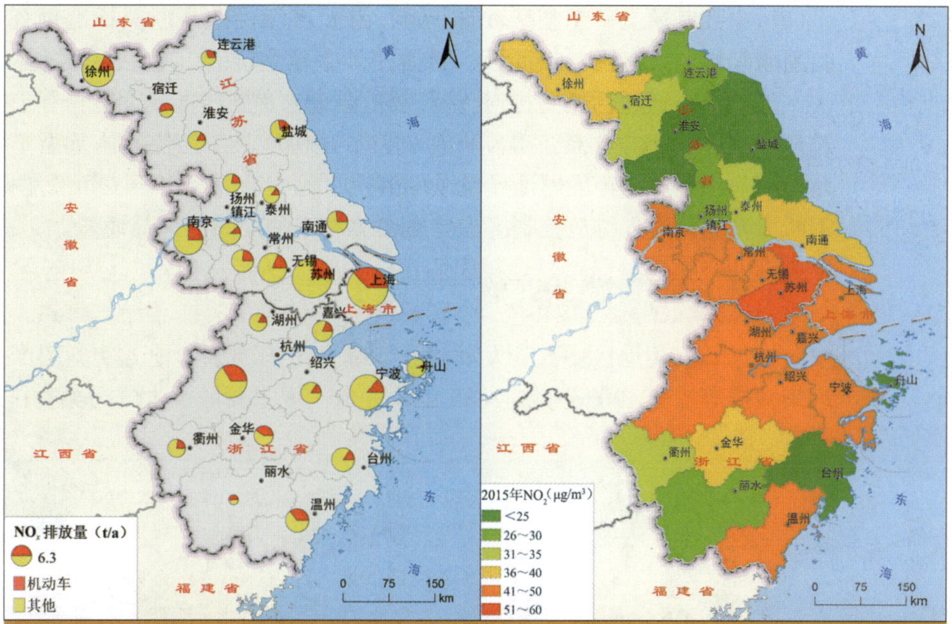

图 5-18　长三角区域交通源 NO_x 排放与 NO_2 浓度空间分布

同时，长三角拥有我国分布最密集、吞吐量最大的港口群，货物、集装箱吞吐量分别占全国的 37% 和 35%，目前，长三角地区船舶运输业发达，NO_x 排放占排放总量的 21.4%。长三角作为我国重要的航运和物流中心，物流、航运、货运和港口建设将得到进一步发展。根据上海市航运发展“十三五”规划，到 2020 年，集装箱吞吐量将继续保持世界领先，达到 4 000 万～4 200 万标箱，将比 2015 年增长 10% ～ 15%。不断增长的航运和物流运输量，将使区域船舶污染物排放进一步增加。同时，航运物流需求增长将使公路货运量同步增加，集装箱货车等重型货运车辆排放将进一步增加，区域交通环境压力将不断加剧。

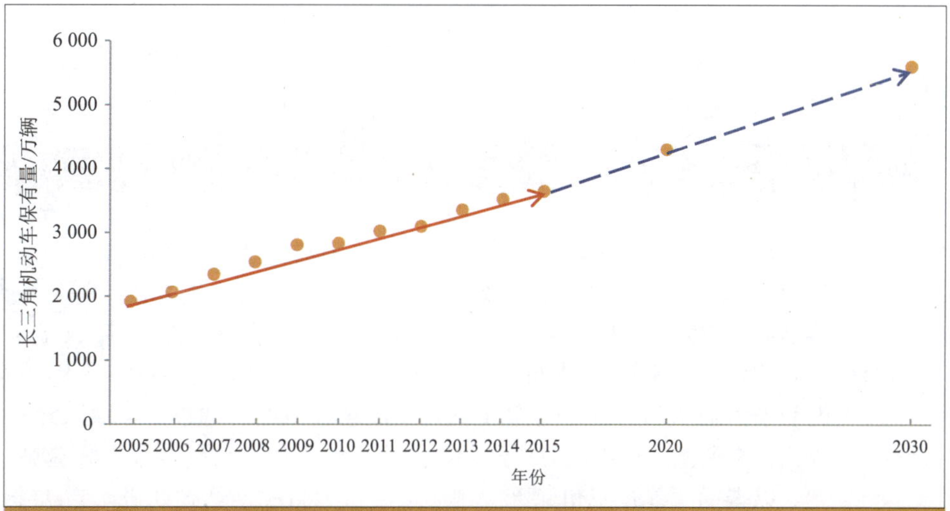

图 5-19　未来不采取控制下长三角机动车保有量变化趋势

污染控制薄弱。重型柴油车、非道路机械管控距离欧美标准仍有一定差距；船舶污染控制刚刚起步，只有约 2.5% 的远洋船舶大气污染排放受国际公约约束。

因此，交通源污染防控对于长三角区域环境空气质量改善具有十分重要的意义，必须构筑便捷的公共交通体系，遏制机动车总量过快增长；加快实施重型车国Ⅵ排放标准，以及机动车和非道路移动源的燃油质量全面接轨；落实并深化“长三角船舶排放控制区”试点工作，不断提升船舶进入排放控制区、船舶在靠岸停泊期间的油品质量。

3. 环境质量目标约束下的大气环境承载状态

根据长三角地区中长期发展情景，综合考虑国家和地方实施的产业转型发展和重点行业污染减排等措施，2020 年和 2035 年长三角地区主要城市大气污染物排放预测结果见图 5-20。

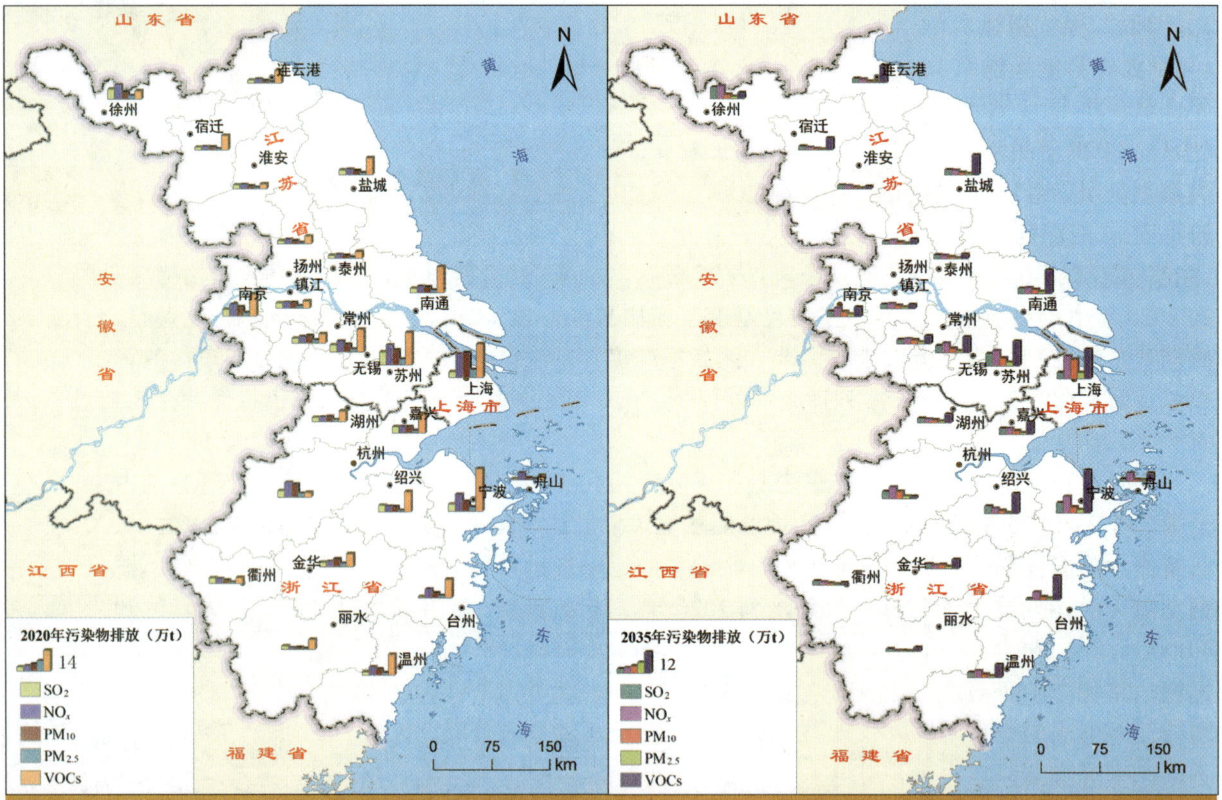

图 5-20 长三角 2020 年（左）、2035 年（右）大气污染物预测排放量

2020 年长三角地区预计 SO_2、NO_x、VOCs、$PM_{2.5}$ 排放总量分别为 81.7 万 t、131.7 万 t、254.6 万 t、41.5 万 t，区域污染物总量较 2015 年削减约 30%，高耗能行业削减约 40%，机动车削减约 25%。2035 年预计区域 SO_2、NO_x、VOCs、$PM_{2.5}$ 排放量可达 59.6 万 t、66.6 万 t、113.3 万 t、18.8 万 t，区域污染物总量较 2015 年削减约 60% 以上，高耗能行业削减近 70%，机动车削减 70% 以上。总体上通过高能耗行业结构调整、全面取缔分散燃煤、工业行业提标改造、交通源污染控制等措施，未来污染物排放总量呈持续下降趋势（图 5-21）。

以全面改善长三角地区大气环境质量为目标，结合两省一市“十三五”规划目标，2020 年区域 $PM_{2.5}$ 年均浓度控制在 40 μg/m³ 以内，2035 年 $PM_{2.5}$ 年均浓度全面达标，上海、杭州、

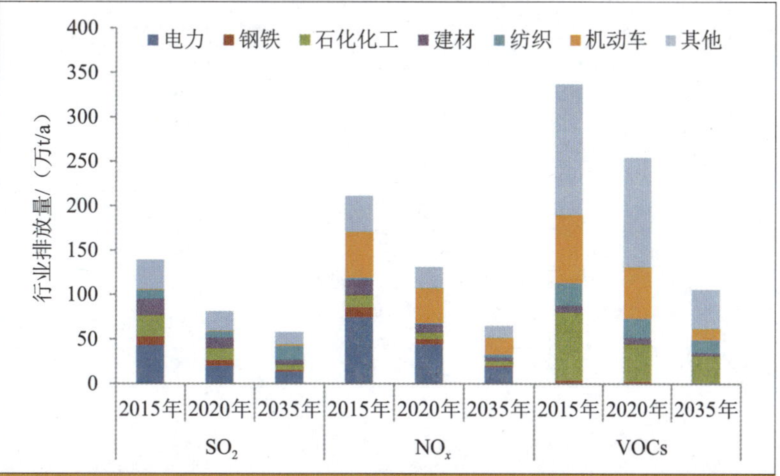

图 5-21　长三角地区重点行业排放结构变化

南京、苏州、宁波等重点城市 $PM_{2.5}$ 年均浓度力争达到 25 μg/m³。长三角地区近远期大气环境质量目标见表 5-10。

表 5-10　大气环境质量目标　　单位：μg/m³

地区	2015 年 $PM_{2.5}$ 质量浓度	2020 年 $PM_{2.5}$ 质量目标		2035 年 $PM_{2.5}$ 质量目标	
		下降比例 /%	质量浓度	下降比例 /%	质量浓度
上海	53	25	40	50	27（力争达到 25）
江苏	58	25	44	50	29（全面达标，南京、苏州力争达到 25）
浙江	47	25	35	50	24（全面达标，杭州、宁波力争达到 25）
长三角地区	53	25	40	50	27

以 2020 年、2035 年环境质量目标为约束条件，采用数值模拟法预测未来长三角地区大气环境承载力，具体见表 5-11。

表 5-11　长三角地区环境质量目标约束下的大气环境承载总量　　单位：万 t

区域	2020 年					2035 年				
	SO_2	NO_x	$PM_{2.5}$	VOCs	NH_3	SO_2	NO_x	$PM_{2.5}$	VOCs	NH_3
上海	4.3	17.1	5.1	26.8	4.1	2.7	8	2.7	12.2	2.3
江苏	71.8	77.6	24.2	104.6	30.5	33.1	31.7	13	57.2	14.8
浙江	49.9	67.1	17.0	96.2	18.4	30.1	44.4	10.8	54	11.6
长三角（不含船舶）	126.0	161.8	46.3	227.6	53.0	65.9	84.1	26.5	123.3	28.7

根据 2020 年、2035 年长三角地区大气环境质量目标核算的大气环境承载力，结合中长期预测情景下的大气污染物排放总量，长三角地区大气环境承载水平见表 5-12。2020 年长三角地区 SO_2、NO_x、$PM_{2.5}$ 和 VOCs 承载率分别为 64.8%、81.4%、89.6% 和 111.9%，2035 年分别为 90.4%、79.2%、70.9% 和 91.9%。总体上，2020 年除 VOCs 外其余污染物均可以承载，但 VOCs 仍面临较大超载压力；2035 年环境质量目标提高，各污染物排放总量有所降低，2035 年总体污染物减排压力要高于 2020 年。

表 5-12 长三角地区 2020 年、2035 年大气环境承载水平

污染物		预测排放量 / 万 t	环境容量 / 万 t	承载率 /%
2020 年	SO_2	81.7	126.0	64.8
	NO_x	131.7	161.8	81.4
	$PM_{2.5}$	41.5	46.3	89.6
	VOCs	254.6	227.6	111.9
2035 年	SO_2	59.6	65.9	90.4
	NO_x	66.6	84.1	79.2
	$PM_{2.5}$	18.8	26.5	70.9
	VOCs	113.3	123.3	91.9

三、水环境压力与承载状态

1. 用水绩效提升，水资源总量可以承载区域发展需求

长三角地区两省一市近年来用水效率显著提升，其中 2015 年江苏省万元 GDP 用水量约为 2005 年的 30%，但仍处于两省一市中的末位，万元 GDP 用水量是上海的 2 倍。江苏、浙江用水强度跟国际先进水平相比也有较大差距，2015 年江苏、浙江万元 GDP 用水量分别是日本 2011 年水平的 2.7 倍、1.8 倍，区域用水绩效还有较大的提升空间。

根据国家和两省一市最严格用水总量红线控制要求，国家《“十三五”水资源消耗总量和强度双控行动方案》以及两省一市“十三五”规划 GDP 发展目标、用水强度效率目标，结合产业专题和水专题对 2035 年区域经济发展和用水总量的预测，分别进行长三角地区万元 GDP 用水强度预测（表 5-13）和长三角地区用水总量预测（表 5-14）。

表 5-13 万元 GDP 用水强度预测（基于用水总量红线、GDP 目标）

			上海	江苏	浙江
用水量 / 亿 m^3	2015 年	实际用水量	76.64	460.6	186.06
	2020 年	红线指标	129.35	524.15	224
	2035 年	预测量	133.52	527.68	234.67
GDP/ 亿元	2015 年	实际值	25 123.45	70 116.38	42 886.49
	2020 年	“十三五”目标值	34 419	10 0266	60 041
	2035 年	情景预测值	91 621	35 1384	188 806
万元 GDP 用水强度 / (m^3/ 万元)	2015 年	现状指标	30.7	65.7	43.4
	2020 年	预测指标	37.6	52.3	37.3
		较现状下降比例 /%	—	20.4	14.0
	2035 年	预测指标	14.6	15.0	12.4
		较现状下降比例 /%	52.5	77.1	71.4

表 5-14 用水总量预测（基于“十三五”用水指标、GDP 目标）

		上海	江苏	浙江
2015 年现状万元 GDP 用水强度 /（m^3/ 万元）		30.7	65.7	43.4
2020 年用水强度指标	较现状下降比例 /%	23	25	23
	万元 GDP 用水强度 /（m^3/ 万元）	23.5	49.3	33.4
2020 年 GDP 目标值 / 亿元		34 419	100 266	60 041
2020 年用水总量	预测值 / 亿 m^3	80.8	494.0	200.6
	与 2020 年用水红线指标比较	−37.5	−5.8	−10.4

注：2020 年用水强度指标来自国家《“十三五”水资源消耗总量和强度双控行动方案》及两省一市“十三五”规划。

预测结果表明，2020 年，两省一市实现“十三五”规划确定的万元 GDP 用水强度下降指标，即上海、江苏、浙江万元 GDP 用水强度分别较现状下降 23%、25%、23%，长三角地区用水总量不会突破红线指标要求。到 2035 年，要实现产业发展情景的 GDP 目标，长三角地区需进一步提升用水效率，上海、江苏、浙江万元 GDP 用水强度分别达到 14.6 m^3/ 万元、15.0 m^3/ 万元、12.4 m^3/ 万元。

总体来看，两省一市在全社会用水绩效不断提升的情况下水资源总量可以承载区域未来发展需求。由于长三角内部水资源分布不均、流域水污染未根本扭转，工程型、资源型和水质型等多种缺水类型依然存在，随着社会经济发展，区域内跨流域调水需求将更加突出。

杭嘉湖平原河网地区水质型缺水问题突出，随着区域产业结构的转型发展，未来用水需求增加主要集中在城镇生活用水，由于河网地表水污染短期内难以根本转变，因此需要从区域外调引清洁水源来保障供水安全，未来嘉兴市将从杭州千岛湖配水工程引水 2.3 亿 m^3，从太湖引水 6.5 亿 m^3，引水总量约占 2020 年用水总量指标的 40%，占工业和生活用水量指标的 95.6%，区外引水基本满足工业和生活用水需求。

浙东地区的宁波、舟山本地可利用水资源量不足，是工程型和资源型缺水地区，目前已通过浙东引水工程从钱塘江引水补充城镇供水，2015 年宁波从境外引水 1.70 亿 m^3，占供水总量的 8%，舟山市从大陆引水 0.29 亿 m^3，占供水总量的 19.5%。作为长三角地区石化行业的重要布局区，宁波、舟山未来工业用水需求明显增加，城镇生活用水也持续增加，2020 年宁波、舟山用水总量指标较现状用水量分别增加 37%、110%，在现有供水工程格局条件下，2020 年用水缺口分别为 2.3 亿 m^3、1.7 亿 m^3，未来进一步加大区域外引水的趋势明显，浙东引水工程全部建成后将从钱塘江引水 8.9 亿 m^3，从曹娥江上游水库引水 1.26 亿 m^3，舟山大陆引水工程三期也在规划当中，未来在跨区域引水的支撑下，宁波、舟山地区水资源供需矛盾将得到缓解。

苏北地区非沿江的 5 地市，人均水资源量 512 m^3，是区内资源型和水质型缺水共存的区域，当前社会经济发展已经大量依赖长江调水，2015 年区域用水总量超本地水资源总量 24 亿 m^3（表 5-15）。作为未来工业化、城镇化发展的热点地区，水资源短缺的矛盾将更加突出，特别是连云港、盐城等城市大量布局石化、钢铁等高耗水产业将进一步加剧水资源供需矛盾，2020 年用水红线指标超本地水资源总量约 44 亿 m^3，其中盐城市用水红线指标超本地水资源量约 22 亿 m^3。若考虑区域水资源实际可利用量，苏北地区水资源缺口将更为突出，未来只有进一步加大引江调水量才能满足区域社会经济发展的用水需求。

表 5-15 苏北地区水资源短缺压力

苏北地区	多年平均水资源量 / 亿 m^3	2015 年人均水资源量 /m^3	2015 年水资源利用		2020 年水资源利用	
			实际用水量 / 亿 m^3	用水缺口 / 亿 m^3	用水红线指标 / 亿 m^3	用水缺口 / 亿 m^3
徐州市	35.44	408.8	41.00	5.56	43.80	8.36
连云港市	23.14	517.2	27.33	4.19	29.43	6.29
淮安市	32.64	670.0	29.43	-3.21	33.33	0.69
盐城市	35.23	487.4	50.00	14.77	57.24	22.01
宿迁市	23.19	477.7	25.92	2.73	30.03	6.84
合计	149.64	512.2	173.68	24.04	193.83	44.19

2. 水环境压力集聚长江和淮河下游地区

长三角地区的长江片区、淮河片区处于流域下游，流域的水环境承载状态一方面取决于上游来水水质，另一方面也与本地区的水污染排放负荷密切相关。

（1）水污染排放总量大，农业源污染不容忽视

根据 2015 年环境统计数据，长三角地区 COD、氨氮排放总量分别为 193.66 万 t、27.87 万 t，占长江经济带 COD、氨氮排放总量的 23.9%、27.9%，占全国 COD、氨氮排放总量的 8.7%、12.1%。各流域中，淮河流域 COD、氨氮排放量分别占区域排放总量的 27.7%、22.8%，太湖水系 COD、氨氮排放量分别占区域排放总量的 23.7%、29.2%，长江干流水系 COD、氨氮排放量均为区域排放总量的 18.9%。

在水污染源负荷中，生活源占 67.4%（城镇生活源占 58.5%、农村生活源占 8.9%），农业源占 21.9%（畜禽养殖业占 15.2%、种植业占 4.9%），工业源占 10.8%（表 5-16）。其中，淮河流域生活源氨氮占 72.0%，农业源占 22.0%；太湖水系生活源氨氮负荷占 77.7%，农业源氨氮负荷占 13.2%；长江干流水系生活源氨氮占 69.4%，农业源占 23.0%。总体上，未来生活源、农业源将成为水污染控制的重点。在工业源中，纺织业，化学原料及化学制品制造业，造纸和纸制品业，农副食品加工业，酒、饮料和精茶制造业五大行业 COD、氨氮负荷占工业源总负荷的 70% 左右，是工业源治理的重点对象。

表 5-16 长三角地区等标污染负荷污染源贡献分析

	城镇生活	工业	农村生活	养殖户	规模养殖	种植业	水产养殖
P_{COD}/（万 t/a）	4.97	1.89	1.20	1.51	0.86	0.00	0.40
$P_{氨氮}$/（万 t/a）	19.04	2.56	2.44	1.95	1.92	2.00	0.32
P_n/（万 t/a）	24.01	4.45	3.64	3.46	2.78	2.00	0.72
K_n	58.5%	10.8%	8.9%	8.4%	6.8%	4.9%	1.8%
排序	1	2	3	4	5	5	7

注：①农村生活污染源根据农村人口和排污系数估算，其余污染源来自环境统计。

② $P_n=\sum_{i=1}^{n}P_i$，P_n 表示某类污染源的等标污染负荷；P_i 表示污染物等标污染负荷。$K_n=P_n/P\times100\%$，K_n 表示某污染源在区域中的等标污染源负荷比，P 表示某区域的等标污染负荷，$P=\sum P_n$。

（2）水污染绩效水平整体较高

长三角地区 2015 年万元 GDP 的 COD、氨氮排放绩效分别为 1.40 kg/ 万元、0.20 kg/ 万元，优于同期全国平均水平 3.69 kg/ 万元、0.38 kg/ 万元，也优于京津冀和珠三角地区，其中连云港、宿迁、盐城、淮安、泰州、衢州、丽水、温州等地单位 GDP 的 COD、氨氮排放绩效水平较低（图 5-22）。

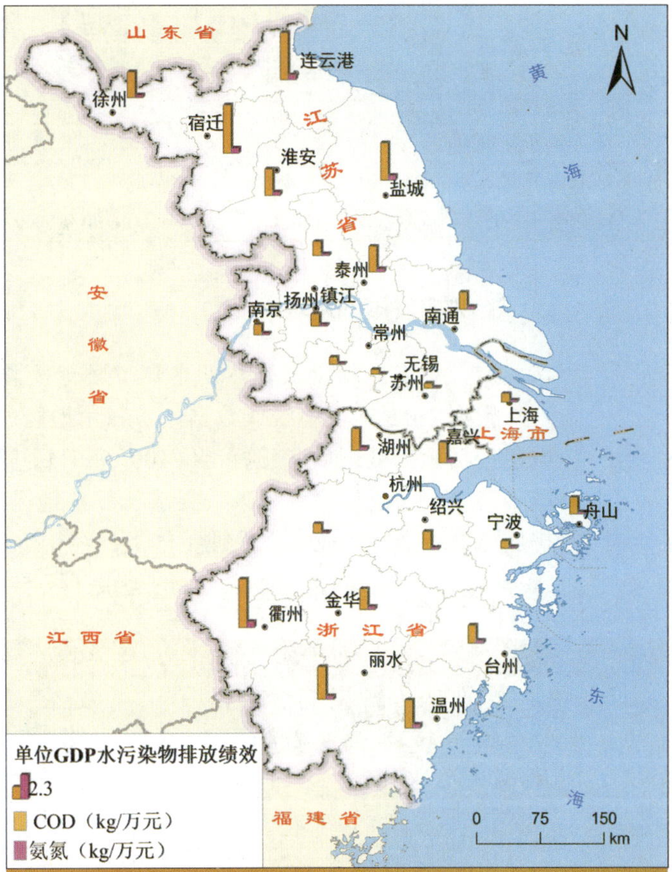

图 5-22　长三角地区单位 GDP 水污染物排放绩效

（3）氨氮超载严重，淮河、长江流域水环境压力大

长三角地区水环境 COD 总体处于低水平的可承载状态，淮河流域下游地区（徐州、宿迁、淮安、盐城等）、长江干流水系处于超载状态，氨氮处于严重超载状态（表 5-17），氨氮污染是区域水环境主要问题。

按本地地表水资源测算，2015 年长三角地区单位水资源 COD、氨氮负荷分别为 14.9 mg/L、2.2 mg/L，是全国的 1.8 倍、2.4 倍，总体上水环境压力高于全国平均水平（表 5-18）。其中，淮河流域、长江流域（长江干流和太湖水系）单位水资源污染负荷超过全国平均水平的 4 倍；钱塘江流域、浙东南沿海诸河单位水资源污染负荷略低于全国平均水平。从水环境压力负荷看，未来水环境治理的难点和重点聚焦在长江和淮河流域。

表 5-17　重点流域 2015 年水环境承载　单位：万 t/a

流域	COD		氨氮	
	排放量	承载力	排放量	承载力
淮河流域	61.50	46.09	7.16	5.22
长江干流	42.03	40.17	6.06	4.56
太湖流域	61.62	104.95	10.62	8.81
钱塘江流域	23.49	32.59	3.02	2.84
浙东南沿海诸河	46.02	39.82	6.86	4.39
长三角	234.66	263.62	33.71	25.82

注：表中 COD、氨氮排放量包含未纳入环境统计的农村生活源。

表 5-18　长三角地区 2015 年水污染物排放压力

区域 / 流域	单位水资源负荷 / (mg/L)		Ⅴ类及劣Ⅴ类断面比例 /%	水质优良率 /%
	COD	氨氮		
淮河流域	43.9	4.9	14.3	61.3
长江干流水系	42.6	6.1	18.2	61.8
太湖水系	29.1	5.4	7.4	33.3

区域 / 流域	单位水资源负荷 / (mg/L)		V类及劣V类断面比例 /%	水质优良率 /%
	COD	氨氮		
钱塘江流域	5.8	0.7	0	87.2
浙东南沿海诸河	7.2	1.1	14.6	71.2
长三角地区	14.9	2.2	18.8	55.3
全国平均	8.3	0.9	—	—

3. 未来发展的水环境压力

（1）稳定达标排放依然是水环境质量改善的首要途径

根据 2015 年环境统计数据，长三角地区城镇生活源 COD 虚拟浓度为 112.6 mg/L，超过城镇生活污水处理厂二级标准（100 mg/L）；氨氮虚拟浓度为 21.7 mg/L，相当于符合二级标准（25 mg/L），与“水十条”要求长三角地区的一级标准尚有较大差距；工业源虚拟浓度与排放标准相当，工业废水处理整体上已经初步进入达标排放阶段，处于时序上的“均值达标”状态，与“稳定达标”尚有一定的差距（表 5-19）。

表 5-19　城镇生活源、工业源虚拟排放浓度　　单位：mg/L

行政区	工业源 COD 虚拟浓度	工业源氨氮虚拟浓度	城镇生活源 COD 虚拟浓度	城镇生活源氨氮虚拟浓度
江苏省	97.5	6.5	120.5	21.1
浙江省	105.6	7.1	121.5	22.7
上海市	48.4	3.4	79.9	21.3
长三角地区	94.7	6.4	112.6	21.7

2015 年，上海市现有 50 座城市污水处理厂，其中仅 10 座已执行一级 A 标准，占总处理能力的 4%。苏北、浙西南等地区污水处理设施建设滞后，城市污水收集管网不配套、雨污不分流、污水处理厂处理能力不足、排放标准低等情况普遍存在。长三角地区农村生活污水处理设施及配套管网建设起步较晚，苏中、苏北等地处理设施覆盖率仍然较低，苏南、浙江等地已建成的设施仍存在管网不配套、设施闲置、出水不达标等问题，目前农村生活污水实际收集处理率总体较低，且处理效果不稳定，出水难以达标。

总体上，长三角地区的城镇和农村生活污染处理能力与地区经济发展水平不相适应，治理水平亟待加强。增加处理设施及管网配套建设，提升城镇和农村生活污水、工业废水处理率和实现稳定达标排放仍将是水环境质量改善的首要途径。

（2）水环境承载力预测

水环境质量不断改善目标下的水环境承载量。根据《水污染防治行动计划》及党的十九大确定的 2035 年战略目标，2020 年上海、江苏、浙江优良水体比例分别为 45%、70.2%、80%，劣V类水体全面消除，2035 年水环境质量将会全面改善，重点流域水质优良比例总体达到 85% 以上。基于水环境质量改善的要求，长三角各流域未来水环境承载量将有所下降，2020 年 COD 和氨氮承载量分别较现状下降 10% 和 17%，2035 年 COD 和氨氮承载量分别较现状下降 17% 和 35%。

依据两省一市“十三五”发展规划和区域发展专题对长三角地区中长期预测，从城镇、农村生活污水收集处理率、主要水污染行业绩效水平、农业化肥施用效率以及畜禽养殖废水处理等方面综合考虑水环境污染控制措施，预测2020年和2035年长三角地区各行政单元和各流域的COD、氨氮承载状况。

总体来看，在考虑未来城镇生活、工业、农业及农村生活治理水平提升的情景下，2020年、2035年长三角地区COD、氨氮排放量总体上能够实现下降。从各流域环境承载力来看（表5-20、表5-21），COD排放总量满足承载力要求，氨氮成为流域主要的超载因子。2020年，除太湖水系外，其他流域水环境氨氮均有不同程度的超载；2035年，长江干流水系、太湖水系、钱塘江流域和浙东南沿海诸河水环境氨氮排放总量满足流域承载力要求，淮河流域氨氮承载仍存在一定压力，流域内的苏北徐州、宿迁、盐城等城市仍存在一定程度的氨氮超载情况。

从氨氮污染排放源结构来看，未来长三角地区城镇生活源仍是首要污染来源，2020年和2035年占比分别为47%和51%，农业污染贡献上升至第二位，2020年和2035年污染贡献分别为22%和30%（表5-22）。

表5-20　长三角地区COD承载状况预测　　单位：万t/a

区域/流域	现状（2015年）		2020年		2035年	
	排放量	承载量	排放量	承载量	排放量	承载量
淮河流域	61.50	46.09	40.80	41.90	25.80	30.83
长江干流水系	42.03	40.17	31.84	37.00	21.76	35.98
太湖水系	61.62	104.95	54.91	97.31	34.92	90.54
钱塘江流域	23.49	32.59	19.53	27.42	12.90	27.42
浙东南沿海诸河	46.02	39.82	32.05	34.82	18.51	34.82
长三角地区	234.66	263.62	179.13	238.44	113.89	219.57

表5-21　长三角地区氨氮承载状况预测　　单位：万t/a

区域/流域	现状（2015年）		2020年		2035年	
	排放量	承载量	排放量	承载量	排放量	承载量
淮河流域	7.16	5.22	4.45	4.42	1.89	1.89
长江干流水系	6.06	4.56	4.95	3.49	1.91	2.13
太湖水系	10.62	8.81	7.11	7.52	3.76	6.82
钱塘江流域	3.02	2.84	2.43	2.26	1.55	2.26
浙东南沿海诸河	6.86	4.39	4.25	3.78	2.86	3.78
长三角地区	33.71	25.82	23.19	21.47	11.97	16.89

表5-22　长三角地区未来氨氮贡献分析　　单位：%

区域/流域	2020年				2035年			
	城镇生活	农村生活	工业	农业	城镇生活	农村生活	工业	农业
淮河流域	40	20	7	32	29	18	14	39
长江干流水系	37	32	8	23	55	15	16	40
太湖水系	59	17	9	15	65	21	13	25
钱塘江流域	42	20	8	30	41	12	10	37
浙东南沿海诸河	49	26	9	17	52	17	12	19
长三角地区	47	23	8	22	51	17	13	30

要实现区域水环境的整体改善，氨氮是未来流域水污染控制重点。基于河湖水量交换和营养物质输送关系，包括氨氮在内的氮磷营养盐控制是改善湖泊富营养化和区域水环境质量的关键。长三角地区应分流域制定氨氮、总氮和总磷特别控制标准，从城镇生活污水处理设施优先开展深度脱氮除磷、重点水污染行业实施氮磷排放总量管控、减少农业面源氮磷流失量、提高农村生活污水收集处理率和处理效果等方面减少水体营养盐输入。

4. 近岸海域营养盐超载，短期内难以扭转

长三角地区近岸海域超载状况严重，各海域的超标因子以总氮、总磷为主。在不考虑大气沉降等其他因素的情况下，根据污染物入海量与近岸海域主要污染物浓度的响应关系，计算区域内各海域主要污染超载量，并判断区域内各海域承载力状态，结果见表 5-23。

表 5-23　长三角地区近岸海域承载力情况

流域	海域	总氮		总磷	
		超载量 /%	最差年份	超载量 /%	最差年份
淮河流域	苏北浅滩海域	29	2014	13	2006
长江干流	长江口海域	88	2005	15	2014
太湖、钱塘江	杭州湾海域	360	2014	46	2014
浙东南诸河	浙南海域	56	2014	19	2012

长三角地区近岸海域水质处于整体下降态势，富营养化状况十分严重，虽然赤潮发生的频率、面积呈现逐渐下降态势，但近岸海域、河口海湾重度富营养化状态仍将长期存在；苏北浅滩海域的营养盐超载可能进一步加剧。

长江口属于典型的潮汐河口，氮、磷超载，富营养化严重，承载着流域 11 个省、100 多个地市排放的氮磷营养盐，氨氮、总磷入海通量占长三角地区入海河流的 72%、58%，被称为全世界最难治理的河口之一。长江口近岸海域的营养盐超载问题，需要实施流域统筹、江湖一体的氮磷控制策略。

第六章

环境影响与风险分析

第一节　饮用水水源安全与风险

长三角地区处于长江流域、淮河流域下游，饮用水以地表水源为主，河流和湖库型集中式饮用水水源地占97.9%，保障地表水饮用水水源安全是水环境保护的优先目标，是维护流域水安全的核心任务。

在供水安全保障体系中有水源保护、水厂净化和管网输配“三道防线”，长三角地区中的水源保护是最脆弱的环节，保障饮用水水源安全成为保障饮用水安全的底线目标。长三角地区城市饮用水水源安全的保障已不是单纯的饮用水水源地保护区的保障，还涉及区内江河干流水质保障、调水工程输水通道水安全保障，以及上游地区来水水质保障。

随着“长江大保护”战略的实施，重点流域水污染防治的推进，“五水共治”的深化，到2020年，流域地表水环境质量可望实现整体改善，饮用水水源保护区规范化建设得到进一步加强，饮用水水源地安全保障程度将大幅提高。未来饮用水水源安全风险主要表现在三个方面：一是河流多重功能交织、岸线开发过度、上游影响，河流型水源地缺乏有效安全屏障的状况将长期存在，长江干流水污染控制水平将对长三角地区饮用水水源安全产生重大影响；二是在现有流域土地利用和河湖关系失调的状态下，湖库型水源地将长期面临水质下降和富营养化威胁；三是河流、湖库水体均面临持久性有机污染加剧的风险，全面保障饮用水水源地安全需要付出长期艰巨的努力。

在饮用水水源地安全保障困难的平原河网地区，应当在有效控制水源地污染的基础上，大力推广自来水深度处理和城乡供水一体化。2020年，平原河网地区市、县（区）基本实现自来水深度处理全覆盖，加快推进城乡统筹归并乡村小水厂，90%以上的农村实现城乡供水一体化。

一、长江干流饮用水水源“多重”环境风险并存

随着“长江大保护、不搞大开发”战略推进，饮用水水源保护区的规范化建设将得到加强，

沿岸正在实施化工产业优化调整、入园发展，相应的布局性环境风险将有所降低。但由于区内河湖关系复杂、河流功能多样、饮用水水源地广泛分布，在城镇供水依赖大量区域战略性水资源配置工程的状况下，正确处理江湖水量交换、营养物质输送以及持久性有机污染物的迁移归宿十分重要，应当成为区域水环境治理与污染防治的优先任务。

1. 长江干流氮磷等污染控制直接关系长三角地区水源安全

长三角地区沿江分布有江苏、上海两省市 29 个县级以上集中式饮用水水源地及 80 个区域性取水口，其中 11 个为国家重要水源地。同时，区域建设了大量区域战略性水资源配置工程，包括南水北调东线、引江济太、江水北引、引江济淮工程等，水资源配置工程受益地区涵盖苏中、苏北、环太湖地区以及上海市，水资源配置工程的受水湖库包括太湖、淀山湖、洪泽湖、骆马湖、白马湖等，均具有重要的饮用水水源地功能。

我国地表水环境质量标准中，对河流的总氮没有制定控制标准，对总磷有控制指标，但与湖库总磷标准相比十分宽松（III类：河流 0.2 mg/L、湖库 0.05 mg/L）。2015 年长江江苏段干流总氮平均浓度为 1.99 mg/L，接近湖泊Ⅴ类水质限值，总磷平均浓度 0.11 mg/L，虽满足河流III类水标准限值，但超过湖库Ⅳ类水质限值（图 6-1）。在长三角城市用水对长江水的依赖逐渐增大的背景下，按照长三角地区战略性水资源配置工程，利用现有河道和湖泊调用长江水。将长江干流水引入湖泊水库，按照湖库总氮、总磷水质标准，相当于向湖库引入Ⅴ类水，总磷指标超过湖泊富营养化控制阈值，构成接纳长江水的湖泊 TN、TP 超标并存在加剧湖泊富营养化的风险。长江干流氮磷污染控制不仅关系到长江中下游及河口水环境修复，还直接影响长三角地区尤其是环太湖地区、苏中、苏北及上海的湖库型水源地安全。

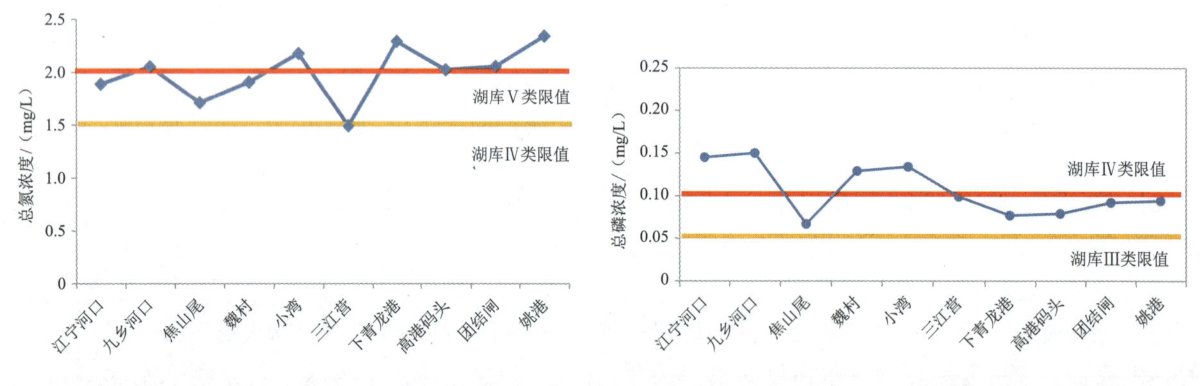

图 6-1 长江江苏段干流主要断面 2015 年总氮、总磷浓度

2. 持久性有机污染风险加剧

持久性有机污染物来源多样，排放监管与控制薄弱。随着环境保护工作的深入，未来常规水污染态势有望好转，持久性有机污染（包括环境激素类化学品污染）将成为重点关注的问题。

长江干流水源地持久性有机污染检出与危险品码头、临港园区、化工产业等布局关系密切。在长江“共抓大保护”战略引领下，长江干流沿岸港口码头，尤其是长江下游危险化学品码头布局失序的状况可望得到改观。目前长江江苏段危化品泊位密集布局，过境危化品运量已超 2 亿 t（55 万 t/d），固有风险比较突出，对饮用水水源地的威胁主要体现在两个方面：一是长江干流下游港口码头尤其是危化品码头的优化整合尚未纳入行动计划，港口码头与水源地交叉或重叠的布局性冲突将长期存在；二是危化品的航运需求依然处于增长态势，危化品船舶通航密度、进出港区的危化品量将继续增大，对城市饮用水水源地安全构成严重威胁。在空间分布上，危化品潜在危害饮用水水源地的高风险区主要分布在南京段和苏州段。

从保障受水湖库饮用水水源安全考虑，长江干流持久性有机污染控制也是需要未雨绸缪的重要问题。由于湖库水体的封闭性，进入湖库的持久性有机污染物累积效应将明显高于河流水体，持久性有机污染物暴露水平也相对较高。在长三角地区战略性水资源配置格局下，受水湖库汇水区范围内排放的持久性有机污染物，加上长江水携带的持久性有机污染物，其污染累积效应超过其他湖库。

石化化工产业规模依然居高不下。随着石化化工中下游端产业规模扩展，产品生产过程的原料、辅料等化学品种类将明显增多，虽然工业废水排放总量可望下降，但工业废水复杂程度可能更高，加上长江中上游沿岸地区石化化工产业处于规模增长为特征的发展阶段，未来持久性有机污染风险将呈现布局性冲突难以在短期内根本解决、新型化工产业规模化发展致使持久性有机污染趋于复杂化的状况。

防治饮用水水源地的持久性有机污染和突发环境风险，必须将饮用水水源地规范化建设提上重要议程，到 2020 年，饮用水水源保护区内的高风险企业或仓储设施全部完成转移、搬迁。

二、太湖流域水体富营养化依然是饮用水水源地的主要风险

未来 10 年，太湖流域水体富营养化依然是饮用水水源地的主要风险。在着力控制氮肥施用、畜牧业等农业源排放的同时，加强控制长江干流氮磷污染、城市降水径流污染以及工业与交通等化石能源消费已越来越急迫。

1. 引长江水入太湖，富营养化潜在威胁严重

太湖流域人均水资源量远远低于全国平均水平，流域社会经济发展有赖于长江等过境水资源支撑。太湖流域水体长期处于中度富营养化状态（营养指数 61 左右，图 6-2），湖体生

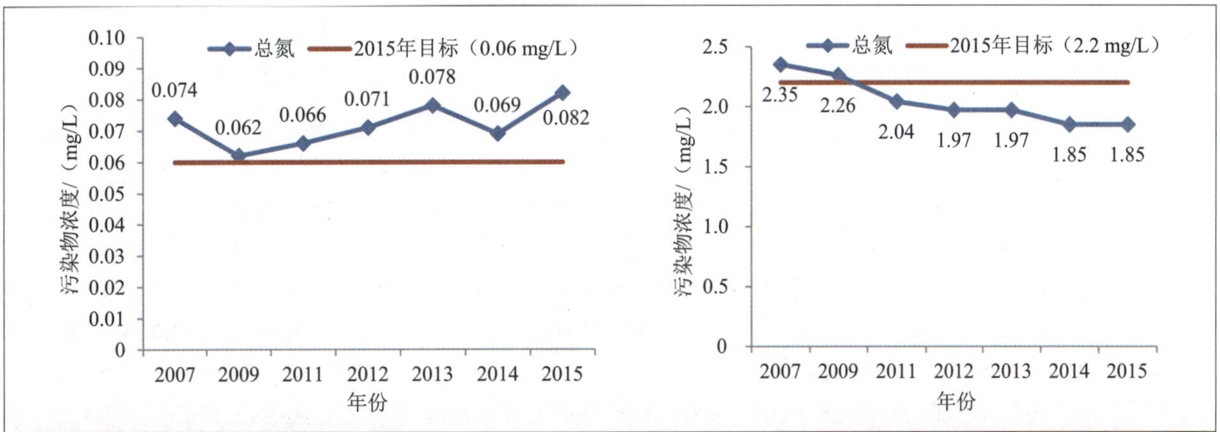

图 6-2 太湖营养盐指标变化趋势（引自《太湖健康状况报告 2015》）

态系统受损严重，已经由草型湖泊转化为藻型湖泊，在不利外部水文、气象条件下，不断积累的氮、磷等营养盐很可能引起太湖蓝藻大规模暴发。

太湖流域水环境综合治理历程表明，平原湖泊、河网地区的水生态恢复具有长期性特征，以提升饮用水水源安全为核心的流域水环境整治与生态修复依然是迫切、艰巨的任务。

有关研究发现，从温带至亚热带（或许至热带）中等水深和中等面积的浅水湖泊稳态转换的湖水总磷阈值大致相等，清—浊转换阈值为 80 ～ 120 μg/L，浊—清转换阈值为 40 ～ 60 μg/L；水深超过下限（3 ～ 4 m）时阈值明显下降，低于上限（1 ～ 2 m）时阈值大幅上升。目前，太湖水体总磷年均浓度在 70 μg/L 左右，东湖区总磷浓度小于 40 μg/L，已具备浊—清转换的总磷条件，沉水植物可望逐步恢复；贡湖总磷浓度超过 70 μg/L，依然处于浊水态，沉水植被难以恢复。

由于长江水总磷浓度较高，超过湖泊富营养化控制阈值，江水引入太湖将使太湖湖区水源地以及黄浦江上游水源地长期受到水体富营养化威胁。引江济太工程年均调水 20 亿 m^3 入太湖流域，占太湖流域多年平均水资源总量（176 亿 m^3）的 11.4%；其中有 10 亿 m^3 长江水直接入太湖，占多年平均需水量的 22.5%。

未来太湖实现“浊—清”转化（总磷平均浓度 0.05 mg/L），全部入湖河流总磷平均浓度需要控制在 0.1 mg/L 以下。按照长江水功能区划，长江江苏段水质类别为Ⅲ类，相应的总磷浓度控制目标为 0.1 ～ 0.2 mg/L；若未来长江的总磷浓度由现状的 0.114 mg/L 上升到 0.2 mg/L 水平，在太湖引水直接入湖量 10 亿 m^3/a 的情景下，长江总磷对太湖的影响比例将从现状的 6% 上升至约占全年径流入湖总磷的 22%；主要饮用水水源地所在湖区依然存在易发生大面积“水华”风险。因此，为保障长江引水安全，必须加强长江的总磷控制。

2. 氮的湿沉降将成为太湖富营养控制的新难点

目前，一致公认农田施肥、畜禽养殖污染是太湖流域富营养化的重要影响因素。长三角地区近 30 年来流域耕地已大幅减少，化肥施用总量有所下降，农田化肥施用强度约为发达国家的 2 倍，过度施用化肥导致的氮、磷流失问题依然存在。流域内畜禽养殖业规模化养殖比重低、约 2/3 的养殖企业无污染治理设施，以及畜禽养殖规模超出县域耕地可承载能力等，将成为未来 3 ～ 5 年农业源整治重点。随着农业部《至 2020 年化肥使用量零增长行动方案》的落地，以及畜禽养殖业布局、规模的优化和强化农业面源综合整治，可以乐观地预计未来 3 ～ 5 年，农田施肥、畜禽养殖业的污染将得到有效控制，农业源对水体富营养化的影响将进入逐步减弱阶段。

未来氮的湿沉降将成为太湖富营养控制的新难点。总体上，环太湖地区各市域尺度的无机氮湿沉降负荷处于高位区间，西南部高于东北部，在 40 ～ 90 kg/（$hm^2 \cdot a$），超过国际公认的氮沉降通量［25 kg/（$hm^2 \cdot a$）］的饱和临界负荷。太湖流域森林覆盖率低，城市建设用地超过 20%，流域下垫面对大气降水氮素的滞留能力十分有限，过量的氮沉降负荷将加速水体富营养化的进程。按照现状氮湿沉降负荷测算，太湖湖面无机氮湿沉降量在 1.33 万 t/a 左右（湖水面积以 2 338 km^2 计）。根据太湖健康状况报告，近 5 年太湖河流入湖总氮为 4.29 万 t/a，无机氮湿沉降量与河流入湖总氮量的比值大约为 1 ∶ 3.2，无机氮湿沉降现状负荷对太湖水环境和富营养化影响显著。

在氮湿沉降负荷的构成中，2005 年环太湖地区的硝态氮比重已经超过铵态氮，“十二五”期间硝态氮的比重达到 3/4，占主导地位，近 10 年环太湖流域主要城市的硝态氮沉降负荷呈增加趋势（图 6-3）。硝态氮主要源自区域化石能源燃烧（工业、交通、城市生活等）产生的氧化态氮排放。

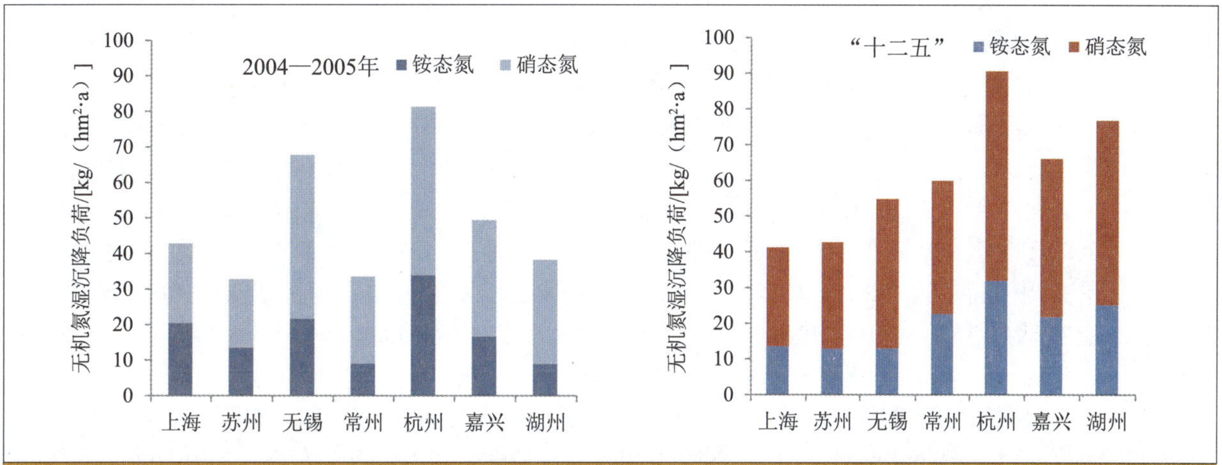

图 6-3　环太湖地区无机氮湿沉降负荷

铵态氮来自大气中氨氮，主要由农业源排放（农田施肥和畜禽养殖业）所致，大气降水铵离子浓度和氨氮湿沉降负荷可反映农业源氨挥发排放的相对水平。与“十一五”相比较，“十二五”期间环太湖地区降水铵离子浓度和氨氮湿沉降负荷总体均呈现下降态势（图 6-4），表明环太湖地区氮肥和畜禽养殖业等导致的氨挥发排放总量下降。

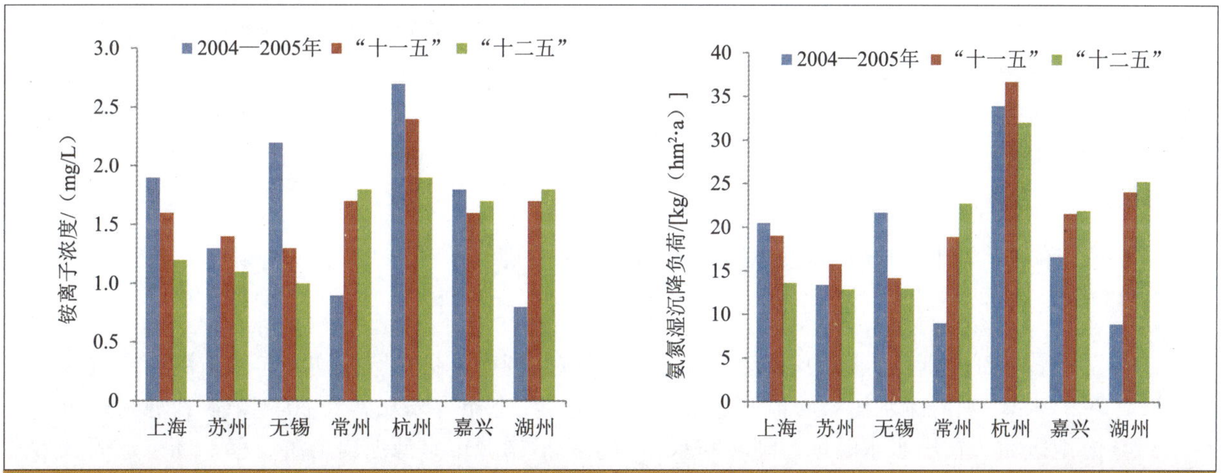

图 6-4　环太湖地区大气降水铵离子浓度（左）与氨氮湿沉降负荷（右）

在过去 10 年，氨氮湿沉降负荷有所下降，硝态氮湿沉降负荷普遍上升，抵消农业源减量的成效，无机氮湿沉降较 10 年前明显增加，成为影响水体富营养化进程的重要因素。

根据预测，未来 10 年太湖流域及周边地区化石能源消费量呈持续增长态势，化石能源燃烧产生的氮氧化物排放处于高位区间，大气氮湿沉降负荷中硝态氮负荷仍将处于高位，这种状态将对持续改善太湖水环境和富营养化状态产生显著不利影响。从饮水安全角度考虑，对太湖流域富营养化的控制应与化石能源消费的总量控制和区域大气和水的协同控制相结合。

3. 城市面源污染成为主要威胁

在太湖流域城市化进程中，城镇及周边地区的土地利用类型发生剧烈变化，大量农田、湿地等被居住区、商业区、工业区、道路、人工绿化带等人工下垫面所替代，流域地表水文过程发生深刻变化，城市降水径流对流域产流以及面源负荷的影响作用日益突出。

城市降水径流携带污染物种类复杂，含有大量悬浮固体、有机物、重金属以及病原体等有毒有害物质。根据美国国家环境保护局（EPA）的研究报告，在美国重点监管的 129 种污染物中约有 50% 在城市径流中出现。有研究指出，城市道路雨水径流中的 SS、COD_{Cr}、BOD_5、TN、TP 等平均浓度远远超过地表水Ⅴ类标准，BOD_5/COD 平均比值为 0.24，城市屋面雨水除 SS、TP 外，COD_{Cr}、BOD_5、TN 等超过Ⅴ类标准，其中初期 30% 的暴雨径流分别携带 TSS、COD、TN、TP 负荷的 52.2% ～ 72.1%、53.0% ～ 65.3%、40.4% ～ 50.6%、45.8% ～ 63.2%，初期暴雨径流污染十分严重。

根据长三角地区有关城市降水径流氮、磷污染水平的文献汇总，城区降水径流总氮平均浓度（TN_{EMC}）5.4 mg/L 左右，总磷平均浓度（TP_{EMC}）0.68 mg/L 左右。在城市化发展程度较高的苏锡常地区，2015 年城市建成区面积达到 2 080 km^2，测算城市降水径流携带进入水环境的总氮、总磷分别为 1.20 万 t/a、0.15 万 t/a。对比苏锡常地区的废水氨氮负荷统计数据，2015 年苏锡常三市的废水氨氮排放总量为 2.3 万 t（包括工业源、农业源、生活源），可见城市降水径流污染已经达到不容忽视的程度。

根据太湖流域城镇化进程，城镇建设用地进入缓慢增长状态，城市降水径流污染影响处于高位区间，依然呈增长态势，成为进一步改善水环境质量的关键影响因素。

环太湖地区城市普遍缺乏对城市降水径流污染控制策略和相应的基础设施建设，城市降水初期径流未经处理直接排入水体，如果这种状况不加以扭转，将对太湖水生态环境持续改善和恢复产生十分不利的影响。未来 5 ～ 10 年，应将城市降水径流污染控制作为太湖流域水污染治理的优先内容。

三、钱塘江流域饮用水水源安全与风险

钱塘江是浙江人民的母亲河。钱塘江流域的各市、县（区）的人口约占浙江全省人口总量的 1/3，受河流水污染胁迫，饮用水水源安全状态不容乐观。近 20 年来，钱塘江中游、上游地区城市饮用水水源地逐渐转向水库，干流沿岸城市水源地向上游迁移，环杭州湾城市乃至舟山市对钱塘江的依赖程度不断增强，运河流域从钱塘江的引水量呈增加态势。

1. 河流水源地安全隐患仍未消除

近年来，浙江省实施“五水共治”效果明显，钱塘江流域水质普遍好转，干流段水质总体为Ⅱ～Ⅲ类水质，符合饮用水水源功能区要求。但是，有关河流水源地布局性、结构性的污染隐患依然存在。

河流型水源地主要分布在新安江—富春江—钱塘江沿岸，建德市、桐庐县、富阳市、杭州主城区和萧山区等城市供水水源来自富春江、钱塘江。钱塘江下游富阳、杭州、萧山等城市供水取水口与排污口交叉分布的状况尚未彻底解决，富阳至杭州南星桥 45 km 河段集中了

城市生活、工业等取水口；中游段南星桥至澉浦的 85 km 河段则是杭州、绍兴、嘉兴的主要集中式污水排放区，城市供水取水口受咸潮上溯影响时，同样也要受到下游排污区污水的影响。如当上游径流偏枯时，位于下游的杭州、萧山城市供水取水口受大潮影响江水含氯度会超过允许标准，影响正常取水。

随着《钱塘江流域综合规划》的实施，钱塘江上中游地区将新建及扩建 29 座以城乡供水水源及备用水源功能为主的水库，完成城市供水水源地（包括备用水源）向水库转移的进程，大批新建及扩建水库蓄水后，将呈现水库下游河道天然径流量下降，城市下游河道生活污水和工业废水量增加的态势。

在经济发展转型方面，钱塘江上游地区的化工、造纸、印染等水污染严重行业的转型、改造升级还远未完成。基于产业发展惯性，“十三五”及未来较长一段时期，化工、造纸、印染等产业依然是上中游地区（衢州、金华）的重点支柱产业或主要产业，工业废水总量呈增长态势，工业废水持续稳定达标的任务还十分艰巨。衢江、金华江、兰江等主要支流水环境污染风险依然存在，对钱塘江下游地区城市饮用水水源地构成潜在威胁。

2. 富营养化是水库型水源地面临的主要威胁

1949 年以来，钱塘江流域内兴建了一大批水库工程，大中型水库近 50 座（如新安江、富春江、湖南镇、黄坛口、横锦、南江、金兰、沙畈、铜山源、碗窑、白水坑、陈蔡、石壁等），小（Ⅰ）型水库 200 余座。从 21 世纪初开始，钱塘江水域上中游地区衢州、金华进入城市供水水源由河流向水库转移的阶段，随着《钱塘江流域综合规划》的实施，钱塘江上中游地区（衢州、金华）将新建及扩建 29 座以城乡供水水源及备用水源功能为主的水库，完成城市供水水源地（包括备用水源）向水库转移的进程。水库富营养化防治对于供水安全具有十分重要的战略地位。

目前，流域内大部分中型水库原有功能以灌溉为主，在城乡供水需求增长和河流水污染的双重压力下，水库功能逐步调整为供水为主或增设城乡供水功能。因此，在汇水区土地利用和环境保护管理方面，各水库的差别较大。

根据水环境监测，浙江省多座具有供水功能的水库呈现水质下降和富营养化趋势，历经 10 年，水库水质难以维持在Ⅰ类和贫营养状态，大部分具有供水功能的大中型水库呈现水质下降一个类别、富营养状态普遍提高一个档次；水质明显下降的水库主要分布于海拔 200 ～ 500 m 低山丘陵区，多为国家级或浙江省水土流失重点预防区（治理区），土壤浅薄易流失；同时，大部分丘陵地带分布有水田、经济林、竹林等农业用地，当地的亩均化肥施肥量高于全国平均水平，化肥、农药施用时段主要集中在 7—9 月，与降雨集中时段重叠，化肥、农药的地表径流流失成为影响水库水源安全的重要因素，水库型饮用水水源安全形势不容乐观。

如果缺乏对城市供水水库汇水区农业面源的有效控制，随着钱塘江中上游地区水库库龄的增长（金华城市供水水库的库龄大部分在 15 年以上、衢州市城市供水水库的库龄一般在 10 ～ 15 年），众多大中型供水水库走向水质下降和富营养化的趋势将进一步凸显。

千岛湖战略水源地面临营养盐持续升高的威胁。千岛湖是华东地区最大的淡水人工湖和重要的战略水源地，向城市提供优质水源的功能呈现逐步增强态势。千岛湖主要入湖河流新安江发源于安徽省休宁县境内，安徽省内流域面积约 5 877 km^2，新安江入湖水量占总入湖水量的 60% 以上，入湖污染物量约占总入湖量的 80%，安徽省境内新安江流域生态保护与水污染控制水平对千岛湖水质和水生态影响显著。

近年来，新安江安徽—浙江交界的街口断面水质总体为Ⅱ～Ⅲ类，总磷、总氮、氨氮浓度均呈上升趋势。千岛湖水体化学需氧量指标变化趋于平稳，总氮指标呈现上升趋势，与新安江入湖河段变化趋势一致（图 6-5）。2001—2015 年，千岛湖水质由Ⅰ类下降至Ⅲ类，2001—2005 年处于贫营养状态，2010 年水库营养盐上升进入中营养状态，水库营养状况指数总体呈上升趋势，面临着富营养化威胁。

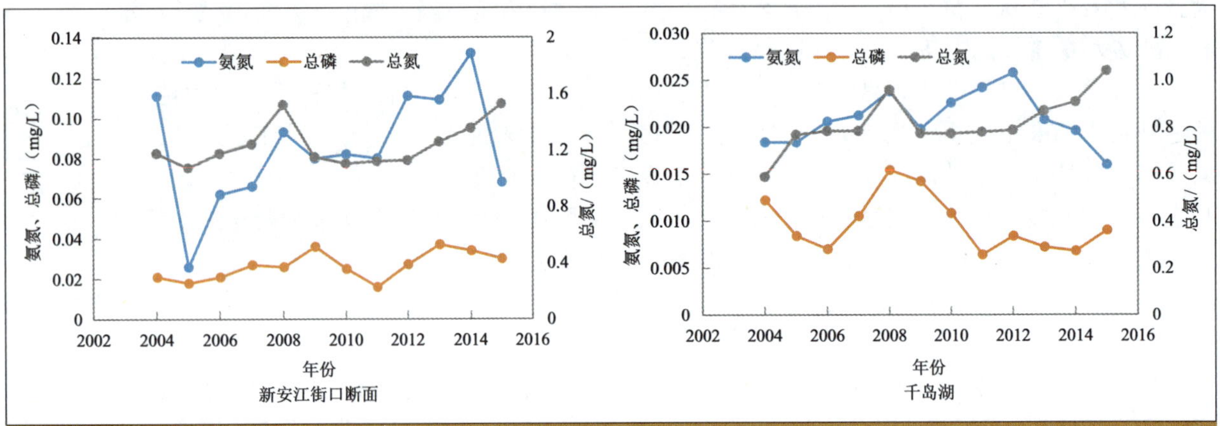

图 6-5　新安江街口断面水质指标变化和千岛湖水质变化趋势

依现状保护力度，千岛湖未来富营养化风险的重要来源之一是安徽黄山地区。亟待在流域层面上进行统筹，积极推进区域合作、进一步完善流域水生态保护共建共享机制，采取资金、技术援助和经贸合作、异地开发等方式，支持安徽省内新安江流域的经济结构调整、产业升级改造、畜禽养殖业综合管控，以及乡村环境综合治理，引导发展循环经济和生态经济。

四、保障通榆河饮用水水源安全任务十分艰巨

1. 平原区入海河流与通榆河平交，构成水安全的重要隐患

通榆河是一条具有综合功能的河流，具有重要的饮用水水源功能和航运功能，通榆河全长 415 km，是沿线 1 000 多万居民的主要供水水源，建有县级以上集中式饮用水水源地 24 个；是继京杭运河之后贯穿江苏的第二条南北走向的千吨级水运大通道，江苏南北运输的“黄金水道”。

通榆河是江苏省人民政府重点打造的“清水通道”。2012 年 4 月，江苏省颁布实施《江苏省通榆河水污染防治条例》，该条例划定了通榆河一、二、三级保护区范围，要求采取措施，进一步调整产业结构，加快城镇生活污水处理设施建设，发展生态农业，防治畜禽养殖污染，对工业、生活、农业污染进行综合整治。

通榆河水系复杂，河网密布、沟渠纵横、水利控制建筑物较多、河道淤积严重、排水不畅，水生态环境总体较差，左岸地区入海河流多与通榆河平交，保障通榆河输水和饮用水水源地安全任务十分艰巨。如盐城市境内有 180 多条河流与其平交，仅有入海水道滨海枢纽、废黄河地涵、灌河地涵采用上槽下洞结构的立交方式穿越通榆河。通榆河左岸地区大量城镇生活

污水、工业废水排入未与通榆河实现立交的河流，成为长期影响通榆河输水、供水安全的重要隐患。

2. 区域水环境持续改善的制约因素多样化

2010 年以来，苏中、苏北地区尤其是通榆河沿岸城市化、工业化处于加速发展阶段。随着沿江化工产业的优化布局和调整，苏中、苏北地区作为承接产业转移的重要地区，相当一部分化工、石化产业在此落户，化工等重污染企业的集聚对平原河网、湖泊水生态环境构成较大的承载压力。

在农业源方面，苏北地区是我国重要的粮食主产区，也是江苏省化肥、农药施用量最大的地区，按氮肥利用率水田 35% ～ 60%、旱地 45% ～ 47% 判断，有一半以上的氮肥量通过氨的挥发、硝态氮的淋失和硝态氮的反硝化作用流失；畜禽养殖业的污染控制力度不足，2016 年中央环保督察发现盐城、连云港、泰州、南通、扬州 5 市存在水源一级保护区内违规建设 70 余家规模化畜禽养殖场，部分甚至没有配备污染治理设施，农业面源污染成为长期影响苏北平原河网水生态环境质量的重要因素。

氮湿沉降负荷成为影响水体营养状态的重要因素。与 2004—2005 年相比较，“十二五”期间苏北沿海地区南通、盐城无机氮湿沉降负荷呈增加态势，连云港呈下降态势，硝态氮湿沉降比重居主导地位。其中，盐城硝态氮湿沉降负荷增长幅度较大，处于苏北腹地的徐州、宿迁、泰州的无机氮湿沉降负荷变化不显著，淮安有明显下降（图 6-6）。“十二五”期间，苏北地区无机氮湿沉降负荷总体上低于环太湖地区。

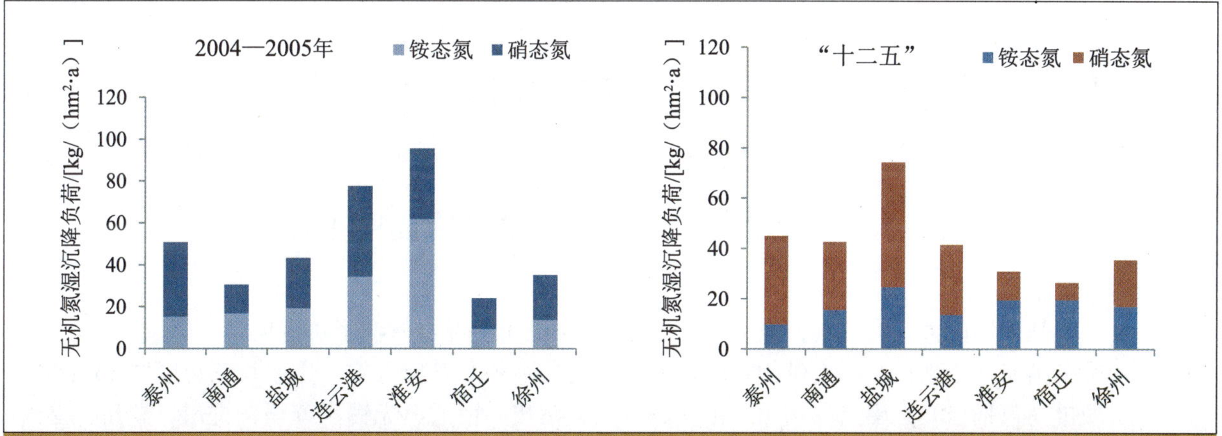

图 6-6　苏北及周边地区无机氮湿沉降负荷

按照无机氮湿沉降负荷 40 kg/（hm²·a）测算，淮河下游平原河网地区（面积 6.37 万 km²）湿沉降输入的无机氮总量约 25.5 万 t/a，成为影响苏北河网地区河流、湖泊水生态环境的重要来源，其中苏北沿海和泰州、徐州以硝态氮负荷为主。按照氮沉降通量 25 kg/（hm²·a）的临界饱和负荷判断，苏北各地市均存在过量氮沉降问题，并构成对河湖水体富营养的显著影响。

未来 10 年，随着苏北地区的城市化、工业化和农业现代化持续推进，氮湿沉降的两大类来源将呈现此消彼长态势，源自农业源（农田施肥、畜禽养殖）的铵态氮湿沉降负荷将呈下降态势，来源于化石能源燃烧的硝态氮湿沉降负荷将呈增加态势，其对河湖水体富营养化的影响不会发生显著变化。由于通榆河左岸地区入海河流多与通榆河平交，处于左岸侧的平原河网及湖泊水体富营养化的发展将直接影响通榆河水生态环境质量和饮用水水源安全。

通榆河作为三级航道，是江苏省干线航道网“两纵四横”中的“连申线”航道的重要组成部分。“连申线”航道长江以北段全长约 375.5 km，是一条贯穿江苏南北、沟通江海的千吨级水运大通道，日均实际通航能力是整治前的 2.7 倍。航道南北线路长，左右平交河流多，油品、化工产品和有毒物品运输、储存过程中，存在突发性水污染事件隐患。

此外，苏北地区的南通、盐城、连云港 3 市分别位于长江、淮河、沂沭泗流域下游，每年汛期有大量污水伴随洪水下泻进入境内河流，并影响通榆河水质。

3. 打造“清水走廊”的优先选择

实施半封闭或封闭性措施，优化产业空间布局，解决纳污河流与通榆河平交，是打造通榆河清水走廊、提升饮用水水源地安全的优先选择。

在产业布局方面，要深化苏北沿海重化产业发展战略布局，统筹优化通榆河左岸地区城镇、开发区和工业集聚区的布局，严格限制水污染严重、环境风险高的产业门类在通榆河左岸地区布局；在通榆河和重要水源地供水的骨干河道沿岸，对化工和涉重污染行业实施空间管控；深入实施化工等重污染高风险行业整治，通过升级改造，提升重化产业整体发展水平。

深化平原河网区水环境综合整治，以保障通榆河水安全为目标，优化调整与通榆河平交河流，包括向重要水源地供水的骨干河道水环境功能，合理解决河湖连通；建设与通榆河立交的纳污通道或废水输送专道等废水入海通道，解决通榆河左岸重点发展地区的主要城市污水和工业废水入海出路。优化通榆河用水功能，严格化学品航运的风险管控。

第二节　区域大气环境影响分析

一、排放区域与传输通道、人口密集区域高度重叠

基于美国大气海洋局开发的 HYSPLIT（拉格朗日混合单粒子轨道模型）轨迹模式，结合美国国家环境预报中心提供的 GDAS（全球同化系统）气象数据，选取长三角区域 15 个主要城市（包括上海、南京、扬州、镇江、泰州、常州、南通、无锡、苏州、杭州、湖州、嘉兴、绍兴、宁波、舟山）作为模拟受点，逐时计算到达该受点的 72 h 后向轨迹，2013—2015 年气团轨迹方向见图 6-7。长三角地区主要大气输送气团大致可分为五类：北部沿海气流（聚类 A）、东北海面气流（聚类 B）、西南内陆气流（聚类 C）、西北内陆气流（聚类 D）和东南海面气流（聚类 E），其中聚类 A 和聚类 D 气流移动速度相对较快。总体上，来自内陆的气团是长三角地区高浓度颗粒物污染的主要传输途径，其中 2013—2015 年北部沿海气流（聚类 A）出现概率较高，在 25% ～ 33%（表 6-1），海面气流则有利于大气污染物的稀释扩散。

表 6-1　长三角地区主要大气输送气团和出现概率

	传输途径	出现概率 /%
内陆气流	北部沿海气流（聚类 A）	25 ～ 33
	西南内陆气流（聚类 C）	13 ～ 21
	西北内陆气流（聚类 D）	18 ～ 20
海面气流	东北海面气流（聚类 B）	14 ～ 25
	东南海面气流（聚类 E）	10 ～ 14

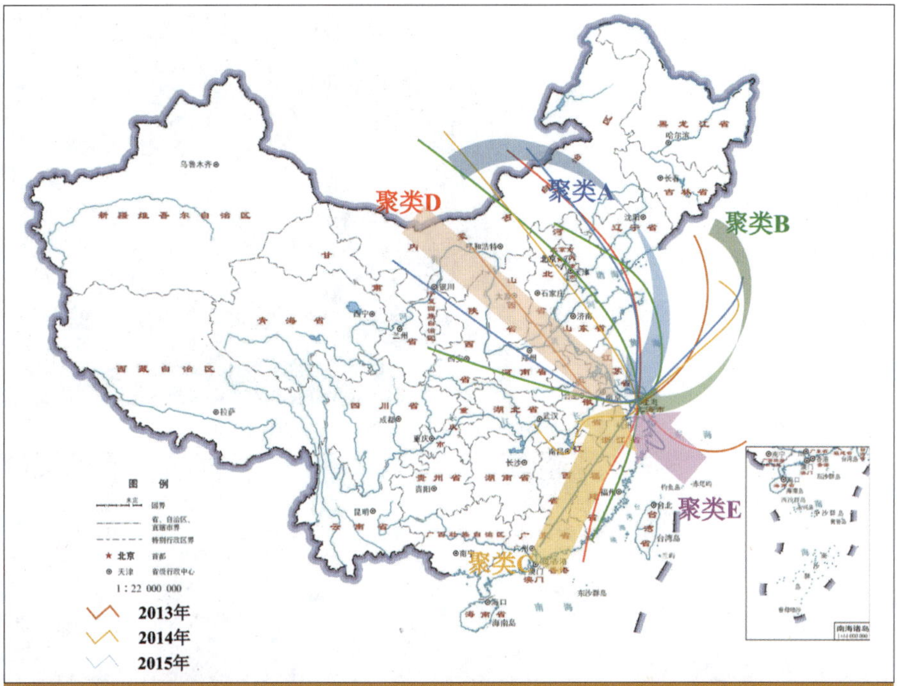

图 6-7　长三角区域主要大气输送气团

冬季灰霾污染时段长三角中部地区形成密集的城市传输通道（图 6-8），主要分布在镇江—南京—常州—无锡—苏州—上海—嘉兴—湖州—杭州—宁波—绍兴一线的中部地区，这个区域是人口高密度、产业高集聚和污染物高排放强度区域，同时传输通道上的南京、镇江、常州、杭州等地均位于污染气象最为敏感地带，扩散条件差，极易发生污染累积现象。在本地污染物排放以及内部城市间相互传输的共同作用下，形成长三角地区中部腹地 $PM_{2.5}$ 重污染带（图 6-9）。

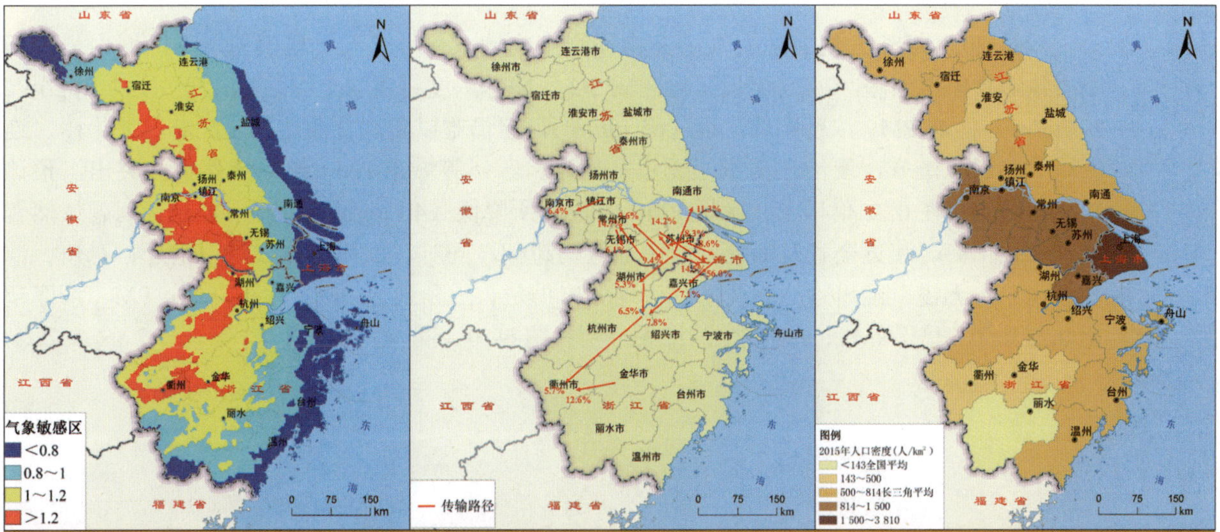

图 6-8　气象敏感区（左）、污染时段 $PM_{2.5}$ 传输路径（中）及人口密度分布（右）

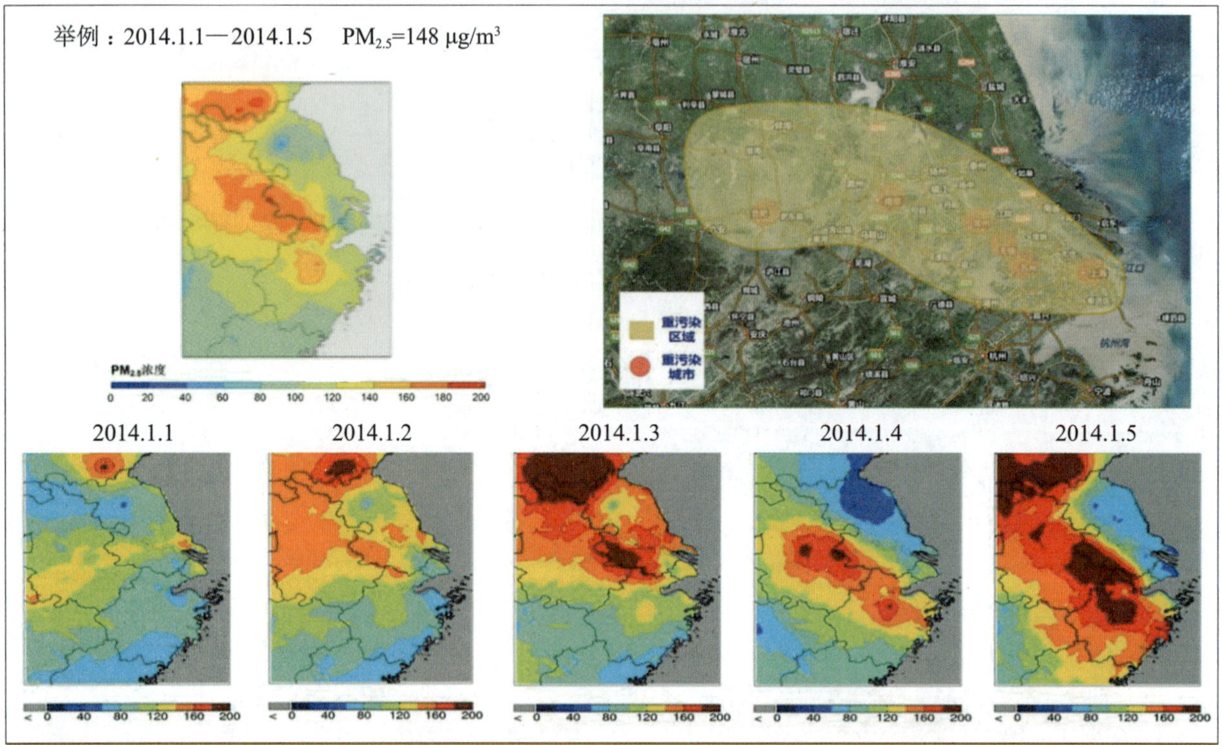

图 6-9 长三角地区 $PM_{2.5}$ 重污染带

二、近期沿江腹地和苏北达标压力巨大，远期有望区域全面达标

1. 近期颗粒物污染仍是主要矛盾，沿江腹地和苏北超标问题依然突出

依据 2020 年长三角地区大气污染物预测排放量，利用空气质量模型，对区域中长期环境质量进行模拟预测，2020 年长三角区域 SO_2、NO_2 浓度将实现全面达标，分别为 13 μg/m³、27 μg/m³。区域 PM_{10} 浓度整体达标（65 μg/m³），但仍难以实现全面达标，江苏苏北徐州、连云港、宿迁、淮安，及沿江南京、无锡、扬州、泰州等城市 PM_{10} 超标依然十分突出，预计超标倍数维持在 0.25 倍以上。区域 $PM_{2.5}$ 浓度有所降低（40 μg/m³ 以内），但超标问题依然普遍存在，上海、江苏全省及浙北、浙中地区仍超标，同时，徐州、连云港、宿迁、泰州、淮安、南京、无锡、泰州等苏北及沿江腹地城市仍是长三角地区 $PM_{2.5}$ 污染高地，$PM_{2.5}$ 浓度超标 0.25 ～ 0.5 倍。PM_{10}、$PM_{2.5}$ 预测结果分别见图 6-10、图 6-11。

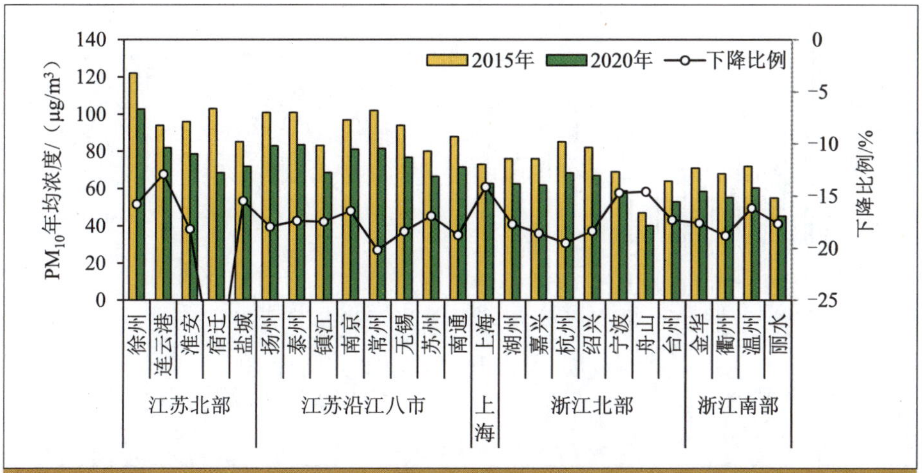

图 6-10　长三角各城市 2020 年 PM_{10} 年均浓度及下降比例预测

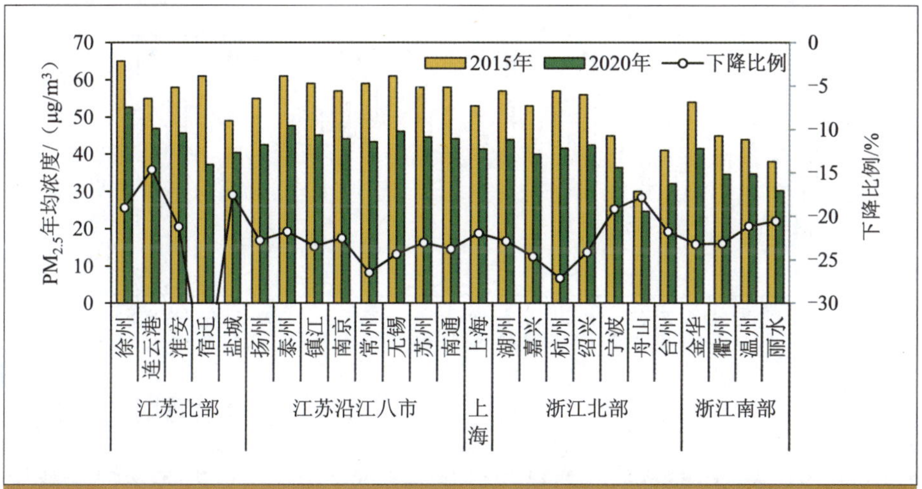

图 6-11　长三角各城市 2020 年 $PM_{2.5}$ 年均浓度及下降比例预测

2. 远期空气质量有望根本改善，部分重点城市 $PM_{2.5}$ 有望达到 25 μg/m³

基于空气质量根本改善的要求及党的十九大确定的战略目标，在区域多污染物协同控制策略下，2035 年长三角地区大气环境质量将得到根本改善。SO_2、NO_2 浓度持续下降，分别降至 10 μg/m³、13 μg/m³；PM_{10}、$PM_{2.5}$ 浓度降至 45 μg/m³、27 μg/m³，有望实现全面城市稳定达标，上海、杭州、南京、苏州、宁波等重点城市 $PM_{2.5}$ 年均浓度有望达到 WHO 第二阶段过渡目标（25 μg/m³）。各城市 2035 年污染物年均浓度预测结果见图 6-12 至图 6-15，区域 $PM_{2.5}$ 年均浓度空间分布见图 6-16。

到 2035 年，长三角地区需实现减排 SO_2、NO_x、$PM_{2.5}$、VOCs、NH_3 分别为 82 万 t、146 万 t、43 万 t、231 万 t、47 万 t。沿江重点城市（苏州、无锡、常州、南京、徐州、上海）和苏北（徐州）将成为长三角大气环境质量根本改善的关键制约，必须完成整个区域近 50% 的削减量。

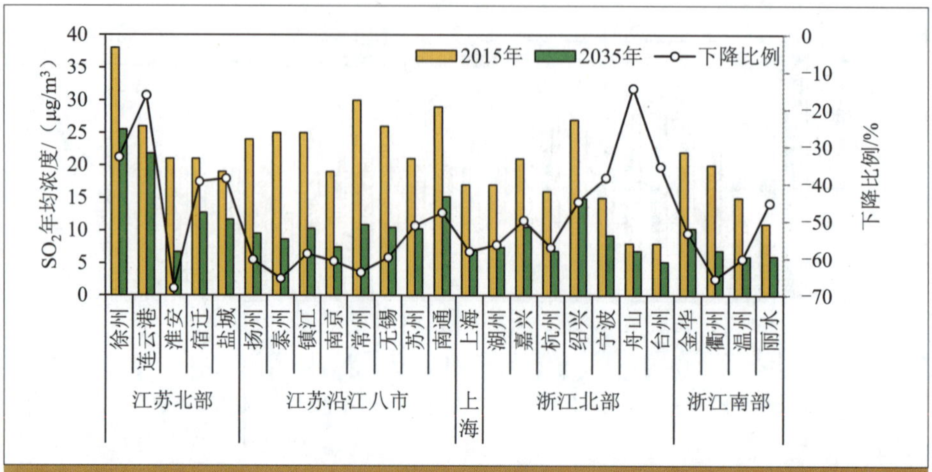

图 6-12　长三角各城市 2035 年 SO_2 年均浓度及下降比例预测

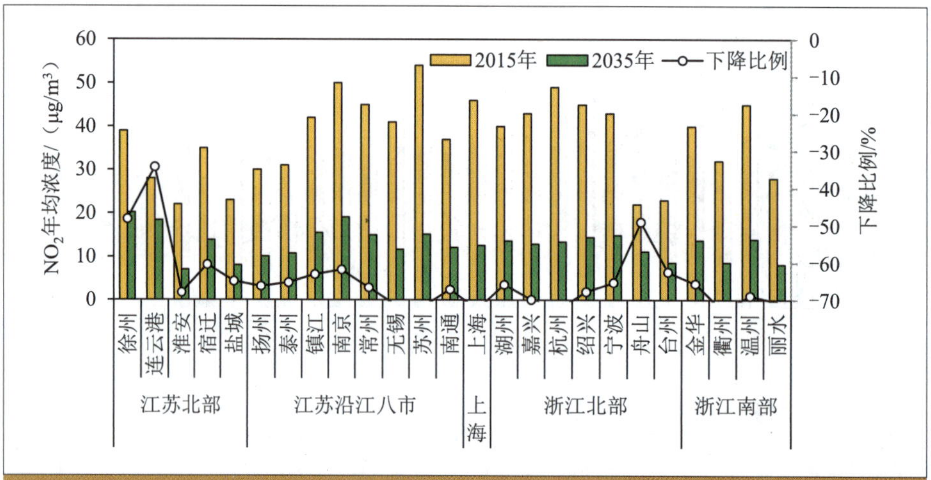

图 6-13　长三角各城市 2035 年 NO_2 年均浓度及下降比例预测

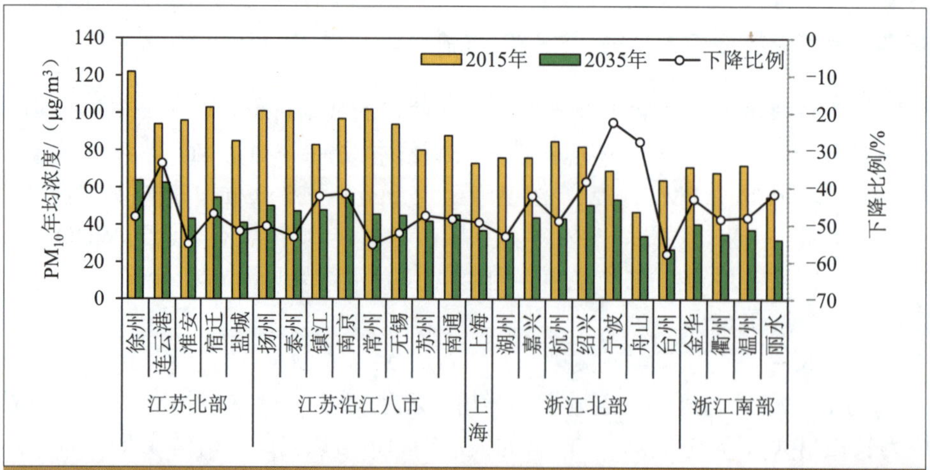

图 6-14　三角各城市 2035 年 PM_{10} 年均浓度及下降比例预测

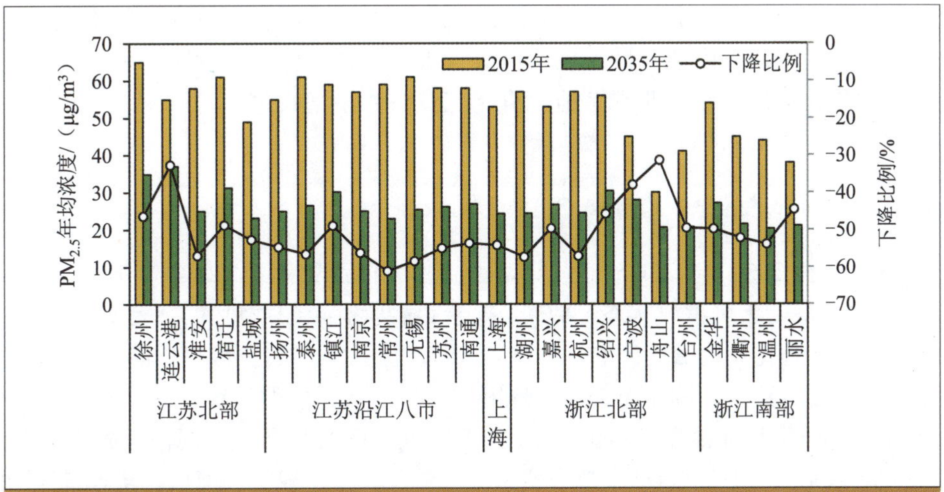

图 6-15 长三角各城市 2035 年 $PM_{2.5}$ 年均浓度及下降比例预测

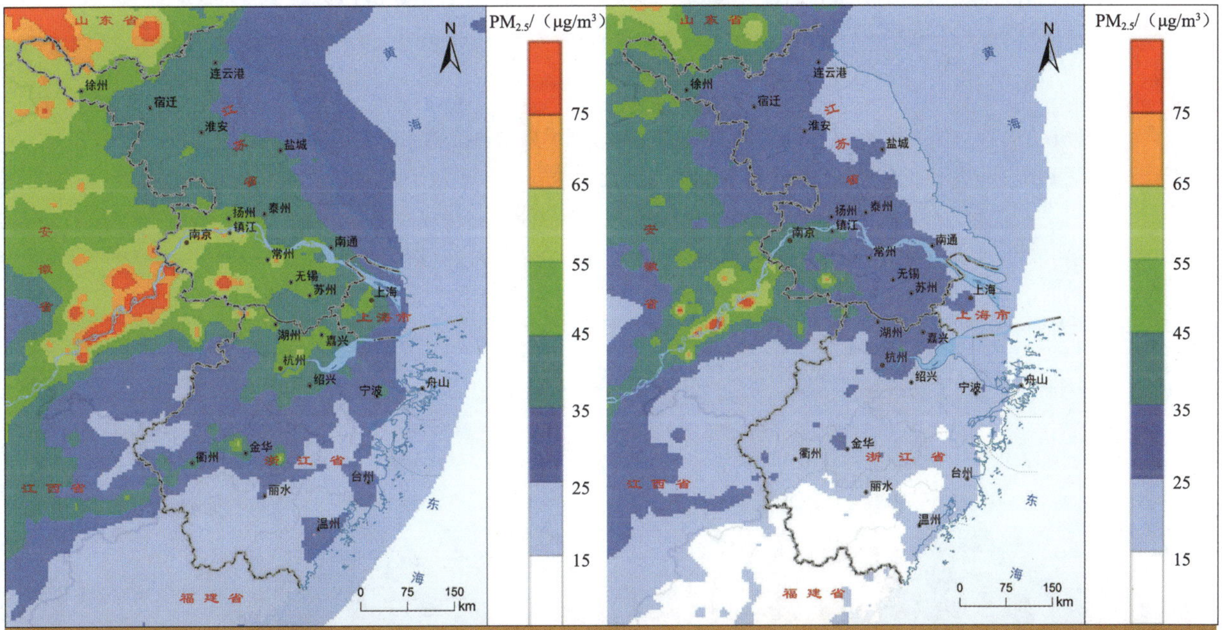

图 6-16 长三角 2020 年（左）和 2035 年（右）$PM_{2.5}$ 年均浓度空间分布

三、局部区域 O_3 污染风险呈加剧态势

1. 未来 O_3 前体物排放依然处于高位

2015 年，长三角地区 NO_x、VOCs 排放量分别为 211.7 万 t 和 337.4 万 t（不含船舶）。NO_x 排放呈现沿路网、沿长江、沿海港口分布特征，VOCs 排放呈现沿江、沿杭州湾分布的特征。上海、苏南地区和环杭州湾地区均属于 NO_x、VOCs 排放强度较高的地区。

未来 10 年，区域总体 NO_x、VOCs 排放体量仍将处于高位，局部地区排放增加。一方面，长三角先发地区（上海、苏南地区等）虽然进入产业转型，NO_x、VOCs 减排阶段，上海、宁波、南京、无锡、苏州、南通等城市现状排放量大，减排后体量依然较大；另一方面，在环杭州湾地区、苏北沿海、长江北岸等地区重化工业依然呈增长态势，陆路、水运、海运交通均将呈现增长态势，NO_x、VOCs 排放量将有所增加。

2. 季节性和局部地区超载将推高 O_3 污染风险

根据测算，在 2020 年、2035 年区域环境质量目标约束下，2020 年长三角地区 SO_2、NO_x、一次 $PM_{2.5}$ 将处于可承载状态，VOCs 处于超载状态，超载量为 22 万 t，超载的城市主要集中在苏浙沿海地区，包括连云港、盐城、南通、温州、宁波、台州等，苏州、无锡、常州、徐州，扬州、镇江、绍兴、湖州、金华等地区也存在不同程度的超载。

2035 年环境质量目标提高（$PM_{2.5}$ 年均浓度 27 μg/m³），虽然各污染物排放总量大幅降低，但是局部地区 VOCs、NO_x 仍将处于超载状态。宁波 VOCs 超载十分严重，超载量为 10.9 万 t，舟山、连云港等地 VOCs 超载较为严重，超载量在 1.3 万～5.8 万 t；连云港、徐州、南通、无锡 NO_x 超载较为严重，NO_x 超载量在 0.5 万～1.0 万 t（图 6-17）。

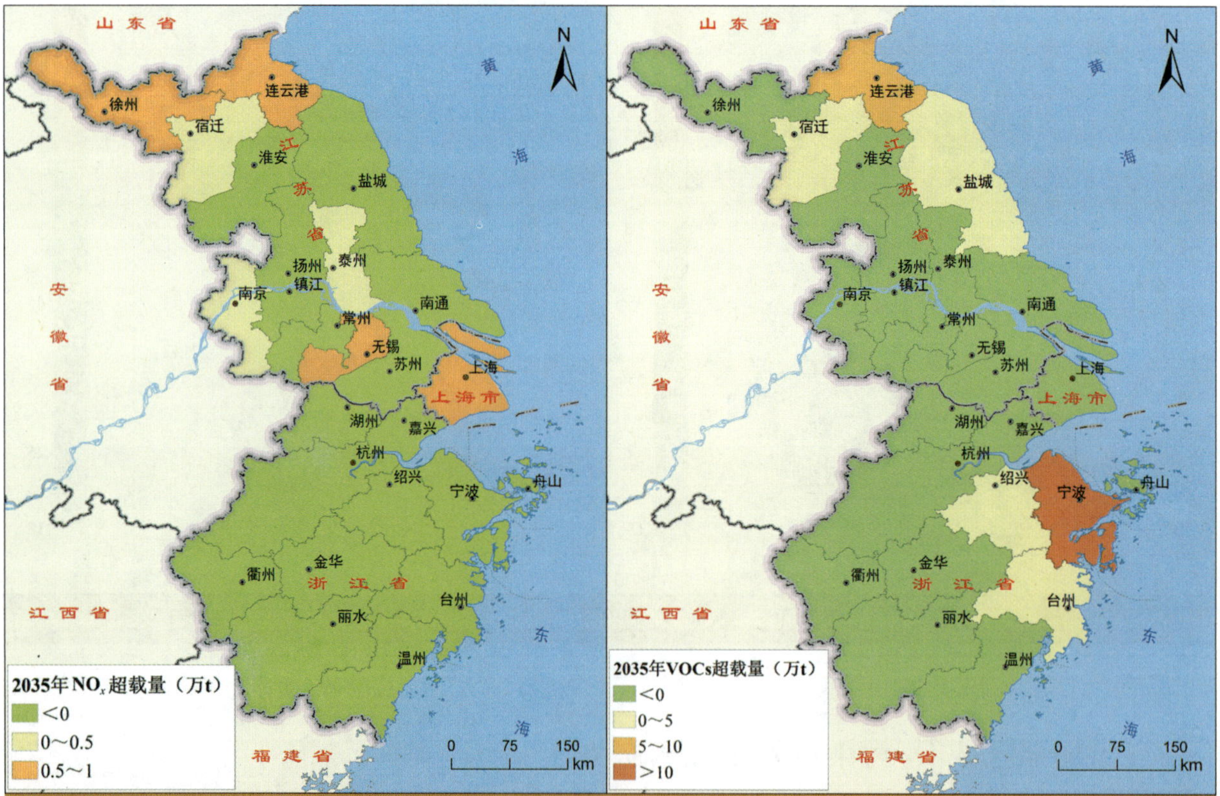

图 6-17　长三角 2035 年 NO_x（左）、VOCs（右）超载空间分布

长三角地区光化学污染主要发生在每年 4—10 月，近年来呈现浓度上升、持续时间延长的态势，尤以夏秋季节最为突出。长三角夏秋季节主导风向为偏南风，在强辐射、高温低湿等有利气象条件作用下，区域上风向城市和地区（绍兴、宁波、金华、台州、温州、衢州、杭州、嘉兴、苏州、上海等）排放的 NO_x、VOCs 等 O_3 前体物，向下风向地区传输，并发生二次光化学反应，在下风向地区生成二次污染物 O_3，推高 O_3 浓度水平。从排放特征来看，

区域腹地及沿湾地区（苏州、宁波、上海及周边区域）密集布局的重化产业所带来的VOCs排放强度较大，并且烯烃、芳烃等活性较强的物质含量较高，对城市及下风向区域的O_3污染贡献显著。这也验证了镇江、扬州、湖州等地NO_x、VOCs等污染物排放量在区域内处于较低排放水平，但O_3超标严重且呈逐年加重趋势。

未来O_3可能成为首要超标污染物，O_3污染风险呈加剧态势。根据2020年、2035年夏季O_3日最大8 h平均模拟浓度较基准年变化空间分布（图6-18），受未来石化化工产业布局影响，未来O_3浓度增加最大的区域集中在环杭州湾地区、沿江和苏北沿海地区。

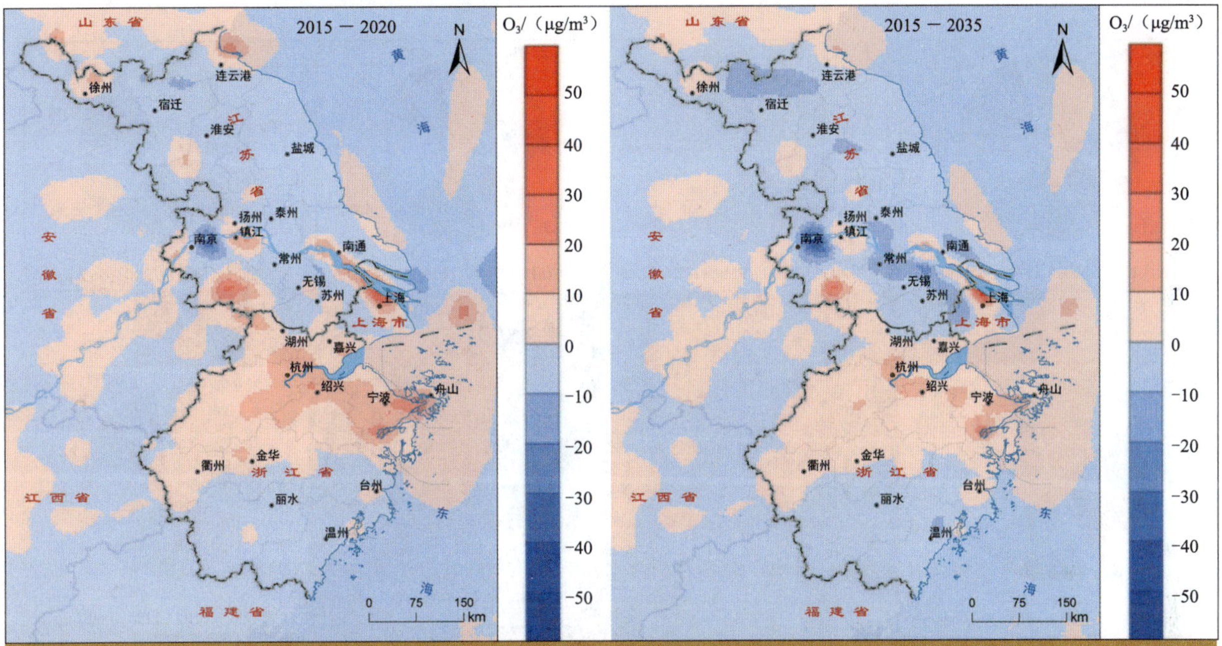

图6-18　长三角2020年、2035年夏季O_3 8 h平均模拟浓度较2015年变化空间分布

总体上，随着重化产业优化布局和港口带动的综合交通运输的发展，石化化工等产业将进一步向苏北沿海地区、环杭州湾地区集聚发展，长三角沿海地区及中部沿江地带O_3污染风险将显著加剧。为遏制城市地区O_3污染抬升势头，并防控区域O_3污染持续恶化，必须加强多污染物协同控制，实施VOCs总量控制和行业控制，大幅度削减VOCs特别是其中活性物质的排放。

第三节　VOCs污染与健康风险

一、VOCs排放与环境空气质量改善密切相关

1. VOCs对区域灰霾贡献突出

VOCs是$PM_{2.5}$、O_3的重要前体物，排入大气中后与氮氧化物、硫氧化物等发生大气化学

反应，生成 O_3、二次有机气溶胶、酸性物质等污染物，导致区域大气环境中 $PM_{2.5}$ 和 O_3 浓度升高。

2014 年冬季、2015 年夏季长三角地区 10 个观测点位的 $PM_{2.5}$ 化学组成分析显示，冬季各点位均以有机物贡献为主，贡献率在 19.0% ～ 24.5%，夏季受降雨影响大部分点位的有机物贡献率居于硫酸盐之后，贡献率在 13.3% ～ 26.7%，VOCs 是细颗粒物（$PM_{2.5}$）的重要贡献来源（图 6-19）。长三角地区 $PM_{2.5}$ 组分以挥发性有机物贡献为主，VOCs 排放成为区域灰霾污染的重要因素，加强 VOCs 污染控制是解决区域灰霾污染的重要途径。

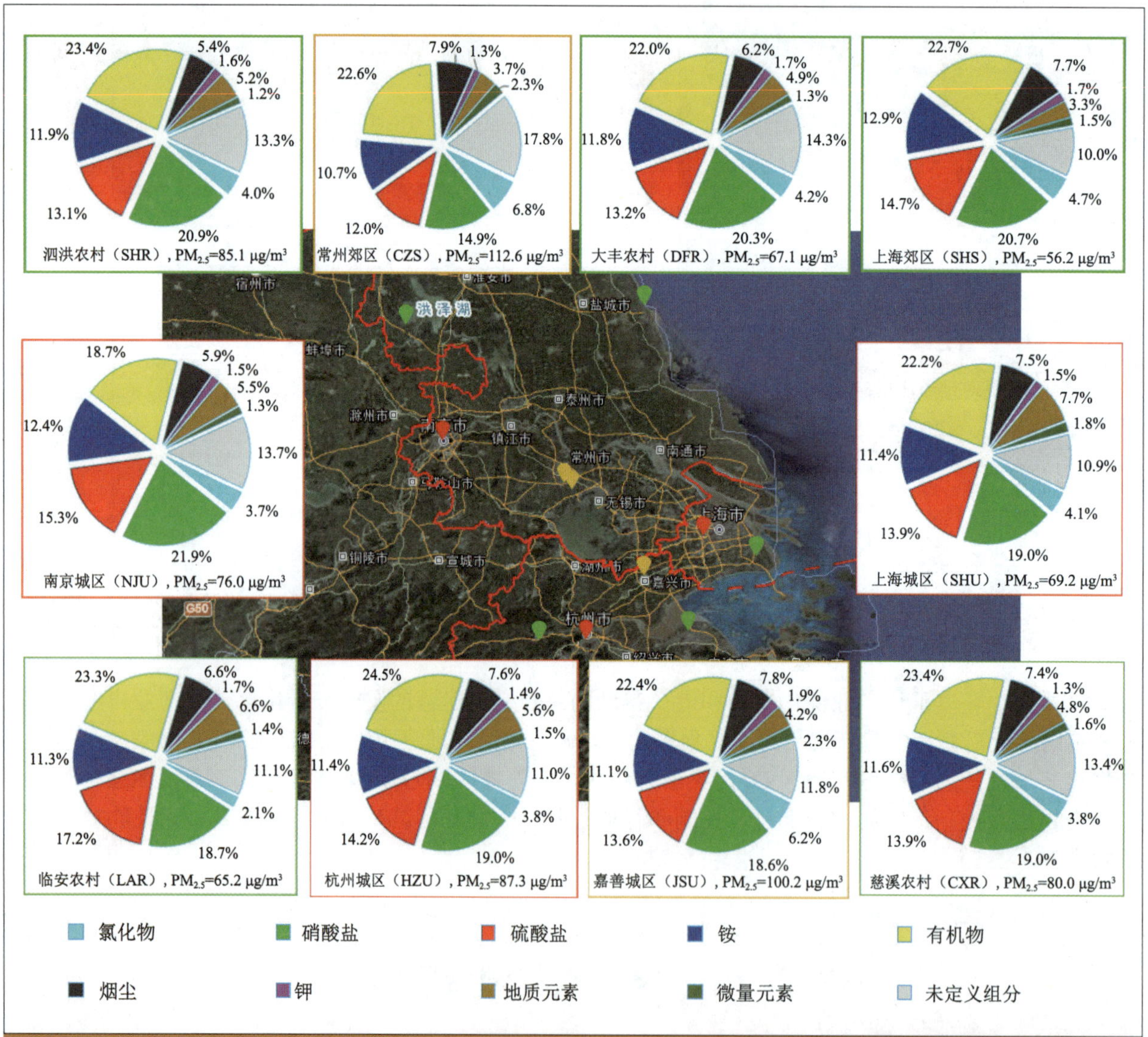

图 6-19 长三角 2014 年冬季观测期间 $PM_{2.5}$ 的化学组成

VOCs 中活性较强的物质在光照条件下，与 NO_x 发生光化学反应生成 O_3 和二次有机气溶胶（$PM_{2.5}$ 的重要组成），化学活性物质主导光化学烟雾的进程，对区域 O_3 的生成至关重要。研究表明，上海地区气团对臭氧生成潜势（OFP）贡献率最大的是芳香烃（62.8%）和烯烃（21.7%），VOCs 的关键活性组分是二甲苯、甲苯、乙苯、乙烯、丙烯、反 -2- 丁烯及异戊二烯。宁波地区 VOCs 组分中体积百分比占 22% 的烯烃对化学反应活性贡献高达 64%，体积百分比占 20% 的芳香烃贡献了 23% 的化学反应活性，关键活性组分依次为 1- 丁烯、反 -2- 丁烯、二甲苯、乙烯、戊烯。根据 2014 年冬季、2015 年夏季长三角地区 5 个观测点位的 VOCs 组分分析结果，夏季芳香烃的比例较冬季有明显提高（图 6-20），这也与长三角地区夏季呈 O_3 污染特征一致。

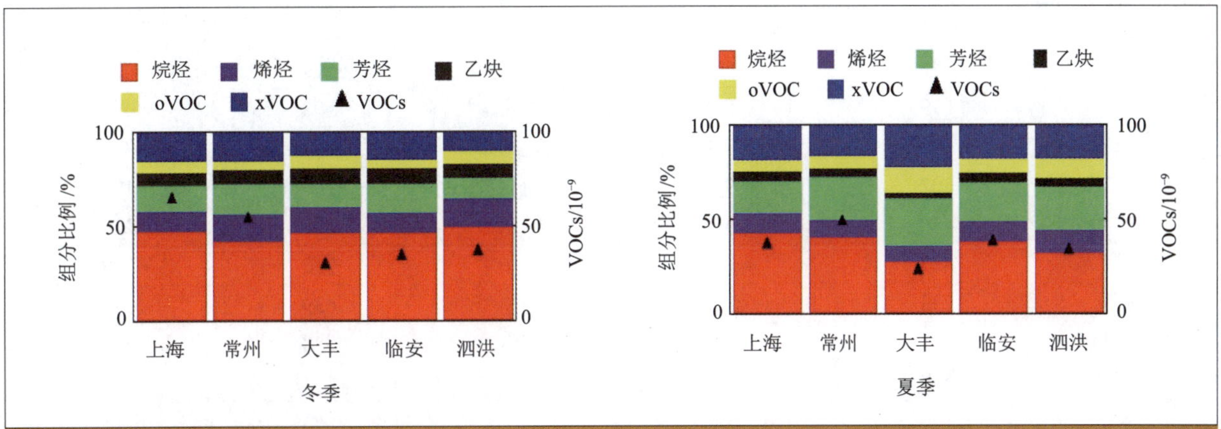

图 6-20　长三角地区 5 个点位的 VOCs 组成成分

2. VOCs 排放高负荷区与灰霾污染区域分布一致

长三角地区呈现出 VOCs 排放高负荷区与细颗粒物污染区域重叠的状况（图 6-21、表 6-2），长三角主要城市人口高密度区与单位建设用地 VOCs 排放负荷较高区域也存在较高的重叠，上海、江苏沿江城市和环杭州湾地区是长三角地区细颗粒物及臭氧高污染、VOCs 高负荷和人口高密度的“三高”区域，是区域 VOCs 控制的重点区域。

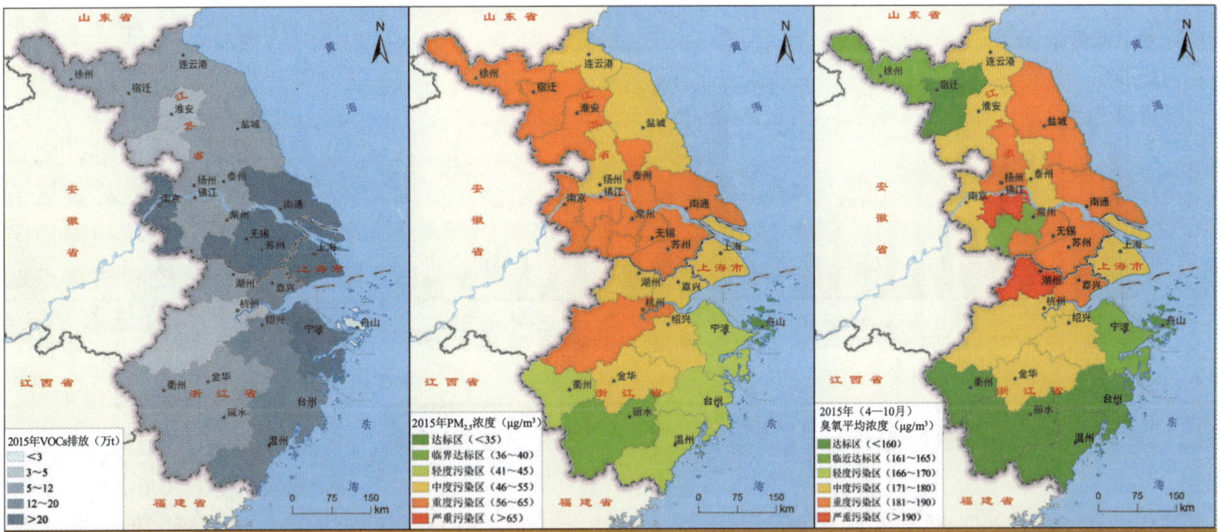

图 6-21　长三角 2015 年工业源 VOCs 排放量与 $PM_{2.5}$、O_3 浓度空间分布

表 6-2 长三角地区 2015 年单位建设用地 VOCs 排放情况

城市	人口密度 /（人 /km²）	单位建设用地 VOCs 排放强度 /（t/km²）	城市	人口密度 /（人 /km²）	单位建设用地 VOCs 排放强度 /（t/km²）
南京市	1 247	78.6	上海市	3 826	88.9
苏州市	1 225	91.3	杭州市	536	61.1
无锡市	1 405	81.1	宁波市	796	97.9
常州市	1 074	77.0	嘉兴市	1 167	87.9
镇江市	826	75.4	绍兴市	599	129.5
扬州市	679	49.0	湖州市	503	47.1
南通市	692	57.4	金华市	497	30.0
泰州市	802	89.6	衢州市	240	19.2
淮安市	484	24.4	丽水市	123	22.4
盐城市	427	32.3	温州市	752	23.0
徐州市	733	60.3	台州市	639	31.6
连云港	585	35.6	舟山市	788	48.8
宿迁市	568	35.6			

3. 未来 VOCs 高排放状况总体改善，局部增加

在国家大力推进区域和行业 VOCs 减排的政策引导下，预计未来 10 年长三角地区 VOCs 排放总量总体呈现下降态势，除舟山、连云港两市受大型石化一体化产业基地布局影响 VOCs 排放量将有所上升外（图 6-22），其他城市 VOCs 排放总量都有不同程度下降，特别是沿江地区，在石化化工产业“调优调绿”的政策引导下，沿江城市 VOCs 排放总量将明显降低。在化工石化沿海布局战略下，2035 年上海、宁波、苏州、南通、舟山、盐城、绍兴、连云港、无锡等城市 VOCs 排放总量居于长三角前列，环杭州湾地区依然是 VOCs 控制的重点地区，苏北沿海将进入 VOCs 控制的重点地区之列。

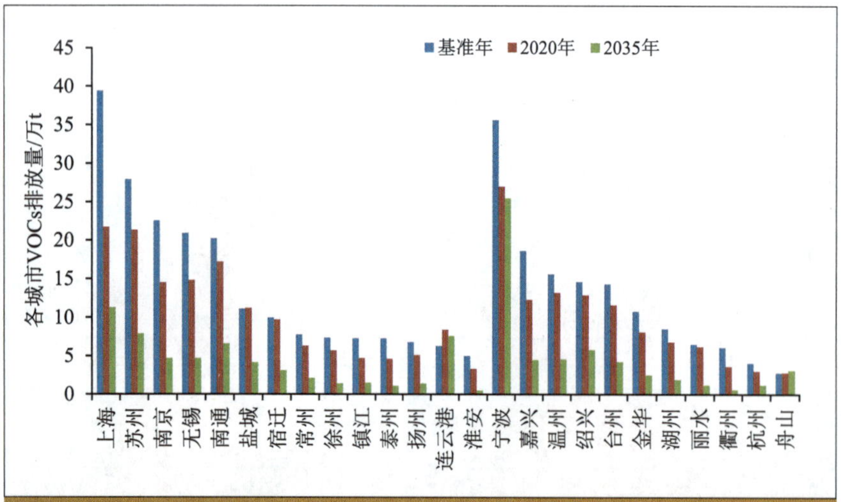

图 6-22 长三角地区 VOCs 排放量预测结果

在中长期排放情景下，多数城市 VOCs 排放仍面临超载压力（图 6-23），2020 年 SO_2、NO_2 能够实现区域全面达标，2035 年 PM_{10}、$PM_{2.5}$ 年均浓度全面达标，但夏季区域 O_3 浓度改善效果有限，部分城市存在 O_3 浓度上升的风险（图 6-18）。在区域大气污染控制层面上，VOCs 排放总量削减将在一定程度上降低对大气细颗粒物（$PM_{2.5}$）、O_3 形成的贡献率，对于减少 $PM_{2.5}$ 二次生成起到积极作用。2035 年的 VOCs 源排放水平是否满足区域环境空气

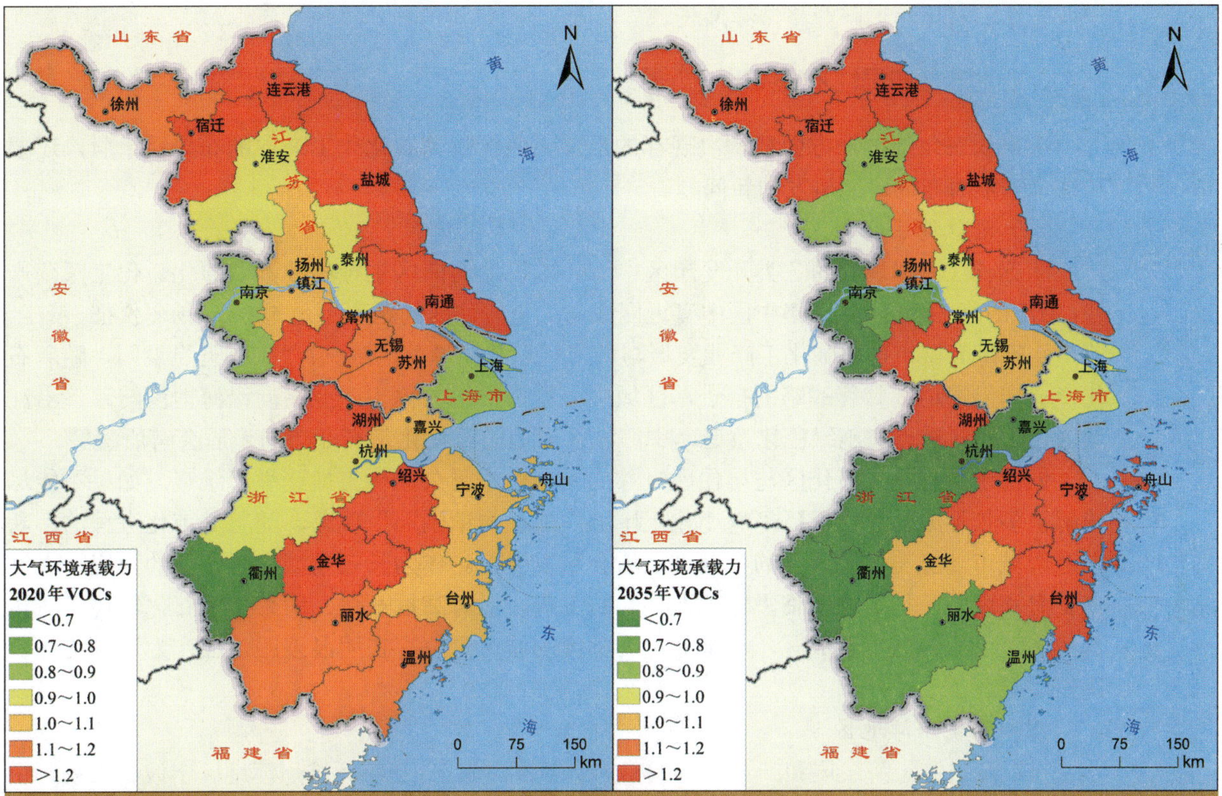

图 6-23 长三角 2020 年、2035 年大气环境 VOCs 承载力空间分布

质量根本改善的量化目标要求，尚有待于大气环境领域进一步研究。

二、石化化工产业的布局性矛盾依然突出

1. 区域石化产业发展布局

长三角地区是我国石化化工产业分布最密集的地区，工业产值的 1/5 来自石化化工行业。现状炼油能力达 1 亿 t 左右，建成 80 多个化工园区或集中区，主要分布在江苏沿江 8 市、沿杭州湾 5 市，以及苏北南通、盐城、连云港的沿海地区。依我国当前的石化化工行业和化工园区发展水平，以及化工企业管理水平，大量石化化工园区、企业与居民区长期毗邻的状况，存在较大的突发事故环境风险隐患，由此导致的群众投诉或以“保健康”为由的“邻避”事件时有发生，2014 年以来上海金山片区异味投诉达 350 余起。

未来石化化工产业的布局将呈现沿江优化、沿海做大做强的局面。国家七大石化基地中长三角地区有三席，即上海漕泾、宁波舟山，江苏连云港。两省一市石化化工产业发展规划，石化化工产业将主要向环杭州湾地区、苏北沿海地区（连云港、盐城和南通）集聚。环杭州湾地区石油炼化能力将突破 1 亿 t/a（环杭州湾北岸—上海 2 800 万 t/a，宁波镇海—北仑—大榭 5 200 万 t/a，舟山绿色石化基地 4 000 万 t/a），带动乙烯、芳烃等中下游产业配套发展。苏北沿海新布局连云港石化产业基地石油炼化能力 5 000 万 t/a，盐城、南通继续承接石化化工

产业转移，石化化工产业将持续增长。

2. 石化产业布局性矛盾突出

未来长三角地区一方面要解决现存的沿江、环杭州湾石化化工产业的布局性矛盾，还要关注未来沿海布局可能引发的新问题。

（1）沿江地区

江苏长江沿岸现有的各类开发园区中，60% 以上的园区主导产业涉及石化、化工医药产业，沿江的化工园区、化工集中区中有近四成与大型居住区的距离不足 500 m，扬州仪征、镇江、苏州张家港等城市都面临化工产业发展与城市规划布局调整的冲突。“十三五”期间，随着石化产业向沿海地区转移战略的推进，区域中心城市周边的化工产业将向沿海地区转移，沿江地区化工园区重点实施绿色化改造，中心城区周边的石化化工产业布局矛盾会有所缓解。

但由于现有化工石化区与居住区毗邻的问题由来已久，化工搬迁举步维艰，如果不能尽快解决多年形成的“化工孤岛”、“化工围城”或“村镇围园”现象，随着城市化进程的不断推进，城市功能与化工园区的布局性矛盾会越发尖锐。作为长三角城市群定位的两座特大城市上海和南京，目前均面临“化工孤岛”的困局，上海高桥石化、南京金陵石化等传统石化基地周边已成为城市建成区，与国际化大都市的城市定位存在明显差距，应作为近期优先解决的问题。

（2）环杭州湾地区

在浙江区域经济发展和产业布局战略的引导下，未来 10 年环杭州湾地区宁波、嘉兴、绍兴、舟山等地将是工业经济发展和临港重化产业发展的热点地区，宁波石化、钢铁的继续扩展、舟山规划 4 000 万 t 炼油及其带动的石化产业发展，均将导致当地污染负荷增长；环杭州湾北岸为上海市石化产业布局的重点地区，嘉兴依托毗邻优势发展石化化工产业，当地污染负荷也可能呈现增加态势。在环杭州湾地区，将形成中国最大的石化产业基地，环杭州湾地区可能成为长三角地区污染负荷显著升高的区域之一。

根据城市排放清单测算，上海、宁波将成为环杭州湾地区污染物排放总量最大的两座城市，对区域污染贡献突出，如果不能有效地引导环杭州湾地区重化产业的绿色化发展，在舟山石化基地导致区域总体污染负荷增长的影响下，上海、苏南、浙江北部等城市减污成效将在一定程度上被抵消，复合污染将呈加剧趋势。

（3）连云港沿海地区

“十三五”期间，随着石化产业向沿海地区转移战略的推进，以建设连云港徐圩石化产业基地（炼化一体项目）为契机，连云港市的石化、化工产业将呈集聚发展态势。近年来，连云港市化工产业布局、化工园区发展呈现失序状况，工业园区规划对产业发展缺乏约束力，未展现工业园区的循环化、绿色化特征，如连云港市灌云县临港产业区的化工集中区聚集的 125 家企业全部为农药、染料、中间体类项目。连云港有关石化产业空间布局规划并未随着徐圩新区大型石化产业基地的落地而进行优化调整，赣榆新区石化产业基地发展、现有化工园区的整合尚未提到议事日程，竞相发展石化化工的态势明显，石化产业发展带来的环境风险堪忧。

同时，连云港具有港口优势，以港兴城，受用地空间制约，“港产城”联动存在较大的环境隐患。按照徐圩新区临港产业发展布局，连云港市城区将呈现重化产业和港口围城的态势。在连云港市主城区周边地区，集聚石化、化工、医药等产业，加上徐圩新区拟毗邻石化基地打造新的钢铁冶金产业基地，将构成一个大型的复合大气污染源排放区（VOCs、NO_x、PM_{10}、$PM_{2.5}$ 等）。综合考虑毗邻地区徐州钢铁、电力、煤化工基地，以及山东日照钢铁基地等，未来将形成以连云港为重点的重化产业密集布局区域，存在区域环境质量持续下降的风险。

三、石化园区周边 VOCs 危害人群健康

VOCs 一方面导致 $PM_{2.5}$、O_3 浓度升高形成大气复合污染，另一方面部分 VOCs 物质及其光化学产物属于有毒有害物质（HAPs），直接危害人体健康。美国 EPA 优先控制的 187 种污染物中有 33 种属于 VOCs，其中苯、三氯甲烷、四氯乙烯等已被 WHO 确定为对动物具有致癌和致畸性。美国 IRIS（综合风险信息系统）数据库中有 59 种 VOCs 可经呼吸途径致癌，如苯、甲苯、乙苯、二甲苯、苯乙烯、1,3- 丁二烯、氯乙烯、氯仿、四氯化碳、丙烯腈等。2014 年我国环境保护部发布的《重点环境管理危险化学品目录》，84 种持久性有害物质中就有 19 种属于 VOCs 物质。

有毒有害 VOCs 物质由于其易挥发性，更容易通过呼吸、皮肤接触、吞咽等途径进入人体，从而直接危害人体健康。长期接触有毒有害 VOCs 物质不仅对人的皮肤、眼、鼻、咽喉有刺激作用，容易产生外层皮肤损伤，也对人的肝脏、肾脏及中枢神经系统产生有害影响，其对人体的危害主要包括急性、慢性、积累性和协同反应等危害，严重时甚至诱发人体细胞基因突变转化为癌症，或诱发生殖细胞、染色体基因突变增大子代遗传性疾病的发生概率，或干扰胚胎细胞的正常发育导致畸形的产生。

不同石化化工园区，由于产业链构建及引进项目的不同，其排放的 VOCs 组分也存在差异；即使是同一个园区，不同时期因新项目引进、管理水平提升等因素，其 VOCs 排放也会发生变化。为了保障区域人群健康，应对长江沿岸、环太湖、环杭州湾等人口密集地区的各石化化工园区，开展全面、系统、长期的 VOCs 暴露人群健康风险监控与评估，并有针对性地提出风险控制措施。

四、区域 VOCs 优先控制策略

长三角地区六大 VOCs 重点排放行业中，除纺织业外全部属于石化化工行业，其排放量占人为源排放总量的四成，工业源中超过六成来自石化化工行业。长三角地区石化化工行业 VOCs 排放量大，其中上海、南京、苏州、宁波等重点城市的石化化工行业 VOCs 排放量超过 10 万 t/a，占城市人为源 VOCs 排放量的比例基本在 70% 以上，其中宁波的比例高达 86%。对石化化工行业的 VOCs 排放控制，成为长三角地区 VOCs 污染控制的重要抓手。长三角地区除需要解决 VOCs 排放总量的减排外，还需要特别关注石化化工行业集聚、长期与居民区毗邻带来的 VOCs 暴露的人群健康风险。实施“VOCs 总量减排”与“VOCs 健康风险管控”并举的控制策略，缓解区域性复合大气污染和降低大型石化基地、化工区 VOCs 暴露人群健康风险。

1. 区域优先控制 VOCs 物质筛选

基于区域环境质量持续改善的目标，针对反应活性区分不同 VOCs 的管控方法，对于解决区域夏季 O_3 超标问题更加有效。进一步开展区域 VOCs 反应活性研究，筛选对区域臭氧生成贡献较大的关键活性组分，作为区域优先控制物质。

基于人群健康风险管控，应对长江沿岸、环太湖、环杭州湾等人口密集地区的各石化化工园区，开展全面、系统、长期的 VOCs 监测与人群健康风险评估，筛选出对园区周边人群健康风险贡献较大的 VOCs 物质，作为区域优先控制物质。

2. 优先控制 VOCs 物质来源

石化化工行业常见的臭氧生成、人群健康风险贡献较大的 VOCs 物质在石化产业链中的来源和用途见表 6-3、表 6-4。关键活性组分的乙烯、丙烯、丁烯、戊烯等烯烃类物质和二甲苯、甲苯等芳烃类物质，以及高致癌风险的 1,3- 丁二烯、苯主要来自炼厂裂解装置、乙烯装置的产品，是大型炼化一体化项目必然产生的物质，也是重要的基本有机化工原料。关键活性组分的异戊二烯、乙苯，高致癌风险的环氧乙烷、三氯乙烯、1,2- 二氯乙烷、1,4- 二氯苯、丙烯腈等，是乙烯、丙烯、苯等利用炼厂裂解装置、乙烯装置的产品经氧化、脱氢、烷基化、卤代等制得的产品，属于炼化一体化产业链的下游产品。高致癌风险的氯仿、四氯化碳、甲醛等物质则是以甲烷为主要原料，经氧化、卤代等制取的主要产品。

表 6-3 常见石化化工产业中关键活性组分物质来源

产业链	高活性物质	上游来源	下游主要用途
炼油	二甲苯	催化重整 / 蒸汽裂解汽油提取二甲苯 甲苯→二甲苯	对二甲苯→对苯二甲酸→涤纶纤维、聚酯薄片，涂料、染料、农药等 间二甲苯→间苯二甲酸、间甲基苯甲酸、间苯二甲腈等→医药、农药、染料、香料、胶片 邻二甲苯→苯酐→增塑剂、醇酸树脂、不饱和聚酯树脂、染料、颜料、医药、农药 邻二甲苯→邻甲基苯甲酸→杀菌剂、除草剂 作为溶剂使用
	甲苯	催化重整汽油、加氢裂解汽油抽提	甲苯→苯、二甲苯 甲苯→三硝基甲苯（TNT）、二硝基甲苯（制染料） 甲苯→甲苯磺酸→染料、糖精 甲苯→苯甲酸→防腐剂 甲苯→苯甲醛→医药、染料、香料 甲苯→苯甲酸→对苯二甲酸二钾盐→对苯二甲酸→聚酯 作为溶剂使用
	戊烯	石油裂解 C5 分离	戊烯→ 1,2- 戊二醇→杀菌剂丙环唑 用作高辛烷汽油的添加剂
乙烯	乙烯	乙烯装置主产品 石油裂解气分离	乙烯→聚乙烯、乙丙橡胶、聚氯乙烯等 乙烯→乙醇、环氧乙烷及乙二醇、乙醛、乙酸、丙醛、丙酸等 乙烯→氯代乙烯、氯代乙烷、溴代乙烷

产业链	高活性物质	上游来源	下游主要用途
乙烯	丙烯	乙烯装置联产； 催化裂化气分离	丙烯→丙烯腈→合成纤维、合成橡胶、塑料 丙烯→氯丙烯→烯丙醇、丙烯二氯丙醇、氯丙腈等→甘油、环氧树脂、氯醇橡胶等 丙烯→丙烯醛→丙烯酸、烯丙醇、甘油醛、羟基乙醛、蛋氨酸 丙烯→异丙苯→苯酚、丙酮 丙烯→正丁醛、异丁醛→增塑剂、染料、溶剂、农药等 丙烯→异丙醇、聚丙烯、十二碳烯丙烯
乙烯	1- 丁烯	乙烯装置 C4 分离 催化裂解 C4 分离	1- 丁烯→聚 1- 丁烯、线型低密度聚乙烯 1- 丁烯→ 1, 2- 丁二醇→杀菌剂乙环唑、杀虫剂仲丁威 1- 丁烯→仲丁醇→甲乙酮 1- 丁烯→丁二烯、正丁醇、顺酐、乙酸
炼油下游	异戊二烯	石油裂解 / 乙烯装置 C5 → 异戊烷脱氢、异戊烯→异戊二烯	异戊二烯→合成橡胶、合成树脂、液体聚异戊二烯橡胶等；还用于制造农药、医药、香料、黏结剂
炼油下游	乙苯	苯 + 乙烯→乙苯	乙苯→苯乙烯→合成树脂、塑料、橡胶 乙苯→苯乙酮、乙基蒽醌、对硝基苯乙酮等 乙苯→合霉素、氯霉素 用作香料、溶剂

表 6-4 常见石化化工产业中主要致癌风险物质来源

产业链	风险物质	吸入健康风险强度系数 / (μg/m^3)	上游来源	下游主要用途
炼油	苯	7.8×10^{-6}	重整和催化裂解汽油、焦油、焦炉煤气回收	苯→环己烷→尼龙 6、尼龙 66； 苯→乙苯→苯乙烯→聚苯乙烯、丙烯腈 - 丁二烯 - 苯乙烯共聚物（ABS）、丁苯橡胶； 苯→异丙苯、苯磺酸→苯酚→双酚 A →聚碳酸酯（PC）塑料； 苯→硝基苯→苯胺→二苯基甲烷二异氰酸酯（MDI）→聚氨酯； 苯→顺丁烯二酸酐→不饱和聚酯、酚醛树脂、氨纶纤维； 苯→氯苯、二氯苯→染料、农药、医药； 苯→烷基苯→合成洗涤剂
炼油下游	1,4- 二氯苯	1.1×10^{-5}*	苯→二氯苯； 苯→氯苯→二氯苯	二氯苯→染料、防蛀剂、皮革防腐剂、脱臭剂； 用作特压润滑剂、腐蚀抑制剂、溶剂
炼油下游	硝基苯	3.0×10^{-5}	苯→硝基苯	硝基苯→苯胺→ MDI →聚氨酯； 硝基苯→医药、染料； 用作溶剂
乙烯	1,3- 丁二烯	3.0×10^{-5}	乙烯装置副产 C4 抽提	1, 3- 丁二烯→合成橡胶、合成树脂、丁苯乳胶； 1, 3- 丁二烯→己二腈→己二胺→尼龙 66
乙烯下游	环氧乙烷	3.0×10^{-3}	乙烯→环氧乙烷	环氧乙烷→乙二醇→聚酯→涤纶纤维； 环氧乙烷→乙醇胺→表面活性剂、洗涤剂、发泡剂、农药、医药、染料等； 用作溶剂、杀菌消毒剂、谷物熏蒸剂

产业链	风险物质	吸入健康风险强度系数 /（μg/m³）	上游来源	下游主要用途
乙烯下游	氯乙烯	4.4×10^{-6}	乙烯→氯乙烯	氯乙烯→聚氯乙烯（PVC）等各类树脂； 用作冷冻剂、萃取剂
	三氯乙烯	4.1×10^{-6}	乙烯→三氯乙烯	三氯乙烯→一氯乙酸→染料、医药、农药、树脂； 用作溶剂、金属洗涤剂、干洗剂等
	四氯乙烯	2.6×10^{-7}	乙烯→四氯乙烯	用作溶剂、干洗剂、烟幕剂、脱硫剂、整理剂等； 四氯乙烯→三氯乙烯； 四氯乙烯→含氟有机化合物
	1,2- 二氯乙烷	2.6×10^{-5}	乙烯→ 1,2- 二氯乙烷	1,2- 二氯乙烷→氯乙烯→聚氯乙烯（PVC）； 1,2- 二氯乙烷→乙二酸→络合剂、漂白剂、医药中间体等； 1,2- 二氯乙烷→乙二胺→农药、染料、医药等； 用作溶剂、谷物熏蒸剂、洗涤剂、萃取剂等
	丙烯腈	6.8×10^{-5}	C3（催化裂化气 / 乙烯装置）→丙烯→丙烯腈	丙烯腈→腈纶、丁腈橡胶、ABS 树脂； 丙烯腈→己二腈→己二胺→尼龙 66； 丙烯腈→丙烯酰胺→聚丙烯酰胺； 丙烯腈→丙烯酸→丙烯酸酯类； 丙烯腈→杀菌剂、杀虫剂
	丙烯酰胺	1.0×10^{-4}	C3 →丙烯→丙烯腈→丙烯酰胺	丙烯酰胺→聚丙烯酰胺
	环氧丙烷	3.7×10^{-6}	C3 →丙烯→氯丙醇→环氧丙烷	环氧丙烷→聚醚多元醇→聚氨酯、表面活性剂、破乳剂、选矿药剂； 环氧丙烷→丙二醇→不饱和聚酯、苯醚甲环唑； 用作溶剂、杀菌剂
炼油 / 乙烯下游	乙苯	2.5×10^{-6}*	苯 + 乙烯→乙苯	乙苯→苯乙烯→合成树脂、塑料、橡胶； 乙苯→苯乙酮、乙基蒽醌、对硝基苯乙酮等； 乙苯→合霉素、氯霉素； 用作香料、溶剂
	苯乙烯	5.7×10^{-7}**	苯 + 乙烯→乙苯→苯乙烯	苯乙烯→合成树脂、塑料、橡胶； 配制镀铜光亮剂、调味品
化工单体项目	氯仿	2.3×10^{-5}	甲烷（天然气 / 炼厂气等）→氯仿； 甲烷→甲醇→氯仿	三氯甲烷→氟利昂 -22 →四氟乙烯→氟塑料、氟橡胶等； 三氯甲烷→三苯基甲烷→染料； 用作溶剂
	四氯化碳	6.0×10^{-6}	甲烷→四氯化碳； 甲烷→甲醇→四氯化碳	四氯化碳→氟利昂、尼龙 7、尼龙 9； 用作溶剂、灭火剂、有机物氯化剂、纤维脱脂剂、粮食蒸煮剂、织物干洗剂等
	甲醛	1.3×10^{-5}	甲烷→甲醇→甲醛	甲醛→酚醛、脲醛、三聚氰胺、聚甲醛树脂； 用作胶黏剂、防腐剂、消毒剂

注：影响健康强度系数来自美国 EPA 公布的 IRIS 数据库，“*”来自美国加利福尼亚州环保局（CALEPA），“**”其他来源。

区域 VOCs 污染控制工作中，重点对列入优先控制清单的 VOCs 物质实施总量减排，降低 VOCs 排放对 $PM_{2.5}$、O_3 形成及石化化工园区周边人群健康风险水平的贡献。对于人群健康风险超过预警水平的重点石化化工园区，除采取一般的 VOCs 减排措施外，还可根据园区优先控制风险物质所属产业链，采取压减规模、淘汰产业等对策进一步削减区域风险。

第四节 区域生态环境风险分析

一、区域生态保护面临的主要挑战

1. 长江水生态面临的多重威胁

长江下游地区生物多样性丰富。长期以来，长江流域缺乏强制性的湿地保护法规，主要通过建设各类自然保护区的途径对生物多样性进行保护。沿江分布着 18 个国家级、省级自然保护区、水产种质保护区和国际、国家重要的湿地等重要生态敏感区，时常出现保护区、重要湿地被开发建设活动蚕食、挤占，及受到闸坝工程影响的现象。总体上，沿江湿地萎缩，河湖连通性下降，对长江珍稀水生生物的生存环境造成显著干扰。

长江水生态保护面临多重矛盾。一是担负黄金水道航运功能，沿江密集布局化工产业、临港重工业，化工企业排放、含油船舶运输过程的油品泄漏和危险化学品运输、装卸中的泄漏污染，使得长江水污染情势十分复杂；近年来长江干流下游水质持续下降，近岸污染严重，持久性有机污染物频繁检出，长江口富营养状态加剧，被业界称为最难治理河口之一。二是长江岸线利用与保护失调，苏、沪长江岸线总长 1 663 km，规划保护岸线 270.5 km，占比仅为 16.3%；港口岸线开发利用蚕食珍稀水生生物生境及自然保护区的状态比较突出，对水生生物造成更为严重的胁迫；沿江湿地萎缩、河湖关系失调，人工闸坝阻碍河流、湖泊水文、水生生物的自然连通，可能影响珍稀鱼类的洄游、繁殖等重要活动。三是对长江江豚、白鲟等珍稀物种和长江特有淡水鱼类的保护力度不足，船舶航线穿越自然保护区、水产种质保护区，造成人为活动对珍稀水生生物生境扰动加剧。当前，长江江豚、白鲟等珍稀物种种群数量持续下降，濒临灭绝。

在“共抓大保护”战略引领下，延续几十年的人工围垦造地导致的沿江湿地萎缩状态可望得到扭转。江豚种群动态作为长江生物多样性保护成效的主要指标，被认为是长江生物多样性保护中的旗舰物种。从影响长江江豚种群生存的主要因素考虑，需要实施以遏制长江江豚、白鲟等珍稀物种种群数量持续下降为重要标志的生境修复、水污染治理、航运改善综合整治工程。优先实施岸线整治，根据长江中下游水生生物多样性保护目标和战略需求，制订并实施长江中下游沿江岸线利用与整治方案、重要江湖湿地和珍稀水生生物生境的修复与保护方案。

2. 苏北沿海生态环境面临持续退化风险

近年来，随着苏北沿海的开发，滨海湿地生态系统受到剧烈扰动，大规模围垦、开发导致滨海湿地自然景观面积呈现锐减态势。近 30 年，滨海湿地围垦主要集中在盐城、南通北部岸线。根据文献报道，1983—2013 年，江苏盐城滨海湿地自然景观总计减少 1 211.22 km^2，比重下降 21.6%。大规模滩涂围垦的后果之一是大丰麋鹿、盐城沿海湿地珍禽两个国家级自然保护区周边滨海自然湿地逐步被开发利用，保护区核心区逐步呈孤岛化。

由于大规模工程建设、快速脱盐技术和新型耐盐物种等技术的广泛应用，极大地缩短了围垦区土地利用演变路径与时间周期。湿地围垦速度远大于岸线淤涨的速度，导致射阳南部和大丰市盐生植被空间快速萎缩。随着起围高程不断降低（大面积的中、高潮带围垦），潮间带浅滩与泥地消失，芦苇、碱蓬和互花米草等自然景观斑块面积减少，直接影响丹顶鹤、黑嘴鸥、勺嘴鹬、河麂等多种国家重点保护或珍稀濒危动物的生存环境。文献显示，1994—1999 年整个滨海区域丹顶鹤数量呈稳定增长态势，2000 年春达 1 128 只，2005 年越冬丹顶鹤 967 只，近年来越冬丹顶鹤数量在 500 ～ 600 只，与 10 年前相比显著减少。

东台市沿海滩涂湿地被联合国教科文组织认定为太平洋西岸唯一未被污染的滨海湿地，也是东亚—澳大利亚候鸟迁徙路线上的重要栖息地，对东台滩涂的围垦，将使其丧失潮间带功能，生物链被破坏，鸟类觅食将受到显著影响，勺嘴鹬、小青脚鹬、黑嘴鸥等候鸟将失去重要迁徙栖息地。在沿海开发战略下，盐城、南通北部继续推进大规模滩涂围垦，将进一步加速滨海湿地破碎化、湿地生态功能退化，侵蚀国家重点保护或珍稀濒危动物栖息地。

2015 年 4 月，国家《关于加快推进生态文明建设的意见》提出 2020 年守住“8 亿亩湿地保护红线”的要求，即 2015—2020 年全国湿地总面积不减少。在守住“8 亿亩湿地保护红线”，实现湿地面积保持总量动态平衡的过程中，要保障天然湿地“零损失”。保护天然湿地是维持湿地系统生态服务功能的关键，禁止用人工湿地来补挤侵占天然湿地。苏北滨海湿地面积占全国的 1/4，苏北沿海湿地面积不减少，对于实现湿地红线至关重要。需要跟踪评估苏北“百万亩滩涂围垦计划”，及时调整湿地围垦速度，回归到“尊重滩涂演变自然规律”，在岸线淤涨速度与围垦之间寻求平衡。

江苏沿海地区作为江苏经济新增长极培育，港口、临港重化工业、“两端在外”的加工业、能源资源等产业将得到加速发展。石化、钢铁等重化产业将向连云港、盐城和南通集聚。在耕地、湿地“双保”的战略目标下，未来 5 ～ 10 年，城市化、港口、临港工业发展对生态保护空间的胁迫进一步加剧，尤其是连云港、南通还将实施一系列滨海开发项目，生态风险呈加剧状态。在生态保护红线的约束下，自然保护区空间被蚕食、挤占的情况有望改善，对非红线区的湿地围垦开发依然不会改变。

未来生态保护空间的胁迫将逐步转化为对生态服务功能的影响和损害。近 10 年呈现的近海水域水质下降、水体富营养化的状况将进一步加剧。随着城市化和工业化进程的加速，近海生态系统将长期处于亚健康状态，并有向不健康状态演变的风险。

3. 杭州湾地区渔业生态空间和近岸湿地进一步被压缩

长期以来，受环境污染、人为破坏、资源的不合理开发等影响，长江口、杭州湾及浙东近海污染十分严重，富营养化程度加剧，生态环境系统严重退化，生态环境处于不健康或亚健康状态，水生生物的栖息环境发生了改变，直接导致水生生物大量死亡和重金属等有害物质在水生生物体内富集。自 2009 年以来，长江口海域浮游动物多样性指数呈下降趋势；长江口、杭州湾和乐清湾海域大型底栖生物多样性指数均呈下降趋势。具体来看，长江口大型底栖生物内总汞、镉和砷残留水平较高，鱼卵仔鱼密度较低；杭州湾浮游动物、底栖生物的种类和生物量均呈下降趋势，群落结构趋向简单、小型化；乐清湾浮游动物密度和生物量偏低，大型底栖生物密度偏高、生物量偏低。

现状杭州湾沿岸产业集聚区密集。南岸高度聚集了传统印染行业，北岸包括上海化工区及金山第二工业区、嘉兴独山港等化工园区的化工石化产业带。未来，南岸地区随着区域产业结构整体调整，太湖流域和其他地区的印染行业逐步向杭州湾南岸地区集聚，形成绍兴和萧山两个集中区。同时，宁波与舟山依托港口优势，中心城市重化企业外迁的机遇及国家大型石化基地相关项目，南岸地区将形成新的重化工业基地。

通常环杭州湾地区和近岸岛屿的工业园区、港口、航运船舶排放的有毒有害物质通过不同途径排入湾内，加之石化化工产业发展带动杭州湾水域的危险品货运量持续增加，一旦港口装卸、船舶运输过程中发生泄漏事故将会严重影响杭州湾水域，给环境带来潜在风险。随着码头项目建设，进出港区的船舶数量和吨位将有显著增长，对渔业资源产卵群体和产卵洄游通道将产生不利影响，舟山渔场的捕鱼作业快速外移，除过度捕捞外，也折射出传统的鱼类洄游通道、产卵场等受到港口、航运、围填海等活动的严重干扰情况，舟山石化基地的建设发展将进一步压缩舟山渔场等周边数十个经济类渔场的生存空间。

同时，上述产业集聚发展、港口码头的建设扩张势必带动建设用地需求上涨。根据遥感影像解译，2005—2015 年，杭州湾建设用地变化速率为 22%，296.27 km^2 湿地转为建设用地，分布在杭州萧山围垦区、慈溪围垦区、宁波北仑海岛及海岸线周围，主要以各类工业园区建设为主，如宁波杭州湾新区、绍兴滨海产业集聚区。由于杭州湾人工围填的速率远超过自然淤涨的速率，导致杭州湾湿地资源降低，鸟类栖息地生境水平逐渐下降，浙江上虞中沙岛 2004 年“世纪丘治江围涂工程”导致整个岛及周围滩涂基本被围垦，鸻鹬类个体数量从 3 571 只下降到 1 028 只；上虞与海宁所在的钱塘江河口段沿海湿地卷羽鹈鹕由 2007 年的 30 只骤减为 2011 年的 1 只。

未来，杭州湾实施高密度的港口航道建设工程（如嘉兴港、宁波舟山港、北仑港等），以及重点区域杭州湾新区、慈溪市和宁海县滩涂围垦规划的实施，将进一步导致杭州湾湿地资源丧失，使杭州湾原有的芦苇、泥滩、水体及鸟类组成的独特潮间带生态系统遭受严重破坏，鱼类洄游通道被截断，海洋生物栖息地片段化、单调化，加剧了海洋生物多样性的损失。

二、土壤污染将呈累积上升态势

1. 土壤污染累积污染已经显现

根据全国土壤污染状况调查公报，长三角地区土壤污染较为突出，各地市土壤污染表现出不同的特点，其中上海、苏南、浙北等发达地区土壤污染表现出重金属与有机污染物共同形成的混合型污染，且土壤污染范围逐渐扩大化，污染程度高于苏北等农业地区，城市直辖区、工业园区周边土壤污染程度也远高于县级城镇及农村地区。

上海市工业区土壤污染较为严重，远郊农用土壤重金属的累积较轻。耕地土壤监测点超标率 24.4%，超标监测点绝大多数属于轻微、轻度污染。主要污染物为多环芳烃、滴滴涕以及镉、镍、铜等重金属。江苏省土壤环境局部地区存在污染现象，砷、镉、硒等元素在少数区域有累积并呈加重趋势，苏南土壤有机污染相对较重。浙江省土壤普查区中 16% 的点位存在污染；

部分地区土壤环境质量有所下降，与土壤环境状况背景值相比，砷、镉、铜、氟、汞、锰、铅、钒和锌等9种污染物浓度有所上升。工业用地污染问题相对突出，位于电镀、制革、有色金属冶炼等企业用地及周边土壤超标率为50.2%，高于全国平均水平（36.3%），主要污染物为镉、铜、镍、锌、汞和铅。

长三角地区不同土地利用方式产生的土壤污染分类见表6-5。

表6-5 不同土地利用方式产生的土壤污染分类

土地利用类型	污染源	主要污染物	问题突出区域
工业生产	化工、制药、制革、电镀、有色冶炼等	有机污染物（苯系物、氯代烃、氯苯类、多环芳烃等）、重金属	工业发达地区，上海、苏南、杭嘉湖
农业生产	化肥、农药投入	有机污染物（滴滴涕、多环芳烃等）、重金属	苏北
交通干线	机动车燃油尾气排放、机械磨损	多环芳烃、重金属	所有

2. 交通干线和工业厂区周边土壤污染累积持续加剧

大量研究表明，交通干线两侧由交通运输导致的土壤污染程度与干线车流量和道路使用年限正相关。在高速公路上行驶的车辆燃油排放的含有多环芳烃、NO_x等污染物的尾气，汽车轮胎、刹车里衬的机械磨损产生的含重金属颗粒物，是造成高速公路两侧区域土壤重金属显著增高、多环芳烃累积的主要原因。

上海市调查的交通干线土壤监测点位超标率达到13.8%，主要污染物为多环芳烃、镉、锌等。上海宝山区监测站孙小静研究表明，上海市宝山区沪太路沿线农田表层土壤中16种优先控制的多环芳烃总质量比为0.26～7.61 mg/kg，平均值达2.75 mg/kg，显著高于宝山区农田表层土壤中多环芳烃的平均值（1.17 mg/kg）。

未来10年，长三角各城市机动车保有量仍将保持持续上升态势。以上海市为例，预计到2020年和2025年上海市机动车保有量将分别达到400万辆和490万辆左右。交通干线两侧土壤重金属和多环芳烃污染累积效应将加速，可能成为区域土壤污染的重灾区，对农田土壤安全构成威胁。

工业园区周边土壤污染将进一步加剧。根据常州市“十二五”期间开展的涉重企业周边土壤环境监测，新北区14家涉重企业周边检出重金属超标，主要超标因子为锌、砷、镉、铬等。有研究表明，南京工业区周边农田土壤多环芳烃PAHs污染程度由高至低依次为：钢铁工业区、有机垃圾填埋场区、化工工业区以及炼油厂区。工业区周边农田土壤PAHs总量为306.0～1 251.3 μg/kg，均值为682.0 μg/kg，四环以上高环PAHs占较大比例（＞80%）。根据欧洲土壤质量标准，所检土壤样本均达到污染水平。工业园区周边土壤重金属和多环芳烃污染总体上呈上升态势，累积速度取决于产业转型发展和工业污染排放控制水平。

3. 农业生产活动仍是造成耕地土壤污染的重要因素

化肥、农药过度施用，畜禽养殖重金属及抗生素问题突出，污水灌溉是导致耕地土壤中重金属及持久性有机物累积持续增加的主要因素。

农作物化肥农药利用率低，大量流失的化肥农药带来耕地土壤污染是全国农业环境保护的共性问题，也是长三角地区耕地污染的重要因素之一。过去10年，长三角地区耕地面积大幅减少带来化肥施用量显著下降，但单位耕地面积的化肥施用强度居高不下，特别是化肥施用强度基数高的江苏省，而浙江省化肥施用强度还呈持续攀升态势。因此，对于长三角地区下一步的化肥施用控制重点应放在降强度上，实现化肥施用减量增效。

“十三五”期间国家和江苏、浙江均提出化肥农药使用总量“零增长”的控制要求，未对单位耕地面积使用强度作出要求。长三角地区仅控制化肥农药使用总量“零增长”，并不能有效降低耕地土壤污染风险，特别是在复种指数高的地区。鉴于土壤污染的长期累积效应，未来长三角地区耕地的土壤污染风险还将呈加重态势。

Pb、As、Cu等重金属、抗生素等具有促进生长和疾病预防作用的物质被广泛添加于饲料中，资料显示，随着饲料中Cu和Zn添加量的增加，其在粪便中的排泄量几乎呈直线上升，对畜禽动物使用的抗生素等兽药有60%～90%以母体药物的形式随粪便排出体外。单英杰等研究表明，浙江的畜禽粪便中重金属含量超出农用污泥污染物控制标准42.9%～53.8%。长三角地区畜禽养殖近年来虽已开展综合整治，但未来畜禽养殖业发展如不能在推动种养结合的基础上，同时加强饲料生产监督，控制饲料添加剂使用量，经畜禽粪便还田的土壤污染物累积效应造成环境污染将进一步加剧。

苏北农业区污灌带来的农田土壤污染不可忽视。根据相关研究对苏北灌溉总渠沿线灌区土壤采样分析，该灌区砷含量普遍高于未利用地土壤砷背景值，且土壤累积指数随着距污灌渠（口）的距离增加而下降。说明长期利用污水灌溉，导致砷在灌区耕层产生累积，土壤受到一定程度的污染。农田土壤被污染后，污染物可富集到农产品中，进而通过食物链进入人体，对人体健康产生影响。苏北地区丰县、沛县、铜山、睢宁、楚州和东海等6个县市98个土样及其所产水稻籽粒样品进行Cu、Zn、Pb、Cd、Cr、Ni、As、Hg等8种重金属的全量的测定分析显示，除丰县外其他5县市大米中As、Cr，除沛县、楚州外其他4县市Pb和Ni均存在不同程度的潜在食物暴露风险。苏北作为长三角地区水资源最缺乏的地区，在农业用水保障率不高的情况下，污灌可能还会发生，因此需要解决农业灌溉用水安全才能从根本上防止污灌带来的农田土壤污染和农产品安全问题。

三、“退二进三”步入深水区

长三角地区大部分城市在滚动发展中主城区完成了“退二进三”，实现了城市功能的提升，但也有相当部分的城市建成区或主城区依然存在大型化工、钢铁等重污染企业，搬迁、改造进程缓慢，产业发展与居住区的布局矛盾、与城市发展定位的矛盾进一步突出。

1. 城市与重化产业发展矛盾进一步突出

长三角四大都市圈都面临土地开发强度大，土地资源紧缺的刚性约束。未来10年，随着城市化进程加剧，工业园区尤其是化工园区与城市发展由共生转向互斥的状态将进一步凸显，城市发展的布局性矛盾特别是上海、南京等超大型、特大型城市的布局性矛盾将成为关注重点。

根据长三角城市群规划，南京市2030年人口将达到1 060万人，人口进一步集聚。但由于历史原因，目前南京市紧邻主城区布局有金陵石化及周边地区、长江二桥至三桥沿岸地区、大厂地区、梅山钢铁及周边地区“四大工业片区”，密集分布着32家工业园区，“工业围城”矛盾十分突出（图6-24）。

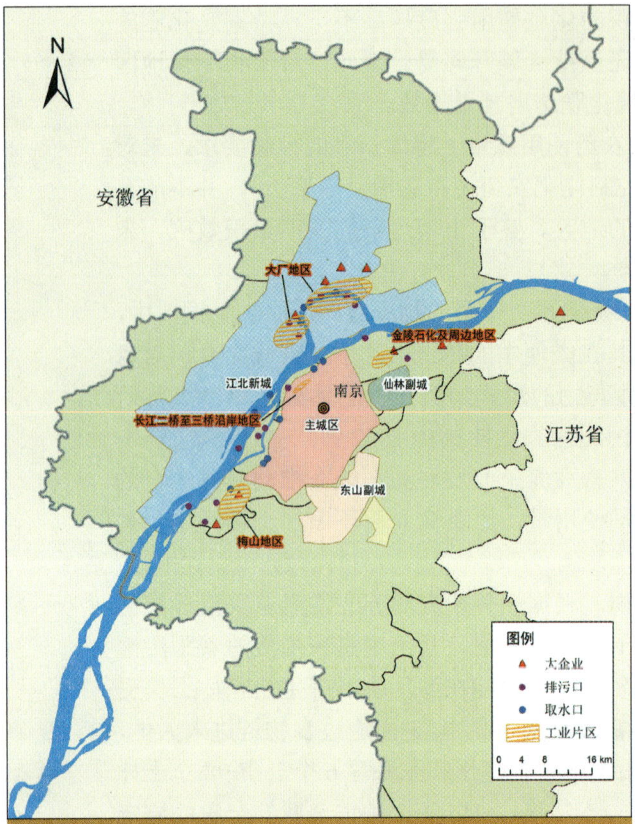

图 6-24 典型污染型园区布局影响城市功能定位示意

南京江北新区作为国家级新区，规划建成自主创新先导区、新型城镇化示范区、长三角地区现代产业集聚区和长江经济带对外开放合作重要平台。大厂片区毗邻江北新区，距离居住区最近处仅有一路之隔，大厂片区内现有南化公司、南京钢铁等重污染企业，与江北新区发展定位存在矛盾，对周边居民的潜在人群健康风险较高。

南京市仙林副城定位为长三角重要的科技创新中心，南京市高新技术产业基地，南京都市圈东部区域服务中心，南京都市区高品质宜居新城，2030 年规划人口达到 100 万人。金陵石化片区位于南京市栖霞区的仙林副城范围内，毗邻主城区，特别是南京生物医药科工园、金陵石化烷基苯厂与居民区仅一路之隔，与仙林副城的发展定位相矛盾，并对周边居民的人群健康构成威胁。

虽然南京市拟在 2025 年前将四大片区逐渐搬迁关停与改造，但目前尚未制订整体搬迁、改造计划和时间表，随着城镇化进程的加剧，如果“工业围城”迟迟得不到解决，工业与城市功能的矛盾和冲突会进一步尖锐。

在《上海市城市总体规划（2016—2040）》中，上海市高桥石化、吴泾工业区和宝钢等重化工业用地被纳入规划主城片区范围内，其中，高桥石化位于浦东新区内，周边居民区密集，面临“城围石化”的尴尬局面，宝山钢铁位于宝山区的厂区已被居住区包围。按照《上海市城市总体规划（2016—2040）》推动产业空间转型留白，加强主城区产业用地的更新转型，吴淞、吴泾、高桥石化、大场、星火等现状重化产业布局区域为未来发展空间的战略留白空间，规划优先考虑公共活动功能和休闲游憩空间的补充完善。应尽快完成这些区域内的企业转型和搬迁，避免未来居住与重化工业的空间布局矛盾进一步加剧，不利于国际化大都市城市生态健康发展。

在上一轮城市总体规划中，金山片区定位为“金山新城”，新城建设用地毗邻上海石化、上海化工区，新城与石化发展相互冲突，临近化工区的石化街道、金山卫镇、山阳镇、漕泾镇总人口达 28.4 万人。《上海市城市总体规划（2016—2040）》将金山地区定位调整为“门户型节点城市”，金山片区仍是上海石化化工产业的发展重点地区，现有的居住区没有改变，金山片区化工产业布局与居住区之间的矛盾将长期存在。

宁波是长三角五大都市圈之一，中远期目标是打造全球一流的现代化综合枢纽港、国际航运服务基地和国际贸易物流中心。城市发展用地空间制约十分突出，沿海岸线分布宁波石化经开区（含镇海炼化）、大榭开发区、北仑开发区（青峙化工区、霞浦石化区和白峰峙北化工区）等石化化工园区，居住区与石化化工园区毗邻、镶嵌分布，城市主城区近海不临海，未来 10 年将继续呈现重化产业集聚态势，重化产业发展与建设宜居城市矛盾进一步突出。

2. 乡镇企业（园区）布局失序将影响城镇化发展质量

长三角地区县域经济发达，两省一市乡镇工业产值占全国乡镇工业总产值的42%，其中规模以上乡镇工业总产值占全国的36%。乡镇园区发展呈现四大特点：一是乡镇园区数量多，沪、苏、浙平均一个乡镇中工业园区的数量为0.96个、1.72个和4.1个，远高全国平均水平（0.31个）；二是乡镇企业入园率依然较低，半数以上的乡镇企业未入园发展；三是污染型企业比重较高，纺织企业份额占全国乡镇企业的60%左右，黑色金属加工、化工企业的总产值均高于全国的1/3以上；四是乡镇园区发展缺乏上层位统筹规划布局，工业园区与村镇居住区呈“包围”“插花”分布，园区基础环保设施配套不均衡，部分园区环保设施配套不足问题比较突出。

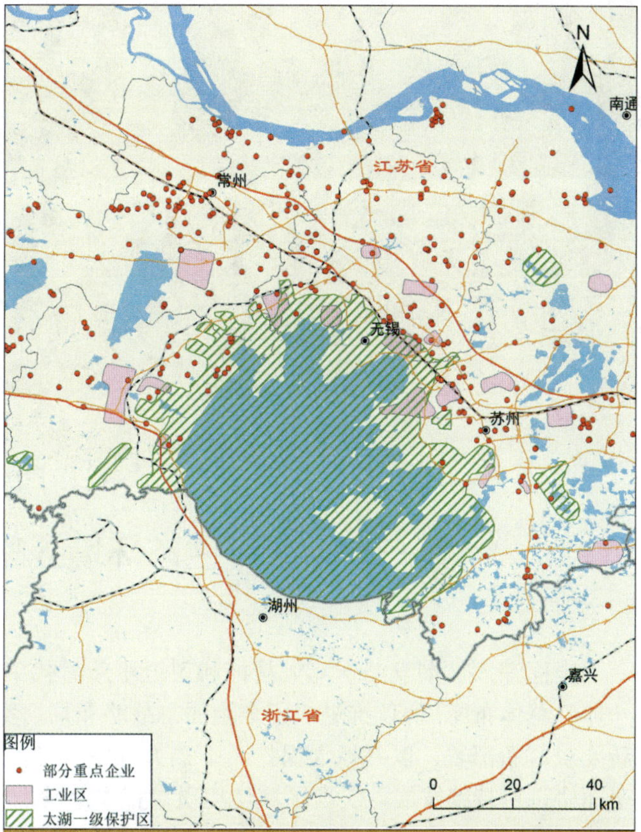

图 6-25　太湖一级保护区内工业园区情况示意

在太湖流域，工业园区规范化建设尚有较大提升空间。目前，太湖一级保护区内仍存在相当数量的化工、印染、冶金、电镀等乡镇企业（图6-25），这些企业受有关管理条例的约束，既不能搬迁入园升级改造，也未实施搬迁或关停，成为环境监管的盲区。

如果上述状况不能尽快得到扭转，未来10年，乡镇企业（园区）布局失序将成为影响城镇化发展质量的重要因素。

3. 污染场地问题将成为区域新型重大环境问题

未来10年，随着城市“退二进三”深入推进，以及化工企业入园发展，重化企业搬迁伴随的污染场地问题将进一步突出，尤其是县、乡镇工业用地的污染场地将成为区域新型重大环境问题。

自2006年起，江苏省已经开展了三轮化工企业整治，推进化工出城进园，累计关闭化工生产企业7 237家，约占全省化工企业总数的2/3。企业搬迁遗留场地污染普遍存在，常州市2009—2015年开展的122个工业企业遗留场地土壤环境调查表明，有70个遗留场地存在污染物超标，51个场地存在不可接受的环境风险，涉及的有机污染物主要包括苯系物、氯代烃、氯苯类、多环芳烃等，涉及的重金属污染物主要包括铅、镍、镉、铬。

目前，位于化工园区外的规模以上企业仍超过半数，新一轮化工转型发展期望全省化工企业入园率不低于50%，未来需要搬迁的企业土壤污染情况，基本处于空白状况，预计污染场地数量和面积将呈增加态势。

第七章

区域生态环境战略性保护总体方案

第一节　区域生态环境战略性保护基本框架

全面深入贯彻党的十九大精神和习近平新时代中国特色社会主义思想，统筹推进“五位一体”总体布局，协调推进“四个全面”战略布局，落实新时代生态环境保护新理念、新目标、新要求、新部署，以共抓大保护、不搞大开发为导向，促进长三角地区经济社会与资源环境全面协调可持续发展，实现区域环境质量根本改善。

一、总体战略目标

按照人与自然和谐共处的基本方略，环境质量向发达国家或地区看齐，环境质量改善速度全国领先，生态文明建设成为全国标杆。长三角核心区建设成为“青山常在、绿水常流、空气常新”的生态型城市群。

生态环境只能优化，不能恶化。以高标准的战略性水源保护为重点推进流域、区域水生态环境改善与恢复，以高标准的复合大气污染防治促进区域人居环境的安全与健康持续改善；以区域生态红线管控和关键生态修复为重点提升区域生态服务功能。建设江河湖泊近海关系和谐、清水走廊保障有力、生态屏障功能强大、三生空间有机融合、新型污染防控有效、环境质量全面提升的生态安全新格局。建立生态环境约束、环境污染联防联控、环境风险预警应急、跨区域生态保护补偿新机制，形成新型的生态环境治理体系，推动生态文明先行示范区建设，构筑生态环境保护新支撑。

二、区域“三线”生态保护要求

1. 生态保护红线

以生态保护红线为核心，强化生态保护和生态修复。应将长三角地区主要河流中、上游丘陵山地区及重要河口、海湾和岛屿等重要水源涵养区、饮用水水源保护区及清水走廊、生物多样性保护区、自然湿地、洪水调蓄区等具有重要生态保护功能的区域纳入生态保护空间管控范围，确保生态保护红线区域面积不减少、性质不改变、生态功能不降低。围绕河湖湿地、沿海滩涂等重要生态系统，增强跨界红线空间联通性。加大自然岸线保护力度，沿海滩涂、滞洪区增划一定比例生态空间。

2. 环境质量底线

从改善环境质量、维护生态安全和保障公众健康 3 个维度，设定长三角地区中长期环境质量底线，具体表述如下：

区域环境空气质量持续改善，$PM_{2.5}$ 年均浓度控制在 40 μg/m³ 以内，区域臭氧污染得到有效控制；2035 年区域空气质量根本改善，$PM_{2.5}$ 年均浓度、臭氧浓度全面达标，上海、杭州、南京、苏州、宁波等重点城市 $PM_{2.5}$ 年均浓度力争达到 25 μg/m³。

水环境质量全面改善，饮用水水源安全状态全面改善，太湖等重要湖泊、长江口和杭州湾富营养化恶化趋势得到遏制。2020 年，流域水生态环境状况有所好转。长江水质总体优良，重点流域水质优良比例总体达到 70% 以上，全面消除劣Ⅴ类水体和城市建成区黑臭水体，地级及以上城市集中式饮用水水源水质达到或优于Ⅲ类比例接近 100%，太湖、长江口、杭州湾富营养化恶化趋势得到遏制，近岸海域水质优良（一类、二类）比例达到 70% 左右；2035 年，流域水生态系统功能全面提升。重点流域水质优良比例总体达到 85% 以上，城市集中式饮用水水源水质实现全面达标，全流域氮磷污染得到有效控制。

土壤环境质量不下降，绿色、生态农业面积显著提高，农村生态环境明显改善。加快污染土壤修复，提升土壤安全利用率，2020 年上海、江苏和浙江受污染耕地安全利用率分别达到 95%、90% 和 91%；污染地块安全利用率分别达到 95%、90% 和 90%。

主要山 - 河 - 湖 - 海生态廊道生态服务功能有提升，城市及城市间的生态用地空间有保障，重要生态功能区生态服务功能不下降，自然保护区面积不减少，太湖等重要湖库（包括水质良好湖泊）滨湖带、近海重要湿地得到有效保护与修复。

3. 资源开发利用上线

实行最严格的耕地保护、最严格的水资源管理和节能减排制度。以主体功能区规划为基础，以土地利用总体规划为底盘，以资源环境承载力、建设用地总量强度“双控”和耕地保护红线、生态保护红线、城市开发边界“三线”为基本约束，推动实现一个市县一本规划、一张蓝图。

（1）土地资源利用上限

强化土地开发强度管控，长三角地区土地开发强度 2020 年控制在 18%，2035 年不突破 20% 宜居线，上海、南京、杭州等重点城市 2035 年做到只减不增，强化建设用地总量、开发强度和产出效益“三管控”，开展工业用地综合整治，提升土地开发利用效率，严格工业用地准入，制定工业企业的用地退出机制。参照国际经验，平原区城市控制土地开发强度不超过 30% 的国际警戒线。丘陵山区受可利用土地资源条件有限制约，土地开发不宜超过适宜开发强度。

（2）水资源利用上限

节约保护水资源，实施最严格水资源管理，控制用水总量，提高用水效率，科学保护水资源。按照最严格水资源控制红线的要求，2020 年长三角地区用水总量控制在 877.5 亿 m^3，2030 年控制在 895.87 亿 m^3，2035 年用水总量逐步下降。

（3）能源利用上限

严格实行能耗强度和能源消费总量“双控”，以提高能源利用效率为导向，促进能源高效利用，提升重点领域能效水平。到 2020 年长三角地区能源消费总量控制在 6.9 亿 t 标煤以内，2030 年控制在 7.5 亿 t 标煤，2035 年煤炭占能源消费总量的比重下降到 34%。加大清洁能源供给，控制煤炭消费总量，推进煤炭高效清洁利用，到 2020 年，长三角地区煤炭消费总量控制在 3.0 亿 t 标煤以内。

4. 环境准入要求

（1）土地资源效率提升要求

提升土地利用效率，促进土地资源节约集约利用。在“十二五”末的基础上，2035 年上海单位建设用地 GDP 产出提升 40% 以上，苏南、浙东北地区提升 33%、50% 以上；苏中地区提升 50% 左右；苏北地区单位建设用地 GDP 产出提升 60% 以上；浙西南山区提升 25% 以上。

（2）水资源效率提升要求

实施最严格水资源管理，控制用水总量，提高用水效率，继续落实最严格水资源利用控制红线，推进节水型城市建设，2020 年地级以上城市全部达到国家节水型城市标准要求，开展县级节水城市建设试点。推进节水型企业、节水型工业园区建设，造纸、纺织、石化和食品加工等行业提高水资源消耗准入门槛。2020 年上海市、江苏省、浙江省万元 GDP 用水量分别控制在 23.5 m^3、49.3 m^3、33.4 m^3，2030 年万元 GDP 用水量分别控制在 19.5 m^3、20.6 m^3、16.9 m^3，到 2035 年万元 GDP 用水量持续下降。上海市、江苏省、浙江省 2020 年万元工业增加值用水量分别下降到 42.4 m^3、13.2 m^3（不含火电）、24.0 m^3。强化农业节水，2020 年上海市、江苏省、浙江省农田灌溉水有效利用系数分别提升至 0.738、0.6、0.6。

（3）水污染排放绩效水平要求

长三角地区 2020 年万元 GDP COD 和氨氮排放量分别下降到 1.28 kg 和 0.08 kg，2035 年万元 GDP COD 和氨氮排放量分别下降到 0.35 kg 和 0.03 kg。重点对长江干流、钱塘江流域的石化行业，淮河流域的造纸、食品加工、石化等行业提高水污染物排放绩效准入门槛，新建、改建、扩建项目水污染排放绩效水平达到国家或世界先进水平。加强种植业和养殖业综合治理，2020 年主要农作物测土配方施肥技术推广覆盖率达到 90% 以上，化肥农药施用量实现“零增长”，化肥利用率提升至 40% 以上，规模化畜禽养殖场整治达标率达 100%。

（4）城乡生活污水处理效率水平要求

推进城镇生活污水处理设施建设，2020 年建制镇污水处理设施实现全覆盖；加快城镇污水处理厂提标改造，2020 年出水全部达一级 A 排放标准，太湖、洪泽湖、高邮湖、骆马湖等重点湖泊周边尾水排放对湖泊水质造成影响的城市污水处理厂优先采取人工湿地等方式进行深度脱氮除磷，出水执行更高的标准；2020 年县级以上城市建成区实现城镇污水全收集、全处理、全达标，建制镇污水收集处理及排放达标率明显提升；2035 年实现所有城镇污水全收集、全处理、全达标。加强各流域农村生活污水处理水平，优先推进太湖流域、南水北调东线、通榆河清水通道、杭嘉湖平原河网等重点区域农村污水处理。

三、建立创新型环境保护体系

1. 树立环境保护新标杆

树立环境保护向高标准看齐意识、标杆意识、领先意识。落实“五位一体”总布局，在经济社会发展领域实施一系列国家战略的同时，生态文明建设与环境保护成为全国标杆，环境标准与环境质量向发达国家或地区看齐，生态安全与环境质量改善速度全国领先，生态文明建设引领全国，成为先行示范区。制定严于国家产业政策的长三角地区产业政策，严格控制高耗能、高污染、高排放产业的新增产能建设。制定污染物排放总量、用能量、用水量减量替代政策措施，引导企业积极主动参与能效、水效、环保领跑者行动。

2. 创新环境管理新机制

解决长三角地区面临的区域性、复合性、累积性环境问题，强化区域环境污染共治、生态安全共建机制。实施多污染物协同共控、多要素协同共治、多部门协同共管、上下游协同一体的污染治理机制，建立健全跨部门、跨区域、跨流域突发环境事件的应急响应机制。深化实施新一轮的大气污染防治计划，以 VOCs 及氮氧化物协同共治为重点，解决区域性大气复合污染问题。深化实施“五水共治”，以水生态恢复与水生态健康为引导，实施上下游联动、河湖一体、海陆统筹的水污染治理与水生态修复，大力实施河湖生态整治行动。深化“共抓大保护”，以统筹江河湖泊河口海湾关系、珍稀濒危水生物种保护和湿地生态修复为重点，提升长江湿地、沿海湿地、钱塘江上游流域等生态系统生态服务功能，改善和修复水生生物生境。

3. 加强污染治理新领域

结合长三角地区面临的新型环境污染问题，加强污染治理新领域相关政策、法规、标准和技术指南的研究制定和实施推动。加强持久性有机污染物控制，全面实施水、土持久性有机物的污染监控，制定并实施统一的地区性和流域性污染控制标准和环境准入要求。在具有饮水功能的重要河流湖库优先构建持久性有机污染物累积风险的中长期预测预警体系。建立基于区域环境质量改善与人群健康风险管控“双目标”的 VOCs 排放控制体系。实行区域性的 VOCs 排放总量和强度控制，研究并推行 NO_x 与 VOCs 的协同控制，建立重点园区 VOCs 排放的人群暴露健康风险分级管控机制，制定特定有害 VOCs 排放控制要求。

第二节　深化“共抓大保护”

当前，长三角地区的环境质量改善和生态安全进入转折期和攻坚期，面临的区域性大气复合污染、流域性水安全和饮用水水源安全，以及区域生态安全形势依然严峻，结构性、布局性矛盾依然突出，大气污染防治和饮用水水源安全保障进入深水区，且难以在各个城市层位上得到根本解决。长三角地区环境保护要深化“共抓大保护”，从“城市群”、区域、区内外的角度，通过管理机制创新、城市间协同、流域上下游统筹，实施环境污染共治、生态安全共守等一致性行动，统筹解决。

一、共建区域生态安全

1. 严守生态保护红线，共筑生态屏障

强化省际统筹、区内外与城市间联动，建设长江生态走廊，依托黄海、淮河—洪泽湖共筑东部和北部生态屏障，依托江淮丘陵、大别山、黄山—天目山—武夷山、四明山—雁荡山共筑西部和南部生态屏障。重点建设与保护长江水生态走廊、富春江—钱塘江清水走廊、骆马湖—高邮湖—邵伯湖—茅山—天目山—千岛湖—浙西山地山水生态走廊。

严守生态保护红线，确保生态保护红线面积不减少、性质不改变、生态功能不降低。加强自然保护区、水产种质资源保护区的建设，优先完成长江重要岸线、重要滨海和河口海湾湿地、环太湖湖滨带等严重受损生境的修复，维护生物多样性，严格保护沿江、湖泊、山区水库等饮用水水源地和清水通道，严格保护重要滨海湿地、重要河口海湾生态安全，严格控制城市开发边界无序扩张。

2. 共抓生态修复与建设

以长江干支流为经脉，以保障饮用水水源安全、改善长江口水生态健康状况、修复与保护长江珍稀水生生物的生境和洄游通道为目标，和谐江湖关系，优化岸线利用，聚焦生境保护与修复，严格风险管控，建设长江水生态走廊示范区。

开展以流域氮磷“双控”、生态修复为核心的新一轮太湖流域综合整治，促进太湖流域水生态健康状况持续改善，打造大型湖泊流域综合整治、生态修复的典型样板。

实施沿海和重要湿地海湾生态保护与修复，划定沿海自然岸线、湿地保护红线，建立并实施严格的自然岸线预警机制。提升盐城珍禽自然保护区和大丰麋鹿自然保护区的生态质量和规范管理水平。

以流域水生态系统功能提升为目标，进一步优化江河、湖泊、平原河网等的水质考核指标，从单一的水质指标向水生态和水质综合性指标转变。江河湖海水质考核指标增加和优化，至少包括溶解氧、“三氮”、总磷、生化需氧量、持久性有机污染物和重金属等。通过水质保障实现水生生物生境的优化，支撑生物多样性的提升。

二、推动长江流域重点区域氮磷“双控”

长三角地区水体氮磷污染突出，是长期影响饮用水水源安全的关键因素。在长江流域实施战略性水资源配置的背景下，长江干流氮磷的控制水平，直接影响南水北调东线、引江济淮、引江济太、江水北引等工程受水湖库的富营养化演变态势。

从饮用水水源地安全、水质较好湖库保护、长江河口和近岸海域水生态修复等综合考虑，建议在长三角地区以及长江经济带实施氮磷“双控”。氮磷排放“双控”的范围宜包括长三角地区重要湖库汇水区、长江干流沿岸城市，重点区域为长江干流中上游、新安江上游，以及

浙东南山区水库。“双控”对象包括：石化、医药、装备制造等工业行业，畜禽养殖与水产养殖业，以及城市生活源和农业面源。

实施氮磷排放“双控”，要做好顶层设计，夯实技术基础，试点示范先行，逐步推广。要科学设定预防与修复的不同阈值约束，按照“达标排放—最佳可行实用技术—环境质量目标”路径，制定实施氮磷排放“双控”不同发展阶段的控制目标要求；调查研究不同污染源进入环境的途径和总量，科学判断江湖水量交换和营养物质输送关系；制定完善河湖协调的氮、磷水环境质量标准及污染物排放控制要求；以实现环境质量目标和饮用水水源地安全为约束，建立流域统筹、河湖一体的氮磷排放总量控制和分配机制。制定实施太湖流域、钱塘江流域上游氮、磷控制方案。制定实施南水北调、江水北引受水湖泊的富营养化控制方案。

三、联防联控区域复合型大气污染

区域氮氧化物、VOCs 和活性氮排放成为影响区域复合型大气污染状态的关键因素。面对区域复合型大气污染状态，需要区内外各个城市协同合作，建立实施行业总量、区域总量“双管控”机制，在优化能源消费结构、提升能源利用效率、推进重点行业产业升级换代、加快重点行业脱硝改造、强化重点行业 VOCs 污染治理、加快油品升级与机动车和船舶尾气污染治理，加强农业源大气活性氮排放控制等领域制定长三角地区的相关政策标准和规范，统筹行动方案，联手打好复合污染防治攻坚战。

加快产业布局结构优化调整，提高区域落后产能淘汰标准，推进重点行业产业升级换代。加快推进煤电机组超低排放改造。加快钢铁、水泥、平板玻璃等重点行业及燃煤锅炉脱硫、脱硝、除尘改造，确保排放达标。推进石化、涂装、包装印刷、涂料生产等重点行业挥发性有机物污染治理，加大黄标车和老旧车辆淘汰力度，推进港口船舶、非道路移动机械大气污染防治，加强对区域超标排放船舶的监管执法力度。

强化工业 VOCs 源管控。工业领域在石化、涂装、包装印刷、涂料等行业实施行业总量控制，强化原料替代和生产工艺技术改造，推广实施泄漏检测与修复（LDAR）技术，在上海、南京、环太湖、环杭州湾地区，实施 VOCs 排放总量严控、污染物排放倍量替代。

加强农业源氨排放管控。大幅提高精准农业比例，落实《至 2020 年化肥施用零增长行动方案》。加快转变农田施肥用药方式，推广新型高效肥料，推广机械深耕、机械追肥、种肥同播、水肥一体等技术，减少养分挥发和流失。强化畜禽养殖业的规范化发展，实施“种养平衡”发展模式和养殖区管控，推广养殖废弃物的生化处理与再利用模式。

四、共建区域环境风险预警与应急

1. 构建长三角地区中长期预测预警体系

建立跨界大气污染传输预警应急机制。加强长三角地区环境监测网络建设，整合各城市建立的信息平台，建立长三角地区的信息共享平台，实现全域监测数据实时共享，对跨界污染传输实施预警机制。

建立跨界水体水安全与持久性有机污染预警管控机制。完善流域上下游协同、河湖一体的水环境保护工作机制。重点建设长江、钱塘江流域饮用水水源安全和持久性有机污染物累积风险的中长期预测预警体系，太湖流域富营养化和饮用水水源安全的中长期预测预警体系。

2. 共建跨行政区环境风险应急体系

以人群健康与生态安全为目标，构建区域、城市、工业园区和企业多尺度的预警指标体系，按照统一信息平台、统一监管力度、统一应急等级、协同应急救援的思路，构建沿江、沿海、环湖和环杭州湾等地区区域性环境风险预警应急机制，实施区域突发环境风险预警联防联控。

建设区域环境风险源、环境风险受体、环境风险防控与应急救援能力信息管理系统。绘制区域环境风险等级图（标注环境风险热点、划定环境风险类型、风险等级、预警应急）。建立区域跨界大气污染协调处理机制和应急处理机制。

五、完善生态安全共建共守的工作机制

1. 建立升级版联防联控机制

深化区域生态环境治理体系的现代化建设，发挥长三角区域合作联席会议制度优势，拓展建立一体化的区域性、流域性污染防治政策措施、统一的环境监管和环境联合执法措施、统一的环境管理评估体系考核，统一的监测网络和监测能力建设等方面，建立升级版联防联控机制。

完善长江水环境污染联防联控机制和预警应急体系，建设环境信息共享平台，建立跨界水体水安全与持久性有机污染预警管控机制，实现全域监测数据实时共享，强化跨部门、跨区域、跨流域突发环境事件的应急响应能力建设。建立跨行政区洁净水源保护的联动机制，率先解决平原河网地区跨界河流上游排污影响下游饮水安全问题。对于持久性有机污染、流域性氮磷污染等区域、流域共同问题，制定统一的产业结构和工业布局调整要求，制定并实施统一的区域性和流域性污染控制标准和环境准入要求，实施跨界河流断面达标保障金制度。在跨省的长江干流、杭州湾、太湖、千岛湖，以及跨省、地市的“清水走廊”要率先实施联保共治。

在环境管理上，建立环评会商、联合执法、信息共享、预警应急的区域联动机制，研究建立生态修复、环境保护、绿色发展的指标体系。推动长三角地区一体化污染防治政策措施的实施；对大气污染通道城市和处于流域上游城市的重大建设项目从现行的区域协商机制，向共同环评、共同审批机制转变；建立区域环境联合执法机制，对区域性问题实施统一环境监管。

2. 统一环境治理领域的执法标准和执法规范

积极推进长三角地区环境法规一体化进程建设，从区域环境治理的措施、标准、监管体系、罚则等方面探索试行共同立法、协商立法或制定共同的地方政策、法规，落实区域联防联控要求。统一环境治理领域的执法主体、执法标准、执法方式、执法程序，打破行政区划的梗阻和地方性制度、观点的壁垒。

通过制定环境治理联合执法机制，规范和推进长三角地区协同执法。构建跨行政区的环境纠纷处理协调机制、联动执法核查机制以及执法考核和责任追究等配套的联合执行机制。

通过制定实施相同的退出机制、相同的环境准入要求，建立长三角地区一体化的环保信誉考评机制，对环境主体（如企业和投资主体）环保信誉考评纳入信息共享平台。

3. 健全完善生态补偿机制

探索建立长三角地区邻界水域双向补偿机制。在行政区交界断面水质目标双向考核制度的基础上，通过确认邻界水域双方责任，制定补偿标准、核算补偿金额等方式，形成双方共同考核、污染赔偿、受益补偿的制度。

研究制定以地方补偿为主、中央财政给予支持的横向生态保护补偿机制办法。推广新安江流域水环境补偿试点经验，界定流域生态保护区和生态服务受益区，合理确定转移支付标准，严格监督转移支付资金使用，促进生态补偿横向转移支付常态化、制度化。

深化新安江流域水环境补偿试点，在沿江、沿海和环湖湿地主要分布地区建立重要湿地生态系统动态监测体系，开展湿地生态补偿试点，探索建立长三角地区基于动态监测、功能评估、价值核算的湿地生态效益补偿制度。建立流域生态补偿公共基金。由中央、区域下游及直接受益的地市政府财政出资，整合区域现有各类补助资金，建立区域生态补偿专项资金，以用于区域水资源使用权损失、生态林业用地使用权益损失、提高地表水环境质量标准地方经济损失、提高生态功能标准地方经济损失、生态功能管护费用等。

第三节 饮用水水源安全战略与保障对策

一、饮用水水源安全战略

“一江清水至下游”：强化空间管控、落实洁净水源保障，以高标准的战略性水源保护策略推进流域、区域水生态环境改善与恢复。

1. 区域饮用水水源安全战略目标

以保障饮用水水源地安全和促进河湖生态健康为引导，上下游统筹、河湖统筹、陆海统筹、水污染治理与风险防范统筹，构建区域战略性饮用水水源与清水通道水环境安全保障体系，高标准保障区域战略性饮用水水源安全。

2. 区域战略性水源保护的基本架构

构建以湖、库等重要饮用水水源地和引水工程取水点为关键节点，以水源涵养重要功能区为支撑，以长江、钱塘江干流和引水工程通道等具有饮水安全战略性的清水通道为连接的长三角地区战略性水源保护基本架构，强化集中式饮用水水源保护区的规范化建设、强化流域水污染治理与清水通道水安全管控，强化水源涵养重要功能区的保护。长三角地区重要节点（水源节点）、清水通道见图 7-1。

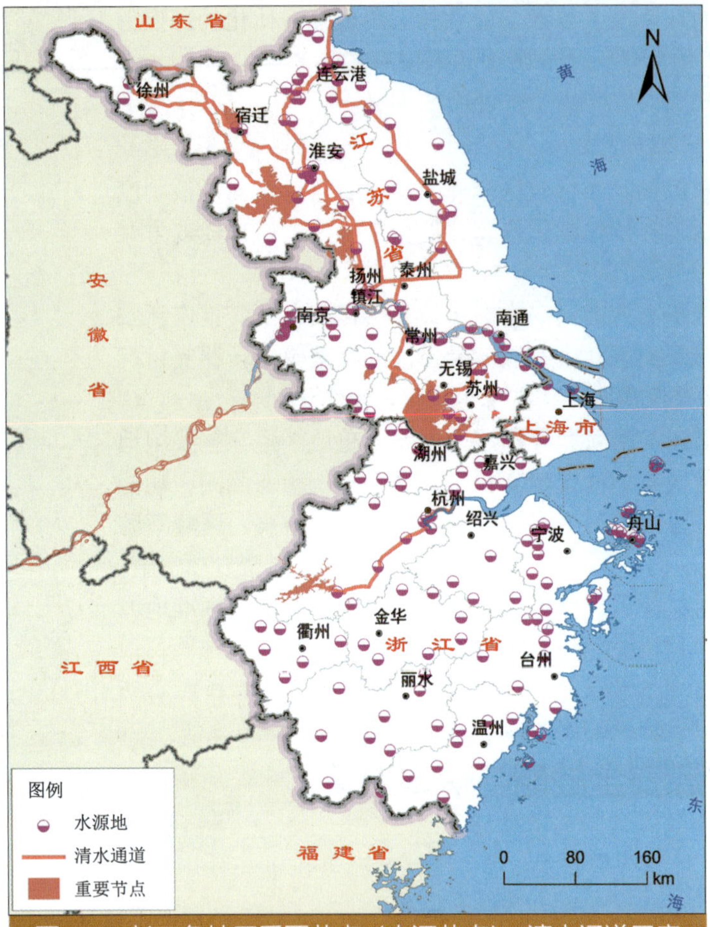

图 7-1 长三角地区重要节点（水源节点）、清水通道示意

二、饮用水水源保护实施“四个管控”

长三角地区以地表水为主的饮用水水源安全保护需要以流域、区域水生态环境改善为前提。同时，围绕饮用水水源安全保障的基本需求，从强化饮用水水源保护区的规范化建设、流域水污染治理与清水走廊水安全管控、行业布局空间管控等方面实行管控。

1. 水污染排放总量管控

推动单项指标与水生态安全综合指标相结合的评估模式，评估指标包括COD、BOD、三氮（氨氮、亚硝酸盐氮、硝酸盐氮）、总磷、溶解氧、POPs和重金属。重点推动河湖水体单独考核向河湖一体、上下游联动考核转变。在长江全流域进行氮磷污染控制，实施长三角流域环境和近岸海域综合治理，将河长制的管辖范围延伸至河口、海湾，做到陆海统筹，河湾共管。

实施持久性有机污染物的全面监管。在南京都市圈、苏锡常都市圈、上海都市圈、杭州都市圈实施以保障饮用水水源地安全为目标的持久性有机污染物全面监管（包括工业污染、城市面源、道路径流和农业面源）。

2. 饮用水水源保护区规范化管控

把清除饮用水水源保护区内的排污口、危化品码头泊位放在优先位置。全面完成集中式饮用水水源保护区规范化建设，拆除饮用水水源保护区内与水源保护无关的设施。同时，全面评估上下游岸线利用水功能设置与饮用水水源保护存在冲突的风险隐患，并制订统筹调控方案。

建议对南水北调、引江济太、通榆河引水工程等重点取水口设置集中式饮用水水源保护区，并取缔引水工程取水口 5 km 范围内环境风险较大的涉化、涉重废水排放口和危险化学品码头。

3. 清水走廊管控

南水北调输水干线和沿线受水湖泊（京杭大运河、高邮湖、洪泽湖、骆马湖）、苏北地区引江水的重要通道（通榆河）、引江济太通道（望虞河）以及其他向重要水源地供水的骨干河道（淮沭河、新沂河、太浦河等）划定为清水走廊，优先推进望虞河、太浦河等“清水走廊”规划建设。

在平原河网地区（重点是杭嘉湖平原河网地区、苏北平原河网地区），研究划定清水走廊、纳污走廊，实现城镇供水水源（河流）与城镇排水纳污水体的有效（或完全）分离，解决当前河流城市供水与纳污功能混杂、取水口与排放口交叉布局的问题。

统筹优化长江流域水功能区管理，重点调整南京段、苏锡常段的入江支流功能定位，建议长江支流入口以上 10 ～ 20 km 河段按照III类水要求进行综合整治。

严格清水走廊化学品航运的风险管控。协同水污染和环境风险的监管与应急。提高化学品运输船舶的准入门槛，加强应急处置设施设备建设，建立危化品应急处置库，提高应急处置能力。

4. 基于饮水安全的行业空间管控

水源涵养重要功能区、区域战略性饮用水水源地沿岸两侧 1 km、具备城市供水功能的湖库沿岸 3 km、清水走廊沿岸两侧 1 km 内严禁布局发展化工、涉重污染等行业，现有化工企业和涉重污染企业等应关停并转迁。

长江沿岸地区、环太湖流域为限化区，深化化工行业整治、转型，推进向沿海地区有序转移，不再新设化学工业园区、不再新增液体化工码头。率先实现所有化工企业全部进入化工园区，国家和省级化工园区实现绿色化、循环化转型。

强化畜禽养殖场规范管理，划定禁养区和限养区。以饮用水水源地（沿岸两侧 1 km）、水源涵养重要功能区、具备城市供水功能的湖库（沿岸 3 km）、清水走廊（沿岸 1 km）划定为畜禽养殖禁养区，全面取缔禁养区内所有养殖场（小区）、养殖专业户。具备城市供水功能的湖库划定为网箱养殖禁养区。生态保护红线区域划定为畜禽养殖限养区。严格规范养殖配套环保措施、限制养殖规模。水产养殖严格控制围网养殖面积，水库全部退出围网养殖，规范池塘循环水养殖，建设尾水净化区，严格执行太湖流域池塘养殖水排放标准。

三、重点工作任务

1. 长江岸线整治与港口危化品污染风险管控

建设清水走廊岸线，优化后方土地利用。全面整合港口、沿江化工和危化品仓储布局，优化污水排放口。沿岸地区不再新建危化品码头和化工园区。制订并实施新一轮沿江化工行业整治工程，力争 2025 年沿岸化工企业全部进入化工园区。

强化工业集聚区污染治理，沿江全部工业园区、集聚区必须建成污水集中处理设施及自动在线监控装置，并稳定运行。

加快建设危险品船锚地、散装液体危险品船舶公共洗舱站等重点防治船舶污染环保设施。饮用水水源保护区内禁止高污染风险货物或剧毒品的船舶航运、停泊、作业。

强化船舶流动污染的源头控制。在长江沿岸实施港口、船舶危化品风险管控与应急一体化联动。按照标准要求安装配备船舶污水和垃圾收集储存设施。强化水上危险品运输安全环保监管和船舶溢油风险防范，实施船舶运输全程跟踪监管。引导安全保障能力低、污染风险大、经营无力的航运企业主动退出水路危险货物运输市场。

2. 强化太湖流域富营养化控制

2020 年，太湖流域所有城镇建成区全面实现污水、垃圾全收集全处理；农村污水、垃圾处理设施实现全覆盖、全收集，建立农村污水处理设施运行保障机制，确保处理率达到 80% 以上。

建设城市初期雨水污染控制工程。进一步完善城市雨污分流排水系统，苏锡常等城市建设城市降水径流截流、处理系统，逐步实现初期雨水径流截流、处理全覆盖。

实施太湖流域水气协同控制，有效降低流域无机氮湿沉降负荷。进一步加强农业氨的控制，强化畜禽养殖场规范管理，划定禁养区和限养区，探索发展精准农业，推行测土配方施肥，提高氮肥利用率，降低区域大气、水体活性氮输入量；实施太湖流域化石能源消费总量控制，提高化石能源燃烧 NO_x 排放标准，控制氨法脱硝在太湖流域的使用。

3. 提升苏北地区饮水安全保障

构建相对分离的供排水格局。优化调整平原河网地区河流水功能，实现清污各行其道。承担饮用水水源功能的河流不再接纳城镇生活污水和工业废水，关闭沿岸排污口。通榆河左岸主要城镇实施跨越通榆河的污水导流工程。开展滨岸生态带建设，控制面源输入。

强化清水通道的保护。加强南水北调东线调水水源保护区与通榆河、淮沭新河等输水通道的水污染控制和水质保护，禁止危险化学品、危险废物船舶运输进入清水通道。优先实施京杭大运河（南水北调东线）和通榆河两侧 1 km 范围内的化工企业的关停并转。实施洪泽湖、高邮湖、骆马湖、白马湖等水质较好湖泊保护工程。

4. 深化钱塘江流域饮用水水源战略性保护

深化“五水共治”。把加强水库富营养化防治作为下一步深化“五水共治”的重点任务之一。加强钱塘江干支流、供水水库等重要水源地环境综合整治、浙北地区太湖取水、浙东引水等输水通道的水污染控制和水质保护，以及钱塘江流域水源涵养和千岛湖水生态环境保护力度。

强化城乡生活污染治理。到 2020 年，县级以上城市建成区污水基本实现全收集、全处理、全达标。具有城市供水功能水库集雨区、河流发源地及重要水源涵养区农村生活污水和垃圾收集处理全覆盖。

提升千岛湖水污染联防联控。按照建设长三角重要战略性水源地的战略定位，以“防洪、供水和生态功能”为主导，优化新安江水库调度运行，严格流域禁止开发区、限制开发区的管理，进一步加强水源地规范化建设与保护。积极支持上游地区化工、印染、电镀等高耗能、高污染产业的转型。统筹规划城乡基础设施建设、农业面源控制、畜禽养殖和工业污染治理，保障入湖氮磷营养物持续下降，上游安徽出境水质稳定达标。探索建立流域统筹的生态服务功能有偿使用的生态补偿机制。

第四节　基于人居环境安全的清洁空气战略

一、区域人居环境安全战略

1. 区域人居环境安全战略目标

以降低大气污染人群健康风险为引导，构建分区管控与节能减排和改善环境质量一体、多种污染物协同控制与区域联动、重化工业集聚区与城镇生活空间有效隔离的人居环境安全保障体系。

2. 清洁空气保障的空间管控

在长三角地区划定清洁空气保障的空间管控区，实施差别化的分区管控要求，具体分区情况见图 7-2 和表 7-1。

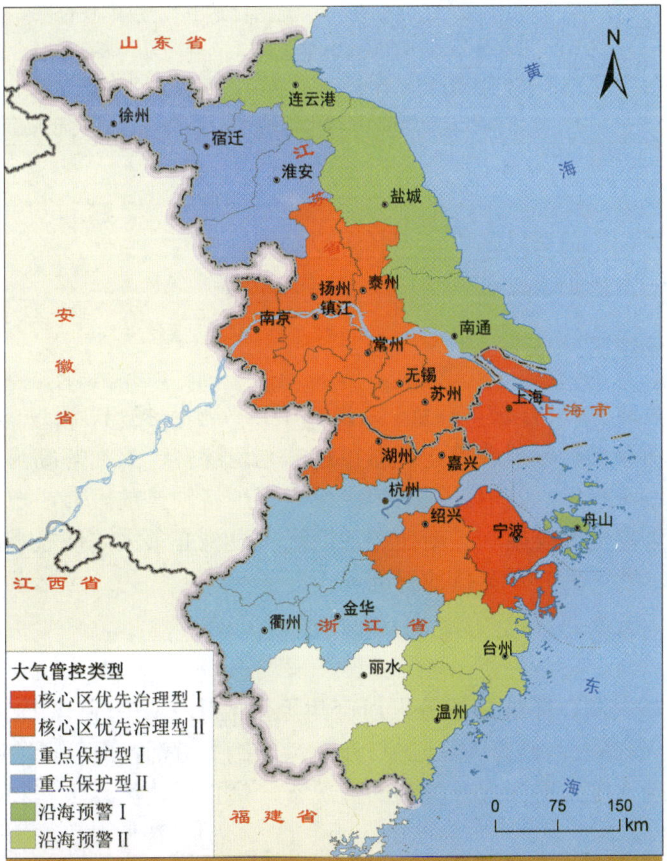

图 7-2　长三角地区大气污染空间管控区示意

表 7-1 长三角区域大气污染管控区及其管控对策

分类	城市	管控对策
核心区优先治理型城市	上海、宁波、南京、无锡、镇江、常州、扬州、绍兴、嘉兴、苏州、泰州、徐州	加快传统产业转型升级，城市建成区内的钢铁企业在未退出前，烧结、焦炉、高炉等工序全面达到行业污染物特别限值排放标准。严格执行用煤总量控制，提高清洁能源使用比例，以城市为单位划定禁煤区，禁止、限制燃用煤炭、重油等高污染燃料；限制化工产业发展，不再新设化学工业园；实施区域环境质量、人群健康风险管控“双约束”的 VOCs 排放总量控制；继续推行机动车总量控制。加强长三角地区污染监管力度，加强区域腹地城市联防联控，对污染通道上的工业企业制定限产政策
重点保护型城市	杭州、湖州、金华、衢州、淮安、宿迁	加强区域污染物减排，严格按照环境容量控制区域污染物排放总量。全面落实高污染燃料禁燃区并适度扩大其范围，全面推进非禁燃区分散燃煤锅（窑）炉淘汰改造工作。推动传统制造业绿色发展，提高行业准入、污染排放绩效水平，时机成熟逐步退出水泥行业，合理布局产业园区，加快淘汰落后产能和现有企业的清洁技术改造，禁止新增高耗能产业布局，新增产能实行倍量替代；探索泛长三角地区污染监管的一体化，加强与其他省市大气污染联防联控
沿海预警型城市	连云港、盐城、南通、舟山、台州、温州	严格承接重化产业转移的门槛，确保资源综合利用指标、污染物排放指标、综合能耗和水耗指标达到同期国际先进水平；对沿海各市港口、产业、城镇进行一体化布局，着力压减钢铁冶金过剩产能，优化钢铁产业结构；加快现有化工、石化产业整合入园，淘汰落后技术装备。除连云港及舟山石化基地外，沿海地区不再布局新的化工、火电项目

二、清洁空气保障实施“特别管控”

1. 高污染燃料禁燃区

在长三角地区腹地上海、宁波、南京、无锡、镇江、常州、扬州、绍兴、湖州、嘉兴、苏州、泰州等城市实施高污染燃料禁限政策。各城市依法划定煤炭、重油等高污染燃料禁燃区，实施更严格的小锅炉淘汰政策。制定长三角地区燃煤锅炉特别排放限值，燃煤锅炉全部达到特别排放限值要求。划定的燃煤限制区新建燃油或燃气设施必须采用低氮燃烧技术，制定并实施更加严格的燃油、燃气锅炉 NO_x 排放标准。

2. 化工及危化品禁限区

对长江沿岸、环太湖、环杭州湾等人口密集地区的化工园区和化工集中区，开展长期、全面、系统的 VOCs 暴露人群健康风险监控与评估，限制关键活性组分风险物质的生产、使用，在区域人群健康风险水平未得到有效控制的情况下，禁止新建涉及生产和使用主要人群健康影响因子的工业项目。

3.VOCs 严格管控区

综合考虑 $PM_{2.5}$ 和 O_3 主要超标现状、VOCs 排放负荷和人口密集情况，划定 VOCs 严控区。

第一批实施 VOCs 严控区的城市包括上海、苏州、南京、宁波、嘉兴、绍兴、无锡、常州、镇江、扬州、湖州等城市的核心区。VOCs 严控区的石化基地、大型化工园区均列入重点监控对象。VOCs 严控区在执行国家的 VOCs 控制政策和标准的基础上，参照国际大都市相关指标实施更严格的控制要求。

4. 主要行业大气污染物总量控制

实施基于区域环境质量达标的行业污染物总量控制。根据模型测算，在确保区域环境质量持续改善的前提下，长三角地区主要行业的大气污染物控制排放量见表 7-2。

表 7-2　长三角地区主要行业 2020 年、2035 年污染物控制排放量　单位：万 t

污染物	年份	电力	纺织	钢铁	石化化工	建材	机动车	其他
SO_2	基准	43.4	9.5	9.8	23.5	18.9	0.7	34.2
	2020	20.2	6.9	6.9	12.7	12.1	0.5	22.4
	2035	13.5	15.5	2.5	5.4	5.7	1.4	14.3
NO_x	基准	74.9	2.2	11.3	13.2	17.8	51.4	40.9
	2020	44.2	1.4	6.4	6.7	9.5	39	24.5
	2035	18.9	3.2	2	4.7	4.3	18.4	13.9
$PM_{2.5}$	基准	11.7	0.2	4.5	1.8	10.5	5.1	27.4
	2020	6.8	0.2	1.6	1.2	6.5	3.6	21.7
	2035	3.7	0.5	0.7	0.8	3.1	0.6	9.3
VOCs	基准	1	25.6	3.4	75.7	7.7	76.5	147.4
	2020	0.8	21.4	2.4	41.3	7.6	57.8	123.3
	2035	0.3	14.2	0.7	30.4	3.8	12.4	44.3
NH_3	基准	1.2	0	0	1.4	0	2.1	72.2
	2020	1.3	0	0	1	0	1.5	47.3
	2035	0.7	0	0	0.4	0	4.7	23.7

三、重点工作任务

1. 能源清洁化与高效利用

严格实行煤炭消费总量和能源消费总量“双控”，以提高能源利用效率为导向，促进能源高效利用，提升重点领域能效水平。力争 2020 年区域火电机组平均供电煤耗下降至 295 g/（kW · h）以下。

能源消费总量控制。到 2020 年，长三角地区能源消费总量控制在 6.9 亿 t 标煤以内，上海市、江苏省、浙江省能源消费总量控制在 1.3 亿 t 标煤、3.4 亿 t 标煤、2.2 亿 t 标煤以内，2030 年控制在 7.5 亿 t 标煤，2035 年煤炭占能源消费总量的比重下降到 34%。

推进煤炭高效清洁利用。加快发展高效燃煤发电和升级改造，着力改造提升传统煤化工产业，实施燃煤锅炉提升工程，地级以上城市建成区淘汰 35 蒸吨以下燃煤锅炉，着力推动煤炭分级分质梯级利用，推进废弃物资源化综合利用，解决煤炭利用方式粗放、能效低、污染重等突出问题。

工业用能总量控制。到 2020 年，长三角地区工业用能由 2015 年的 4.2 亿 t 标煤降至 3.9 亿 t 标煤，在总能耗中的比重由 69% 降至 57%。上海市、江苏省、浙江省工业能耗分别控制在 0.5 亿 t 标煤、2.2 亿 t 标煤、1.2 亿 t 标煤，在总能耗中的占比分别降至 38%、66%、56%。到 2020 年，长三角地区煤炭消费总量控制在 3.0 亿 t 标煤以内，比 2015 年下降 0.3 亿 t 标煤。上海市、江苏省、浙江省持续控煤减煤，煤炭消费总量占一次能源比重分别下降至 33%、50.9%、42.8% 以内。

2. 重点行业大气污染控制

（1）电力行业

重点通过煤改气、小机组淘汰、大机组超低排放改造等措施实现污染物减排。所有燃煤机组（含自备燃煤机组及热电联产机组）实施超低排放改造和节能升级改造；企业自备电厂实施超低排放改造或天然气替代；探索大型燃煤电厂开展碳捕捉与封存技术（CCS）应用，降低煤电碳排放。

（2）钢铁行业

在已有沿海沿江布局基础上，着眼减轻区域环境压力，依托优势企业，全面优化调整沿江钢铁布局，大幅化解过剩钢铁产能。逐步推进位于中部腹地高排放污染带、传输通道及人口密集重叠区的南京及苏州、无锡、常州、杭州等地的钢铁企业实行减量调整。到 2020 年，南京及苏州、无锡、常州等地压减 1 750 万 t，上海、南京、苏州、常州等城市建成区内的钢铁企业 2035 年前全面退出，在未退出前应全面采用国际先进节能减排技术减少钢铁行业耗能，烧结、焦炉、高炉等工序全面达到行业污染物特别限值排放标准。

（3）建材行业

淘汰小规模、技术落后的水泥、平板玻璃等建材企业，不再新扩建水泥、平板玻璃企业，加强现有建材行业企业的排放监管。到 2020 年，江苏压减水泥产能 600 万 t、平板玻璃产能 800 万重量箱，逐步推进南京、常州、镇江等落后水泥产能的限期退出。

（4）石化和化工

位于城市建成区的石化化工企业均应实施产业转型或环保搬迁，小型炼油企业均应实施淘汰，上海 2035 年前完成高桥石化、吴淞、吴泾等老工业基地石化、化工产业退出；南京逐步削减石化化工企业规模，2035 年金陵石化完成搬迁，南京江北新区重点推进产业转型升级与新型城市化，打造产业高端、生态宜居的城市新区，加大南京化工园绿色化改造力度，石化产业以下游深加工为主，不安排炼化一体化项目入园。化工行业实施减量化，逐步淘汰农药、医药中间体等产业；持续压减化工行业的溶剂型涂料、油墨生产企业产能。2035 年，石化化工行业生产技术装备和污染物排放治理全面达到国际先进水平，企业环境综合管理水平与国际接轨。

（5）有色金属行业

2035 年前长三角城市群实现高污染的铜锌冶炼全行业退出，全面整治基于电子垃圾拆解的有色行业。引导长三角有色金属行业调整发展为先进技术、高端产品和环保严格的行业标杆，2035 年前长三角地区有色冶金行业生产技术装备和污染物排放治理全面达到国际先进水平。

3. 区域 VOCs 污染控制

实施 VOCs 总量控制。2020 年、2035 年的 VOCs 排放总量较 2015 年分别需削减约 30%、

70%。实施涉VOCs行业原料替代工程及工艺技术改造工程，从源头控制到末端治理实施全过程VOCs污染控制。开展农药、涂料、胶黏剂、油墨等行业原料替代工程，以及橡胶、包装印刷、合成革、家具、石油炼制与石油化工及汽车等行业工艺技术改造工程。加强对区域VOCs无组织排放源实施监控，全面推广实施LDAR技术。在上海、宁波实施二甲苯、甲苯、乙苯、乙烯、丙烯、丁烯、戊烯、异戊二烯等VOCs活性组分优先控制。

VOCs健康风险管控。对人口密集的沿江、环湾地区的重点石化化工园区，开展VOCs暴露人群健康风险的管控试点。对重点园区开展系统、全面、长期的VOCs检测与人群健康风险评估，将人群暴露风险贡献较大的VOCs物质作为区域优先控制物质。

研究制定长三角地区VOCs相关政策标准和技术规范。加强区域内现有VOCs防治相关政策、法规、标准和技术指南与技术规范的交流和相互借鉴。VOCs严格控制区实施污染物排放倍量替代，执行区域最严格的特别排放限值标准。

4. 移动源污染控制

交通源污染控制重点开展以柴油升级和船舶污染治理为主的机动车和船舶尾气治理。全面提升车用汽柴油标准。在全面供应国Ⅴ汽、柴油的基础上，重点城市加快国Ⅵ汽油的部署，新车推进实施国Ⅵ排放标准；积极推动机动车排放标准升级和绿色交通工具改造，大幅提高新能源汽车的占比，全面推行公共交通系统和出租车新能源汽车替代；开展生物柴油应用试点，形成多元化清洁油品供应体系，严厉打击制售假劣油品行为。落实并深化“长三角船舶排放控制区”试点工作。内河船舶和江海直达船燃油质量应符合国家《普通柴油》国Ⅳ标准，结合实施效果，2020年起通过实施燃油含硫率≤0.1%（质量系数）、扩大排放控制区范围、增加氮排放控制等，进一步严格区域船舶污染控制要求。

加强非道路移动机械管理，实施油、机协同升级，划定并公布禁止使用高排放非道路移动机械的区域。建立排放管理清单，持续推进非道路移动机械排放标准升级和不达标高污染非道路移动机械的依法淘汰。建立非道路移动机械环保准入制度，加快制定长三角地区一体化的在用非道路移动机械排放限值和测量方法，加强非道路移动机械尾气排放与净化设施改造监管。

第五节 基于区域生态功能维护的生态修复战略

一、区域生态安全格局战略

从维护提升生物多样性、土壤保持、水源涵养和洪水调蓄生态服务功能上，将浙西南山区的重要生态功能区作为长三角的生态屏障，构建“三横两纵一屏”的生态安全新格局。“三横”为三条生态水廊及沿线湿地，包括长江干流及沿线河湖湿地、洪泽湖入海水道及沿线河湖湿地、富春江—钱塘江及沿岸湿地；“两纵”一条为沿海湿地带，包括连云港—盐城—南通—崇明岛东滩—宁波象山—台州—温州沿海湿地，一条为山水生态廊道，包括骆马湖—高邮湖—邵伯湖—茅山—天目山—千岛湖—浙西山地；“一屏”包括宁镇山脉、宜溧山脉、浙中金衢盆

图 7-3 长三角地区“三横两纵一屏”生态格局

地、浙南山地、浙西与浙东丘陵（图 7-3）。

二、关键生境的保护与修复

1. 强化生态保护红线刚性约束

对长三角地区主要河流中游、上游丘陵山地、重要河口、海湾、岛屿等重要水源涵养区、自然保护区、饮用水水源保护区、清水走廊、生物多样性保护优先区、自然湿地等生态功能重要区实施生态空间用途管控。将重要生态功能区、生物多样性保护优先区、各级自然保护区纳入长三角地区重要生态空间管控，管控区分布见图 7-4。其中，重要生态功能区面积为 42 524 km^2，占长三角区域总面积的 20.18%，包括苏北滨海湿地生物多样性保护重要区、浙闽山地生物多样性保护与水源涵养重要区、天目山—怀玉山区水源涵养与生物多样性保护重要区、洪泽湖洪水调蓄重要区；国家级和省级自然保护区面积 6 859 km^2，占长三角区域总面积的 3.19%。

2. 水生态系统保护与修复

和谐江河 - 湖泊水生态保护，加强江河湖泊水力连通，加快推进入湖河流水体生态修复。

加强长江江滩及通江河流湿地资源保护，划定湿地保护红线区域，建立流域湿地保护体系。实施以珍稀濒危水生物种和生境保护为核心的湿地生态保护修复工程，重点营造、建设和治理好适合中华鲟、白鲟、江豚等的生境。整合长江干线及洲岛岸线开发，逐步恢复增加生态岸线，岸线开发利用率逐步降至 50% 以下。

加强环太湖地区生态修复与治理，全面改善河湖水力连通，着力修复主要入湖河流河口水生态环境，建设太湖主要入湖河口生态缓冲带、环太湖湖滨带，实施全流域控氮控磷。实施科学调水引流，保障枯水期河道生态流量。重点推进入湖河口生态缓冲带建设。推进实施环太湖地区海绵城市建设和城市降水径流污染控制，完善城市雨污分流排水系统，建设城市初期降水径流污染处理设施。

3. 加强沿海与重要海湾生态保护

将沿海自然岸线、重要湿地纳入生态保护红线。根据湿地重要性和敏感性，适当增建滨海湿地自然保护区或保护小区、湿地公园，优先保护生物多样性热点地区和关键区域（如苏北、崇明、杭州湾及钱塘江河口）。

全面评估苏北沿海滩涂围垦（盐城、南通沿海）、浙东南重要海湾（象山湾、三门湾、乐清湾、台州湾）填海造地的生态后果，优化调整实施中的有关滩涂围垦的规划。制订相应的生态修复方案，建设沿海湿地生态保护和海湾生态修复示范工程。

苏北沿海不断提升丹顶鹤、麋鹿自然保护区规范管理水平，强化生态修复治理，并将保护区核心区向陆边界设定为永久性保护边界。保护区内生产经营活动退出，以保障丹顶鹤等珍禽的栖息、觅食地。划定陆域工业建设用地边界，海域鱼类生境和通道控制区。

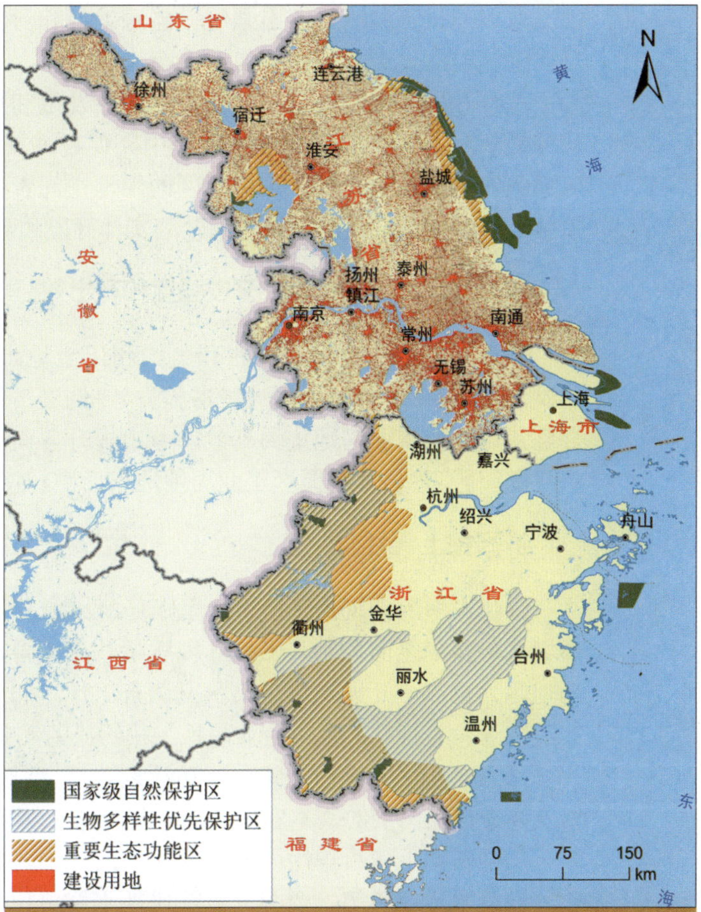

图 7-4　长三角地区重要生态空间管控区

4. 加固浙西南山地安全屏障

浙西南山地增强水源涵养、生物多样性保护等生态服务功能，加固长三角生态安全屏障。

加强生态公益林保护与建设，提升区域水源涵养和水土保持功能。低丘缓坡开发耕地严格控制在海拔 300 m 以下，禁止在供水水库库岸至首道山脊线内的荒坡地和坡度 25° 以上林地、各类生态功能重要的和受保护的林地垦造耕地，全面退耕还林，有效控制水土流失。持续推进重点公益林等林业工程建设，促进森林面积稳定提升，改善林分结构；实施中幼林抚育和低产低效林改造工程，增加单位面积森林蓄积量，合理控制经济林规模。完善野生动植物资源监测和保存体系，开展濒危动植物物种专项救护。对森林沼泽、地热湿地、草本沼泽等特殊类型的湿地分布区域给予重点保护。

三、构建土地开发利用新约束

1. 深化主体功能区土地利用管控

严守基本农田和生态保护红线，科学规划城市开发边界和优化工业用地布局，构建市域、区域相融合的生态安全格局。

优化开发区域。以盘活存量、优化布局为主导，率先解决不符合城市总体规划功能定位的工业用地逐步调整转型。严格控制上海、南京、苏州、无锡、常州、杭州等城市建设用地增量，分阶段有序减少工业用地，增加生态用地，优先解决市域之间用地功能定位冲突的问题。

以工业用地投资强度、产出强度、能源消耗和污染物排放强度为考核标准，提高新上工业项目入园门槛。

重点开发区域。推进中小城市的有序发展和适度扩张。按照新型城镇化要求，引导人口从分散居住点逐步向城镇居住区集中，促进产城融合。列入重点开发区域的苏北沿海地区，应加强对沿海临港新城、滨海新区的用地空间管控和工业园区整合，防止无序扩张。划定港口区、临港新城、新区、工业园区等实体开发边界，保留足够的自然生态空间。

2. 强化建设用地总量、开发强度和产出效益“三管控”

严控建设用地规模，节约和集约利用土地。通过建设用地总量、开发强度和产出效益控制，“倒逼”城市建设用地挖潜提升，“倒逼”经济转型和产业结构优化。开展工业用地综合整治，强化工业用地集约高效，着力提升各类工业园区土地开发利用效率，加快推进工业企业进园区，严格各类园区工业用地准入门槛，建立负面清单，制定工业企业的用地退出机制。

3. 严控土壤污染

强化土壤污染风险管控和治理修复，2020年，土壤环境风险得到基本管控，2035年土壤环境风险得到全面控制、土壤环境质量普遍改善。以重点行业企业用地、农用地和潜在污染场地等为重点，开展土壤污染状况调查工作。加强重金属和持久性有机污染物污染防控，制订“常规＋特征”的重点企业用地土壤污染监测指标体系。

深入落实《土壤污染防治行动计划》，重点加强城市郊区、工业园区、畜禽养殖区周边，以及高速公路两侧的基本农田、蔬菜基地等土壤重金属、持久性有机物的污染监控。

加强耕地土壤累积污染风险管控，围绕农药化肥合理施用、土壤有机质提质、废物资源化、灌溉水质保障等，全方位监控耕地土壤累积污染风险。高标准农田及高标准农田建设区要优先实施耕地土壤污染的全面管控。

实施化肥农药投入总量、强度“双减”。推广应用测土配方施肥技术、农药精准高效施用技术，推广使用生物农药和高效低毒低残留农药，实现化肥减量增效、农药减量控害，单位耕地面积的化肥农药施用强度低于全国平均水平，到2020年推广商品有机肥较2015年增长50%。

建立工业园区、重化产业集聚区及其周边土壤污染的防控体系，按照基本农田土壤保护优先的原则，对工业园区、重化产业集聚区涉重金属和持久性有机污染物排放实施跟踪监测、风险管控，采取防治措施，严格控制重金属、持久性有机污染物的累积污染。加强污染场地治理的技术支持和法律制定。从法律层面健全土地开发中的“污染者付费原则”，将旧工业场地的评估和治理作为再开发的前置。

第八章

促进绿色生态发展的对策建议

长三角地区是我国经济最具活力、开放程度最高、创新能力最强、吸纳外来人口最多的区域之一，“一带一路”与长江经济带的重要交汇地带，一系列国家战略叠加，在国家现代化建设和全方位开放格局中具有十分重要的战略地位。

在未来发展中，应全面深入贯彻党的十九大精神，践行社会主义生态文明观，坚持人与自然和谐共生，依托江河湖海丰富多彩的生态本底，发挥历史文化遗产众多、风景资源独特、水乡特色突出的优势，坚持生态保护优先，深化创新驱动绿色发展，优化国土空间开发，共同建设美丽城镇和乡村，呈现“青山常在、绿水常流、空气常新”的生态型城市群，建成“美丽中国建设示范区”。

第一节　创新引领，绿色、循环、低碳发展

一、坚持生态保护优先

按照“共抓大保护”理念，全面落实主体功能区发展战略，开发建设以不破坏生态环境为前提；“在保护中发展，在发展中保护”，坚持在发展中补齐环境短板，坚持统筹优化空间布局，以生态保护红线、人居环境安全和资源环境承载优布局、定规模。

二、坚持绿色发展

长三角地区正处于产业转型发展的关键时期，要把绿色发展、循环发展、低碳发展作为破解资源环境约束、适应人民群众对绿水青山的期盼的基本途径。以绿色循环低碳调结构，推进产业转型升级、打造核心竞争优势，建设创新型、节约型、环境友好型经济社会。

三、坚持集约、节约发展

坚持节约集约循环利用的资源观，以提升城市群资源利用总体效率为重要手段，以节地、节水和节能，集约利用岸线等资源为重点，强化优化开发区域的城市重要资源总量利用控制，优化重点开发区域的城市资源利用结构和增速控制，为优化空间布局腾出容量，加快推动资源循环利用，促进区域高质量发展。

四、坚持协同发展、生态共建

面对长三角地区高速发展过程中积累的资源约束和环境污染，各市无法独善其身，率先实现现代化必须走向协同发展、生态共建。着力推进构建科学合理的城市化格局、农业发展格局、生态安全格局、自然岸线格局，推动环境保护与经济建设和社会发展统筹规划、同步实施、协调发展，推动一体化的绿色低碳循环发展产业体系建设。强化区域环境污染共治、生态安全共建机制，推动长三角一体化环境保护政策与标准、产业环境准入门槛，协同一致的环境保护规划与污染治理行动计划。

第二节　创新驱动引领产业转型升级

一、协同推进“中国制造 2025”战略

1. 着力共建“协同创新”的新格局

着力构建协同创新共同体，培育壮大创新主体，共建共享创新平台。建设以上海为中心、宁杭合为支点、其他城市为节点的网络化创新体系。强化上海创新思想策源、知识创造、要素集散等功能，加快张江国家自主创新示范区建设，重点提升原始创新和技术服务能力。加快苏南国家自主创新示范区、杭州国家自主创新示范区建设，集中打造南京、杭州、宁波等创新节点，重点提升应用研究和科技成果转化能力。以宁波、温州为核心，辐射带动周边地区，提高自主创新能力，加快培育新经济，积极推进浙东南国家级自主创新示范区建设。

2. 创新转型打造世界级制造业基地

加快实施“中国制造 2025”。全面推进宁波、镇江、南京、常州、无锡和苏州等“中国制造 2025”试点示范城市建设。以沿江国家级、省级开发区为载体，以大型企业为骨干，加强重大关键技术攻关和创新，重点发展一批技术能力高、产品附加值高的技术装备，联合组织攻关重大装备项目。不断提高制造业的智能化水平和设计制造水平，用现代制造技术改造和提升传统制造业，淘汰现有低端、低附加值的传统制造业，逐步推进制造业生产方式的转变，由制造业向“智造业”发展。

上海大力提升制造业转型升级的水平和速度，带动长三角地区制造业的联动升级。苏南地区努力开发自主品牌和提高研发能力，提升制造业的核心技术，大力发展服务型制造业。

培育一批集聚程度高、研发实力强、技术水平领先、具有核心竞争力的大企业集团，联合打造电子信息、高端装备、汽车、家电、纺织服装等世界级制造业集群。

二、传统产业加快腾退发展空间

1. 多途径实施传统产业优化升级

加快整合各类开发区、产业园区，引导生产要素向更具竞争力的地区集聚，多途径打造一批竞争优势明显的开发区、产业集群与产业基地，支持高水平开发区品牌输出。以产业转型升级需求为导向，聚焦电子信息、装备制造、石化、汽车、纺织服装等产业集群发展和产业链关键环节创新，提升主导产业核心竞争力。以清洁生产一级水平为标杆，加快传统产业“绿色化”技术改造、升级换代，提高存量产业的资源环境效率。

以“全方位污染与风险管控”推进限制开发区域、优化开发区域钢铁、石化、有色金属、建材、船舶、纺织印染、酿酒等传统产业转型升级、产业优化布局。综合运用产业政策、污染物排放特别限值、总量倍量替代、清洁生产水平、技术改造升级、产品结构优化、规划布局等措施，全方位控制高能耗、高污染、高排放产业的发展。

从严控制异地搬迁或配套原料项目，防止污染转移。引导资源加工型、劳动密集型产业和以内需为主的资金、技术密集型产业向长江中上游转移；积极推广后发地区工业园区“托管”“合作共建”等产业转移发展的新模式。苏北地区在承接长三角核心区的集群式产业转移过程中要强化科学布局、升级改造。

2. 加快产业园区的专业化发展与绿色化改造

着力推进长三角地区工业园区循环化改造示范。重点工业园区的升级改造坚持“城市化”和“绿色化”两条路径，分类引导各园区的产业发展方向，提升一批产业园区为城市区，建设一批具有竞争力的特色专业园区。从空间布局优化、产业结构调整、企业清洁生产、公共基础设施建设、环境保护、组织管理创新等方面，推进现有各类园区进行循环化改造。

促进城镇化与工业化和谐发展。按照环境保护新要求，继续推动城市“退二进三”，产城融合发展。对城市建成区、城市规划建设范围的重化产业等工业园区，要积极实施转型发展的道路，退出、转移生产型重污染企业，向技术研发、总部基地、创意产业等方面转型，星火开发区、宝山工业园区、南京经济开发区、吴江经济开发区、苏州浒墅关经济开发区、张家港经济开发区、连云港高新区、萧山经济开发区、嘉兴经济开发区、嘉善经开区等尽快完成园区内的化工、钢铁、造纸等企业退出、转移。

严格控制市县级园区无序发展与布局，推进市县级园区工业企业搬迁改造和园区整合。

三、绿色经济财税措施促转型发展

建立差别化的有偿使用收费标准。推进资源有偿使用，发挥价格杠杆机制，实施能源、水资源、土地资源梯级收费、税收优惠与提高环境收费标准等经济手段，完善高耗能、高耗水行业及土地紧缺地区差别化电价、水价、气价、污水处理费、土地使用税等资源环境税费制度，适当提升上海、苏南和浙东北超大、特大城市的资源收费标准，促进长三角核心区资源集约节约利用。

研究探索产业转移税收利益共享机制和征管协调机制，减少税收政策洼地，促进要素流动；研究设立长三角城市群一体化发展投资基金，重点投向跨区域重大基础设施互联互通、生态环境联防共治、创新体系共建、公共服务和信息系统共享、园区合作等领域。

实施以产业政策、优化产业结构为导向的税收优惠政策，沿江、环杭州湾地区加大对战略性新兴产业、高技术产业、现代服务业发展的政策支持力度，鼓励企业自主创新，促进区域经济转型发展。

推广实施绿色金融制度，加大对转型升级企业的信贷优惠，严格限制区域发展负面清单项目的融资；积极探索能效信贷、市场化碳排放机制、生态建设市场担保机制等正向激励的绿色金融政策，在长三角地区深化企业环保诚信，将环境污染、环境损害等纳入企业诚信体系，并在区域内试行环境污染黑名单制度，在沿江、环太湖、环杭州湾地区，以石化、化工、钢铁等产业为主加快建立环境污染强制责任保险制度。

推广运用浙江省扶持中小企业的政策经验，建立完善村镇银行、小额贷款公司、资金互助社、中小企业信用担保机构等中小企业金融服务体系，落实各项税收优惠政策，建设适合中小企业生存发展的政策环境。

第三节　推动重点地区协同优化发展

一、沿江发展带：协同调优调绿

沿江发展带包括江苏 8 个地级市和上海市部分市区，其中，江南沿岸以优化开发区为主，江北沿岸以重点开发区为主。重点实施压减、转移、改造、提升，协同调优调绿沿江产业发展带。

1. 整合港口码头开发，优化岸线利用

依托长江黄金水道，促进长江岸线有序利用和江海联运港口优化布局，建设长江南京以下江海联运港区，打造引领长江经济带临港制造和航运物流业发展的龙头地区，推动跨江联动和港产城一体化发展，建设科技成果转化和产业化基地。

促进港口合理布局、集约共用。积极推动沿江港口统筹规划布局，强化港口分工协作，鼓励建设公共码头泊位，提高现有码头利用效率，整合并减少业主码头泊位。严格控制港口码头无序建设。

加大沿江危化品码头资源整合力度，对整改后仍不符合相关规范的危化品码头，实施关停并转，2020 年率先完成与饮用水水源地存在布局冲突的港口、危化品码头岸线整改，清水走廊岸线内危化品码头应予以拆除；严禁在长江干流和主要支流岸线 1 km 范围内新建危化品码头。

2. 优化沿江石化化工产业布局，严格控制沿江开发强度

重点延伸拓展技术含量高、附加值高、资源能源消耗低、环境污染排放少的化工新材料、高端专用和功能性化学品、生物及能源新技术和新能源技术、新型化工节能环保产业等，形成产业集聚优势和特色品牌优势。

调优调绿沿江化工石化产业，实现布局优化、结构绿化、产能减量化，逐步提高资源消耗、污染排放、风险防范等准入条件。制订长江沿岸地区化工企业向沿海地区转移发展的实施方案，有序推进沿江城市石化产业的优化布局和转型发展，不再新建和扩建以大宗进口油气资源为原料的石油加工、石油化工、基础有机无机化工、煤化工项目，优先实现区域中心城市周边和沿江两岸化工企业向有环境容量的沿海地区转移，全面加强化工行业的环境风险监管，制订化工企业全面进入化工园区的实施方案，引导和“倒逼”企业向工业园区集中，持续缓解区域环境风险，力争 2025 年沿江地区化工企业全部进入化工园区。

长江沿岸地区不再新建化工园区，清水走廊沿岸 1 km 范围内化工企业全部关闭，1 ～ 3 km 范围内禁止新建基础化工原料企业，化工园区应转型发展。对沿江化工行业重污染、高能耗、规模小、效益差的落后生产工艺、技术装备和产品，坚决予以淘汰。到 2020 年，南京市长江以南、绕城公路以内的主城区实现“零”化工生产企业。

有序推进劳动密集型、资源密集型、环境压力大的产业向苏北、沿海地区转移。引导苏南地区能源、机械、纺织等行业项目加快向苏北和沿海地区转移，在转移中化解过剩产能、扩大优质先进产能。加快低端落后产能的淘汰，重点对苏南地区乡镇的小化工、小冶金、小建材、小五金和低端船舶修造等行业实施淘汰。

3. 沿江八市加快高耗能产业去产能

江苏省沿江八市应进一步加快钢铁、煤炭去产能，火电、钢铁、石化、水泥、有色、化工等六大重污染行业应进一步压减燃煤用量，实施煤改气、煤改电等能源替代工程，全面推进煤炭清洁高效利用。

城市建成区现有钢铁、建材企业全部实施落后产能淘汰和转型发展，不得在沿江地区新建钢铁、燃煤火电等高能耗项目；制订并实施南京市的南钢、梅钢、上海市的宝钢、苏州市的苏钢、常州市中天钢铁等城市钢厂的转型升级或搬迁的行动方案。

二、沿海发展带：科学布局、绿色集约发展

积极培育临港制造业、海洋高新技术产业、海洋服务业和特色农渔业，加快建设浙江海洋经济示范区和通州湾江海联动开发示范区，高起点建设浙江舟山群岛新区和江海联运服务中心、宁波港口经济圈、台州小微企业金融服务改革创新试验区。重点推进沿海深水大港、临港产业园区和城镇协同发展，打造全球一流的现代化综合枢纽港、国际航运服务基地和国际贸易物流中心。

1. 实施“江海联动”，积极承接先进制造业和高端产业转移

实施“江海联动”，积极承接长三角内外、沿江内陆地区技术水平先进的化工产业转移，

发挥对苏北内陆地区关联产业的辐射带动作用。着力压减钢铁冶金过剩产能，优化钢铁产业结构，统筹布局发展精品钢产能，重点发展重大技术装备、重大工程所需的高端钢材产品。产业转移过程中，鼓励整体产业链及企业群的转移，统筹完善沿海工业产业链，合理分工，错位发展，集中布局，形成顺畅的工业产业转移与生产协作关系。

2. 加快推进沿海地区先进、高端、绿色化工规范发展计划

加快推进连云港石化产业基地建设进程，形成炼油、烯烃、芳烃及衍生产品深加工一体化的产业集群。加快盐城、南通产业布局优化和转型升级，以承接江苏沿江及国内外石化产业转移为主线，推进通州湾江海联动开发示范区建设。重点发展精细及专用化学品、化工中间体、工程塑料、合成橡胶、高性能纤维以及其他功能性新材料，适当发展生物化工。具体计划详见本章第四节。

3. 加强沿海港口岸线资源整合

结合沿海地区发展战略，加快制定沿海地区“港产城联动”的专门规划，合理确定各地区的港口功能定位、产业发展定位、城市建设定位，对沿海地区各市的港口、产业、城镇进行一体化布局。

积极推动码头能力利用率低、岸线资源利用效率低、对地方经济贡献度低的码头整合。推动港城矛盾突出的老港区功能调整，如连云港港区部分功能向徐圩、赣榆两翼港区转移，南通老港区功能向沿海洋口、通州湾港区转移；推动相邻港区的资源整合，如按照绿色港的标准与要求，加快推进宁波—舟山港资源整合和深度融合。沿海危化品码头要与产业发展需求、港口发展规划统筹考虑并完善相关安全环保基础设施。

三、环太湖地区：循环绿色转型，共建生态空间

环太湖地区包括江苏苏锡常、浙江湖州、嘉兴，以及上海市部分地区，主体功能区全部划为优化开发区。应突出循环绿色转型，共建生态空间。

1. 加快推进环太湖一级、二级保护区内重污染企业的淘汰、转移

全面实施太湖流域化工、电镀、小冶金等行业的专项整治。2017 年年底前，淘汰污染严重且达标无望企业，2018 年年底前完成太湖一级保护区化工、印染、电镀等企业、化工区、化工集中区关停并转建成无化生态保护区。

划定污染行业禁止区。按照流域发展定位，大力调整宜兴、武进产业结构，全面淘汰印染、电镀等重污染企业，大幅削减化工企业，太湖流域不得新改扩建染料以及排放氮磷污染物的工业项目。

重点推进环太湖绿色重大化工企业向沿海地区转移。城区化工企业全部关停或搬迁，到 2020 年，所有化工企业必须进入化工园区。

2. 严格落实太湖管理条例

制定严格的行业准入政策，禁止不符合行业准入条件的生产能力、工艺技术、装备和产

品落地。禁止设置不符合国家产业政策和水环境综合治理要求的造纸、制革、酒精、淀粉、冶金、酿造、印染、电镀等排放水污染物的生产项目。不得新建石油化工、煤化工等化工项目，从严控制异地搬迁或配套原料项目，防止污染转移。入太湖河道一定范围内不得新建化工、医药等项目及设置排污口。

3. 严格控制工业用地实体开发边界

统筹规划流域工业用地空间边界，严格工业建设用地总量和开发边界管控。严格新设工业园区的规划环评和综合论证，不再新设化工园区，压减现有化工园区数量。既有各类产业园区加快污染产业淘汰、转型发展。到 2020 年，与城市功能布局不协调的工业园区须实现转型发展，完成市级以下各类工业园区和挂靠“工业园区”的规范化整治。

四、环杭州湾地区：统筹发展、优化布局

环杭州地区主要为优化开发区，部分市县为限制开发区。应强化统筹发展、优化布局，重点实施转移、关停、重组、优化。

1. 培育发展新型战略性产业

发挥创业创新优势，培育发展信息经济等新业态新引擎，加快建设杭州国家自主创新示范区和跨境电子商务综合试验区、湖州国家生态文明先行示范区，建设全国经济转型升级和改革创新的先行区。深入推进环杭州湾地区产业转型升级；发挥重大创新平台示范作用，着力发展高新技术产业。

2. 统筹产业布局

加快新兴业态与高端产业发展，推动环杭州湾地区的落后产能逐步退出，优化重化工业的布局，控制围垦规模，严禁新增城镇与污染性工业项目。

环杭州湾地区（上海、杭州、宁波、舟山）炼油石化产业建设实行区域联动，统筹建设规模。优化上海沿杭州湾石化产业布局，适度压减规模；控制嘉兴传统精细化工产业，鼓励发展高端化产品；舟山石化基地与宁波国家级石化基地要统筹规划，舟山石化基地要实现与宁波石化基地原料产品互供、产业链互补、配套工程共享。

优化集中发展印染产业，淘汰小印染企业，控制精细化工发展，淘汰杭州小炼化、钢铁冶金产业；严格控制煤电规模，除热电联产和上大压小项目外，不新建煤电项目，淘汰 10 万 kW 以下小电厂；严格限制绍兴与萧山传统印染纺织业发展，全面推进绿色转型。

优化环杭州湾地区化工产业发展。控制传统精细化工产能总量，严格淘汰落后产能；积极发展化工新材料、化工新能源和高端精细化学品。全面推广绿色化工技术和清洁生产，进一步提升石化企业的生产技术、装备和控制水平，强化环保整治和化解环境风险。沿海地区各化工园区要确保资源综合利用指标、污染物排放指标、综合能耗和水耗指标达到同期国际先进水平。

3. 着力建设循环经济产业园区

积极推行循环经济产业园区，加强污染控制治理技术，力争达到世界先进清洁生产水平。推动沿线城市城区的污染企业退城入园或搬迁改造。严格控制沿湾各地区的重化产业园区用地规模，重点推动现有国家级及省级工业园区、产业集聚区循环化改造。优先开展循环化改造园区，包括以石化、化工、钢铁、印染等重化产业为主导产业，且布局与居住区存在冲突的园区，如南京化学工业园区、张家港保税港区、常熟经济技术开发区、太仓港经济技术开发区、江苏常州滨江经济开发区、镇江经济技术开发区、宁波石化经济技术开发区、宁波大榭开发区、杭州大江东产业集聚区、绍兴滨海工业园区以及浙江独山港经济开发区等。

第四节　推进石化产业“由大向强”转型发展

一、协同推进石化产业“新两级”

1. 以连云港石化产业基地带动江苏沿海石化产业带发展

着力推进沿海地区发展，加快石化产业向沿海地区转移集聚，打造临港大型绿色化工基地，重点发展清洁油品、基础化学品、三大合成材料、化工新材料等在内的产业链集群。

科学规划、有序推进连云港徐圩石化产业基地建设，发展千万吨级炼油乙烯一体化及延伸化工加工产业的的产业集群。按照“国际一流石化产业基地”的定位，科学规划、有序推进连云港石化基地的建设，以大型炼化一体化项目为龙头和核心，形成以清洁油品、三大合成材料、化工新材料、高端有机化工原料为主要产品，内部资源高效利用、公用工程配置高度集约的国际一流石化产业基地。

建设连云港徐圩石化产业基地要与连云港市“港产城”优化发展联动，与承接沿江石化产业转移联动。以连云港徐圩石化基地建设为契机，优化调整连云港市徐圩新区、赣榆区石化产业发展规划以及相应的港口码头发展规模，着力推进连云港市域范围化工石化产业整合，促进石化产业向徐圩石化基地集聚、集约，化工石化企业入园发展。优化调整徐圩新区城镇发展功能定位和布局规划，科学划定石化产业发展用地控制边界，规范化建设化工园区，化工园区与集中居民区、集中式饮用水水源保护区之间保留 3 km 生态用地空间。优化原油、成品油及危化品运输路径，有效规避主城区等人口稠密区、集中式饮用水水源保护区和重要海洋生态保护区等环境敏感区。

以落实“促进沿江石化产业有序转移”“金陵石化炼油产能转移与连云港石化基地炼化项目建设联动”等要求为核心任务，预留足够的石化产业布局用地发展空间，建议连云港徐圩新区不规划布局钢铁冶炼产业基地。

按照“一体化、大型化、园区化、高端化、清洁化”要求，带动沿海地区石化产业向“做强”发展。以国家和省级产业园区为载体，按照产业链条化、集约化发展模式，承接沿江、内地技术水平先进的化工石化产业转移。加快现有化工、石化产业整合入园，淘汰落后技术装备。盐城、南通等地应立足既有化工园区和产业基础，加快本区域化工产业布局优化和转型升级，通过多元化原料路线，重点发展精细及专用化学品、化工中间体、工程塑料、合成橡胶、高性能纤维以及其他功能性新材料，适当发展生物化工。沿海各化工区要确保资源综合利用指标、污染物排放指标、综合能耗和水耗指标达到同期国际先进水平。

2. 以舟山绿色石化基地发展带动环杭州湾经济带产业升级

有序推进舟山绿色石化基地建设。以“绿色化”为引领打造舟山千万吨级炼化一体化产业基地，采用分阶段实施方式有序稳步推进，根据跟踪评价和区域环境质量、区域生态环境风险可接受水平，优化调整舟山石化产业基地建设时序。要严格按照“国际一流，绿色环保”发展定位，以生态工业园区标准建设石化基地，以国际先进水平建设节能、节水和污染防治设施，以及突发事故环境风险管控体系，生产工艺技术和装备水平均应达到同期国际领先水平。中下游产业链发展要与环杭州湾石化产业转型提升联动，立足服务环杭州湾先进制造业、化工新材料、化工新能源等发展战略，按照建设各具特色石化产业区块的原则，科学论证，差异化发展。

做强宁波石化产业基地。按照打造世界级炼化一体及延伸加工产业基地的定位，优化镇海、北仑、大榭的重大石化项目和下游延伸产业链发展规划和布局。控制总体发展规模，重点发展下游高端产业链。镇海、大榭区块要大幅提升 VOCs 控制水平和风险控制水平，加强对现有涉及三氯乙烯、丙烯腈、二氯苯等主要致癌风险物质的生产、运输、储存装置的污染控制，确保区域环境风险处于可接受水平。北仑石化板块要着力集约化和绿色化转型发展，优化石化产业布局控制线。

依托宁波—舟山石化产业基地建设，带动环杭州湾石化产业从传统精细化工向高端专用化学品调整、从基础通用化学品向高档化工新材料转型。到 2020 年，沿海地区 90% 以上石化企业进入化工园区。

二、化解“布局性”矛盾与冲突

1. 苏南及沿江地区石化产业“调优调绿”

按照建设长江生态走廊的战略，应加快沿江化工石化产业减量、转移、转型、提升，调优调绿沿江地区化工石化产业。

深入落实《苏南现代化建设示范区规划》，加快实施沿江地区石化产业绿色化、安全化改造，提高资源消耗、污染排放、安全生产等准入条件。重点延伸拓展高技术含量、高附加值、低资源消耗、低环境污染的高端专用和功能性化学品、高性能合成材料及复合材料、生物材料等。苏南及沿江重点转型打造一批以高性能合成材料、精细与专用化学品、生物化学品、新医药等为特色的专业园区。

苏南及沿江地区实施新增先进清洁产能与淘汰落后产能密切联动，加快园区外危险化学品生产企业安全环保搬迁改造，完善化工园区监控、消防、应急等系统平台，推动信息共享。加快清洁生产技术开发应用，加大挥发性有机物、高浓度难降解污水等重点污染物防治力度，实施能效领跑者、VOCs 减排领跑者制度。

沿江地区化工石化产业布局要设置并实施禁化区、限化区管理。制订沿江地区化工园区优化调整和化工企业入园、转移行动计划。到2020年，城区化工企业全部关停搬迁。与城市发展功能定位矛盾、与饮用水水源保护冲突、人居环境安全突出的化工园区应实施转型发展、化工企业搬迁转移，不再新建和扩建石油加工、石油化工项目。加快压减沿江化工集中区、化工园区数量，不再新设立化工园区或扩建化工园区，规范工业园区边界，取缔“借牌”化工集中区。有序推进区域中心城市周边化工石化产业向沿海地区有序转移，位于城市建成区的化工产业要尽快实施搬迁、转型发展。

2. 南京老石化基地加快转型发展

南京地区石化产业布局调整的迫切性和艰巨性并存。要以建设国家级南京江北新区和打造沿海石化工业带为契机，按照南京市城市规划功能区定位，划定石化化工产业发展边界控制线（禁化区），重构生态分隔空间，加快推进南京化工园改造和转型升级。

沿江地区不再增加炼化主体项目。以改善城市环境质量、提升环境安全水平为目标，通过淘汰落后、转型、搬迁等途径实现南京炼化产业的升级改造和炼油产能压减。尽快启动金陵石化搬迁方案编制，并建立与连云港石化基地建设的联动机制。南京市域江南、江北均要严格限制石化化工企业扩建规模，尽快淘汰落后生产装置，包括大型石化企业中的落后能力，特别是现有江南石化化工生产性企业要逐步关停或转移；位于大厂的南化公司要加快向沿海地区化工园区转移。

提升南京化工区VOCs控制水平，加强现有涉及1,3-丁二烯、苯的生产、运输、储存装置的污染控制，区域人群健康风险水平未得到有效控制的情况下，应严格限制新建涉及生产、使用1,3-丁二烯、苯的工业项目。

3. 上海石化产业重在协同发展、转型升级

着力优化布局，化解环境风险。按照上海市2040年“建成卓越的全球城市，国际经济、金融、贸易、航运、科技创新中心与文化大都市”发展战略，加快推进“沿外环区域”的高桥石化、吴淞、吴泾等老工业基地石化、化工产业退出，城郊接合部乡镇工业园区转型升级，重点发展现代服务业；关停“郊环区域”的污染重、矛盾突出的石化、化工等传统产业，转型发展具有国际竞争力的战略性新兴产业和先进制造业。鼓励符合产业导向和政策的化工企业搬迁进入化工园区集聚发展。石化化工产业发展布局控制在环杭州湾北岸地区的化工园区范围（奉贤—金山临海地区）。

着力提升环杭州湾北岸的石化产业集聚区的绿色化转型，缓解石化产业发展与金山新城发展的冲突。金山区不再新增重化工业用地，引导新城周边现有三类工业用地向产业社区用地、公共服务设施区用地转型。开展以1,3-丁二烯、三氯乙烯、二氯苯、苯为主的VOCs污染控制。

强化环杭州湾石化产业协同发展。结合宁波—舟山石化基地建设的契机，优化杭州湾北岸上海石化产业布局，适度控制石化产业规模，以产品高端化为重点，提升石化产业能级，与浙江甬、杭、嘉、舟协同发展，打造各具特色的环杭州湾绿色化石化产业带。

第五节　大力推进新型城镇化建设

长三角地区城镇化发展的速度和节奏，要与区域经济社会发展水平相适应，与城镇资源环境承载力相适应。强化资源节约环境保护和生态建设，促进城镇集约智能绿色低碳发展，优化城市功能布局结构，使得历史文化得到有效保护和传承，城乡特色人文内涵更为丰富，建成天蓝水清地净人美、宜居宜业、互促共进的健康环境，让人们看得到风景、记得住乡愁。

一、提高城市发展质量

1. 着力解决城市发展“两极化”

到 2030 年，长三角地区形成以上海、南京为核心的超大、特大城市，杭州、苏州等 11 座大城市，镇江、湖州等 7 座中等城市，以及 34 座小城市组成的完善城镇化体系。

（1）着力控制超大、特大城市规模化扩张，推进低碳生态化建设

2020 年上海、南京、杭州、苏州、无锡、宁波等特大、大型城市均应实现城市建设用地减量，工业用地占城市建设用地的比例达到国家要求的 28% 以下。按照智能、低碳、生态的城市发展理念，改造提升城市综合功能，引导绿色交通、绿色消费，鼓励生活方式低碳化、推进低碳社区建设。

（2）推进中小城市及乡镇有序发展和适度扩张，着力解决产业布局结构性矛盾

中小城市及乡镇优先解决重化工业围城、重化工业园区阻碍城市发展空间的问题，加强与重化工业园区的有效空间分隔，妥善解决工业用地与居住用地布局不合理带来的环境污染与风险矛盾冲突，严格落实最小生态安全距离及有关标准和规定。乡镇发展要优先协调解决村镇与工业园区“插花式”空间布局，统筹规划引导产业向园区集聚、统一管理、集中治理排放，改变目前存在的企业布局分散，周边人口密集、安全和环境风险较大的局面。创新公共资源配置体系，完善市政配套、商务服务、居住生活功能，大力发展绿色建筑和低碳、便捷的交通体系，提高污水、垃圾处理设施建设、运行、管理水平，提升其人口承载综合能力。

2. 着力解决城市内部空间失衡

（1）深化城市建成区“退二进三”

着力解决城市内部空间失衡问题，严格落实城市开发边界、永久基本农田和生态保护红线制度，合理“三生”空间，增加生态用地。重点加强城市建成区“退二进三”工业用地的转型利用和再开发，及落后产能的腾退。以城市经济转型发展、城市功能优化提升为基础，深入推进信息化与工业化、制造业与服务业融合发展，在中心城市加快构建以服务经济为主的产业结构，周边区域形成以高端制造为主体的都市工业结构。

上海应加快推动“104 区块”提升、“195 区域”转型和“198 区域”调整，到 2040 年全市规划工业用地总规模控制在规划建设用地规模的 10% ～ 15%，优先保障先进制造业和战略性新兴产业发展用地空间。进一步加强“104 区块”“195 区域”“198 区域”的统筹优化联动，加快推动“104 区块”环境管理和风险管控整体水平提升；持续推进“195 区域”转型、“198

区域”减量，关停低效能、高能耗、高污染、高风险的企业，“198 区域”关停企业土地加快落实整理与复耕。

南京市应加快推进南京港功能调整、港口码头整合，实现港城和谐，加快推进石化产业优化布局，到 2020 年，南京市长江以南、绕城公路以内的主城区实现“零”化工生产企业。南京江北新区重点推进产业转型升级与新型城市化，打造产业高端、生态宜居的城市新区。加大南京化工园绿色化改造力度，石化产业以下游深加工为主，不安排炼化一体化项目入园。

（2）重塑绿色生态空间

大力建设绿色生态廊道。实现大中小城市、集镇和村落之间绿色生态廊道的有机串联，充分展示本地历史文化、自然山水和城乡风貌。重点推进环太湖区域“环湖绿廊”建设，逐步改善和优化环湖区域的生态系统，形成环湖区域绿色屏障。整体推进城镇近郊及远郊森林建设。加强城郊环城林带和城镇生态环境敏感区隔离缓冲林带建设，发挥森林的分隔和防护功能。深入实施浙江平原绿化美化行动，打造以杭州、宁波、温州、金华—义乌四大都市区为核心，辐射带动嘉兴、湖州、绍兴、舟山、台州、衢州和丽水的森林城市群建设，进一步提升城市群生态环境质量。

二、提升城市综合功能

1. 加强低碳生态城市建设

支持有条件的城市创建国家低碳示范城市。推进苏州、镇江等国家低碳示范城市建设。优先解决重点城市低碳城市建设的重大障碍。能源消费结构以石化能源为主，重化产业过度集聚、工业能耗比重偏高带来的环境污染和高碳污染是区域构建低碳生态型城市的重大障碍。

实施工业园区循环化绿色化改造工程。全面推进沿江及苏南地区、环杭州湾地区的国家级和省级工业园区的循环化绿色化改造，尤其是化工园区的循环化绿色化改造，创建一批循环经济示范园区和生态工业示范园区。加快苏州工业园区和无锡、苏州高新区生态文明示范园区建设，支持镇江经济开发区创建循环经济示范园区，加快南京化学工业园绿色化改造，创建生态工业示范园区。

2. 加快推动“政区合一”开发区向城市综合功能区转型发展

加快推动实行国家级开发区、省级开发区的城市功能改造，提升现代服务业集聚示范区、产业集聚区、高新区、经济开发区和城市新兴组团单元等区域的集聚集约水平，推动从“园区经济”向“城市经济”转变、单一生产功能向城市综合功能转型。

优先推进“政区合一”体制的开发区，尤其是以钢铁、化工石化等为主导产业发展的宁波经济开发区、南京经济开发区、吴江经济开发区、常熟经济开发区等“政区合一”开发区向城市综合功能区转型，坚持以建设产城融合、集约紧凑、功能完善、生态良好、管理高效的现代化城市综合功能区为主要目标，创建宜居、生态、低碳城市新区。

生态环境部办公厅
上海市人民政府办公厅
江苏省人民政府办公厅
浙江省人民政府办公厅　文件

环办环评〔2018〕15号

关于促进长三角地区经济社会与生态环境保护协调发展的指导意见

上海市、江苏省、浙江省各市（区）人民政府、环境保护厅（局）：

为全面深入贯彻党的十九大精神和习近平新时代中国特色社会主义思想，统筹推进“五位一体”总体布局和协调推进“四个全面”战略布局，推动“一带一路”“长江经济带”等国家重大发展战略实施，促进长三角地区经济社会与生态环境保护协调发展，率先实现区域生态环境根本好转，在长三角地区战略环境评价工作成果（涵盖上海市、江苏省、浙江省）基础上，提出以下指导意见：

一、高度重视区域绿色发展的战略性

（一）在国家区域发展和生态环境保护战略中地位极其重要。长三角地区是我国经济最具活力、开放程度最高、创新能力最强的区域之一，是“一带一路”与“长江经济带”的重要交汇地带，在国家现代化建设大局和全方位开放格局中具有举足轻重的战略地位。长三角地区位于长江流域下游，东临黄海与东海，南接浙闽山地，是我国重要的生物多样性保护区、水源涵养区和全国重点人居安全功能保障区。在新时代，长三角地区担负着率先实现

高质量发展、率先实现区域生态环境根本好转的重要历史使命，是实现我国本世纪中叶建成社会主义现代化强国战略目标的重要引领区。

（二）区域生态环境保护形势依然严峻。近年来，长三角地区生态环境保护工作取得显著成效，区域环境质量明显改善。但是，资源能源消耗高，污染物排放强度大，传统增长方式尚未根本扭转，区域性、累积性、复合型生态环境问题突出。细颗粒物（$PM_{2.5}$）超标问题普遍，局部区域挥发性有机物（VOCs）、臭氧（O_3）污染尚未有效控制；地表水水质优良率不足60%，氮磷超标严重，流域性水环境污染形势依然严峻；生态空间遭受持续挤压，大量围垦活动造成湿地萎缩、重要生物栖息地受到破坏，重要生态服务功能受损；重化产业沿江密布，饮用水水源地环境风险隐患不容忽视，区域人居环境安全受到潜在威胁。

（三）率先实现区域绿色转型发展任务艰巨。长三角地区处于转型发展的关键时期，区域内部发展不平衡不充分，生态环境改善状况与人民日益增长的优美生态环境需求仍有较大差距。优化国土空间开发格局、维护和修复生态空间难度高，防控环境风险、保障人居环境安全压力大，率先实现产业绿色化转型、经济高质量发展、生态环境根本好转任务重。

二、促进经济社会与生态环境保护协调发展的总体要求

（四）指导思想。全面深入贯彻党的十九大精神和习近平新时代中国特色社会主义思想，践行社会主义生态文明观，坚持人与自然和谐共生，统筹山水林田湖草系统治理，实行最严格的生态环境保护制度。加快推进绿色发展，优化国土空间开发格局，打好污染防治攻坚战，全面补齐生态环境短板，率先实现经济社会高质量发展，率先实现生态环境根本好转，建成“美丽中国建设示范区”。

（五）基本原则。坚持绿色引领，全面落实绿色发展新理念，在全国率先建立区域绿色转型发展新模式，加快生态环境治理体系和治理能力现代化，污染治理、生态修复、宜居环境建设走在全国前列，生态文明建设成为全国标杆。坚持对标国际，立足世界级城市群建设，经济发展与生态环境保护向国际先进水平看齐，环境质量向发达国家或地区看齐。坚持分区分类，以改善区域环境质量为目标，以保障区域人居环境安全和生态环境安全为引导，构建差别化的生态环境分区管控体系。

（六）总体思路。以率先实现区域生态环境根本好转为目标，以经济社会发展与资源环境矛盾最突出的关键区域、关键行业为重点，以生态保护红线、环境质量底线、资源利用上线和环境准入负面清单（以下简称“三线一单”）为抓手，推动绿色转型发展、优化空间布局、强化污染防治，提高生态安全和人居环境安全水平，健全区域生态环境保护一体化的长效机制，实现经济社会与生态环境保护协调可持续发展。

三、构建区域绿色转型发展的新模式

（七）优化空间布局，化解区域环境风险。以区域资源环境承载能力为基础，以保障人居环境安全、改善环境质量为目标，实施分区环境管控（具体要求详见附件）。坚持全方位

污染与风险管控，推进限制开发区域、优化开发区域的产业转移和布局优化。沿江发展带通过引导和倒逼机制，有序推进区域中心城市建成区和沿江两岸钢铁、化工企业向有环境容量的沿海地区转移。沿江地区不再新设化学工业园区，力争2025年化工企业全部进入依法合规的化工园区。加快推进上海市钢铁产业和高桥石化、吴淞、吴泾等老工业基地石化、化工产业全面退出；2035年前，南京市完成金陵石化搬迁，沿江城市建成区实现钢铁企业全面退出。沿海临港重化产业科学布局、集约发展，实施“江海联动”，积极承接先进制造业转移；推进连云港市化工石化产业整合，加快连云港石化产业基地建设，推动盐城、南通化工产业布局优化和转型发展。大力推进环杭州湾高新技术产业带发展，环杭州湾优化重化工业发展布局，着力推进石化产业绿色升级、统筹布局、协调发展，深化区域内部分工合作，杭州湾北岸上海石化产业优化布局压减规模；推动印染纺织企业集聚发展、转型升级或关停淘汰。环太湖地区加快实施污染企业搬迁改造，持续降低太湖上游地区工业污染负荷，制定产业转型升级方案，全面实施化工、电镀、印染、冶金等行业的专项整治，大幅削减产能和企业数量。2020年完成市级及以下各类工业园区的规范化整治。

（八）加快产业绿色化改造，引领高质量发展。加大力度推进产业绿色、循环、低碳发展，率先完成经济发展方式转变、经济结构优化、增长动力转换，加快形成国际竞争新优势。大力发展高新技术产业和先进制造业，推进宁波、镇江、南京、常州、无锡和苏州等“中国制造2025”试点示范城市建设，打造电子信息、高端装备、汽车、家电、纺织服装等世界级制造业集群。全方位推动钢铁、石化化工、有色冶炼、船舶等传统高耗能产业绿色转型升级。2020年前，南京及苏锡常地区钢铁产能压减1 750万吨，加快城市建成区内的钢铁企业退出，在未退出前烧结、焦炉、高炉等工序大气污染物排放全面达到行业大气污染物特别排放限值；优化沿海发展带钢铁产业结构，压减钢铁过剩产能，连云港徐圩新区不再规划布局钢铁冶炼产业基地。有序推进沿江化工产业转移，加大绿色转型升级力度，逐步提高资源消耗、污染排放、风险防范的环境准入要求；沿海地区高标准承接重化工产业转移，确保清洁生产水平达到同期国际先进水平，加快落后产能淘汰和现有企业清洁技术改造；环杭州湾地区统筹发展舟山石化基地与宁波国家级石化基地，实现原料产品互供、产业链互补、配套工程共享；强化传统化工产业规模控制和结构调整，严格淘汰落后产能，加强环保整治，确保资源环境绩效达到国际先进水平。引导有色冶金行业转型升级，生产技术装备和污染物排放治理全面达到国际先进水平，2035年前，高污染的铜锌冶炼全行业退出长三角城市群。

（九）推动绿色城镇化，化解产城发展矛盾。强化资源节约、生态环境保护和建设，促进城镇集约绿色、低碳、生态化发展，全面提升城市发展水平、提高城镇发展质量，建成具有全球影响力的世界级城市群。严格落实城市开发边界管控，化解人地矛盾。控制上海、南京、杭州、苏州、无锡、宁波等特大、大型城市规模扩张；推进中小城市及乡镇有序发展、适度扩张，引导人口从分散居住点逐步向城镇居住区集中。优化城市空间布局，严控工业用地扩张，2025年前，深化上海、南京等城市建成区“退二进三”，加强腾退工业用地的转型利用和再开发；协调重化工业发展与城市功能定位，防范人居环境风险；推进沿海地区临港新城、新区的用地空间管控和工业园区整合，加强港口、产业、城镇统筹和布局优化。大力推动绿色基础设施建设，提高城镇基础设施建设水平，2020 年太湖、钱塘江流域率先实现城市建成区污水全收集全处理、行政村污水处理设施全覆盖。湖库上游地区优先实施污水处理厂全面脱氮除磷改造。加强暴雨径流污染控制，苏锡常地区率先建设城市降雨径流收集和处理系统。加快生活垃圾无害化处理设施和固体废物处理处置设施建设，合理规划布局和规模，完善污染控制和监控设施建设，全面提升规范化管理水平，严厉打击洋垃圾走私，实施危险废物收集运输处置全过程监管，切实防控环境风险。

（十）**大力发展绿色交通，提升移动源污染控制水平。**加快绿色、低碳、便捷的海陆空立体综合交通体系建设。统筹沿江沿海港口规划布局，强化港口分工协作，加强沿海港口岸线资源整合，严格控制港口码头无序建设，依法加快拆除与生态保护红线存在冲突的危险化学品（以下简称“危化品”）码头。全面落实并深化“长三角船舶排放控制区”试点工作，2020 年起实施进一步降低燃油硫含量≤ 0.1%（质量分数）、扩大排放控制区范围、增加氮排放控制等船舶污染控制要求。加快建设危险品船锚地，散装液体危险品船舶公共洗舱站等环保设施。大力发展绿色公共交通体系，2035 年前长三角城市群率先完成公交车、出租车新能源改造。率先实行轻型车国六排放标准，推动实施在用非道路移动机械排放标准，全面提升车用汽柴油标准，形成多元化清洁油品供应体系，划定并公布禁止使用高排放非道路移动机械的区域，建立排放管理清单，依法淘汰老旧的黄标车、非道路移动工程机械和船舶。

四、加强基于“三线一单”的区域生态环境战略性保护

（十一）**严守生态保护红线，强化区域生态空间管控。**构建“三横两纵一屏”的生态安全新格局，加强各类保护区、重要水源涵养区、主要河口海湾、清水通道、生物多样性保护优先区、自然湿地等生态功能重要区保护，实施严格的生态空间用途管控和生态修复，强化生态空间联通性，共同将崇明世界级生态岛建设成为长江经济带发展和保护的标杆。沿江地区要加强长江珍稀濒危水生物种及其生境、洄游通道的保护与修复，重点营造和恢复中华鲟、白鲟、江豚等珍稀物种生境；整合长江干线及洲岛岸线开发，长江干流岸线开发利用率逐步降至 50% 以下，加强江滩及通江河流湿地保护。沿海地区将苏北、长江河口、钱塘江河口等生物多样性保护关键区域的沿海自然岸线、重要湿地纳入生态保护红线实施管控，将江苏盐城湿地珍禽、江苏大丰麋鹿国家级自然保护区核心区向陆边界设定为永久性保护边界；全面评估苏北沿海滩涂围垦、浙东南重要海湾（象山湾、三门湾、乐清湾、台州湾）填海造地的生态环境影响，制定相应的生态修复方案。太湖流域要全面加强河湖水系连通，着力修复主要入湖河流河口水生态环境，建设主要入湖河口生态缓冲带，逐步恢复环太湖湖滨生态带。浙西南山地低丘缓坡开发严格控制在海拔 300 米以下，有效控制水土流失。

（十二）**构建战略性水源保护体系，提升饮用水水源地安全保障。**以湖、库等重要饮用水水源地和引水工程取水点为节点，以长江、钱塘江干流和引水通道为骨架，以水源涵养重要功能区为支撑，构建点—线—面统筹协调的水源保护体系。强化集中式饮用水水源保

护区规范化建设，依法加快完成长江、钱塘江流域与饮用水水源地布局存在冲突的港口、危化品码头岸线整改，清水通道岸线内的危化品码头应依法予以拆除，禁止在长江干流和主要支流岸线1公里范围内新建危化品码头；优先推进望虞河、太浦河—淀山湖等清水通道的规划建设，强化流域水污染治理与清水通道水安全管控，研究制定杭嘉湖平原和苏北平原河网地区排污河道与清水通道有效分离的实施方案；强化浙西南山地水源涵养重要功能区的保护，加强生态公益林保护与建设，在重要生态功能区全面退耕还林。研究制定实施上海、南京、杭州、苏锡常地区的持久性有机污染物（POPs）和重金属污染物的重点监控和风险评估。将千岛湖作为长三角重要战略性水源地实施保护，以防洪、供水和生态功能为主导，优化新安江水库调度运行，进一步加强水源地规范化建设与保护。

（十三）加大水污染防治力度，推进流域水生态环境改善。2020年，流域水生态环境状况有所好转，长江水质总体优良，重点流域水质优良比例总体达到70%以上，全面消除劣Ⅴ类水体和城市建成区黑臭水体，地级及以上城市集中式饮用水水源地水质达到或优于Ⅲ类比例接近100%，近岸海域水质优良（一、二类）比例达到70%左右。2035年，流域水生态系统功能全面改善，重点流域水质优良比例进一步提升，城市集中式饮用水水源地水质全面达标，全流域氮磷污染得到有效控制。在长江流域和钱塘江流域推动单项指标与水生态安全综合指标相结合的评估模式，考核指标包括化学需氧量（COD）、生化需氧量（BOD）、氨氮、亚硝酸盐氮、硝酸盐氮、总磷、溶解氧、重金属和POPs。实施主要水污染行业排放总量管控，制定流域统筹的行业水污染物排放绩效约束，严格行业环境准入。实施氮磷双控，制定江湖一体的氮磷排放标准，强化太湖流域、南水北调受水湖泊和钱塘江流域上游富营养化控制。加强农业面源污染防治，完善畜禽养殖业禁、限区管理机制，全面推进“种养平衡”发展模式和养殖区管控，推广养殖废弃物的生化处理与资源化再利用。

（十四）强化大气污染协同管控，促进环境空气质量全面提升。2020年，空气质量持续改善，$PM_{2.5}$年均浓度控制在40微克/立方米以内，区域O_3污染得到有效控制。2035年，空气质量根本好转，$PM_{2.5}$年均浓度、O_3浓度全面达标。制订并实行电力、钢铁、石化、化工、水泥等重点行业大气污染物特别排放限值，实施区域大气污染物行业排放总量和绩效双管控。上海、宁波、嘉兴、绍兴以及苏南五市率先实行$PM_{2.5}$、氮氧化物（NO_x）、O_3、VOCs多污染物的协同管控；依法划定煤炭、重油等高污染燃料禁燃区，制订锅炉炉窑NO_x特别排放限值。实施VOCs污染减排和新增VOCs排放倍量替代，2020年、2035年VOCs排放总量较2015年分别削减约30%、70%。在杭州、金华、衢州、淮安、宿迁、徐州等城市加强区域污染物减排，加快落后产能淘汰和现有企业清洁技术改造，禁止新增高耗能产业，新增产能实行倍量替代。探索实施石化、涂装、包装印刷、涂料等行业VOCs总量控制，加强VOCs重点排放行业污染源头控制，推进实施农药、纺织印染、涂料等行业清洁原料替代，加快橡胶制品、化工、涂装、石化等行业生产工艺绿色化技术改造，全面推广实施泄漏检测与修复（LDAR）技术。

（十五）加强土壤污染修复，有效防控土壤环境风险。2020年土壤环境风险得到基本管控，2035年，土壤环境风险得到全面控制、土壤环境质量普遍改善。以农用地和潜在污染场地等为重点，开展土壤污染彻查工作。以重金属和 POPs 为重点，开展污染地块风险管控和治理修复，建立污染地块动态清单和联动监管机制，制订重点行业企业用地土壤污染监测指标体系。以农药化肥合理施用、土壤有机质提质、废物资源化、灌溉水质保障为重点，全方位监控耕地土壤累积污染风险。

（十六）严守资源利用上线，促进资源节约和循环利用。实施最严格水资源管理，控制用水总量，提高用水效率，落实水资源利用控制红线，2020 年长三角地区用水总量控制在 877.5 亿立方米，2030 年控制在 895.87 亿立方米，到 2035 年用水总量逐步下降。大幅提高造纸、纺织、石化和食品加工等行业水资源消耗准入门槛。严格实行能源消费总量和煤炭消费总量双控，提高能源利用效率，提升重点领域能效水平。到 2020 年长三角地区能源消费总量控制在 6.9 亿吨标煤以内，“十四五”起能源消费逐步下降。加快能源结构调整，加大清洁能源供给，推进煤炭高效清洁利用，到 2020 年长三角地区煤炭消费总量控制在 3.0 亿吨标煤以内，上海市、江苏省、浙江省煤炭消费总量占一次能源比重分别下降至 33%、50.9% 和 42.8% 以内，2035 年长三角地区煤炭占能源消费总量的比重下降到 34%。长三角地区地级以上城市建成区淘汰 35 蒸吨以下燃煤锅炉。长三角地区强化区域建设用地总量、开发强度和产出效益三管控，土地开发强度 2020 年控制在 18%，2035 年不突破 20%，平原区不超过 30%，上海、南京、杭州等重点城市建设用地做到只减不增。开展工业用地综合整治，严格工业用地准入，制定工业企业的用地退出机制。2035 年，上海、苏南、浙东北、苏中、苏北和浙西南地区单位建设用地 GDP 产出较 2015 年分别提升 40%、33%、50%、50%、60% 和 25%。

五、健全区域生态环境保护一体化的长效机制

（十七）推进生态环境治理体系现代化。完善生态文明制度体系、加快生态环境治理体系和治理能力现代化建设。促进生态环境保护社会共治，切实转变政府职能，创新行政管理方式，充分发挥社会和民众的力量，推动生态环境治理主体多元化；稳定增加环保投入，完善绿色金融体系，推进社会化生态环境治理和保护，加快建立绿色生产和消费的法律制度和政策导向，加强行政执法与刑事司法衔接，推进环境执法规范化建设。在长三角地区深化企业环保诚信，将环境污染、环境损害等纳入企业诚信体系，试行环境污染黑名单制度，加快建立环境污染强制责任保险制度。着力加强区域环境污染防治、环境监管和环境联合执法、环境管理评估考核、监测网络和监测能力的一体化建设，率先实现治理能力现代化。

（十八）深化区域“共管共治”的协同机制和能力建设。发挥长三角区域合作联席会议制度优势，健全跨区域和跨部门协同、多种污染物和多种环境要素协同治理机制。进一步完善长三角地区大气污染防治协作机制，建立大气污染预警会商和应急联动协同机制；推动长三角地区河湖一体、陆海统筹、河湾共管的水环境管理评估考核机制，河长制的管辖范围延伸至河口、海湾；建立跨界水体水安全与持久性有机污染预警管控机制，完善水环境污染联防联控机制和预警应急体系。建设环境信息共享平台，实现全域监测数据实时共享，强化跨部门、跨区域、跨流域突发环境事件的应急响应能力建设。针对区域性环境问题和环境

风险，制定区域统筹分区管控的产业优化布局战略和资源环境绩效门槛，分区实施负面清单管理机制和退出机制。

（十九）共建跨行政区环境风险应急体系。以保障人群健康和区域生态安全为目标，构建涉及区域、城市、工业园区和企业等多层面的预警指标体系。按照统一信息平台、统一监管力度、统一应急等级、协同应急救援的思路，在沿江发展带、沿海发展带、环太湖和环杭州湾等地区构建区域性环境风险预警应急响应机制，实施区域突发环境风险预警联防联控。进一步完善环境空气质量预测预报体系，推进区域预测预报能力建设。将集中式饮用水水源地保护区、清水通道、跨界断面、国家和省级自然保护区、重要生境、人口集中区等列入重要环境风险受体。将化学工业园区、涉及大宗危化品使用的企业、贮存和运输危化品的港口码头、尾矿库、集中式污水处理厂、危废处理企业列入重点环境风险源管控清单。

（二十）健全生态安全“共建共守”工作机制。加强源头控制，建立区域环境评价信息平台，推动跨区域、跨流域环境评价会商机制，推动战略环评、规划环评落地，以产业园区规划环评推动园区实施清单式管理，完善分区环境管控，加快推动“三线一单”编制和实施。建立市场化、多元化生态补偿机制，实行生态环境损害赔偿制度，深化新安江流域水环境补偿试点，探索建立邻界水域双向补偿机制，形成双方共同考核、污染赔偿、受益补偿的制度。在沿江、沿海和环湖湿地主要分布地区建立重要湿地生态系统动态监测体系，开展湿地生态补偿试点，探索建立动态监测、功能评估、价值核算的湿地生态补偿制度。

附件：长三角地区分区环境管控要求汇总表

生 态 环 境 部
办 公 厅

上海市人民政府
办 公 厅

江苏省人民政府
办 公 厅

浙江省人民政府
办 公 厅

2018 年 5 月 31 日

附件

长三角地区分区环境管控要求汇总表

区域	重点管控单元	问题与压力	环境管控措施
沿江发展带	整体	沿岸重化工业高密度布局，产业结构和布局不合理造成的环境问题突出	推动沿江产业发展带协同调优调绿，重点实施压减、转移、改造、提升，江南沿岸以优化开发区为主，江北沿岸以重点开发区为主
			有序推进沿江城市传统产业优化布局和转型发展，率先实现区域中心城市建成区和沿江两岸钢铁、石化、化工企业向有环境容量的沿海地区转移。 沿江地区不再新设化学工业园区，力争2025年沿江地区化工企业全部进入化工园区
			引导苏南地区能源、机械、纺织等行业项目加快向苏北和沿海地区转移，在转移中化解过剩产能、扩大优质先进产能。加快低端落后产能的依法淘汰，重点对苏南地区乡镇的小化工、小冶金、小建材、小五金和低端船舶修造等行业实施淘汰
			进一步加快钢铁、煤炭去产能，火电、钢铁、石化、水泥、有色、化工等六大重污染行业进一步压减燃煤用量，实施煤改气、煤改电等能源替代工程，全面推进煤炭清洁高效利用 城市建成区现有钢铁企业、建材全部实施落后产能依法淘汰和转型发展，不得在沿江地区新建钢铁、燃煤火电等高能耗项目
		沿江重化产业混乱，持久性有机污染逐渐显现，威胁河流型饮用水水源地安全，平原河网地区受上游来水影响饮用水水源地水质达标率低	推动河、湖、近岸水体单独评价考核向河流 - 湖泊一体、河流 - 近岸（海湾）一体、上下游联动评估考核转变
			推动长江流域重点区域氮磷双控，双控范围包括：长三角地区重要湖库汇水区、长江干流沿岸城市，重点区域是长江干流中上游，双控对象包括：石化、医药、装备制造等工业行业，畜禽养殖与水产养殖业以及城市生活源和农业面源
			南京都市圈、苏锡常都市圈、上海都市圈实现对POPs全面监控和风险评估，长江支流入河口以上10～20公里河段按照III类水质要求进行整治
		港口码头与水源地交叉重叠的布局性冲突和危化品航运对长江干流饮用水水源安全构成严重威胁	整合港口码头开发，积极推动沿江港口统筹规划布局，强化港口分工协作，鼓励建设公共码头泊位，提高现有码头利用效率，整合并减少业主码头泊位，建设长江南京以下江海联运港区
			加大沿江危化品码头资源整合力度，对整改后仍不符合相关规范的危化品码头，实施关停并转； 禁止在长江干流和主要支流岸线1公里范围内新建危化品码头； 取缔南水北调、引江济太、通榆河引水工程取水口5公里范围内环境风险较大的涉化、涉重废水的排放口和危化品码头； 加快建设危险品船锚地、散装液体危险品船舶公共洗舱站等重点防治船舶污染环保设施

区域	重点管控单元	问题与压力	环境管控措施
沿江发展带	整体	能源消耗总量大、煤炭占比高，产业结构偏重，高排放区域与人口密集区重叠，影响区域人居环境安全	实施区域煤炭消费总量、能源消费总量双控。江苏省电力行业煤炭消费占煤炭消费总量的比重提高到65%；压减燃煤发电和热电机组数量，除燃煤背压机组外原则上不再新建燃煤发电项目，在热电企业密集地区实施热电整合
			将上海、南京、镇江、扬州、泰州、苏州、无锡、常州、杭州、嘉兴、宁波、绍兴等城市作为大气污染优先治理城市，依法划定煤炭、重油等高污染燃料禁燃区，实施燃油、燃气锅炉 NO_x 排放控制和小锅炉淘汰，严格限制传统高能耗产业发展，加快落后产能淘汰和现有企业清洁技术改造
			全面优化调整沿江钢铁布局，大幅化解过剩钢铁产能，2020 年南京及苏锡常地区压减 1 750 万吨，上海、南京、苏州、常州等城市建成区内的钢铁企业 2035 年前全面退出，在未退出前，烧结、焦炉、高炉等工序全面达到行业污染物特别排放限值
			电力行业重点通过煤改气、小机组淘汰、大机组超低排放改造等措施实现污染物减排。加快推进所有燃煤机组（含自备燃煤发电机组及热电联产机组）实施超低排放改造和节能升级改造；企业自备电厂实施超低排放改造或天然气替代
			石化、化工、印染行业 2035 年生产技术装备和污染物排放治理全面达到国际先进水平，企业环境综合管理水平与国际接轨
			长三角城市群实现铜锌冶炼全行业退出，全面整治基于电子垃圾拆解的有色行业，长三角地区有色冶金行业生产技术装备和污染物排放治理全面达到国际先进水平
		沿江化工石化行业规模大数量多，NO_x、VOCs 排放强度高，是区域复合污染的主要贡献源，局部区域化工石化产业布局性矛盾突出，存在较大的环境风险隐患	将沿江上海、南京、镇江、扬州、苏州、无锡、常州等城市划为 VOCs 严控区，实施新增 VOCs 污染物排放倍量替代，严控区内的石化基地、大型化工园区均列入重点监控对象，制定并实施更加严格的排放限值要求
			在上海、苏州、南京等试点区域实施环境质量、人群健康风险管控“双约束”的 VOCs 排放总量控制。全面推广实施 LDAR 技术，开展农药、涂料、胶黏剂、油墨等行业原料替代工程，以及橡胶、包装印刷、合成革、家具、石油炼制与石油化工、汽车等行业工艺技术改造工程。探索实施石化、涂装、包装印刷、涂料等行业 VOCs 总量控制
			加快压减沿江化工集中区、化工园区数量，不再新设立化工园区或扩建化工园区，规范工业园区边界，取缔“借牌”化工集中区。沿江清水通道岸线 1 公里范围内化工企业全部关闭，1 ～ 3 公里范围内禁止新建基础化工原料企业，推动化工园区转型发展
			全面加强化工行业的环境风险监管，划定化工及危化品禁限区，对长江沿岸人口密集地区的化工园区和化工集中区，开展长期、全面、系统的 VOCs 暴露环境风险监控与评估

区域	重点管控单元	问题与压力	环境管控措施
沿江发展带	整体	土地开发强度高，上海高达48%，苏锡常达29%，工业用地占比远高于国家规定的占建成区28%的要求，城镇人居环境、工业生产空间与生态空间失衡问题突出	以盘活存量、优化布局为主导，不符合城市总体规划功能定位的工业用地率先调整转型。严格控制上海、南京、苏锡常等城市建设用地增量，分阶段有序减少工业用地，增加生态用地，优先解决市域之间用地功能定位冲突的问题
			严控建设用地规模，节约和集约利用土地。通过建设用地总量、开发强度和产出效益控制，“倒逼”城市建设用地挖潜提升，“倒逼”经济转型和产业结构优化。开展工业用地综合整治，强化工业用地集约高效利用，着力提升各类工业园区土地开发利用效率
			加快推进工业企业入区入园，以工业用地投资强度、产出强度、能源消耗和污染物排放强度为考核标准，提高新上工业项目入园门槛；建立产业准入负面清单，制定工业企业的用地退出机制
		工业园区周边存在土壤重金属污染风险，城市“退二进三”过程中带来污染场地问题	建立工业园区、重化产业集聚区及其周边土壤污染的防控体系，对工业园区、重化产业集聚区涉重金属和POPs排放实施跟踪监测、风险管控，严格控制重金属、POPs的累积污染
			加强污染场地修复治理的技术支持和立法，从法律层面健全土地开发中的污染者付费原则，将旧工业场地的环境评估和治理作为再开发的前置条件
		沿江湿地萎缩、河湖关系失调、珍稀水生生物生境被挤占，长江水生态面临严重威胁	建设长江水生态走廊示范区。加强长江江滩及通江河流湿地资源保护，将重要湿地纳入生态保护红线，建立流域湿地保护体系
			实施以珍稀濒危水生物种和生境保护为核心的湿地生态保护修复工程，重点营造、建设和治理好适合中华鲟、白鲟、江豚等生境
			整合长江干线及洲岛岸线开发，逐步恢复增加生态岸线，岸线开发利用率逐步降至50%以下
	上海	煤炭消费强度大，大气污染物地均负荷水平高	煤炭消费总量2020年实现负增长，煤炭向电煤集中，继续推行机动车总量控制制度，深化重型柴油车尾气排放治理 进一步削减钢铁、石化等用煤总量，减少直接燃烧、炼焦用煤及化工原料用煤，减少自备电厂用煤，合理控制公用燃煤电厂发电用煤总量，严格实施钢铁、化工、燃煤火电的用煤总量控制
		长江口水源地处于长江最下游，水质受上游来水影响显著，饮用水安全面临多种风险	优先推进太浦河-淀山湖“清水通道”规划建设，实现POPs和重金属的全面监控和风险评估，协同水污染和环境风险的监管与应急
			在长江流域推动建立单项指标与水生态安全综合指标相结合的评估模式，评估指标包括COD、BOD、氨氮、亚硝酸盐氮、硝酸盐氮、总磷、溶解氧、POPs和重金属
		重化产业布局与城市功能存在冲突	加快推进上海市高桥石化、吴淞、吴泾等老工业基地石化、化工产业退出。控制环杭州湾北岸地区的化工园区范围（奉贤—金山临海地区），着力推进石化产业集聚区绿色化转型，缓解石化产业发展与金山新城发展的冲突
			金山区不再新增重化工业用地，引导新城周边现有三类工业用地向产业社区用地、公共服务设施区用地转型
			加快推进上海市建成区内的钢铁企业全面退出，在未退出前烧结、焦炉、高炉等工序全面达到行业污染物特别排放限值

区域	重点管控单元	问题与压力	环境管控措施
沿江发展带	上海	建设用地规模接近极限，土地供需矛盾突出	到 2040 年，上海全市规划工业用地总规模控制在规划建设用地规模的 10% ～ 15%，优先保障先进制造业和战略性新兴产业发展用地空间
			加强“104 区块”“195 区域”“198 区域”的统筹优化联动。 加快推动“104 区块”环境管理和风险管控整体水平提升，持续推进“195 区域”转型、“198 区域”减量，关停低效能、高能耗、高污染、高风险企业，“198 区域”关停企业土地加快落实整理与复耕
	南京	重化工业围城，复合型大气污染严重，产城布局不合理导致的人居环境风险突出	加大对高污染、高耗能产业及过剩产能的依法淘汰，持续优化经济结构，推进结构性减排
			制定并实施南钢、梅钢转型或搬迁的方案。2035 年前南京市建成区内钢铁企业全面退出，在未退出前烧结、焦炉、高炉等工序全面达到行业污染物特别排放限值
			加强石化、化工、涂装等重点行业 VOCs 治理。推动位于城市建成区的化工石化企业转型或搬迁，2035 年前完成金陵石化搬迁。全面加强化工行业的环境风险监管，力争 2025 年化工企业全部进入化工园区
			加快南京江北新区建设产业高端、生态宜居的城市新区，加快推进区内重化产业转型升级和绿色化改造
			南京化工园区不再安排炼化一体化项目入园，区域石化化工行业生产技术装备和污染物排放治理整体达到国际先进水平，企业环境综合管理水平与国际接轨
		饮用水水源“多重”风险并存，取排水口交叉分布、水源地总磷超标、有机污染物检出率升高	优化取水口和排污口的设置，加强排污口及沿江码头、港口整治；2020 年率先完成与饮用水水源地布局存在冲突的港口、危化品码头整改，清水通道岸线内的危化品码头予以拆除
			加强饮用水水源地及备用水源地达标建设，深入实施饮用水水源地专项整治。 在长江流域推动建立单项指标与水生态安全综合指标相结合的评估模式。实现对长江干流 POPs 全面监控和风险评估
	苏州	工业园区布局与城市建成区矛盾凸显，沿江重化产业园区、港口码头威胁饮用水安全，生物多样性受到影响	优化产业布局，限制临港工业布局与发展，重点优化火电、钢铁、冶金、化工布局，合理发展造船工业，制定长江沿岸地区化工企业向沿海地区转移发展的实施方案
			全面整合港口、沿江化工和危化品仓储布局，优化污水排放口。2020 年率先完成与饮用水水源地布局存在冲突的港口、危化品码头整改，清水通道岸线内的危化品码头予以拆除
		乡镇企业布局失序，工业与人居功能混杂，基本无环保设施，配套污水管网建设滞后	优先协调解决村镇人居与工业园区混杂问题，统筹规划引导产业向园区集聚、统一管理、集中治理排放，改变目前存在的企业布局分散，周边人口密集、安全和环境风险较大的局面
			强化工业集聚区污染治理，沿江全部工业园区、集聚区必须建成污水集中处理设施及自动在线监控装置，并稳定运行
		钢铁企业大量布局在城市建成区，区域复合污染严重，人居安全隐患较大	制定并实施苏州市的苏钢、沙钢等城市建成区钢厂的转型或搬迁行动方案。2035 年前苏州建成区内的钢铁企业全面退出，在未退出前烧结、焦炉、高炉等工序全面达到行业污染物特别排放限值
			大力推动位于城市建成区的化工石化产业转型、升级或搬迁，以化工、纺织印染、表面涂装、电子、家具、包装印刷为重点行业开展 VOCs 污染治理。2025 年沿江地区环境风险较高企业全部入园

区域	重点管控单元	问题与压力	环境管控措施
沿江发展带	无锡	工业园区布局与城市建成区矛盾凸显，区域复合污染严重	优化产业布局，限制临港工业布局与发展，重点优化火电、钢铁、化工等产业布局。 大力推动位于城市建成区的化工石化企业产业转型或环保搬迁，2025 年沿江地区环境风险较高企业全部入园。 对包装印刷、表面涂装等重点行业开展 VOCs 污染治理，完成家具、电子、汽车车身修复等涂装行业“油改水”试点工作
		乡镇企业布局失序，工业与人居功能混杂，基本无环保设施，配套污水管网建设滞后	优先协调解决村镇人居与工业园区混杂问题，统筹规划引导产业向园区集聚、统一管理、集中治理排放，逐步缓解目前企业布局分散、周边人口密集、安全和环境风险较大等局面
			强化工业集聚区污染治理，沿江全部工业园区、集聚区必须建成污水集中处理设施及自动在线监控装置，并稳定运行
		沿江重化产业园区和码头与饮用水水源保护区交错布局	整合港口码头开发，积极推动沿江港口统筹规划布局，强化港口分工协作，鼓励建设公共码头泊位，提高现有码头利用效率，整合并减少业主码头泊位。2020 年位于生态保护红线内的码头全面退出
		土地开发强度大，已超出 30% 的警戒线	严格控制城市规模化扩张，2025 年实现城市建设用地“零”增长，2035 年工业用地逐步调整到占建设用地 28% 以内。2025 年基本解决工业生产与生活空间之间的布局性矛盾
	常州	能源重化工产业占比高，布局不合理	优化产业布局，限制临港工业布局与发展，重点控制火电、钢铁、化工布局。 制定并实施常州市中天钢铁等城市建成区钢厂的转型升级或搬迁的行动方案。2035 年前常州建成区内的钢铁企业全面退出，在未退出前烧结、焦炉、高炉等工序全面达到行业污染物特别排放限值
			大力推动位于城市建成区的化工石化产业转型、升级或搬迁，力争 2025 年沿江地区化工企业全部进入化工园区
		乡镇企业布局失序，工业与人居功能混杂，基本无环保设施，配套污水管网建设滞后	优先协调解决村镇人居与工业园区混杂问题，统筹规划引导产业向园区集聚、统一管理、集中治理排放，逐步缓解目前企业布局分散，周边人口密集、安全和环境风险较大的局面
沿海发展带	整体	苏北沿海是沿海战略的重要承载区，沿海临港产业、滨海新城无序扩张	推动沿海发展带科学布局、绿色集约发展。实施“江海联动”，承接先进制造业和高端产业转移。以国家和省级产业园区为载体，按照产业链条化、集约化发展模式。 统筹完善沿海工业产业链，合理分工，错位发展，集中布局，形成顺畅的工业产业转移与生产协作关系
			以承接江苏沿江及国内外石化产业转移为主线，推进沿海地区发展先进、高端、绿色化工产业。承接沿江、内地技术水平先进的化工石化产业转移
			结合沿海地区发展战略，加快制定沿海地区“港产城联动”的专门规划，合理确定各地区的港口功能定位、产业发展定位、城市建设定位，对沿海地区各市的港口、产业、城镇进行一体化布局。 加强对沿海临港新城、滨海新区的用地空间管控和工业园区整合，划定港口区、临港新城、新区、工业园区等实体开发边界，防止无序扩张

区域	重点管控单元	问题与压力	环境管控措施
沿海发展带	整体	平原区入海河流与通榆河平交，沿岸承接沿江石化化工，以及长期的农业面源污染等，构成通榆河和苏北平原河网地区河流、湖泊的水生态和水安全隐患	苏北平原河网地区研究划定清水通道、纳污走廊，实现城镇供水水源（河流）与城镇排水纳污水体分离。 将南水北调输水干线和沿线受水湖泊（京杭大运河、高邮湖、洪泽湖、骆马湖）、苏北地区引江水的重要通道（通榆河）以及其他向重要水源地供水的骨干河道（淮沭河、新沂河等）划定为清水通道
			通榆河清水通道沿岸陆域 1 公里范围内禁止布局化工等重污染行业。承担饮用水水源功能的河流不再接纳城镇生活污水和工业废水，通榆河左岸主要城镇实施跨越通榆河的污水导流工程
			加强通榆河滨岸生态带建设，控制面源输入
		石化、化工、钢铁产业集聚，导致苏北沿海地区环境压力加大	加快现有化工、石化产业整合入园，依法淘汰落后技术装备。积极推动码头能力利用率低、岸线资源利用效率低、对地方经济贡献度低的码头整合
			全面实施燃煤锅炉特别排放限值和分散燃煤锅（窑）炉淘汰改造工作，提高传统高能耗产业的行业准入要求。严格承接重化产业转移的门槛，确保资源综合利用指标、污染物排放指标、综合能耗和水耗指标达到同期国际先进水平。 压减钢铁过剩产能，优化钢铁产业结构，连云港徐圩新区不再规划布局钢铁冶炼产业基地
		生态用地被挤占，湿地破碎化加剧，导致苏北沿海生态环境面临持续退化风险	将沿海自然岸线、重要湿地纳入生态保护红线实施管控。在苏北、杭州湾、乐清湾、温州湾等滨海湿地适当增建滨海湿地自然保护区或保护小区、湿地公园，优先保护生物多样性热点地区和关键区域
			全面评估苏北沿海滩涂围垦（盐城、南通沿海）填海造地的生态后果，制定相应的生态修复方案
			划定陆域工业建设用地边界、海域鱼类生境和通道控制区
		化肥、农药过度施用，畜禽养殖、重金属及抗生素问题、污水灌溉等导致土壤重金属和持久性有机污染累积持续增加	加强耕地土壤累积污染风险管控，围绕农药化肥合理施用、土壤有机质提质、废物资源化、灌溉水质保障等，全方位监控耕地土壤累积污染风险。高标准农田及高标准农田建设区要优先实施耕地土壤污染的全面管控
			实施化肥农药投入总量、强度双减。推广应用测土配方施肥技术、农药精准高效施用技术，推广使用生物农药和高效低毒低残留农药，实现化肥减量增效、农药减量控害，单位耕地面积的化肥农药施用强度低于全国平均水平
	徐州	产业结构偏重，以装备制造、食品和农副产品加工、能源、煤盐化工、冶金等传统产业为主导，燃煤污染严重，$PM_{2.5}$ 严重超标，污染负荷水平较高	将徐州作为大气污染优先治理城市，依法划定煤炭、重油等高污染燃料禁燃区，实施燃油、燃气锅炉 NO_x 排放控制和小锅炉淘汰，严格限制传统高能耗产业发展，加快淘汰落后产能和现有企业的清洁技术改造
			加快传统产业转型升级，城市建成区内的钢铁企业全面退出，在未退出前烧结、焦炉、高炉等工序大气污染物排放水平全面达到行业大气污染物特别排放限值
			大力推进城市和工业园区集中供热、供气和煤改气、改电、改热水配送等工程建设，加快中小燃煤锅炉以及经济效益低、污染控制差的人造板、建材、钢铁小型企业淘汰

区域	重点管控单元	问题与压力	环境管控措施
沿海发展带	连云港	沿海发展热点地区，未来石化基地、钢铁基地建设对大气环境压力大	加快推进连云港石化产业基地建设，形成炼油、烯烃、芳烃及衍生产品深加工一体化的产业集群。 积极推进连云港现有石化产业向石化产业基地聚集发展，着力优化钢铁产业结构，压减钢铁过剩产能，徐圩新区不再规划布局钢铁冶炼产业基地
		现有化工园区与周边居民布局存在矛盾	加快现有化工、石化产业优化布局和转型升级，依法依规淘汰落后技术装备。强化化工、石化行业 VOCs 排放控制
		港口建设规模大与沿海生态敏感区存在布局矛盾	积极推动沿海港口统筹规划布局，强化港口分工协作，推动连云港港区部分功能向徐圩、赣榆两翼港区整合，加强沿海港口岸线资源整合，严格控制港口码头无序建设。 2020 年前拆除与生态保护红线存在冲突的危化品码头
	盐城	化工生产和危化品船舶运输存在安全隐患	加快盐城化工产业优化布局和转型升级，在 2020 年完成沿海危化品生产运输风险排查和整改。 全面落实并深化“长三角船舶排放控制区”试点工作，2020 年起实施进一步降低燃油硫含量≤ 0.1%（质量系数）、扩大排放控制区范围、增加氮排放控制等船舶污染控制要求
		盐城湿地珍禽国家级自然保护区生境破碎化，受周边港口开发等人为活动影响较大	不断提升苏北沿海丹顶鹤、麋鹿自然保护区规范化管理水平，强化生态修复治理，并将保护区核心区向陆边界设定为永久性保护边界。保护区内生产经营活动退出，保障丹顶鹤等珍禽的栖息、觅食等需求
			全面评估苏北沿海滩涂围垦的生态环境影响，制定生态修复方案。 围绕沿海滩涂等重要生态系统开展生态修复，加强沿海防护林建设与保护，增强跨界生态空间联通性
环太湖地区	无锡市、常州市、苏州市和湖州市等太湖流域上游地区	环太湖乡镇企业（园区）结构偏重、布局失序，带来区域环境污染与“城镇人居、工业生产、生态”空间失衡问题	全面实施太湖流域化工、电镀、印染、冶金等行业的专项整治，大幅削减产能和企业数。2020 年完成市级及以下各类工业园区规范化整治
			加快实施环太湖地区污染企业搬迁改造，持续降低太湖上游地区工业污染负荷，制定产业转型升级方案，加快推进化工行业转型调整。2020 年前太湖一级保护区建成无化（无石化、化工企业）生态保护区
			推进环太湖地区循环绿色转型，共建生态空间。加快推进环太湖一、二级保护区内重污染企业的淘汰、转移。全面实施太湖流域化工、电镀、小冶金等行业的专项整治；大力调整宜兴、武进产业结构，全面淘汰印染、电镀等重污染企业，大幅削减化工企业，太湖流域不得新改扩建染料以及排放氮磷污染物的工业项目
	无锡、苏州部分地区	“引江济太”带来太湖流域饮用水水源安全风险	“引江济太”通道（望虞河）划定为清水通道，优先推进望虞河等“清水通道”规划建设。清水通道沿岸陆域 1 公里范围内禁止布局化工、涉重金属等行业；输水通道输水期禁止化学品运输
			科学判断江湖水量交换和营养物质输送关系；制定完善河湖协调的氮、磷水环境质量标准及污染物排放控制要求；以实现环境质量目标和饮用水水源地安全为约束，建立流域统筹、河湖一体的氮磷排放总量控制和分配机制；重点推动河湖水体单独考核向河湖一体考核转变

区域	重点管控单元	问题与压力	环境管控措施
环太湖地区	太湖一二级保护区范围	农田施肥、畜禽养殖、城市面源污染以及氮湿沉降等造成太湖氮磷指数居高不下，是太湖流域富营养化的重要影响因素	尾水排入太湖水系的一级保护区内所有城镇污水处理厂、二级保护区内县以上城市污水处理厂实施氮磷特别排放限值
			2020 年太湖流域城市建成区基本实现污水全收集全处理，行政村污水处理设施全覆盖，建立农村污水处理设施运行保障机制。 实施太湖流域水气协同控制，有效降低流域无机氮湿沉降负荷。探索发展精准农业，推行测土配方施肥，提高氮肥利用率，降低区域大气、水体活性氮输入量
			加强环太湖地区生态修复与治理，全面改善河湖水力连通，着力修复主要入湖河流河口水生态环境，建设太湖主要入湖河口生态缓冲带、环太湖湖滨带。 实施科学调水引流，保障枯水期河道生态流量。推进实施环太湖地区海绵城市建设和城市降水径流污染控制，完善城市雨污分流排水系统，建设城市初期降水径流污染处理设施
			强化畜禽养殖场规范管理，划定禁养区和限养区。具备城市供水功能的湖库划定为网箱养殖禁养区。水产养殖严格控制围网养殖面积，水库全部退出围网养殖，规范池塘循环水养殖，建设尾水净化区，严格执行太湖流域池塘养殖水排放标准
环杭州湾地区	整体	区域仍存在未搬迁的“散乱污”企业；炼油能力进一步积聚扩张，带动乙烯、芳烃等中下游产业发展，成为长三角污染负荷显著升高的区域之一。若不能引导重化产业绿色化发展，将抵消上海、苏南、浙北等城市的减污成效，区域大气复合污染呈加剧趋势	推动环杭州湾地区统筹发展、优化布局，重点实施转移、关停、重组、优化。培育发展新型战略性产业。 发挥创业创新优势，培育发展信息经济等新业态新引擎，加快建设杭州国家自主创新示范区和跨境电子商务综合试验区、湖州国家生态文明先行示范区，建设全国经济转型升级和改革创新的先行区。 发挥重大创新平台示范作用，着力发展高新技术产业
			推动环杭州湾地区的落后产能逐步退出，优化重化工业布局。环杭州湾地区（上海、杭州、宁波、舟山）炼油石化产业建设实行区域联动，统筹建设规模，进一步提升石化企业的生产技术、装备和控制水平，沿海地区各化工园区要确保资源综合利用指标、污染物排放指标、综合能耗和水耗指标达到同期国际先进水平
			全面推广绿色化工技术和清洁生产，优化集中发展印染产业，依法淘汰小印染企业；控制精细化工发展，控制传统精细化工产能总量，严格淘汰落后产能；积极发展化工新材料、化工新能源和高端精细化学品
			推动沿线城市城区的污染企业退城入园或升级改造。严格控制沿湾各地区的重化产业园区用地规模，重点推动宁波石化经济技术开发区、宁波大榭开发区、杭州大江东产业集聚区、绍兴滨海工业园区以及浙江独山港经济开发区等循环化改造，优先开展以石化、化工、钢铁、印染等为主导产业的现有国家级及省级工业园区、产业集聚区绿色循环化改造

区域	重点管控单元	问题与压力	环境管控措施
环杭州湾地区	整体	环杭州湾石化布局七家百万吨以上的石化企业，密布大量化工产业，区域布局性矛盾导致环境风险问题突出	全面推广实施LDAR技术，实施农药、涂料、胶黏剂、油墨等行业原料替代工程，以及橡胶、包装印刷、合成革、家具、石油炼制与石油化工及汽车等行业工艺技术改造工程。探索实施石化、涂装、包装印刷、涂料等行业VOCs总量控制
			沿海地区各化工园区要确保资源综合利用指标、污染物排放指标、综合能耗和水耗指标达到同期国际先进水平。到2020年，沿海地区90%以上石化企业进入化工园区。划定化工及危化品禁限区，对环杭州湾等人口密集地区的化工园区和集聚区，开展长期、全面、系统的VOCs暴露环境风险监控与评估
		上游工业废水排放和支流水环境污染对钱塘江下游地区城市饮用水水源地构成潜在威胁，富营养化构成水库型水源地的主要威胁	钱塘江流域推动单项指标与水生态安全综合指标相结合的评估模式，评估指标包括COD、BOD、氨氮、亚硝酸盐氮、硝酸盐氮、总磷、溶解氧、POPs和重金属。实施协同控制，重点推动上下游联动考核
			把加强水库富营养化防治作为下一步深化“五水共治”的重点任务之一。加强钱塘江干支流、供水水库等重要水源地环境综合整治，浙北地区太湖取水、浙东引水等输水通道的水污染控制和水质保护，以及钱塘江流域水源涵养和千岛湖水生态环境保护力度
			强化城乡生活污染治理力度，具有城市供水功能水库集雨区、河流发源地及重要水源涵养区内的农村实现生活污水和垃圾收集处理全覆盖
			按照长三角重要战略性水源地的战略定位，提升千岛湖水污染联防联控。以“防洪、供水和生态功能”为主导，优化新安江水库调度运行，严格流域禁止开发区、限制开发区的管理，进一步加强水源地规范化建设与保护。探索建立流域统筹的生态服务功能有偿使用的生态补偿机制
		浙东南重要海湾填海造地导致海湾生态环境风险加剧	将沿海自然岸线、重要湿地纳入生态保护红线，全面评估浙东南重要海湾（象山湾、三门湾、乐清湾、台州湾）填海造地的生态后果，制定相应的生态修复方案
	杭州	能源结构以煤为主，萧山区印染行业集聚；区域大气、地表水污染较严重；县域经济发达，环境污染问题突出	提高杭州富阳、萧山、建德等地区石化、医药制造等行业入园率，设立专业化工园区，规范园区环保基础设施建设及环境管理； 鼓励发展循环经济和清洁生产，以“互联网+”推动传统块状经济转型升级，积极培育发展高新技术、电子商务、智慧物流、文化创意等新兴产业； 合理控制大江东新开发区的发展规模，控制人口集聚，推进钱塘江经济带绿色发展
		钱塘江为河道型水源地，受上游各类污染和下游咸潮双重影响	启动杭州闲林水库备用水源，推进千岛湖配水工程、湘湖备用水源等城市供水水源建设，实现杭州市以千岛湖为主，钱塘江、东苕溪为辅的多水源供水格局。实施以保障饮用水水源地安全为目标的POPs全面监管，包括工业污染、城市面源、道路径流和农业面源
		地表水水质较差，影响下游嘉兴用水	加强养殖业污染综合治理，完善畜禽养殖业禁、限区管理机制，严格实行畜禽、水产的禁限养区制度和区域控制制度，优化种养业空间布局，全面推进“种养平衡”发展模式和养殖区管控
		$PM_{2.5}$、NO_2超标，O_3临界达标，空气质量根本好转压力较大	对电力、钢铁、有色金属、化工等行业制定并实施严于国家及省内产业发展导向目录，严格建设项目重点污染物总量准入，完善二氧化硫、氮氧化物削减替代制度，建立挥发性有机废气的削减替代制度。2020年前完成对未进入大型工业园区的化工、造纸、冶炼、铸造、电镀等重污染行业企业实施“腾笼换鸟”

区域	重点管控单元	问题与压力	环境管控措施
环杭州湾地区	杭州	湿地和自然保护区面临外来物种入侵、生物多样性下降、水质污染等问题；低丘缓坡开发容易造成水土流失	禁止建设项目占用生态公益林，严格控制占用一般林地，保障天然林不减少，提高森林自然度等级；加强低丘缓坡开发的水土保持配套措施；加强对自然保护区的生态建设和管理，严守生态红线，防止外来物种入侵，保护生物多样性
			在杭州湾及钱塘江河口等生物多样性保护热点地区和关键区域将重要湿地纳入生态保护红线实施管控
	宁波	VOCs排放量居长三角地区前位，临港重化产业进一步集聚，杭钢产能转移到宁波，在宁波形成1 000万吨钢铁基地，镇海经济开发区精细化工区、宁波化工区临近居住区，复合型污染、环境风险及人居安全隐患较大	优化宁波杭州湾产业集聚区，支持企业加快技术改造，推进循环经济建设，依法淘汰落后产能，加快工业园区绿色化改造，建成生态工业园区
			划为VOCs严控区，实施新增VOCs污染物排放倍量替代，制定并实施更加严格的排放限值要求，试点区域实施环境质量、人群健康风险管控“双约束”的VOCs排放总量控制，宁波化工区要大幅提升区域VOCs污染控制水平和风险管控能力，确保区域环境风险处于可接受水平
			重点对电力、钢铁、水泥、玻璃和工业炉窑实施大气污染治理，确保废气排放达到特别排放限值要求；严格控制煤炭消费总量，实施新建耗煤项目煤炭减量替代，积极推进清洁能源使用，加强电网、气网建设，提高天然气管网覆盖率
			实施公交优先战略，提升燃油品质，依法淘汰高污染机动车，通过严格的限行管控淘汰高排放车辆，鼓励新能源汽车的使用
		工程型缺水，甬江干流、奉化江、县江下游和鄞江下游水质相对较差，水源保护区内有工业污染	加快推进曹娥江至慈溪引水的调蓄工程建设；加快推进境外引水工程建设、曹娥江至宁波引水工程、钦寸水库引水工程建设。加快推进春晓、梅山供水配套工程建设
			强化集中式饮用水水源保护区规范化建设，强化流域水污染治理与清水通道水安全管控
		局部河段和平原河网污染严重，氨氮超载	严格实施截污纳管，严格控制氮磷排放量大的产业，控制重金属污染。治理区域内的不达标入海河流，减少直排口数量和年排放量，严格控制封闭海湾内的码头污染和工业污染等
		土地资源紧缺，淤涨型沿海滩涂围垦速度过快，超过湿地的自然增长速度，给沿海生态环境带来巨大压力	重要滨海湿地内禁止围填海、海砂资源开发及其他城市建设开发项目等改变海域自然属性、破坏湿地生态功能的开发活动，重要渔业海域产卵场、索饵场、越冬场和洄游通道的沿海岸线内禁止围填海、截断洄游通道等开发活动，产卵育幼期禁止进行水下爆破和施工
			在杭州湾及钱塘江河口等生物多样性保护热点地区和关键区域将重要湿地纳入生态保护红线实施管控
	嘉兴	“散乱污”企业普遍、县域经济发达，部分化工企业尚未入园；桐乡经济开发区化学工业园、独山港石化产业园临近人口集聚区	加快“僵尸”企业和落后产能退出，控制传统精细化工产业，鼓励发展高端化产品，重点向化工新材料、特种纤维材料等下游产业链延伸，提升产业资源环境效率，严格环境准入，控制平湖、海盐等临港新城的建设规模，合理集聚人口。 全面加强化工行业的环境风险管控，加快推进化工企业进入化工园区
			划为VOCs严控区，实施新增VOCs污染物排放倍量替代，制定并实施更加严格的排放限制要求。试点区域实施环境质量、人群健康风险管控“双约束”的VOCs排放总量控制

区域	重点管控单元	问题与压力	环境管控措施
环杭州湾地区	嘉兴	水质型缺水问题突出	推进千岛湖引水工程建设，全面提高供水水质与供水安全。加快推进加强贯泾港湿地建设，改善水厂来水水质
		与上海金山区存在跨界污染冲突	重点对电力、钢铁、水泥、玻璃等高污染、高耗能行业提出行业准入负面清单，包括限制类以及淘汰类 / 禁止类行业清单；推动工业项目向园区集中
	绍兴	纺织、化工占比很高，以乡镇企业为主、产业布局散乱	制定并实施印染、化工传统产业改造升级工作方案，大力整合印染、化工产业布局；通过改进工艺、提升品质、提高能效环保水平、发展绿色高端的印染、化工产业集群
		局部河段和平原河网污染严重，城镇生活和农业面源污染压力大	加大绍兴平原河网综合治理力度，开展曹娥江水污染跨区域联合治理，提高集聚区产业准入门槛，严格控制对水体有较大污染的建设项目；深化“五水共治”，基本实现县城和城市建成区雨污分流，完善污水处理厂及管网建设
		气象条件敏感，不利于污染物扩散；$PM_{2.5}$、NO_2 超标	严格落实新建耗煤项目煤炭减量替代，确保煤炭消费总量只减不增；加快推进城市建成区大气污染企业关停或搬迁改造。全面实施钢铁、水泥、平板玻璃大气污染治理和清洁能源改造，推进涉 VOCs 行业的综合整治。全面推进印染、化工传统优势产业整治和提升。从设备改进和技术升级切入，加快纺织行业进行产业结构升级和优化，改变以产能扩张为主的发展方式
	舟山	规划石化产业规模大，与滨海新区、临港新城城市功能以及海洋生态保护、渔业发展存在冲突	舟山石化基地与宁波国家级石化基地统筹规划。石化基地建设坚持统一规划、上下游产业紧密链接、能效环保水平高要求，增加清洁能源使用，延伸产业链、提升价值链，发展高新材料和精细化工产业集群，严格环境准入
			对滨海新区和临港新城实行严格产业准入，禁止高耗能、高污染行业进入，积极利用高新技术、先进适用技术和现代管理技术改造提升钢铁、化纤传统产业，淘汰高能耗、高污染、低附加值的落后工艺和产品，提升产品档次和质量
浙西南地区	整体	低丘缓坡开发造成耕地上山、占优补劣、挤占生态空间、加剧水土流失等一系列生态问题	将浙西南山区的重要生态功能区纳入长三角生态屏障，构建“三横两纵一屏”生态安全新格局。将浙闽山地生物多样性保护与水源涵养重要区、天目山—怀玉山区水源涵养与生物多样性保护重要区纳入长三角地区重要生态空间管控
			低丘缓坡开发耕地严格控制在海拔 300 米以下，禁止在坡度 25° 以上林地、各类生态功能重要的和受保护的林地垦造耕地，全面退耕还林，有效控制水土流失
			加固浙西南山地安全屏障。加强生态公益林保护与建设，持续推进重点公益林等林业工程建设，促进森林面积稳定提升，改善林分结构；实施中幼林抚育和低产低效林改造工程，增加单位面积森林蓄积量，合理控制经济林规模。对森林沼泽、地热湿地、草本沼泽等特殊类型的湿地分布区域给予重点保护
		河流上游地区化工、造纸、印染等重污染行业的布局性、结构性污染加剧下游河流水源地安全风险	严格限制布局化工等重污染行业，按照空间管控要求划定禁化（禁止石化、化工企业）区，加快实施上游地区化工、印染、电镀等高耗能、高污染产业转型，统筹规划城乡基础设施建设、农业面源污染控制、畜禽养殖和工业污染治理，保障入湖氮磷营养物持续下降